教育部高等学校电子信息类专业教学指导委员会规划教材

普通高等教育电子信息类专业系列教材

集成电路设计实践

工具、方法与应用

王永生 付方发 桑胜田◎编著

清華大學出版社

北京

内 容 简 介

本书全面介绍国际主流 EDA 工具的使用，系统阐述模拟集成电路和数字集成电路的 EDA 工具流程及设计技术。本书介绍了 SPICE 仿真基础，包括基于 HSPICE 和 SPECTRE 两大 SPICE 仿真器的集成电路仿真方法；讨论集成电路的版图设计与验证工具的使用方法以及版图相关的设计技术。本书还详细阐述了数字集成电路的 EDA 工具流程，分别说明 HDL 描述及仿真、逻辑综合、布局布线、形式验证、时序分析、物理验证等设计技术以及 EDA 工具使用方法。同时，结合实践，本书分别针对模拟集成电路实例以及数字集成电路实例，系统地讲述模拟集成电路和数字集成电路的 EDA 工具使用以及仿真、分析和设计技术。

本书可作为高等院校电子信息类、微电子及集成电路相关专业本科生和研究生教材，也可作为相关领域工程师的参考用书。

图书在版编目（CIP）数据

集成电路设计实践 ：工具、方法与应用 / 王永生，付方发，桑胜田编著. -- 北京 ：清华大学出版社，2024. 8. --（普通高等教育电子信息类专业系列教材）.

ISBN 978-7-302-66861-9

Ⅰ. TN402

中国国家版本馆 CIP 数据核字第 2024RP2639 号

策划编辑：盛东亮
责任编辑：曾　珊
封面设计：李召霞
责任校对：时翠兰
责任印制：宋　林

出版发行：清华大学出版社
网　　址：https://www.tup.com.cn，https://www.wqxuetang.com
地　　址：北京清华大学学研大厦 A 座　　**邮　　编**：100084
社 总 机：010-83470000　　**邮　　购**：010-62786544
投稿与读者服务：010-62776969，c-service@tup.tsinghua.edu.cn
质量反馈：010-62772015，zhiliang@tup.tsinghua.edu.cn
课件下载：https://www.tup.com.cn，010-83470236
印 装 者：三河市龙大印装有限公司
经　　销：全国新华书店
开　　本：185mm×260mm　　**印　　张**：21.25　　**字　　数**：518 千字
版　　次：2024 年 8 月第 1 版　　**印　　次**：2024 年 8 月第 1 次印刷
印　　数：1～1500
定　　价：59.00 元

产品编号：105670-01

前言

PREFACE

伴随着我国集成电路产业的升级，集成电路人才的作用愈发凸显，当前我国集成电路人才缺口较大，对于具有实践能力的集成电路设计人员的需要越发迫切。本书为了适应这种需求，侧重于集成电路 EDA 工具使用以及设计技术的阐述，使读者可以系统地掌握相关 EDA 技术进行模拟、数字以及混合信号集成电路分析和设计，为读者从事集成电路设计工作打下基础。

为了适应当前集成电路设计教学以及实践的需要，本书以集成电路 EDA 工具和集成电路设计实践技术为主线，循序渐进、深入浅出地介绍模拟集成电路和数字集成电路的主流 EDA 工具，并且结合实践，辅以模拟、数字集成电路实例，讲授集成电路相关的仿真、分析及设计技术。全书共 12 章：第 1 章为绪论，主要内容包括模拟电路与数字电路、电路抽象层次、集成电路分析与设计、集成电路设计自动化技术的发展以及集成电路设计方法；第 2 章为 SPICE 仿真基础，主要内容包括 SPICE 描述基本组成、SPICE 电路描述、SPICE 分析语句以及 SPICE 控制选项；第 3 章为基于 HSPICE 的集成电路仿真，主要内容包括流程及规则简介、HSPICE 工具的使用、HSPICE 基本电路分析及进阶；第 4 章为基于 SPECTRE 的集成电路仿真，主要内容包括 SPECTRE 工具的使用以及 SPECTRE 基本电路分析及进阶；第 5 章为版图设计，主要内容包括版图概述、版图设计工具的使用、基本版图设计以及版图设计文件导出；第 6 章为版图验证，主要内容包括设计规则检查、版图电路图一致性检查、版图寄生参数提取以及版图后仿真；第 7 章为模拟集成电路设计实例，主要内容包括放大器的电路设计与仿真分析、放大器的版图设计与验证；第 8 章为 HDL 描述及仿真，主要内容包括可综合 Verilog HDL、Testbench 验证平台、VCS 仿真工具、Verdi 调试工具、前仿真以及后仿真；第 9 章为逻辑综合，主要内容包括 DC 综合工具简介、设计入口、设计环境、设计约束、设计的综合与结果报告、设计保存与时序文件导出、综合脚本实例；第 10 章为布局布线，主要内容包括布局布线基本流程及使用 EDA 工具进行布局布线的方法和步骤；第 11 章为数字集成电路的验证，主要内容包括形式验证、静态时序验证和物理验证；第 12 章为数字集成电路设计实例，以一个基于 RISC-V 的小型 SoC 项目为例展示数字集成电路的设计、仿真、逻辑综合、布局布线以及验证方法。

本书主要由哈尔滨工业大学王永生、付方发和桑胜田编著。其中，第 1～7 章由王永生编著，第 8～11 章由付方发编著，第 12 章由桑胜田编著。哈尔滨工业大学伍忆、刘伟等也参与了本书部分内容的编著工作。

由于编者水平有限，书中难免存在疏漏，恳请广大读者批评指正。

编　者

2024 年 2 月

目录
CONTENTS

第1章 绪　论

CHAPTER 1

1.1 模拟电路与数字电路

随着金属氧化物半导体场效应晶体管(Metal-Oxide-Semiconductor Field Effect Transistor,MOSFET,简称 MOS)及互补 MOSFET(Complementary MOSFET,简称 CMOS)工艺的进步,数字集成电路(Integrated Circuit,IC)得到了飞速的发展,已经达到在一个芯片上可以集成上千万乃至数十亿个晶体管的水平,并且有成熟的电子设计自动化(Electronic Design Automation,EDA)工具支持数字电路的自动化设计。因此,无论是信号处理,还是过程控制,原来采用模拟方式实现的系统,目前越来越多地采用数字的方式完成。然而,由于自然界的信号是"模拟"的,因此,在能够交给数字系统处理之前,必须有功能部件将模拟信号转换为数字信号,如模数转换器(Analog to Digital Converter,ADC)。同时,数字系统处理得到的结果也需要一定的功能部件将其转换为反映自然界的模拟信号,如数模转换器(Digital to Analog Converter,DAC)以及执行器。另外,诸如电源、信道传输(无线、电缆、光纤等)收发器、存储媒体的驱动电路、音视频采集及接口、传感器接口等还必须以模拟电路的方式完成。因而,实际的电子系统往往包含模拟和数字的混合信号系统,如图 1-1 所示。数字系统的性能越高,对模拟电路的要求也就越高,越离不开模拟集成电路的发展。总之,无论是数字电路还是模拟电路,集成电路成为整个电子系统的基本组成,可以说集成电路是信息时代发展的基石。

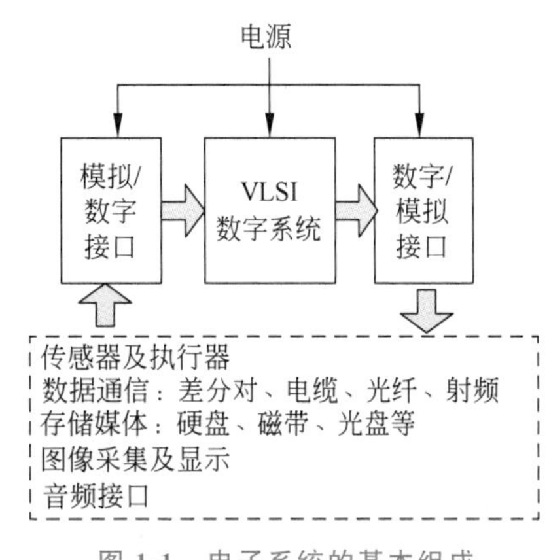

图 1-1　电子系统的基本组成

1.2 电路抽象层次

对于数字集成电路、模拟集成电路或混合信号集成电路的设计和分析,通常在不同的抽象层次上考虑。根据不同的功能、性能要求及设计考虑,需要在物理器件(Device)、电路(Circuit)、结构(Architecture)、系统(System)等层次上对复杂电路进行研究。

如图 1-2 所示,对于模拟集成电路,电子器件是电路系统的基础,需要在器件层次上研究器件的物理行为。通过对器件的物理特性进行研究，可以得到器件的电学特性，在此基础上，由器件构成各种电路拓扑，根据器件的电学特性，进而在电路层次研究各种电路的功能、性能。各种电路形成特定功能的电路模块，如运算放大器，以这些功能模块为基础可以进行电路结构级的研究，如积分器、滤波器等。电路功能模块可以构成更大的系统，这些系统往往由放大器、滤波器、积分器、自动增益控制、比较器等电路模块构成，可以在系统级研究系统行为，分析和构造系统算法，以便确定系统的性能、参数等。

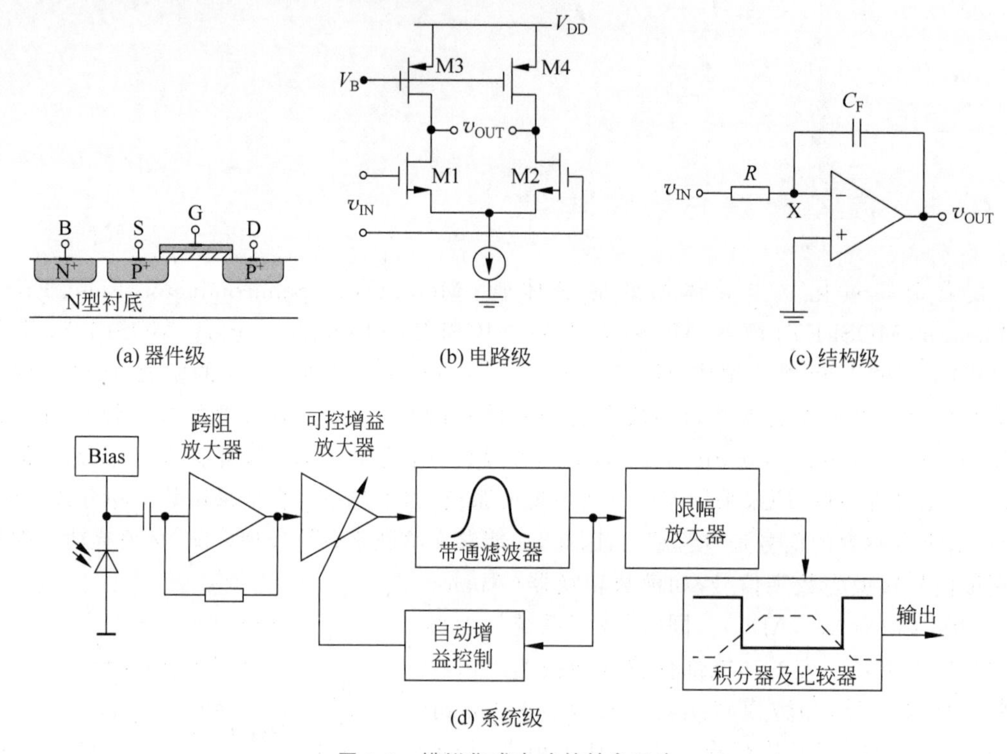

图 1-2 模拟集成电路的抽象层次

如图 1-3 所示，对于数字集成电路，总的来说也可以归为类似的层次。得益于 CMOS 集成电路器件及电路性能的鲁棒性，数字集成电路得到了迅猛发展，工艺特征尺寸越来越小，性能越来越高，数字集成电路集成度越来越高。在工艺的发展基础上，由器件构成各种门电路拓扑，进而构成加法器、乘法器、存储器等结构级宏模块。这些门电路以及宏模块形成库文件，在 EDA 技术以及工具的发展下，使数字集成电路设计者可以在数字集成电路更高的系统层次开展设计。设计者可以研究系统结构、算法等高层次设计与验证，然后利用 EDA 工具将高层次设计直接采用自顶向下（Top-Down）的设计方法进行集成电路实现。数字集成电路设计越来越像“程序”设计，这样极大促进了数字集成电路的大规模发展。

模拟集成电路目前还无法真正意义上直接采用自顶向下的设计方法进行实现。但模拟集成电路近些年的发展越来越复杂，系统级的建模和研究也是必要的，必须在系统级确定结构、系统性能，进而划分电路模块以及模块性能，以便进一步进行电路设计。很多数字集成电路自动化设计的思想、技术以及方法越来越多地运用到模拟集成电路上。

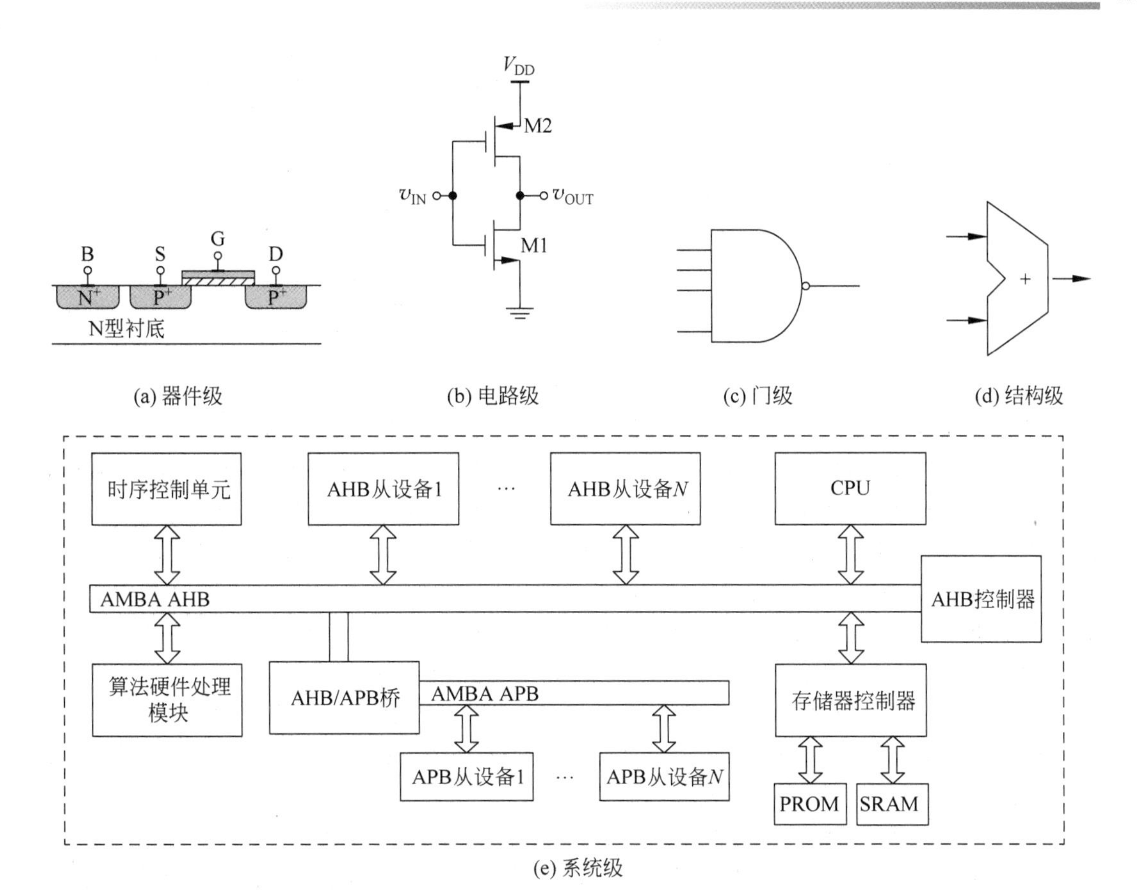

图 1-3 数字集成电路的抽象层次

1.3 集成电路分析与设计

当前在芯片上实现的系统变得越来越复杂,要求工程师具有分析、综合和设计复杂电路系统的能力。设计将规范转换为满足这些规范的电路。设计一个系统是一个包括很多变量的具有挑战的任务。可以采用不同方案实现相同的规范,因此在实现具有一定规范的电路时需要做很多决定。

电路设计与电路分析是不同的过程。电路分析是从给定电路出发,给出电路的唯一特性或属性的过程。电路设计是针对一个问题开发解决方案,以满足要求特性的创造性过程。起始于一套希望的规范或属性,找到满足这些要求的电路。解决方案不是唯一的,最终解决方案需要在设计空间中进行探索,以便找到满足要求的最优或较优方案。例如,对一个 10Ω 电阻施加 5V 直流电压,那么流经电阻的电流是多少?分析过程很简单,流经电阻的电流 $I_R=5V/10\Omega=0.5A$。然而,如果要求设计一种电阻负载,使得从一个 5V 的电源中抽取 0.5A 电流,那么可以采用单个 10Ω 的电阻,也可以采用两个 20Ω 并联的电阻。也就是说,采用多种串并联电阻的组合都可以满足要求,到底哪个方案较优呢?那就得看其他方面的表现,如可靠性、成本等。图 1-4 所示为分析和设计的对比。

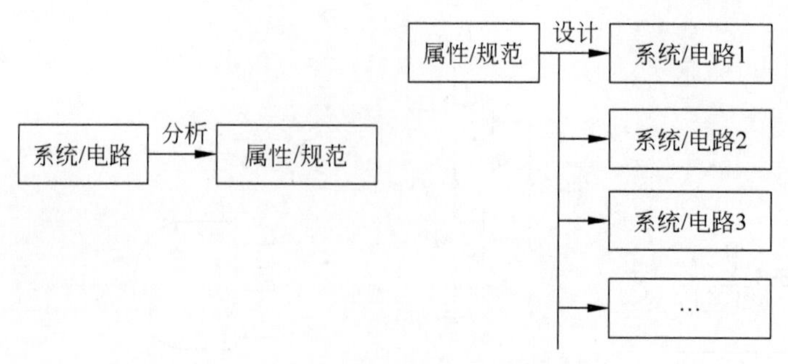

图 1-4 分析和设计的对比

在集成电路设计中，首先要了解集成和分立电子电路设计的区别，这是很重要的。分立电子电路将各个分立的有源元器件、无源元器件装配在印制电路板(Printed-Circuit Board，PCB)上，这些元器件都是已经被制造出来并且经过测试验证的。而集成电路中的各个元器件都处于同一个芯片衬底上，带来的好处是在设计时可以对有源元器件和无源元器件一同进行设计和优化，提供了更大的设计自由度，从而可以得到比分立电路更优化的性能、更高的集成度和更低的产品成本。然而，在最终制造出来之前，芯片上集成的各个元器件是不能像 PCB 上分立元器件那样进行板级测试验证的。因此，集成电路对设计者提出了更高的要求，设计者更多地受到集成电路工艺相关的约束。而且，在设计的过程中，集成电路 EDA 工具充当了主要角色，这些复杂而又庞大的设计过程不可能只是采用人工计算来完成，需要借助计算机仿真的方法分析和验证其功能和性能。

在当今的集成电路中，在芯片上实现的电路功能越来越多，往往在一个芯片上就可以实现一个电路系统，因此，目前集成电路设计过程通常采用自顶向下的方式进行，首先通过功能框图设计系统，其次是电路设计，最后是物理设计。这些设计过程都必须使用集成电路 EDA 工具进行支持。集成电路设计过程如图 1-5 所示，主要步骤如下。

(1) 一般产品描述。这是一个集成电路产品开发的起点，通常描述产品所要达到的基本功能和基本属性。

(2) 规范/要求的定义。在确定产品的功能和性能后，应建立集成电路的详细功能描述以及性能规范，并且采用专业术语描述电路的性能，给出必要的性能指标。对于模拟集成电路，要给出瞬态规范、频率规范、精度、功耗、输入/输出端特性、失真、大信号及小信号特性等。对于数字集成电路，要给出速度、时序、功耗、面积等要求。

(3) 根据规范要求进行系统设计。根据系统的功能要求，划分系统中的功能模块，必要时需要建立系统级模块，进行系统级仿真，如利用 MATLAB、C 语言等模型进行仿真，可以在这一级别找出系统级的设计问题，以便确定系统设计参数。一些系统级的问题如果在这一阶段不能被发现，那么等到电路设计甚至芯片制造完成后才发现，则需要更大的努力去修改设计，将产生更大的开发成本以及更长的开发周期。

(4) 功能模块规范定义，用于电路级设计和实现。在系统设计的基础上，对系统中的各个功能模块进行功能和性能的定义。对于模拟集成电路，需要明确各个模块的性能指标，如放大器的增益、带宽、噪声、功耗、输入/输出阻抗、失真、线性度等。对于数字集成电路，要明确各个模块的端口定义、功能要求、时序要求，必要时也需要给出功耗要求、面积等要求。

(5) 电路实现。选择一定工艺开展集成电路设计实现。对于模拟集成电路，需要了解工艺中所能实现器件的特性，根据定义的模块规范要求进行电路级设计，选择恰当的电路结构，确定电路以及器件的设计参数。对于数字集成电路，按照规范要求以及系统级设计，开展算法或结构设计，采用 C 语言、硬件描述语言(Hardware Description Language，HDL)等进行设计以及描述，然后在工艺厂家提供的各种单元库支持下采用 EDA 工具进行逻辑综合以及硬件实现，完成自动化的集成电路实现。在这一过程中，需要有工艺厂家提供的各种单元库进行支持，如用于综合的 lib/db 库、用于 HDL 仿真模拟的 Verilog/VHDL 单元库、用于布局布线的库交换格式(Library Exchange Format，LEF)等。

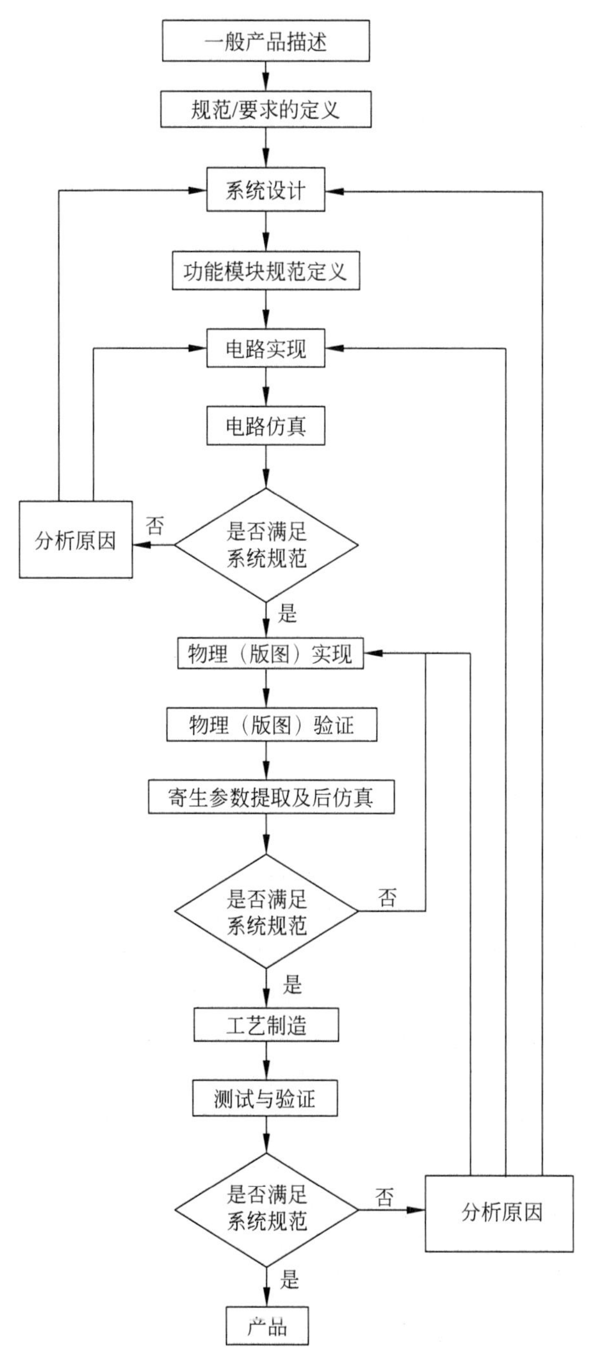

图 1-5　集成电路设计过程

(6) 电路仿真。在进行电路设计之后，对于模拟集成电路，需要采用工艺厂家提供的器件模型进行电路SPICE仿真，以便对电路进行分析，确定电路的功能和性能。而对于数字集成电路，需要进行行为级、寄存器传输级(Register Transfer Level,RTL)以及门级仿真，同时与系统设计规范进行对比，考查是否满足设计要求，如果不能满足要求，则需要重新进行模块划分、电路设计。

(7) 物理(版图)实现。当电路仿真结果确认电路设计满足设计要求时，则根据电路设计结构进行物理设计，开展集成电路的版图设计。对于模拟电路，通常需要采用定制化的方法开展版图设计。而对于数字电路，采用EDA工具在工艺厂家提供的库支持下，进行版图的自动布局布线，以实现自动化的版图设计实现。

(8) 物理(版图)验证。版图设计得到的物理设计描述，需要根据选择的工艺进行版图设计规则检查(Design Rules Checking,DRC)、版图电路一致性检查(Layout Versus Schematic,LVS)等验证。

(9) 寄生参数提取及后仿真。版图完成后，需要将版图中所反映的物理上的寄生参数进行提取(LPE或PEX)，然后将寄生参数与原来设计的电路一同进行电路仿真。这样可以使电路仿真更加接近芯片实际的情况。

(10) 工艺制造。版图后仿真如果满足设计要求，则可以根据版图设计数据生成为工艺掩模版，从而进行芯片的制造。

(11) 测试与验证。芯片制造完成后，将经历封装及测试，以便进一步确定实际芯片的功能性能是否满足规范要求。如果不能满足规范要求，则要返回之前的设计过程，确定问题，修改设计。如果满足要求，则可以进行芯片的量产了。

1.4 集成电路设计自动化技术的发展

微电子技术是信息技术发展的基础，信息产业的发展是推动经济增长的重要动力。集成电路的出现和发展带动了微处理器和计算机的发展。集成电路的特征尺寸减小、集成度提高是微处理器技术发展的基础。同时，随着集成电路工艺和规模不断升级，复杂度不断提高，集成电路设计完全依靠人工是不可能实现的。计算机和软件的发展为集成电路设计者提供了从辅助设计到设计自动化的工具。集成电路和微处理器一直是互相依赖而发展。从集成电路设计自动化技术的发展历程可以了解到集成电路设计方法的发展。

第1代集成电路设计工具被称为集成电路计算机辅助设计(IC Computer Aided Design,ICCAD)工具，简称CAD工具。1972年由美国加州大学伯克利分校公布、1975年正式使用采用FORTRAN语言编写的SPICE电路模拟仿真软件，经过几十年不断改进和更新，推出了SPICE 2、SPICE 3等版本，后续又经商用化形成了诸多版本，如PSPICE、HSPICE、SPECTRE、Eldo等。CAD阶段的工具还包括设计过程中电路图编辑、版图编辑、版图设计规则检查和版图数据转换(其中GDSII数据格式一直为业界所采用)等软件。CAD阶段的典型特征是电路模拟仿真和版图设计验证、规则检查(Circuit Simulation+Layout Compile and Checking)。

第2代集成电路设计工具被称为计算机辅助工程(Computer Aided Engineering,CAE)工具。20世纪80年代末，在模拟验证方面，国际上一些公司推出了在工作站中具有图形处理、原理图输入和电路模拟功能的软件工具，可以通过逻辑模拟验证逻辑设计的正确性。特别是这一阶段推出了基于版图自动布局和布线工具以及实用化很强、比较完整的工具，包括设计规则检查(DRC)、电学规则检查(Electrical Rules Checking，ERC)、版图参数提取(LPE或PEX)和版图电路图一致性检查(LVS)等，满足了比较全面的后端设计验证的要求。CAE阶段的典型特征是版图自动布局布线和逻辑模拟(Layout Placement and Routing+Logic Simulation)。

第3代集成电路设计工具被称为电子设计自动化(Electronics Design Automation，EDA)工具，标志是在20世纪80年代末推出的在硬件语言(VHDL、Verilog)描述基础上进行的逻辑综合(Hardware Description Language+Synthesis)技术和工具。这是一个在集成电路设计发展历程中具有重要标志性意义的创造，可以根据设计者的功能和性能要求由计算机系统给出可供选择的不同硬件结构。EDA工具的推出，支持了完整的自顶向下的设计方法，推动了超大规模集成电路设计紧跟微电子工艺水平的发展。

20世纪90年代中后期以来，集成电路工艺进入超深亚微米和纳米阶段，集成电路向系统设计规模发展。EDA技术面临的挑战涉及从设计顶层的设计规范行为级建模、结构实现方法、系统验证方法到设计底层晶体管和连线的深亚微米二级效应带来的信号串扰和信号完整性及光刻版图完整等可制造性及芯片可测性设计等技术。整个设计形成在超深亚微米工艺下一个完整的系统级，即自顶向下和自底向上相结合的(Top-Down+Bottom-Up)设计技术。这就是第4代集成电路设计工具——超深亚微米(Very Deep Sub-Micron)系统芯片设计EDA技术。

1.5 集成电路设计方法

1.5.1 全定制设计方法

全定制设计方法(Full-Custom Design Approach)是指由版图设计者针对具体电路的具体要求，依据特定工艺和设计规则，从每个元器件的图形、尺寸开始设计，直至完成整个芯片版图的布局布线。它是一种最传统、最基本的设计方法，因为所有设计工作都是针对某个特定具体电路而开展的，所以称为“全定制”。

全定制设计方法要求设计者具有相当深入的微电子专业知识和丰富的设计经验，经过不断完善设计，可将每个元器件及连线设计得最适合和最紧凑，因此可获得最佳的电路性能和最小的芯片面积，有利于提高集成度和降低成本。其缺点是随着芯片规模和复杂度的增大，人力耗费、设计周期、设计成本会急剧增加。因此，全定制设计方法通常用于需求量极大的通用芯片设计、高性能芯片设计、规模不太大的高性能数字专用芯片设计以及规模较大的专用芯片自动化设计中用到的标准单元和高性能模块的设计。模拟集成电路基本上都采用全定制设计方法。

1.5.2 门阵列设计方法

门阵列设计方法(Gate Array Design Approach)首先将元器件尺寸一定、元器件数一定而不含连线的相同单元排成一定规模的内部阵列(一定行数且每行有相同数目的单元，通常称为“阵列单元”)；将元器件尺寸一定、元器件数一定而不含连线的 I/O 相同单元排在芯片四周，设定固定的布线通道，因而构成一定规模、一定 I/O 端口数、没有连线、没有任何功能的芯片版图。按照此版图进行掩模版制作和流片，完成反刻金属之前的所有加工工序，生产出半成品芯片(称为“门阵列母片”)。其次，芯片设计者在固定规模(器件数)、固定端口数的门阵列母片的基础上，根据需要将内部阵列单元和 I/O 单元分别进行内部连线构成所需功能的单元及整个电路芯片，再按照此连线版图制作后续工艺需要的掩模版，在预先生产出的母片上继续完成后续工序，制作出最终芯片。

门阵列设计方法又称为母片设计方法，由于“母片”不是为某一特定芯片设计的，而后续的金属连线是为某一特定芯片设计的，所以通常称之为半定制设计方法(Semi-custom Design Approach)。门阵列母片通常制成不同规模、不同引脚数的系列品种，以便适合不同规模电路设计的需求。门阵列母片的典型布局结构主要由单元阵列、I/O 单元和布线通道组成。

采用门阵列设计方法设计芯片的最大优点是可以快速完成芯片的设计和生产，能够大幅降低芯片设计和生产成本。但是，每种母片的面积、最大引脚数、最大规模以及每个单元中的元器件数和元器件尺寸都是固定的，因此采用门阵列母片完成实际芯片设计时，母片内的元器件(包括 I/O)利用率不能达到 100%，电路的整体性能不能达到最佳。门阵列设计方法主要用于一定规模的 CMOS 数字集成电路的设计。这种设计方法近些年已不常见。

1.5.3 标准单元设计方法

标准单元设计方法(Standard Cell Design Approach)是指芯片设计者根据电路的逻辑网表及约束条件，在相关 EDA 软件支持下，将所需要的标准单元库中的单元进行布局布线构成最终的芯片版图。对于数字集成电路实现，图 1-5 的集成电路设计的电路实现和物理实现可以采用标准单元设计方法。

标准单元库是由专门人员按一定的标准、依据特定工艺预先设计好的一系列基本单元(如反相器、与非门、或非门、触发器等)和 I/O 单元(如输入、输出等)，而且每种功能电路会有多个不同驱动能力的标准单元相对应。每个单元都有相对应的多种描述形式，如单元符号、单元电路图、单元功能描述、单元特性描述、单元拓扑图、单元版图等，对应于综合的 lib/db 库、用于 HDL 仿真模拟的 Verilog/VHDL 单元库、用于布局布线的 LEF 库以及 GDSII 格式的版图库等，以供不同设计阶段使用。

标准单元设计方法对芯片设计者的微电子专业知识和设计经验要求不是很高，而对单元库的丰富程度和设计工具的先进性有较强的依赖性。用标准单元设计方法可获得较佳的电路性能和较小的芯片尺寸(与库单元性能及种类的丰富程度有关)，有利于缩短芯片设计周期，降低设计成本。该方法主要用于大规模 CMOS 数字集成电路的设计。

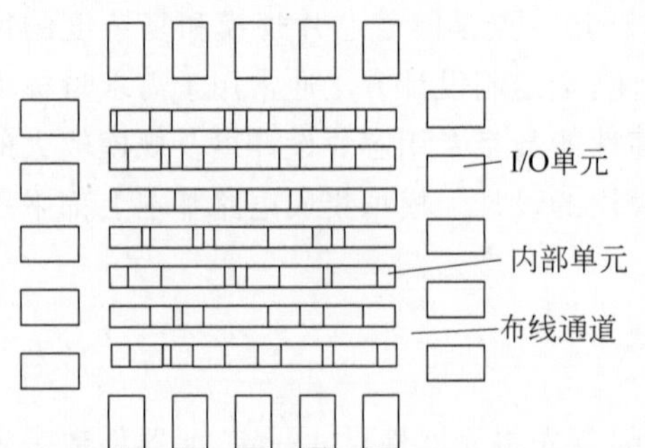

图 1-6 标准单元设计方法的芯片结构示意图

图 1-6 所示为标准单元设计方法的芯片结构示意图，内部单元和 I/O 单元都是从标准单元库中调用的实际需要的具有特定功能的单元。

标准单元库中的内部单元版图都具有相同的高度，电源线和地线都等宽且位于相同的高度，而单元电路的复杂程度不同，其宽度可以不同，通常称之为等高原则，如图 1-7(a)所示。标准单元库中的 I/O 单元版图也具有类似的等高原则，如图 1-7(b)所示。等高原则的目的是布图时同排的单元排列整齐，电源线(地线)会自动对齐并互相连接，可以有效地节省面积。

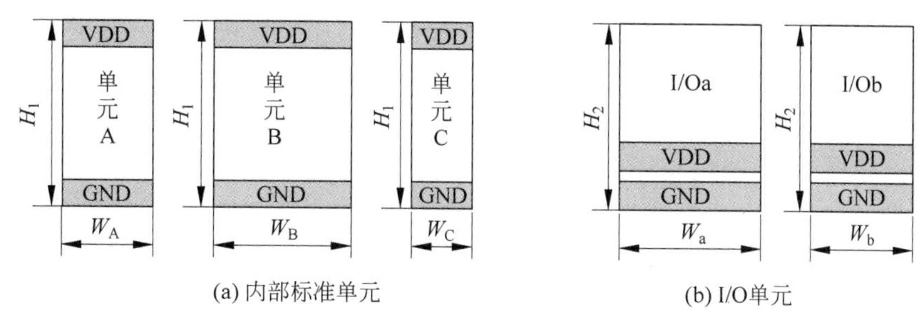

(a) 内部标准单元 (b) I/O单元

图 1-7 标准单元等高原则示意图

设计标准单元版图时，要求每个单元与单元库中包括自身在内的任何同类单元(基本单元或 I/O 单元)在宽度方向并接排列时(包括其中任意单元 Y 轴翻转后再并接)，单元间各图层都应满足设计规则的要求。如图 1-8 所示，单元中的斜角代表单元的方向，靠左侧的 4 个单元 A 的并接代表了任何同一种单元间的不同并接方式，而靠右侧的 4 个单元(两个单元 A 和两个单元 B)的并接代表了任何两种单元间的不同并接方式。在这些并接方式中，单元间各图层都应满足设计规则的要求。

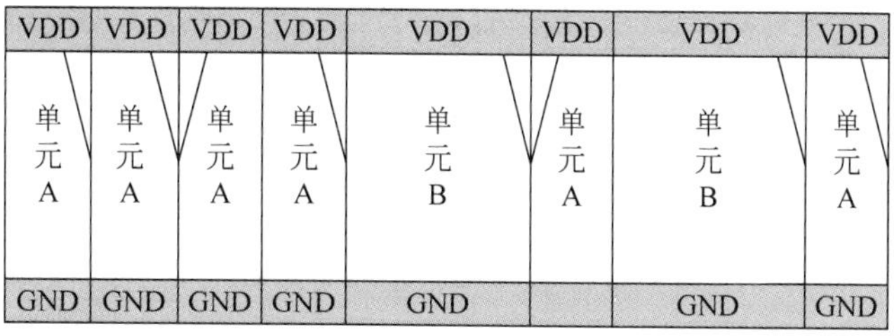

图 1-8 标准单元的排列

标准单元库中的每个单元的版图，无论多小都要考虑抗闩锁设计，以防多个单元排在一起造成较大面积内没有电源、地与阱、衬底的接触。较大面积的单元，尤其 I/O 单元要充分设置电源、地与阱、衬底的接触。每个 I/O 单元还都要考虑抗静电设计。

由于标准单元设计方法设计的芯片每排中单元的数量及各单元的宽度不尽相同，因而布局布线后一些单元间可能会有缝隙，一般通过设计一系列宽度的填充单元，由自动化设计软件调用填补缝隙。填充单元中一般只包括电源线、地线以及阱的图形，采用与同类单元(内部单元或 I/O 单元)相同的规则设计。

在先进的多层金属工艺中，内部单元通常采用不留行间布线通道的“门海”技术，单元内部连线用较低层的金属，而单元间的连线是采用较高层的金属在单元上面布线，而且任意相邻两行排列的单元对于电源/地线是 X 轴翻转对称的，以使相邻两行的电源线或地线可直接相接，进一步缩小芯片面积。

利用 EDA 工具开展标准单元法的设计工作，首先准备好所设计芯片电路的逻辑网表及相关约束条件，其次确定使用单元的种类和数量，估算面积，确定芯片几何形状(长度与宽度的比值或单元行数)，根据封装要求排布 I/O 单元，根据功耗需求布置适当宽度的电源线和地线的干线网，最后进行整体布局布线以及各项验证工作。

1.5.4 宏模块设计方法

宏模块设计方法又称为积木块设计方法(Building Block Level Design Approach)或通用单元法，是在标准单元设计方法的基础上发展起来的，用宏模块设计方法设计的芯片结构如图 1-9 所示，与标准单元设计方法的不同是可以使用非标准单元。宏模块是已设计好的固定模块，一般是通用模块，可能是用全定制法设计的高性能模块(如运算单元模块、时钟产生模块、存储器模块等)或用编译软件生成的编译模块(如存储器模块)，甚至是模拟电路模块等，这些宏模块为进一步发展为后来的知识产权(Intellectual Property，IP)模块奠定了基础。宏模块的尺寸一般都较大，不受标准单元的等高原则限制。可变模块是由标准单元构成的，它可以根据固定模块的大小和布局位置改变自身布局形状。可见，宏模块设计方法使芯片设计更加灵活，性能更加优化，主要用于超大规模 CMOS 数字集成电路设计或数模混合集成电路设计(因为宏模块可以是模拟电路)。

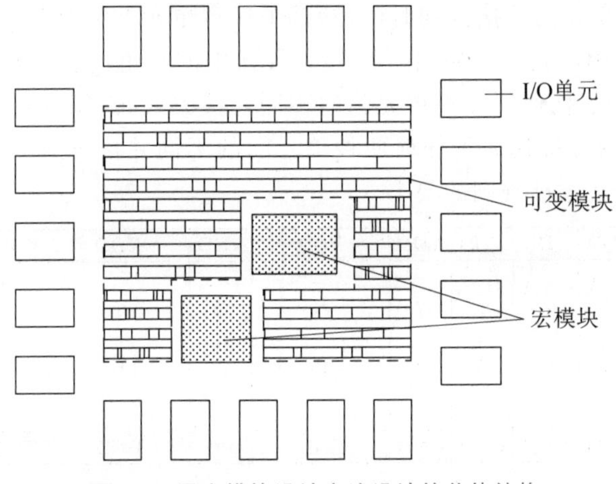

图 1-9 用宏模块设计方法设计的芯片结构

1.5.5 可编程逻辑器件方法

可编程逻辑器件(Programmable Logic Device，PLD)是一种已完成全部工艺制造的产品。其芯片中包含了可编程的逻辑结构模块、输入/输出模块和可编程的布线通道。PLD 刚买来时没有任何功能，用户对其编程后就可以得到所需要功能的电路，而不需要再进行工艺加工。PLD 有多种类型，而且每种类型又有多种规格型号，用户可根据具体需要选用。

可编程逻辑阵列(Programmable Logic Array，PLA)、可编程阵列逻辑(Programmable Array Logic，PAL)、通用阵列逻辑(Generic Array Logic，GAL)属于低密度 PLD，结构简单，设计灵活，对开发软件的要求较低；但规模小，难以实现复杂的逻辑功能，而且需要使用编程器离线编程。

复杂可编程逻辑器件(Complex Programming Logic Device，CPLD)和现场可编程门阵列(Field Programmable Gate Array，FPGA)属于高密度 PLD，又可统称为 FPGA，便于实现复杂逻辑功能，特别适用于用量少、性能要求不是太高的数字电路的硬件实现，而且具有在线编程能力，深受电子设计工程师们的欢迎。FPGA 也特别适用于芯片设计后期的硬件验证平台，以降低流片风险，目前正向着高密度、高速度、低功耗以及结构体系更灵活、适用范围更宽广的方向发展。

FPGA 的核心是由许多独立的可配置逻辑模块（Configurable Logic Block，CLB）、可编程 I/O 模块（I/O Block，IOB）和丰富的可编程互连资源（Interconnect Resource，IR）构成的二维可编程逻辑功能模块阵列，基本结构如图 1-10 所示。CLB 用于构造 FPGA 中的主要逻辑功能，是用户实现系统逻辑的最基本模块，通常由四输入的查找表和寄存器组以及附加逻辑和专用的算术逻辑组成。可以根据设计，通过软件灵活改变其内部连接与配置，完成不同的逻辑功能。IOB 用于提供外部信号和 FPGA 内部逻辑单元交换数据的接口，通过软件可以灵活配置输入/输出或双向端口，可以匹配不同的电气标准与 I/O 物理特性。IR 用于可编程逻辑功能模块之间、可编程逻辑功能模块与可编程输入/输出模块之间的连接，主要提供高速可靠的内部连线及一些相应的可编程开关，互连资源根据工艺、长度、宽度和所处的位置等条件可以划分为不同的等级，以保证芯片内部信号的有效传输。

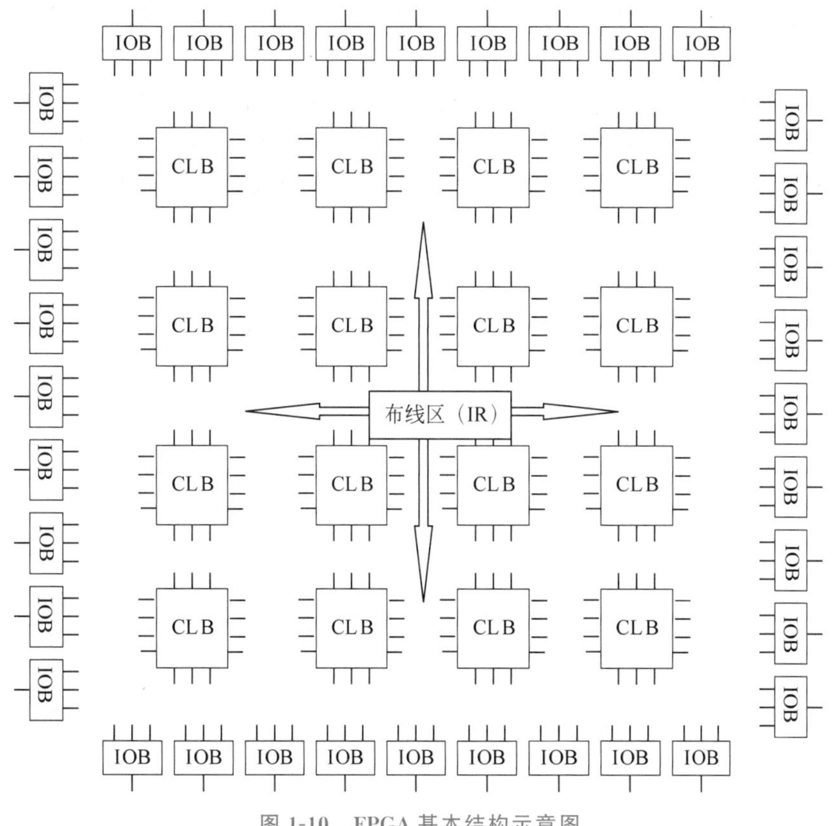

图 1-10　FPGA 基本结构示意图

有些 FPGA 产品内部还集成了随机存储器（Random Access Memory，RAM）、先进先出（First In First Out，FIFO）、锁相环（Phase-Locked Loop，PLL）、延迟锁定环（Delay-Locked Loop，DLL）等，还有的将中央处理器（Central Processing Unit，CPU）、数字信号处理器（Digital Signal Processor，DSP）、总线接口等功能子系统嵌入芯片生成一个片上系统的 FPGA 产品，以满足不同的场合应用。

FPGA 按照编程方式可分为熔丝编程型、浮栅器件编程型和 SRAM 编程型。熔丝编程型是通过将连接元件熔丝进行选择性熔断从而实现编程配置，连接成特定功能电路，其缺点是只能编程一次，改变设计时必须更换新的器件。浮栅器件编程型是将编程配置存储在电擦除可编程只读存储器（Electrically Erasable Programmable Read-Only Memory，EEPROM）或闪存中，可以多次编程，改变设计时不需要更换新的器件，但是产品加工时需要特殊制造工艺，而且编程时（即写入或擦除时）片内所需高压的产生及其在整个逻辑阵列中的分布使设计复杂性大幅提高。SRAM 编程型是将编程配置存储在静态随机存储器（Static Random Access Memory，SRAM）中，其缺点是掉电后编程信息丢失，每次上电时都要从外部永久存储器重新装载编程信息。SRAM 编程型 FPGA 由于可以采用一般 CMOS 工艺加工，成本低，且可重复编程，是目前应用最广泛的 FPGA。

1.6 本章小结

集成电路是电子系统发展的基石。随着集成电路工艺的进步以及对其功能、性能要求的日益提高，集成电路的复杂度越来越高，这就促进了集成电路的设计方法学的不断进步以及电子设计自动化的发展。本章描述了由模拟集成电路和数字集成电路构成的电子系统；分析了在电路设计过程中需要关注的抽象层次；描述了集成电路的一般设计流程；概述了集成电路设计自动化设计技术的发展；论述了集成电路设计方法。这些内容对于理解集成电路的设计是有帮助的。

第2章 SPICE仿真基础

CHAPTER 2

当前集成电路的电路级分析和设计基于SPICE(Simulation Program with Integrated Circuit Emphasis)的仿真模拟。SPICE EDA仿真器有很多版本,如商用的PSPICE、HSPICE、SPECTRE、ELDO,以及免费的WinSPICE、SPICE OPUS、NG-SPICE等,其中,HSPICE和SPECTRE功能强大,在集成电路设计中使用更广泛。

无论哪种SPICE仿真器,使用的SPICE语法或语句是一致或相似的,区别只是在形式上,基本的原理和框架是一致的。

2.1 SPICE描述基本组成

首先通过一个简单的例子了解SPICE描述基本组成。这里,采用SPICE模拟MOS晶体管的输出特性,对于一个宽度$W=5\mu m$,长度$L=1\mu m$的NMOS管进行输入/输出特性直流扫描。V_{GS}从1V变化到3V,步长为0.5V;V_{DS}从0V变化到5V,步长为0.2V;输出以V_{GS}为参量,描绘I_D与V_{DS}之间的关系波形,SPICE描述如下。

```
* Output Characteristics for NMOS
M1 2 1 0 0 MNMOS w=5.0u l=1.0u

VGS 1 0 1.0
VDS 2 0 5

.OP
.DC Vds 0 5 0.2 Vgs 1 3 0.5
.plot dc -I(Vds)
.probe

* Model of NMOS
.MODEL MNMOS NMOS VTO=0.7 KP=110U
+LAMBDA=0.04 GAMMA=0.4 PHI=0.7
.end
```

在SPICE描述中,每条描述语句占一行。注意,如果一条语句需要换行,在换行的一行前需要加+符号表示续行。此外,还需要注意,SPICE默认不区分大小写。如果需要SPICE区分大小写,在不同的仿真器中采用不同的选项控制区分,这些仿真器中是否区分大小写,还需要阅读特定仿真器的使用手册。

上述 SPICE 语句描述的仿真电路如图 2-1 所示，两个独立电压源 VGS 和 VDS 分别施加到 MOSFET 器件的栅源之间和漏源之间，源极接地。采用 SPICE 仿真器对此 SPICE 描述进行仿真后，得到 NMOS 管输出特性 SPICE 仿真波形，如图 2-2 所示。

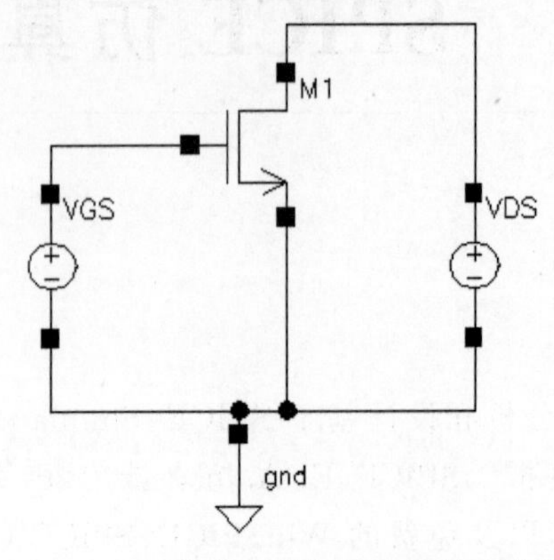

图 2-1 NMOS 管输出特性 SPICE 仿真电路图

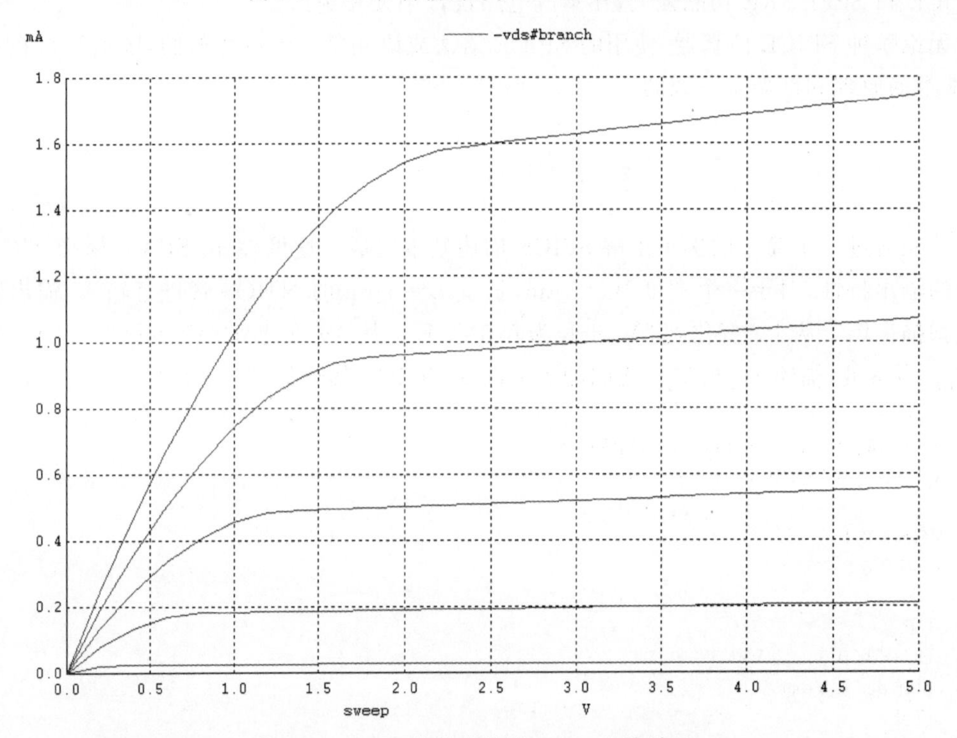

图 2-2 NMOS 管输出特性 SPICE 仿真波形

从这个简单的 SPICE 描述(程序)中可以知道，SPICE 电路描述的主要组成部分如下。

1. 标题和电路结束语句

在电路描述语句中输入的第 1 条语句必须是标题语句，最后一条必须是结束语句(.end)，注意在 end 之前有一个点号，在本例中如下。

```
* Output Characteristics for NMOS
...
```

```
...
.end
```

注释行采用 * 开头，可以出现在标题和结束语句之间的任意行，对描述给出相关的注释、标注，如 * model of NMOS。注释行可以增强 SPICE 描述的可读性。

2. 电路描述语句

电路描述语句描述电路的组成和连接关系，包括元器件、激励源、器件模型等描述。另外，如果电路是层次化的，即包含子电路，电路描述部分还包括子电路描述(.subckt)。

在描述元器件时，要根据类型，采用不同的关键字作为元件名的第 1 个字母，SPICE 中常用的部分元器件的关键字如表 2-1 所示。

表 2-1 SPICE 中常用的部分元器件的关键字

元器件类型	元器件关键字	元器件类型	元器件关键字
电阻	R	N 沟道或 P 沟道结型场效应晶体管	J
电容	C	NMOS 或 PMOS 场效应晶体管	M
电感	L	GaAs 场效应晶体管	Z①
理想传输线	T	电压控制开关	S
二极管	D	电流控制开关	W
NPN 或 PNP 双极型晶体管	Q	互感	K

以本例中 NMOS 管的描述语句(M1 2 1 0 0 MNMOS w=5.0u l=1.0u)为例，语句中各参数表示的含义如下。

```
M1          2  1  0  0  MNMOS   w=5.0u   l=1.0u
↓           ↓  ↓  ↓  ↓    ↓        ↓        ↓
元器件关键字 D  G  S  B  模型名     宽       长
```

其中，D 表示漏极连接的节点；G 表示栅极连接的节点；S 表示源极连接的节点；B 表示衬底端连接的节点。

器件模型描述电路中所使用的器件的 SPICE 模型参数，语句为.MODEL。例如，在本例中，采用 SPICE LEVEL1 模型，语句如下。

```
.MODEL MNMOS NMOS VTO=0.7 KP=110U
+LAMBDA=0.04 GAMMA=0.4 PHI=0.7
```

其中，MNMOS 为模型名，以便在元器件调用时使用；NMOS 为模型类型标识名的关键字。注意这里有换行，在换行的一行前加+符号表示续行。

激励源描述用来说明提供激励源用途的独立源和受控源。例如，V 表示独立电压源；I 表示独立电流源；E 表示电压控制电压源；F 表示电流控制电流源；G 表示电压控制电流源；H 表示电流控制电压源。

---

① 在早期的 SPICE 3 中，GaAs 场效应晶体管的关键字为 Z，而在一些 SPICE 仿真器中采用 B 作为其关键字，也有将 GaAs 场效应晶体管和结型场效应晶体管(JFET)一同采用 J 作为其关键字。

3. 分析类型描述语句

分析类型描述语句说明对电路进行何种分析，如直流工作点分析(.OP)、直流扫描分析(.DC)、交流分析(.AC)、噪声分析(.NOISE)、瞬态分析(.TRAN)等。

4. 控制选项描述语句

控制选项用于描述 SPICE 仿真时的相关控制选项，一般在.OPTION 内进行设置，另外还有打印及输出控制选项(.print、.plot、.probe)等。

整个 SPICE 描述示例说明如表 2-2 所示。

表 2-2 SPICE 描述示例说明

SPICE 描述	说明
* Output Characteristics for NMOS	标题，SPICE 描述第 1 行
M1 2 1 0 0 MNMOS w=5.0u l=1.0u	元器件描述： 模型名为 MNMOS 的场效应 MOS 管 M1，漏极节点 2，栅极节点 1，源极节点 0，衬底节点 0，栅宽 5.0μm，栅长 1.0μm
VGS 1 0 1.0	激励源描述： 连接在节点 1 和节点 0 之间的 1.0V 独立电压源 VGS
VDS 2 0 5	激励源描述： 连接在节点 2 和节点 0 之间的 5V 独立电压源 VDS
.OP	分析类型描述，直流工作点分析
.DC Vds 0 5 0.2 Vgs 1 3 0.5	分析类型描述，直流扫描分析： V_{GS} 从 1V 变化到 3V，步长为 0.5V；V_{DS} 从 0V 变化到 5V，步长为 0.2V
.plot dc -I(Vds)	控制选项描述，打印声明
.probe	控制选项描述，打印输出
* model of NMOS	注释行，以 * 开头
.MODEL MNMOS NMOS VTO=0.7 KP=110U +LAMBDA=0.04 GAMMA=0.4 PHI=0.7	器件模型描述： 定义模型名为 MNMOS 的 NMOS 类型的模型。注意有换行
.end	结束语句

2.2 SPICE 电路描述

在 SPICE 电路描述中，第 1 条语句必须是标题语句，最后一条必须是结束语句(.end)。采用 SPICE 对电路的拓扑结构进行描述，包括电阻、电容、电感、互感、开关、激励源、半导体元器件以及器件模型等。如果电路是层次化的，即包括电路模块，还需要采用子电路进行描述。下面介绍常见的 SPICE 电路描述语句。

2.2.1 通用元器件描述

1. 电阻

一般格式：

```
RXXXXXXX N1 N2 VALUE
```

其中，R 是电阻关键字；N1 和 N2 是连接电阻的两个节点；VALUE 是电阻值，单位为 Ω，可以是正值，也可以是负值，但不能为 0。

例如：

```
R1 3 4 100K
```

也可给出温度系数形式（可选）[①]：

```
RXXXXXXX N1 N2 VALUE <TC1=x> <TC2=y>
```

根据温度系数函数，温度为 TEMP 时的电阻值为

$$R(\mathrm{TEMP})=R(\mathrm{TNOM})[1+\mathrm{TC1}(\mathrm{TEMP}-\mathrm{TNOM})+\mathrm{TC2}(\mathrm{TEMP}-\mathrm{TNOM})^2]$$

其中，TNOM 为室温，通常为 27℃；TC1 和 TC2 分别为一阶温度系数和二阶温度系数。

2. 电容

一般格式：

```
CXXXXXXX N+ N- VALUE <IC=INCOND>
```

其中，C 是电容关键字；N+和 N-分别是电容元器件的正极和负极；VALUE 是电容值，单位为 F。

可选项初始条件 IC 说明电容在零时刻的电压（单位为 V）初始值。此初始条件只有在瞬态仿真有 UIC 时才有效。

例如：

```
Cload 2 0 1p
```

3. 电感

一般格式：

```
LXXXXXXX N+ N- VALUE <IC=INCOND>
```

其中，L 是电感关键字；N+和 N-分别是电感元器件的正极和负极；VALUE 是电感值，单位为 H。

可选项初始条件 IC 说明电感在零时刻从 N+向 N-流经电感的电流（单位为 A）初始值。此初始条件只有在瞬态仿真有 UIC 时才有效。

例如：

```
Ls net1 net2 1u
```

---

① <>表示可选项。在后续的描述中均采用这种方式。

4. 互感

一般格式：

```
KXXXXXXX LYYYYYYY LZZZZZZZ VALUE
```

其中,K 是互感关键字；LYYYYYYY 和 LZZZZZZZ 是两个互感的电感名称；VALUE 是互感系数,取值必须为(0,1]。

例如：

```
K43 LA1 LB1 0.88
```

5. 理想传输线

一般格式：

```
TXXXXXXX N1 N2 N3 N4 Z0=VALUE < TD=VALUE > < F=FREQ < NL=NRMLEN >>
+ < IC=V1, I1, V2, I2 >
```

其中,T 是理想(无损)传输线的关键字；N1 和 N2 是端口 1 的节点；N3 和 N4 是端口 2 的节点；Z0 是特征阻抗。

可选项初始条件 IC 由每个传输线端口的电压和电流组成。此初始条件只有在瞬态仿真有 UIC 时才有效。

传输线的长度可采用两种形式进行表示：①传输延迟 TD,直接进行说明,如例子中的 1ns；②给出频率 F 以及传输线相对于频率 F 波长的归一化电长度 NL,如果说明了频率 F 但省略了 NL,则 NL 为 0.25。虽然这两种形式为可选项,但必须选择其中一种。

例如：

```
T1 1 0 2 0 Z0=50 TD=1n
```

6. 开关

1) 电压控制开关

一般格式：

```
SXXXXXXX N+ N- NC+ NC- MODEL < ON >< OFF >
```

其中,S 是电压控制开关的关键字；N+和 N-是连接开关的节点；NC+和 NC-分别是控制电压的正、负节点；MODEL 是强制要有的,而初始条件是可选的。

例如：

```
S1 1 2 3 4 switch1 ON
```

2) 电流控制开关

一般格式：

```
WYYYYYYY N+ N- VNAM MODEL <ON><OFF>
```

其中，W 是电流控制开关的关键字；N+和 N-是连接开关的节点。控制电流是通过说明的电压源 VNAM 中的电流进行描述的，控制电流的方向是从正节点流向负节点。MODEL 是强制要有的，而初始条件是可选的。

例如：

```
W2 3 0 vramp sml ON
```

3) 开关模型

一般格式：

```
.MODEL MNAME TYPE(PNAME1=PVAL1 PNAME2=PVAL2 ... )
```

其中，SW 和 CSW 分别是电压开关和电流开关的模型类型。在模型参数 PNAMEx 中，RON 是开关导通电阻，ROFF 是开关断开电阻，VT 是阈值电压，IT 是阈值电流，VH 是迟滞电压，IH 是迟滞电流。

例如：

```
.MODEL SMOD SW(RON=5M ROFF=10E9 VT=1.0 VH=0.1)
.MODEL SMOD CSW(RON=5M ROFF=10E9 IT=0.5MA IH=0.5MA)
```

2.2.2 电压源和电流源描述

1. 独立源

一般格式：

```
VXXXXXXX N+ N- <<DC> DC/TRAN VALUE> <AC <ACMAG <ACPHASE>>>

IYYYYYYY N+ N- <<DC> DC/TRAN VALUE> <AC <ACMAG <ACPHASE>>>
```

其中，V 是独立电压源的关键字；I 是独立电流源的关键字；N+和 N-分别是独立源的正极和负极。电压源除了可以用作激励源，还可以作为电流计，0V 的电压源可以插入电路测量电流。这是由于理想电压源内阻为 0，相当于短路，因此 0V 的电压源对电路不会产生影响。

DC/TRAN 描述独立源的直流(DC)分析值和瞬态(TRAN)分析值。如果此值为 0，可以省略其描述。如果独立源的值与时间没有关系，如电源，则其前面的 DC 标识符可有可无。

ACMAG 表示交流信号的幅值，ACPHASE 表示交流信号的相位，它们用于交流(AC)分析。如果在 AC 标识符后省略 ACMEG，则 AC 幅值就假定为 1；如果省略 ACPHASE，则相位值假定为 0。如果此独立源不是交流小信号输入，则 AC 标识符和交流值等都可以省略。

例如：

```
VDD 5 0 DC 3.0
VIN 1 0 0.001 AC 1 SIN(0 1 1MEG)
IIN1 1 5 AC 1 PULSE(0 1 2NS 2NS 2NS 50NS 100NS)
```

独立源也可以增加用于瞬态分析的时变信号源。在这种情况下，0 时刻的值可用于直流分析。有 5 种独立源函数：脉冲(PULSE)、指数(EXP)、正弦(SIN)、分段线性(PWL)以及单频调频(SFFM)。如果省略了独立源的值以外的参数或将其设置为 0，则假定其为默认值。在以下描述中，TSTEP 是步长时间，TSTOP 是最后结束时间，它们会在瞬态分析中给出。

1) PULSE

一般格式：

```
PULSE(V1 V2 TD TR TF PW PER)
```

参数说明及默认值如表 2-3 所示。

表 2-3 PULSE 信号的参数

参 数	说 明	默 认 值	单 位
V1	初始电平		V(电压信号)或 A(电流信号)
V2	脉冲电平		V(电压信号)或 A(电流信号)
TD	延迟时间	0.0	s
TR	上升时间	TSTEP	s
TF	下降时间	TSTEP	s
PW	脉冲宽度	TSTOP	s
PER	周期	TSTOP	s

例如：

```
VIN 2 0 PULSE(-1 1 2NS 2NS 2NS 50NS 100NS)
```

2) SIN

一般格式：

```
SIN(VO VA FREQ TD THETA)
```

参数说明及默认值如表 2-4 所示。

表 2-4 SIN 信号的参数

参 数	说 明	默 认 值	单 位
VO	偏置		V(电压信号)或 A(电流信号)
VA	幅值		V(电压信号)或 A(电流信号)
FREQ	频率	1/TSTOP	Hz
TD	延迟时间	0.0	s
THETA	阻尼系数	0.0	1/s

例如：

```
VIN 2 0 SIN(0 1 1000MEG 1NS 0)
```

3）EXP

一般格式：

```
EXP(V1 V2 TD1 TAU1 TD2 TAU2)
```

参数说明及默认值如表 2-5 所示。

表 2-5　EXP 信号的参数

参　数	说　明	默　认　值	单　位
V1	初始值		V(电压信号)或 A(电流信号)
V2	终值(脉冲值)		V(电压信号)或 A(电流信号)
TD1	上升延迟时间	0.0	s
TAU1	上升时间常数	TSTEP	s
TD2	下降延迟时间	TD1＋TSTEP	s
TAU2	下降时间常数	TSTEP	s

在各个时间阶段的 EXP 波形描述如表 2-6 所示。

表 2-6　EXP 波形描述

时　间	值
0～TD1	V1
TD1～TD2	$V1+(V2-V1)\left(1-e^{\frac{-(t-TD1)}{TAU1}}\right)$
TD2～TSTOP	$V1+(V2-V1)\left(-e^{\frac{-(t-TD1)}{TAU1}}\right)+(V1-V2)\left(1-e^{\frac{-(t-TD2)}{TAU2}}\right)$

例如：

```
VIN 2 0 EXP(-4 -1 2NS 30NS 60NS 40NS)
```

4）PWL

一般格式：

```
PWL(T1 V1 <T2 V2 T3 V3 T4 V4 ...>)
```

PWL 描述中的每对(Ti,Vi)表示在 Ti 时刻对应的信号波形值 Vi(单位：电压为 V，电流为 A)。各个分段之间的数值采用线性插值得出。

例如：

```
VCLK 3 0 PWL(0 -2.5 10NS -2.5 11NS 2.5 20NS 2.5 21NS -2.5 50NS -2.5)
```

5）SFFM

一般格式：

```
SFFM(VO VA FC MDI FS)
```

参数说明及默认值如表 2-7 所示。

表 2-7 SFFM 信号的参数

参 数	说 明	默 认 值	单 位
VO	偏置		V(电压信号)或 A(电流信号)
VA	幅值		V(电压信号)或 A(电流信号)
FC	载频	1/TSTOP	Hz
MDI	调制指数		
FS	信号频率	1/TSTOP	Hz

SFFM 描述的信号波形如下。

$$V(t) = \mathrm{VO} + \mathrm{VA}\sin[2\pi \mathrm{FC}t + \mathrm{MDI}\sin(2\pi \mathrm{FS}t)] \tag{2-1}$$

例如：

```
VIN 2 0 SFFM(0 1M 20K 5 1K)
```

2. 线性受控源

线性受控源包括电压控制电压源(E)、电压控制电流源(G)、电流控制电流源(F)、电流控制电压源(H)。

1) 电压控制电压源

一般格式：

```
EXXXXXXX N+ N- NC+ NC- GAIN
```

其中,E 是线性电压控制电压源关键字；N+和 N-分别是受控电压源的正、负节点；NC+和 NC-分别是控制端的正、负节点；GAIN 是电压增益值。

例如：

```
E1 2 0 3 1 2.0
```

2) 电压控制电流源

一般格式：

```
GXXXXXXX N+ N- NC+ NC- VALUE
```

其中,G 是线性电压控制电流源关键字；N+和 N-分别是受控电流源的正、负节点；NC+和 NC-分别是控制端的正、负节点；VALUE 是跨导值。

例如：

```
G1 2 0 3 1 0.2m
```

3) 电流控制电流源

一般格式：

```
FXXXXXXX N+ N- VNAM GAIN
```

其中,F 是线性电流控制电流源关键字;N+和 N−分别是受控电流源的正、负节点,电流从 N+流向 N−;VNAM 源中的电流为控制电流;GAIN 是电流增益值。

例如:

```
F1 13 5 VSENS 5
```

4) 电流控制电压源

一般格式:

```
HXXXXXXX N+ N− VNAM VALUE
```

其中,H 是线性电流控制电压源关键字;N+和 N−分别是受控电压源的正、负节点,电流从 N+流向 N−;VNAM 源中的电流为控制电流;VALUE 是跨阻值。

例如:

```
H1 13 5 VSENS 1K
```

3. 非线性受控源

一般格式:

```
BXXXXXXX N+ N− <I=EXPR><V=EXPR>
```

其中,B 是非线性受控源关键字;N+和 N−分别是非线性受控源的正、负节点;V 或 I 决定了流过元器件的电压值或电流值。

例如:

```
B1 0 1 I=cos(v(1))+sin(v(2))
B1 0 1 V=ln(cos(log(v(1,2)^2)))−v(3)^4+v(2)^v(1)
```

如果给出 I 则说明是电流源,如果给出 V 则说明是电压源,只能给出其中一种参数。描述电压 V 或电流 I 的常用函数如表 2-8 所示。

表 2-8 描述电压 V 或电流 I 的常用函数

函数	描述
abs(x)	求 x 的绝对值
acos(x)	求 x 的反余弦值,单位为 rad
acosh(x)	求 x 的反双曲余弦值,单位为 rad
asin(x)	求 x 的反正弦值,单位为 rad
asinh(x)	求 x 的反双曲正弦值,单位为 rad
atan(x)	求 x 的反正切值,单位为 rad
atanh(x)	求 x 的反双曲正切值,单位为 rad
cos(x)	求 x 的余弦值,x 的单位为 rad
cosh(x)	求 x 的双曲余弦值,x 的单位为 rad
exp(x)	返回 e^x
ln(x)	以 e 为底的对数

续表

函　数	描　述
log(x)	以 10 为底的对数
sin(x)	求 x 的正弦值，x 的单位为 rad
sinh(x)	求 x 的双曲正弦值，x 的单位为 rad
sqrt(x)	求 x 的平方根
tan(x)	求 x 的正切值，x 的单位为 rad

描述电压 V 或电流 I 的表达式中的常用运算符如表 2-9 所示。

表 2-9　描述电压 V 或电流 I 的表达式中的常用运算符

运 算 符	含　义
()	括号
^	幂，x^y 表示 x^y
*，/	乘和除
＋，－	加和减
<，<=，>，>=	小于、小于或等于、大于、大于或等于
==，!=	等价、不等价
&，&&	逻辑与
|，||	逻辑或
?:	if-then-else

2.2.3　半导体器件描述

1. 半导体电阻

一般格式：

```
RXXXXXXX N1 N2 <VALUE> <MNAME> <L=LENGTH> <W=WIDTH> <TEMP=T>
```

对于 SPICE 中的电阻，可以采用更加一般的格式描述集成电路工艺中的电阻。MNAME 是集成电路工艺中电阻的模型名，在.MODEL 中进行定义描述。L 和 W 分别是此电阻表示长度和宽度的工艺尺寸信息。电阻值将根据模型尺寸以及温度信息计算得到。如果给出了 VALUE，那么将覆盖尺寸信息。如果没有定义 VALUE，那么模型名和尺寸信息必须给出。可选的 TEMP 是器件工作的温度，其可以覆盖.OPTION 中关于温度的说明。

例如：

```
Rload net1 net2 Rnwell L=100u W=1u
```

在.MODEL 中描述电阻模型的一般格式：

```
.MODEL MNAME RES(PNAME1=PVAL1 PNAME2=PVAL2 ... )
```

其中，RES 是半导体电阻的模型类型标识名，在一些商用的 SPICE 仿真器中可以兼容采用 R 作为模型类型标识名。

例如：

```
.MODEL Rnwell RES (RSH=1000 TC1=-0.001)
```

电阻模型由与工艺相关的元器件参数组成，由此可以根据元器件尺寸信息和温度计算出其电阻值。电阻模型中的各个参数及说明如表 2-10 所示。

表 2-10 电阻模型中的各个参数及说明

名 称	描 述	单 位	默 认 值	例 子
TC1	一阶温度系数	Ω/℃	0.0	—
TC2	二阶温度系数	Ω/℃^{2}	0.0	—
RSH	方块电阻	Ω/□	—	50
DEFW	默认宽度	m	1e-6	2e-6
NARROW	由于侧向刻蚀的致窄	m	0.0	1e-7
TNOM	参数测量温度	℃	27	50

计算基本电阻值的方法如下。

$$R = \mathrm{RSH}\,\frac{L - \mathrm{NARROW}}{W - \mathrm{NARROW}} \tag{2-2}$$

DEFW 是没有说明 W 值时的默认值。如果 RSH 和 L 都没有说明，那么将采用 1kΩ 的电阻值。

TNOM 用于覆盖.OPTION 控制卡中的温度参数，可以用于在不同的温度下进行测量得到的模型参数。和温度有关的计算公式与通用电阻的是一致的，计算有效电阻的方法如下。

$$R(T) = R(T_0)[1 + \mathrm{TC}_1(T - T_0) + \mathrm{TC}_2(T - T_0)^2] \tag{2-3}$$

其中，T_0 表示 TNOM。

2. 半导体电容

一般格式：

```
CXXXXXXX N1 N2 <VALUE> <MNAME> <L=LENGTH> <W=WIDTH> <IC=VAL>
```

对于电容，也可以采用更加一般的格式描述集成电路工艺中的电容器件。MNAME 是集成电路工艺中电容的模型名，在.MODEL 中进行定义描述。L 和 W 分别是此电容表示长度和宽度的工艺尺寸信息。如果给出了 MNAME，那么电容值将根据模型尺寸以及温度信息计算得到。如果没有给出 VALUE，那么必须给出模型名 MNAME 和长度 L。如果没有给出宽度 W，将采用模型中的默认值。

例如：

```
C1 3 7 CM L=10u W=1u
```

在.MODEL 中描述电容模型的一般格式：

```
.MODEL MNAME CAP(PNAME1=PVAL1 PNAME2=PVAL2 ... )
```

CAP 是半导体电容的模型类型标识名，在一些商用的 SPICE 仿真器中可以兼容采用 C 作为模型类型标识名。

例如：

```
.MODEL CM CAP (CJ=100U TC1=-0.001)
```

电容模型由与工艺相关的元器件参数组成，由此可以根据元器件尺寸等信息计算出其电容值。电容模型中的各个参数及说明如表 2-11 所示。

表 2-11　电容模型中的各个参数及说明

名　称	描　述	单　位	默 认 值	例　子
TNOM	参数测量温度	℃	27	50
TC1	一阶温度系数	Ω/℃	0.0	—
TC2	二阶温度系数	$\Omega/℃^2$	0.0	—
VC1	一阶电压系数	V^{-1}	0.0	—
VC2	二阶电压系数	V^{-2}	0.0	—
CJ	结底部电容	F/m^2	—	5e-5
CJSW	结侧壁电容	F/m	—	2e-11
DEFW	默认器件宽度	m	1e-6	2e-6
NARROW	由于侧向刻蚀的致窄	m	0.0	1e-7

计算电容值的方法如下。

$$\begin{aligned}\text{CAP} = &\text{CJ}(L - \text{NARROW})(W - \text{NARROW}) + \\ &2\text{CJSW}(L + W - 2\text{NARROW})\end{aligned} \tag{2-4}$$

TNOM 用于覆盖.OPTION 控制卡中的温度参数，可以用于在不同的温度下进行测量得到的模型参数。同时，考虑温度影响以及受端电压影响的非线性，计算有效电容的方法如下。

$$C_{\text{eff}} = \text{CAP}(1 + \text{VC1} \cdot V_{\text{cap}} + \text{VC2} \cdot V_{\text{cap}}^2)[1 + \text{TC1}(T - T_0) + \text{TC2}(T - T_0)^2] \tag{2-5}$$

其中，V_{cap} 为电容的端电压；T_0 为 TNOM。

3. 二极管

一般格式：

```
DXXXXXXX N+ N- MNAME <AREA> <OFF> <IC=VD> <TEMP=T>
```

其中，D 是二极管的关键字；N+和 N-分别是二极管的正极和负极；MNAME 是二极管的模型名；AREA 是面积因子，表示此二极管的面积相对于 MNAME 模型定义的二极管的面积的倍数，如果 AREA 省略，则采用默认值 1；可选项 OFF 表明元器件直流分析的一个起始条件；可选的初始化条件说明采用 IC=VD，用于在瞬态分析过程中设置 UIC 选项时，采用希望的工作点而不是静态工作点进行分析；TEMP 覆盖.OPTION 中关于温度的说明。

例如：

```
D1 3 7 DMOD 3.0 IC=0.2
```

二极管的模型也是在.MODEL 中描述。二极管的模型涉及半导体器件物理等知识。具体的二极管模型可参考半导体器件物理和相关的 SPICE 仿真器说明手册以及工艺厂家的模型说明文档。

4. 双极结型晶体管

一般格式：

```
QXXXXXXX NC NB NE <NS> MNAME <AREA> <OFF> <IC=VBE, VCE> <TEMP=T>
```

其中，Q 是双极结型晶体管(Bipolar Junction Transistor，BJT)的关键字；NC、NB 和 NE 分别是 BJT 的集电极、基极和发射极；NS 是可选的衬底节点，如果没有给出衬底节点，则认为是接地的；MNAME 是 BJT 的模型名；AREA 是面积因子，表示此 BJT 的面积相对于 MNAME 模型定义 BJT 的面积的倍数，如果 AREA 省略，则采用默认值 1；可选项 OFF 表明元器件直流分析的一个起始条件；可选的初始化条件说明采用 IC=VBE，VCE 用于在瞬态分析设置 UIC 选项时，采用希望的工作点而不是静态工作点进行分析；TEMP 覆盖 .OPTION 中关于温度的说明。

例如：

```
Q23 10 24 13 QMOD IC=0.6, 5.0
Q50A 11 26 4 20 MOD
```

BJT 的模型也是在.MODEL 中描述。同样地，BJT 模型涉及半导体器件物理、器件模型等知识，并且随着技术进步，存在不同的器件模型。具体使用的 BJT 模型可参考半导体器件物理和相关的 SPICE 仿真器说明手册以及工艺厂家的模型说明文档。

5. 结型场效应晶体管

一般格式：

```
JXXXXXXX ND NG NS MNAME <AREA> <OFF> <IC=VDS, VGS> <TEMP=T>
```

其中，J 是结型场效应晶体管(JFET)的关键字；ND、NG 和 NS 分别是 JFET 的漏极、栅极和源极；MNAME 是 JFET 晶体管的模型名；AREA 是面积因子，如果 AREA 省略，则采用默认值 1；可选项 OFF 表明元器件直流分析的一个起始条件；可选的初始化条件说明采用 IC=VDS，VGS，用于在瞬态分析设置 UIC 选项时，采用希望的工作点而不是静态工作点进行分析；TEMP 覆盖.OPTION 中关于温度的说明。

例如：

```
J1 7 2 3 JM1 OFF
```

JFET 的模型也是在.MODEL 中描述。同样地，JFET 模型涉及半导体器件物理、器件模型等知识，并且随着技术进步，存在不同的器件模型。具体使用的 JFET 模型可参考半导体器件物理和相关的 SPICE 仿真器说明手册以及工艺厂家的模型说明文档。

6. MOSFET

一般格式：

```
MXXXXXXX ND NG NS NB MNAME <L=VAL> <W=VAL> <AD=VAL> <AS=VAL>
+ <PD=VAL> <PS=VAL> <NRD=VAL> <NRS=VAL> <OFF>
+ <IC=VDS, VGS, VBS> <TEMP=T>
```

其中，M 是 MOSFET 的关键字；ND、NG、NS 和 NB 分别是 MOSFET 的漏极、栅极、源极和衬底（体）节点；MNAME 是 MOSFET 的模型名；L 和 W 分别是沟道长度和宽度；AD 和 AS 分别是漏区和源区扩散区面积；PD 和 PS 分别是漏区和源区的周长；NRD 和 NRS 分别是漏区和源区扩散的等效方块数；可选项 OFF 表明元器件直流分析的一个起始条件；可选的初始化条件说明采用 IC=VDS，VGS，VBS，用于在瞬态分析设置 UIC 选项时，采用希望的工作点而不是静态工作点进行分析；TEMP 覆盖.OPTION 中关于温度的说明。温度说明只对 LEVEL=1～3 时有效，而对于 LEVEL=4 或 BSIM 模型无效。

例如：

```
M31 2 17 6 10 MODN L=5U W=2U
M1 2 9 3 0 MODP L=10U W=5U AD=100P AS=100P PD=40U PS=40U
```

MOSFET 的模型也是在.MODEL 中描述。同样地，MOSFET 模型涉及半导体器件物理、器件模型等知识，并且随着技术进步，存在不同的器件模型，SPICE LEVEL=1～3 模型采用直接从元器件物理特性导出的公式描述元器件的特性。然而，当元器件的特征尺寸进入亚微米以后，建立物理意义明确且运算效率高的精确模型变得非常困难。BSIM（Berkeley Short-Channel IGFET Model）是专门为短沟道 MOSFET 而开发的模型。BSIM 是加州大学伯克利分校计算机科学系开发和维护的，已取得良好的应用，BSIM 3 v3 已经成为工艺厂家提供的标准 MOS 器件模型。随着 MOSFET 工艺的持续进步，更多的 BSIM 陆续开发出来，如 BSIM 4、BSIM-BULK、BSIM-SOI、BSIM-CMG、BSIM-IMG 等，以满足模拟、射频以及纳米级器件的器件建模需求。具体使用的 MOSFET 模型可参考半导体器件物理和相关的 SPICE 仿真器说明手册以及工艺厂家的模型说明文档。

7. MESFET

一般格式：

```
ZXXXXXXX ND NG NS MNAME <AREA> <OFF> <IC=VDS, VGS>
```

其中，Z 是 GaAs 金属半导体场效应晶体管（MESFET）的关键字；ND、NG 和 NS 分别是 MESFET 的漏极、栅极和源极；MNAME 是 MESFET 的模型名；AREA 是面积因子，如果 AREA 省略，则采用默认值 1；可选项 OFF 表明元器件直流分析的一个起始条件。可选的初始化条件说明采用 IC=VDS，VGS，用于在瞬态分析设置 UIC 选项时，采用希望的工作点而不是静态工作点进行分析。

例如：

```
Z1 7 2 3 ZM1 OFF
```

MESFET 的模型也是在.MODEL 中描述。同样地，MESFET 模型涉及半导体器件物理、器件模型等知识。具体使用的 MESFET 模型可参考半导体器件物理和相关的 SPICE

仿真器说明手册以及工艺厂家的模型说明文档。

2.2.4 子电路描述

一般格式：

```
.SUBCKT subnam N1 <N2 N3 ...>

.ENDS <subnam>
```

例如：

```
.SUBCKT AMP out in vdd gnd
...
.ENDS AMP
```

子电路定义以.SUBCKT开始，subnam是子电路名称，N1，N2，…是子电路的端口。子电路中的电路元器件在.SUBCKT之下进行描述定义，子电路最后要以.ENDS进行结尾，以便表示子电路的结束。子电路中的元器件、连线（节点）名等定义与SPICE定义都是一样的，但需要注意的是这些定义仅限于子电路内部有效。穿层次的连线名采用.GLOBAL进行定义，表示子电路内部和外部均可以使用的连线（节点）名称，一般格式为

```
.GLOBAL N1 <N2 N3 ...>
```

例如：

```
.GLOBAL vdda gnda
```

在SPICE主程序中使用子电路需要进行例化，在调用时采用字符X开头，一般格式为

```
XYYYYYYY N1 <N2 N3 ...> SUBNAM
```

例如：

```
X1 2 1 4 0 AMP
```

例化时，例元端口名称顺序和子电路的端口要一一对应。例如，上述例子中，例元名称为X1，对子电路AMP进行例化，2对应于子电路的out端口，1对应于子电路的in端口，而4对应于vdd端口，0对应于gnd端口。

2.2.5 参数描述

一般格式：

```
.PARAM name1 = value1, ... namen = valuen
.PARAM name1 = {expression1} ... namen = {expressionn}
```

例如：

```
.PARAM Freq=10K, Period={1/FREQ}, TRISE = {period/100}
```

可以采用参数定义一些变量，并且可以将这些参数代入电路定义中。例如：

```
.PARAM T1=1U T2=5U
V1 1 0 Pulse 0 1 0 {T1} {2 * T1} {T2} {3 * T2}
```

在参数传入并计算以后，实际上表示的就是

```
V1 1 0 Pulse 0 1 0 1U 2U 5U 15U
```

也可以将参数传入子电路中。例如：

```
X1 1 2 3 4 XFMR {RATIO=3}

.SUBCKT XFMR 1 2 3 4
RP 1 2 1MEG
E1 5 4 1 2 {RATIO}
F1 1 2 VM {RATIO * 2}
RS 6 3 1U
VM 5 6
.ENDS
```

2.2.6 电路包含描述

一般格式：

```
.INCLUDE "filename"
```

例如：

```
.INCLUDE \users\spice\amp.cir
```

采用.INCLUDE将其他部分的电路描述包括到主电路中。例如，可以将工艺库对各个器件的模型定义包括进来。此外，还可以采用.LIB定义工艺库文件，一般格式如下。

```
.LIB libfilename
.LIB "libfilename"
.LIB 'libfilename' section
```

其中的section用来描述工艺库的工艺角。

不同的仿真器对于库的定义引用的格式可能不同，具体可以参考相应的SPICE仿真手册文档。

2.3 SPICE 分析语句

SPICE 分析包括直流分析、交流小信号分析、瞬态分析、零极点分析、噪声分析、传递函数分析、灵敏度分析、傅里叶分析等。所有分析语句以“.”开头。各个语句可以任意次序出现在 SPICE 描述中。

2.3.1 直流工作点分析

一般格式：

```
.OP
```

此语句使 SPICE 分析电路的直流工作点。在分析直流工作点时，电路中的电容将开路，而电感将短路。在瞬态分析前 SPICE 将自动进行直流工作点分析，以便确定瞬态初始条件。进行交流小信号分析之前也进行直流工作点分析，以便确定非线性器件的线性化小信号模型。

2.3.2 直流扫描分析

一般格式：

```
.DC SRCNAM VSTART VSTOP VINCR [SRC2 START2 STOP2 INCR2]
```

直流扫描分析规定了直流传输特性分析时所用的电源类型和扫描范围。SRCNAM 是独立电压源或电流源名称；VSTART、VSTOP 和 VINCR 分别是扫描量的起始值、结束值以及增量步长。

例如：

```
.DC Vin 0 5 0.1
```

在这个例子中，Vin 从 0V 变化到 5V，以 0.1V 的增量步长进行 Vin 电压扫描。

.DC 语句具体格式取决于实际应用，可采用嵌套的形式，方括号内是可选的第二扫描量。2.1 节中的 NMOS 输出特性仿真中就采用了这种嵌套的形式。

2.3.3 交流小信号分析

一般格式：

```
.AC DEC ND FSTART FSTOP
.AC OCT NO FSTART FSTOP
.AC LIN NP FSTART FSTOP
```

其中，DEC 表示按 10 倍频程变化；ND 是每 10 倍频程中扫描的点数；OCT 表示按倍频变化；NO 是每倍频程中扫描的点数；LIN 表示线性变化；NP 是线性变化扫描的点数；

FSTART 表示起始频率；FSTOP 表示结束频率。注意，至少在一个独立源中说明 AC 值，这个分析才起作用。

例如：

```
.AC DEC 10 1 10K
.AC OCT 10 1K 100K
.AC LIN 100 1 100
```

2.3.4 瞬态分析

一般格式：

```
.TRAN TSTEP TSTOP <TSTART <TMAX>> <UIC>
```

例如：

```
.TRAN 1NS 100NS
```

其中，TSTEP 是瞬态分析的打印步长或后处理工具的计算步长；TSTOP 是结束时间；TSTART 是起始时间，如果省略 TSTART，则从 0 时刻开始。瞬态分析总是从 0 时刻开始，在<0,TSTART>期间也进行电路分析（达到一个稳态），但是没有存储输出结果；在<TSTART,TSTOP>期间，既进行电路分析也存储结果。TMAX 是 SPICE 采用的最大步长，用于保证程序计算步长小于打印步长 TSTEP，默认值是选择 TSTEP 和（TSTOP－TSTART）/50 二者之间的较小者。可选项 UIC 表明希望 SPICE 在进行瞬态分析开始时不用求解静态工作点，而是采用各元器件中的 IC 作为初始瞬态条件进行分析。如果定义了.IC，则.IC 中的各个节点的电压用于计算各个元器件的初始条件。

2.3.5 零极点分析

一般格式：

```
.PZ NODE1 NODE2 NODE3 NODE4 CUR POL
.PZ NODE1 NODE2 NODE3 NODE4 CUR ZER
.PZ NODE1 NODE2 NODE3 NODE4 CUR PZ
.PZ NODE1 NODE2 NODE3 NODE4 VOL POL
.PZ NODE1 NODE2 NODE3 NODE4 VOL ZER
.PZ NODE1 NODE2 NODE3 NODE4 VOL PZ
```

其中，NODE1 和 NODE2 是两个输入节点；NODE3 和 NODE4 是两个输出节点；CUR 表示传递函数类型是输出电压/输入电流；VOL 表示传递函数类型是输出电压/输入电压；POL 表示只进行极点分析；ZER 表示只进行零点分析；PZ 表示进行零极点分析。

例如：

```
.PZ 1 0 3 0 CUR POL
.PZ 2 3 5 0 VOL ZER
.PZ 4 1 4 1 CUR PZ
```

2.3.6 噪声分析

一般格式：

```
.NOISE V(OUTPUT <,REF >) SRC (DEC | LIN | OCT) PTS FSTART FSTOP
+ <PTS_PER_SUMMARY>
```

其中，OUTPUT 是总输出噪声所在的节点；如果说明了 REF，则计算噪声电压 V(OUTPUT)－V(REF)，默认情况 REF 假设连接到地节点(Ground)上；SRC 是考查等效输入参考噪声的独立源，SRC 后的参数定义与 AC 分析是一致的，DEC 表示按 10 倍频程变化，OCT 表示按倍频变化，LIN 表示线性变化；PTS 是扫描的点数；FSTART 是起始频率；FSTOP 是结束频率。

例如：

```
.NOISE V(5) VIN DEC 10 1KHZ 100MHZ
```

2.3.7 传递函数分析

一般格式：

```
.TF OUTVAR INSRC
```

其中，TF 定义直流小信号分析的小信号输出和输入关系；OUTVAR 是小信号输出变量；INSRC 是小信号输入源。

例如：

```
.TF V(5, 3) VIN
```

SPICE 计算传递函数(输出/输入)、输入电阻、输出电阻的直流小信号值。在上述示例中，SPICE 将计算 V(5,3)与 VIN 的比值、VIN 处的小信号输入电阻以及节点 5 与节点 3 之间的小信号输出电阻。

2.3.8 灵敏度分析

一般格式：

```
.SENS OUTVAR
.SENS OUTVAR AC DEC ND FSTART FSTOP
.SENS OUTVAR AC OCT NO FSTART FSTOP
.SENS OUTVAR AC LIN NP FSTART FSTOP
```

SENS 进行非零器件参数对 OUTVAR 的灵敏度分析。OUTVAR 是电路变量(节点电压或电压源支路电流)。

例如：

```
.SENS V(1,OUT)
.SENS V(OUT) AC DEC 10 100 100k
```

上述第 1 种格式中是分析 OUTVAR 对直流工作点的灵敏度; 后面几种格式是进行 OUTVAR 相对于 AC 分析的灵敏度分析,其中 AC 后列出的参数含义与 AC 分析是一致的。

2.3.9 傅里叶分析

一般格式:

```
.FOUR FREQ OV1 <OV2 OV3 ...>
```

其中,FREQ 是基频; OV 是希望输出的向量。执行瞬态分析结果的傅里叶分析。严格来说,傅里叶分析不是独立的分析语句,其必须与瞬态分析一起使用。

例如:

```
.FOUR 100K V(5)
```

2.4 SPICE 控制选项

2.4.1 控制参数选项

一般格式:

```
.OPTIONS OPT1 OPT2 ... (or OPT=OPTVAL ...)
```

例如:

```
.OPTIONS RELTOL=.005 TRTOL=8
```

SPICE 的控制参数选项可以通过. OPTION 语句进行设置,以便控制精度、速度以及元器件参数的默认值。常见的 SPICE 控制参数选项如表 2-12 所示。随着 SPICE 的发展和进步,SPICE 控制参数选项不仅限于此,而且不同仿真器的控制参数选项也可能不同,请读者阅读相关的 SPICE 仿真器说明手册。

表 2-12 常见的 SPICE 控制参数选项

选　项	说　明	默认值
ABSTOL=x	设置程序中绝对电流误差容限	1p
CHGTOL=x	设置程序中电荷容限	1.0e-14
DEFAD=x	设置 MOS 漏极扩散区面积	0.0
DEFAS=x	设置 MOS 源极扩散区面积	0.0
DEFL=x	设置 MOS 沟道长度	100.0μ
DEFW=x	设置 MOS 沟道宽度	100.0μ
GMIN=x	设置程序允许的最小跨导	1.0e-12
ITL1=x	设置 DC 迭代限制	100
ITL2=x	设置 DC 转移曲线迭代限制	50

续表

选　　项	说　　明	默　认　值
ITL3=x	设置最低瞬态分析迭代限制	4
ITL4=x	设置瞬态分析时间点迭代限制	10
ITL5=x	设置瞬态分析总迭代限制	0(禁止此限制)
KEEPOPINFO	运行交流、失真或零极点分析时保留工作点信息。如果电路很大并且不想运行(冗余)直流工作点分析,这将特别有用	—
PIVREL=x	设置最大列项和可接受主元的比率	1.0e-3
PIVTOL=x	设置接受作为主元的矩阵项的绝对最小值	1.0e-13
RELTOL=x	设置程序的相对误差容限	0.001(0.1%)
TEMP=x	设置电路的工作温度。TEMP 可以被任何温度相关例元上的温度规范覆盖	27℃(300K)
TNOM=x	设置测量器件参数的标称温度。TNOM 可以被任何温度相关器件模型的规范覆盖	27℃(300K)
TRTOL=x	设置瞬态误差容限。该参数是对 SPICE 高估实际截断误差的因素的估计	7.0
VNTOL=x	设置程序的绝对电压误差容限	1μ

2.4.2　初始化条件

1. 初始节点电压

一般格式:

```
.NODESET V(NODNUM)=VAL V(NODNUM)=VAL ...
```

例如:

```
.NODESET V(12)=4.5 V(4)=2.23
```

此语句通过在特定的节点上设置初始电压帮助 SPICE 程序求解直流工作点或瞬态的初始电压。随后的求解迭代将释放初始电压,然后继续迭代以便找到真正的解。一般在双稳态或非稳态电路的求解收敛过程中需要.NODESET,而通常的情况下是不需要这个设置的。

2. 设置初始条件

一般格式:

```
.IC V(NODNUM)=VAL V(NODNUM)=VAL ...
```

例如:

```
.IC V(11)=5 V(4)=-5 V(2)=2.2
```

.IC 语句用于设置瞬态初始条件。同时,也要注意.IC 和.NODESET 的不同——.NODESET 只是帮助 SPICE 程序求解收敛,不影响最终的偏置值(多稳态电路除外)。

根据在瞬态分析中是否说明了 UIC,存在两种不同的解释。

(1) 若瞬态分析中说明了 UIC，那么.IC 中说明的节点电压用于计算电容、二极管、BJT、JFET 以及 MOSFET 初始条件。这等效于在每个元器件上说明了 IC 参数。如果元器件定义行中也有 IC 说明，则其值优先于.IC 中的说明。由于采用了 UIC，在瞬态分析之前，不进行直流偏置(初始瞬态)解的计算，因此必须在.IC 控制语句中仔细说明所有直流源的数值。

(2) 若瞬态分析中没有说明 UIC，在瞬态分析前将计算直流偏置(初始瞬态)解。在这种情况下，.IC 控制语句中说明的节点电压用于在偏置求解时设置希望的初始值。在瞬态分析的过程中，这些节点电压的约束将被移除。

2.4.3 输出控制

SPICE 运行后的结果可以进行输出，商用的 SPICE 会提供更强大的结果输出工具，输出控制语句也不相同，具体请参考相应的仿真器手册。下面简单介绍.SAVE、.PRINT、.PLOT、.PROBE 等基本的 SPICE 输出控制语句。

1. .SAVE 语句

一般格式：

```
.SAVE vector vector vector ...
```

例如：

```
.SAVE i(vin) input output
```

.SAVE 语句用于保存语句列出的 vector。如果没有给出 SAVE 语句，则保存所有 vector(所有节点的电压以及电压源支路的电流)。

2. .PRINT 语句

一般格式：

```
.PRINT PRTYPE OV1 <OV2 ... OV8>
```

其中，PRINT 定义需要输出变量的内容；PRTYPE 是分析类型(DC、AC、TRAN、NOISE、DISTO)；在 AC 分析中，输出的 OV 还可以采用如表 2-13 所示的形式。

表 2-13 AC 分析输出变量及含义

名 称	含 义	名 称	含 义
V	量值(与 VM 相同)	VM	量值
VR	实部	VP	相位(以弧度或度为单位)
VI	虚部	VDB	分贝值

例如：

```
.PRINT TRAN V(4) I(VIN)
.PRINT DC V(2) I(VSRC) V(23, 17)
.PRINT AC VM(4, 2) VR(7) VP(8, 3)
```

3. .PLOT 语句

一般格式：

```
.PLOT PLTYPE OV1 <(PLO1, PHI1)> < OV2 <(PLO2, PHI2)> ... OV8 >
```

其中,PLOT 定义需要打印变量的绘图内容；PRTYPE 是分析类型(DC、AC、TRAN、NOISE、DISTO)。

例如：

```
.PLOT DC V(4) V(5) V(1)
.PLOT TRAN V(17, 5) (2,5) I(VIN) V(17) (1,9)
.PLOT AC VM(5) VM(31, 24) VDB(5) VP(5)
```

4. .PROBE 语句

一般格式：

```
.PROBE
```

PROBE 是将绘图内容绘制成曲线图的命令。各种商用 SPICE 仿真器中会有不同的绘图命令,具体请参考相应的仿真器手册。

2.5 本章小结

本章介绍了集成电路 SPICE 仿真描述的基本组成、电路描述、分析语句、控制选项等基本内容。集成电路的设计者可以使用 SPICE 仿真器开展电路的仿真和分析。目前各 EDA 厂家都推出了功能强大的 SPICE 仿真工具,同时具有友好的用户界面,方便用户以图形化的方式进行电路设计。然而,不管怎样,集成电路的电路级仿真和分析都是基于基本 SPICE 描述,因此,理解和掌握 SPICE 基本描述是对集成电路设计者的根本要求。

第 3 章 基于 HSPICE 的集成电路仿真

CHAPTER 3

HSPICE 仿真器是 Synopsys 公司的电路级仿真工具，采用和标准 SPICE 描述一致的输入文件。在兼容标准 SPICE 的基础上，还提供更强大的集成电路仿真分析能力。本章将介绍与 HSPICE 仿真器相关的流程、工具的使用以及基本电路分析的方法。

3.1 流程及规则简介

HSPICE 工具的基本仿真流程如图 3-1 所示。启动后，HSPICE 工具会运行一些脚本文件、检查 license、读取配置文件步骤，这几个步骤用户一般不需要干预。此时用户需要输入网表文件，如果网表文件中包括库文件引用，则 HSPICE 工具同时会读入库文件。然后 HSPICE 工具分析电路的工作点，进入用户需要的分析仿真。仿真完毕，输出结果并清理文件。HSPICE 输入网表文件通常采用 .sp 文件，输出文件有 .st0 运行状态文件、.lis 输出列表文件、.tr 瞬态分析文件、.sw 直流分析文件、.ac 交流分析文件等。.st0 运行状态文件和 .lis 输出列表文件内容在每次 HSPICE 运行后均有出现，其他的输出文件根据 SPICE 程序中选择的分析类型而出现，并且可以在波形显示工具中显示，如 Avanwaves、Cscope 等波形显示工具。

图 3-1 HSPICE 工具的基本仿真流程

SPICE 网表（程序）输入文件和库输入文件可以由一个电路网表转换器或用一个文本编辑器产生。值得一提的是，HSPICE 等 EDA 工具一般都是基于 Linux 或 UNIX 平台的，因此注意网表输入文件的扩展名并不是强制的。SPICE 网表输入文件一般遵循与标准 SPICE 相同的规则，并且提供了强大的功能以及一些具有自身特色的选项。一些基本注意事项如下。

（1）网表输入文件的第1条语句必须是标题行，最后一条语句必须是.end语句，它们之间的语句次序是随意的，除非是续行（行首有＋符号的行）必须接在要接下去的行后面。注释行以*开头，可加在文件中的任何地方。

（2）HSPICE采用自由格式输入。语句中的域由一个或多个空格、一个Tab制表符、一个逗号、一个等号或一个左/右圆括号分开。

（3）除UNIX、Linux系统中的文件名外，不区分大小写字母。

（4）每行语句长度一般限于80个字符以下。

（5）一条语句若在一行写不下，可以用续行号继续下去。续行以＋作为第1个非数值、非空格字符。

（6）网表输入文件不能被“打包”，也不能被压缩。

（7）网表输入文件中不要采用特殊的控制字符。

（8）电路信息以及波形输出需要在option中增加如下声明。

```
.option list node post
```

其中，list选项表示打印网表元器件、节点连接以及元器件值、电压源和电流源以及参数等；node选项表示HSPICE将打印节点交叉引用对照表，对照表列举每个节点以及连接节点的元器件；post选项表示保存仿真结果以便由交互的波形查看工具显示仿真结果。

（9）模型文件可以采用.lib进行引用。例如：

```
.lib './library/mix025.lib' TT
```

在这个例子中，mix025.lib是选取的某个集成电路工艺的SPICE模型文件，引用时需要注意带上路径；TT是选择的模型文件中的section，section用于表明模型的工艺角（Corner）。

3.2　HSPICE工具的使用

HSPICE可采用命令行或图形界面的方式执行。在UNIX或Linux系统命令提示符（$）下执行[①]

```
$ hspice demo.sp
```

其中，demo.sp是输入文件，在这种情况下不生成.lis文件，报表文件的内容打印到屏幕上。

```
$ hspice -i demo.sp -o demo.lis
```

在这种情况下，将报表生成以输出文件名demo命名的.lis文件。在Windows操作系统中，启动HSPICE相对方便的方式是采用图形界面，如图3-2所示，在Design文本框中输入SPICE输入文件。

单击Simulate按钮执行仿真，之后采用AvanWaves或Cscope（CosmosScope）软件显示波形，分别如图3-3和图3-4所示，双击相应节点就可以显示波形。在HSPICE工具各个

① $是UNIX或Linux的命令提示符。

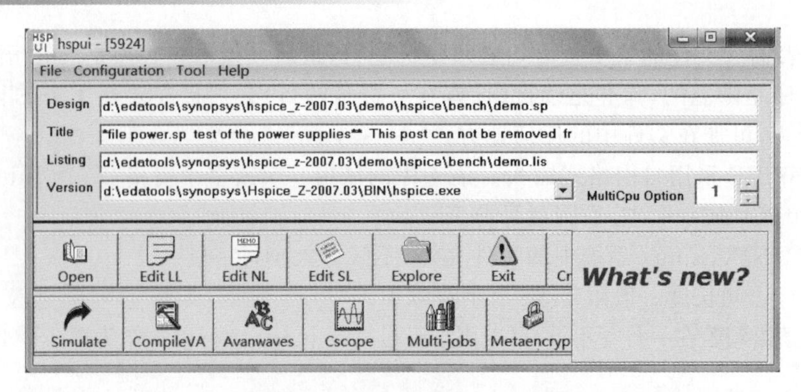

图 3-2 HSPICE 仿真图形界面

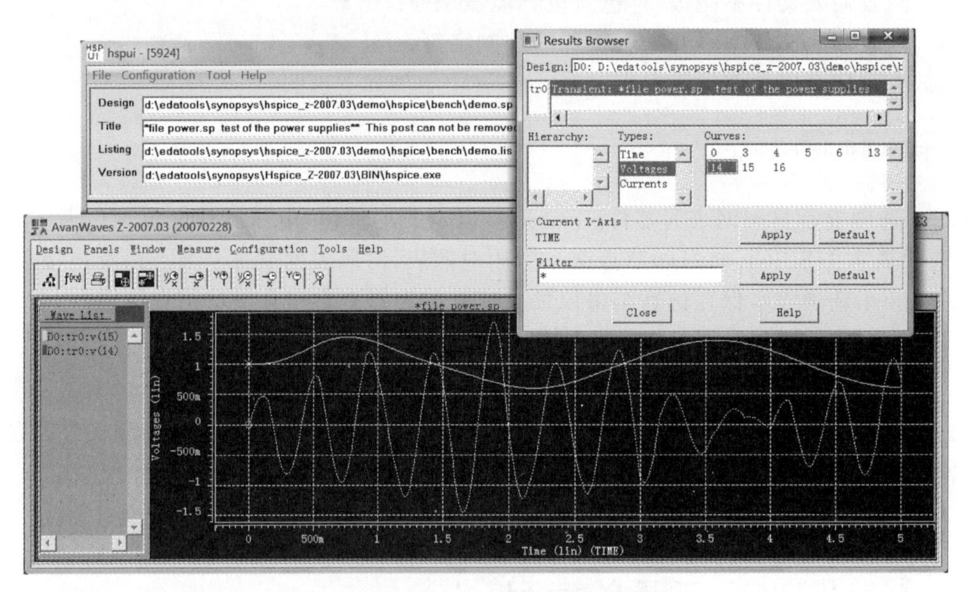

图 3-3 AvanWaves 波形查看软件界面

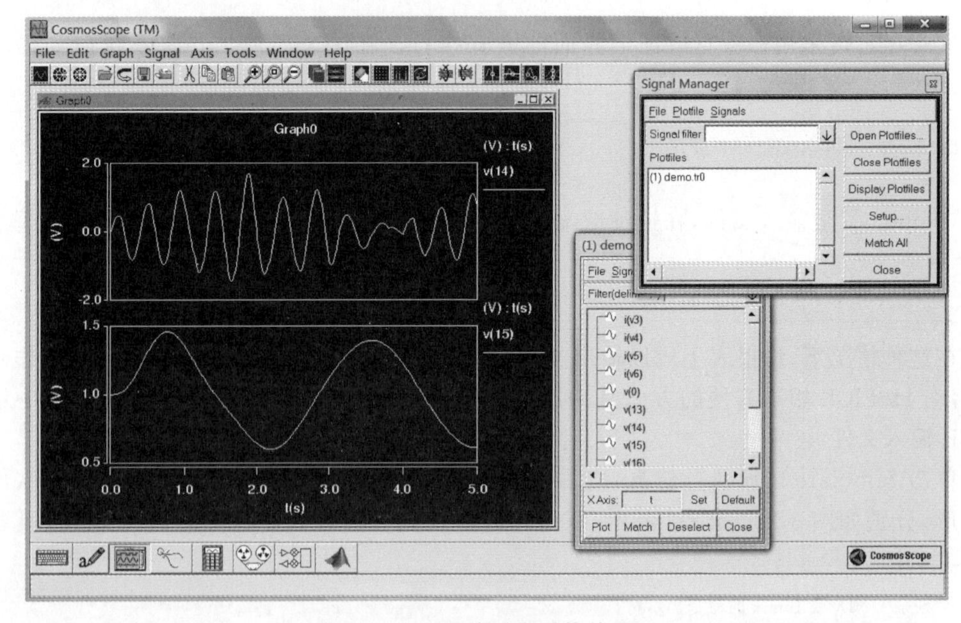

图 3-4 Cscope 波形查看软件界面

版本中，图形界面会有一些差异，但操作方式是大同小异的。Cscope（CosmosScope）的显示功能要比 AvanWaves 丰富些。在 HSPICE 的后续版本中，Linux 平台不再支持 AvanWaves。

3.3 HSPICE 基本电路分析

下面以如图 3-5 所示的电路为例，说明 HSPICE 的几种基础仿真：直流仿真、交流仿真、瞬态仿真。

此电路为电流源作负载的共源极放大器，采用电流镜实现电流源，偏置为电阻与电流镜实现的简单偏置电路，放大器的输出驱动一个 5pF 的电容负载。电路连接的各节点号（节点 0 到节点 4）已标注在图中，其中电路的地节点（gnd）连接到默认节点 0 的大地节点（ground）。放大器中所有晶体管的尺寸为 $W=5\mu m$，$L=1\mu m$；NMOS 晶体管的参数为：$V_{TH}=0.7V$，$K_n=110\mu A/V^2$，$\lambda=0.04V^{-1}$，$\gamma=0.4$；PMOS 晶体管的参数为：$V_{TH}=0.7V$，$K_n=50\mu A/V^2$，$\lambda=0.05V^{-1}$，$\gamma=0.6$；电阻的阻值为 100kΩ。

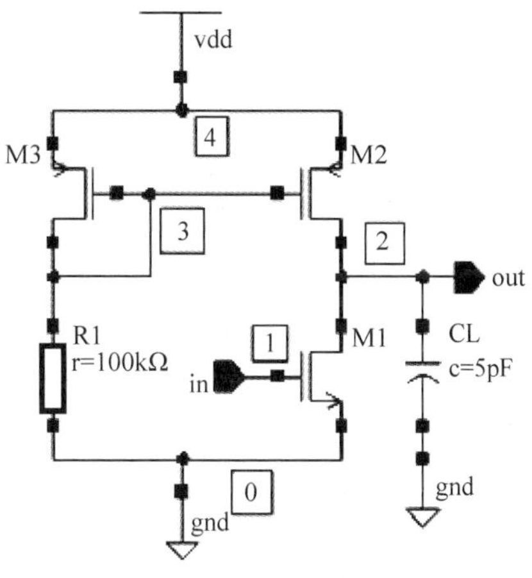

图 3-5　一个基本的共源极放大器

3.3.1 直流仿真分析

针对图 3-5 电路，采用子电路描述的方式，将放大器 AMP 作为一个子电路进行描述。图 3-5 电路的直流仿真 SPICE 描述如下。

```
* DC analysis for AMP
* AMP sub-circuit
.subckt AMP out in vdd gnd
M1 out in gnd gnd MOSN w=5u l=1.0u
M2 out 3 vdd vdd MOSP w=5u l=1.0u
M3 3 3 vdd vdd MOSP w=5u l=1.0u
R1 3 gnd 100K
.ends

X1 2 1 4 0 AMP
CL 2 0 5p

Vdd 4 0 DC 5.0
Vin 1 0 DC 5.0

.OP
.DC Vin 0 5 0.1
.print dc V(2)
.plot dc V(2)
*.probe dc V(2)
.option list node post
```

```
*model
.MODEL MOSN NMOS VTO=0.7 KP=110U
+LAMBDA=0.04 GAMMA=0.4 PHI=0.7

.MODEL MOSP PMOS VTO=-0.7 KP=50U
+LAMBDA=0.05 GAMMA=0.6 PHI=0.8
.end
```

MOSFET 器件模型采用 MOS1 模型。放大器子电路名称为 AMP，其端口名为 out、in、vdd 和 gnd。在例化时，例化名为 X1，对应的端口的连线分别为节点 2、节点 1、节点 4 和节点 0。

.OP 是分析直流工作点语句。该语句在进行电路直流工作点计算时，电路中所有电感短路，电容开路。值得注意的是，在一个 HSPICE 模拟中只能出现一个.OP 语句。

采用 HSPICE 执行仿真，将产生直流工作点分析(.OP)和直流扫描分析(.DC)结果。HSPICE 首先会统计元器件模型参数以及电路中诸如 MOS 晶体管、电阻、电容、独立源等各个元器件的参数，然后分析电路中各个元器件的工作点。这些都会打印到屏幕上或在.lis 文件中显示出来。

关于电路中各 MOS 晶体管工作点的部分报表如图 3-6 所示。从中可以得知诸如漏极电流(id)、各端口之间的偏压等工作点信息，进而可以得知 gm、gds、gmb 等小信号参数数值。还可以发现，M2 和 M3 处于饱和区，而 M1 处于线性区。为什么 M1 处于线性区而不是饱和区呢？这是因为在上述 SPICE 描述中，输入处(节点 1)的独立源 V_{in} 施加的直流电压值是 5V，即 M1 的 $V_{GS}=5V$，这样使 M1 进入了线性区。结合后续的直流扫描，可以将 V_{in} 直流值设置在 1～1.12V，如 1.07V。重新进行 HSPICE 仿真，晶体管工作点的部分报表如图 3-7 所示，可见所有晶体管都处于饱和区，这是电路设计所期望的。这样可以通过 HSPICE 仿真的。OP 报表结果，分析电路的直流工作点，调整电路设计以便符合设计目标。

```
**** mosfets

subckt   x1          x1          x1
element  1:m1        1:m2        1:m3
model    0:mosn      0:mosp      0:mosp
region       Linear   Saturati    Saturati
 id        44.3226u  -44.3226u   -37.6720u
 ibs        0.         0.          0.
 ibd     -187.6795a   49.8123f    12.3280f
 vgs        5.0000    -1.2328     -1.2328
 vds       18.7680m   -4.9812     -1.2328
 vbs        0.         0.          0.
 vth      700.0000m -700.0000m  -700.0000m
 vdsat     18.7680m -532.8017m  -532.8017m
 vod        4.3000  -532.8017m  -532.8017m
 beta     550.4129u  312.2654u   265.4100u
 gam eff  400.0000m  600.0000m   600.0000m
 gm        10.3301u  166.3755u   141.4109u
 gds        2.3582m    1.7742u     1.7742u
 gmb        2.4694u   55.8040u    47.4307u
 cdtot    862.0302a   11.4673a     2.8380a
 cgtot      1.7281f    1.1782f     1.1696f
 cstot    864.5476a    1.1511f     1.1511f
 cbtot      1.5421a   15.6894a    15.6894a
 cgs      864.5476a    1.1511f     1.1511f
 cgd      862.0302a   11.4673a     2.8380a
```

图 3-6 静态工作点分析得到的电路中 MOSFET 工作点情况($V_{in}=5V$)

```
**** mosfets

subckt   x1          x1          x1
element  1:m1        1:m2        1:m3
model    0:mosn      0:mosp      0:mosp
region     Saturati   Saturati    Saturati
 id        40.7273u  -40.7273u   -37.6720u
 ibs        0.         0.          0.
 ibd      -20.4515f   29.5485f    12.3280f
 vgs        1.0700    -1.2328     -1.2328
 vds        2.0452    -2.9548     -1.2328
 vbs        0.         0.          0.
 vth      700.0000m -700.0000m  -700.0000m
 vdsat    370.0000m -532.8017m  -532.8017m
 vod      370.0000m -532.8017m  -532.8017m
 beta     594.9934u  286.9356u   265.4100u
 gam eff  400.0000m  600.0000m   600.0000m
 gm       220.1475u  152.8798u   141.4109u
 gds        1.5059u    1.7742u     1.7742u
 gmb       52.6253u   51.2774u    47.4307u
 cdtot      4.7082a    6.8024a     2.8380a
 cgtot      1.1728f    1.1735f     1.1696f
 cstot      1.1511f    1.1511f     1.1511f
 cbtot     17.0822a   15.6894a    15.6894a
 cgs        1.1511f    1.1511f     1.1511f
 cgd        4.7082a    6.8024a     2.8380a
```

图 3-7 $V_{in}=1.07V$ 时的 MOSFET 工作点情况

直流分析针对 V_{in} 从 0V 变化到 5V，步长为 0.1V。通过直流扫描分析，可以得到此放大器的输入/输出特性。执行.print dc V(2)语句后，会在.lis 文件或屏幕上打印输出节点 2 的电压随 V_{in} 直流扫描电压变化的数据，如图 3-8 所示。图 3-9 所示为执行.plot dc V(2)语句得到的采用文本方式显示的图 3-5 电路的直流扫描结果。

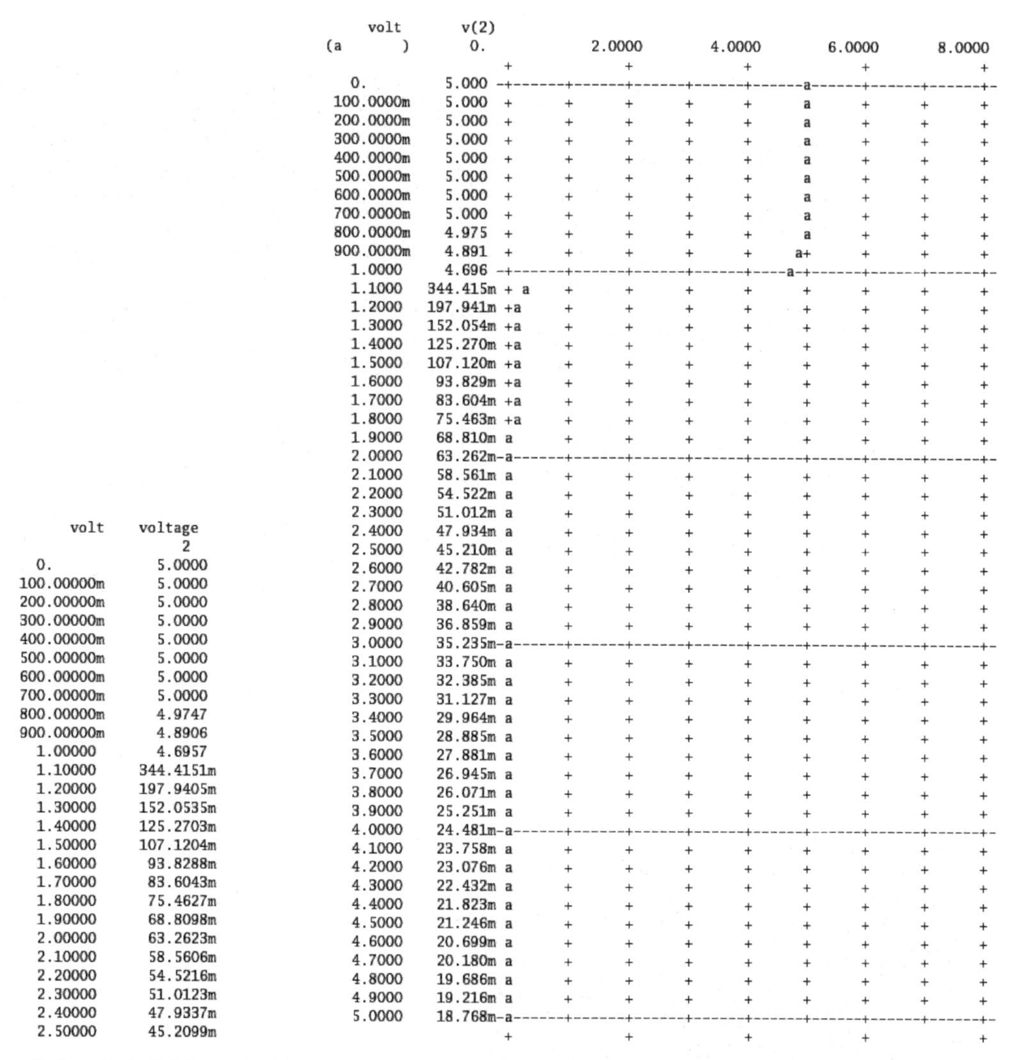

volt	voltage 2
0.	5.0000
100.00000m	5.0000
200.00000m	5.0000
300.00000m	5.0000
400.00000m	5.0000
500.00000m	5.0000
600.00000m	5.0000
700.00000m	5.0000
800.00000m	4.9747
900.00000m	4.8906
1.00000	4.6957
1.10000	344.4151m
1.20000	197.9405m
1.30000	152.0535m
1.40000	125.2703m
1.50000	107.1204m
1.60000	93.8288m
1.70000	83.6043m
1.80000	75.4627m
1.90000	68.8098m
2.00000	63.2623m
2.10000	58.5606m
2.20000	54.5216m
2.30000	51.0123m
2.40000	47.9337m
2.50000	45.2099m

图 3-8 节点 2 的电压随 V_{in} 直流扫描电压变化的数据(部分)

```
        volt        v(2)
 (a          )       0.           2.0000        4.0000        6.0000        8.0000
                     +             +             +             +             +
          0.      5.000 -+------+------+------+------+------a------+------+------+-
   100.0000m      5.000  +      +      +      +      +      a      +      +      +
   200.0000m      5.000  +      +      +      +      +      a      +      +      +
   300.0000m      5.000  +      +      +      +      +      a      +      +      +
   400.0000m      5.000  +      +      +      +      +      a      +      +      +
   500.0000m      5.000  +      +      +      +      +      a      +      +      +
   600.0000m      5.000  +      +      +      +      +      a      +      +      +
   700.0000m      5.000  +      +      +      +      +      a      +      +      +
   800.0000m      4.975  +      +      +      +      +      a      +      +      +
   900.0000m      4.891  +      +      +      +      +     a+      +      +      +
      1.0000      4.696 -+------+------+------+------+----a-+------+------+------+-
      1.1000   344.415m  + a    +      +      +      +      +      +      +      +
      1.2000   197.941m  +a     +      +      +      +      +      +      +      +
      1.3000   152.054m  +a     +      +      +      +      +      +      +      +
      1.4000   125.270m  +a     +      +      +      +      +      +      +      +
      1.5000   107.120m  +a     +      +      +      +      +      +      +      +
      1.6000    93.829m  +a     +      +      +      +      +      +      +      +
      1.7000    83.604m  +a     +      +      +      +      +      +      +      +
      1.8000    75.463m  +a     +      +      +      +      +      +      +      +
      1.9000    68.810m  a      +      +      +      +      +      +      +      +
      2.0000    63.262m -a------+------+------+------+------+------+------+------+-
      2.1000    58.561m  a      +      +      +      +      +      +      +      +
      2.2000    54.522m  a      +      +      +      +      +      +      +      +
      2.3000    51.012m  a      +      +      +      +      +      +      +      +
      2.4000    47.934m  a      +      +      +      +      +      +      +      +
      2.5000    45.210m  a      +      +      +      +      +      +      +      +
      2.6000    42.782m  a      +      +      +      +      +      +      +      +
      2.7000    40.605m  a      +      +      +      +      +      +      +      +
      2.8000    38.640m  a      +      +      +      +      +      +      +      +
      2.9000    36.859m  a      +      +      +      +      +      +      +      +
      3.0000    35.235m -a------+------+------+------+------+------+------+------+-
      3.1000    33.750m  a      +      +      +      +      +      +      +      +
      3.2000    32.385m  a      +      +      +      +      +      +      +      +
      3.3000    31.127m  a      +      +      +      +      +      +      +      +
      3.4000    29.964m  a      +      +      +      +      +      +      +      +
      3.5000    28.885m  a      +      +      +      +      +      +      +      +
      3.6000    27.881m  a      +      +      +      +      +      +      +      +
      3.7000    26.945m  a      +      +      +      +      +      +      +      +
      3.8000    26.071m  a      +      +      +      +      +      +      +      +
      3.9000    25.251m  a      +      +      +      +      +      +      +      +
      4.0000    24.481m -a------+------+------+------+------+------+------+------+-
      4.1000    23.758m  a      +      +      +      +      +      +      +      +
      4.2000    23.076m  a      +      +      +      +      +      +      +      +
      4.3000    22.432m  a      +      +      +      +      +      +      +      +
      4.4000    21.823m  a      +      +      +      +      +      +      +      +
      4.5000    21.246m  a      +      +      +      +      +      +      +      +
      4.6000    20.699m  a      +      +      +      +      +      +      +      +
      4.7000    20.180m  a      +      +      +      +      +      +      +      +
      4.8000    19.686m  a      +      +      +      +      +      +      +      +
      4.9000    19.216m  a      +      +      +      +      +      +      +      +
      5.0000    18.768m -a------+------+------+------+------+------+------+------+-
                         +             +             +             +             +
```

图 3-9 采用文本方式显示的直流扫描结果

为了绘制曲线波形图，SPICE 需要执行 PROBE 命令，而在 HSPICE 中，为了得到更好的曲线波形显示效果，需要增加.option list node post 控制语句，执行直流扫描后会产生.sw(或.sw0)文件，就可以配合使用一些图形后处理工具绘制波形图。图 3-10 所示为采用 AvanWaves 打开.sw(或.sw0)文件查看的直流扫描结果。

采用 Cscope(CosmosScope)打开结果文件，如图 3-11 所示。在 Cscope 中执行 File→Open→Plotfiles 菜单命令，弹出 Open Plotfiles 对话框，选择 HSPICE(*.tr*、*.ac*、*.sw*、*.ft*)文件类型，打开.sw(或.sw0)文件查看直流扫描结果，如图 3-11(a)所示。

在 Signal Manager 对话框的子栏中双击 v(2)，就可以显示节点 2 的电压随直流扫描电压的变化曲线。执行 Graph→Color Map 菜单命令，或者在 Cscope 波形图上右击，在弹出的快捷菜单中选择 Color Map，选择 Map 2 波形配色方案，可以将背景改为白色，如图 3-11(b)所示。同样，也可以通过右击波形曲线，在弹出的快捷菜单中选择 Color，改变波形曲线颜色，同时还可以增加 Measurement 光标，显示效果如图 3-11(c)所示。

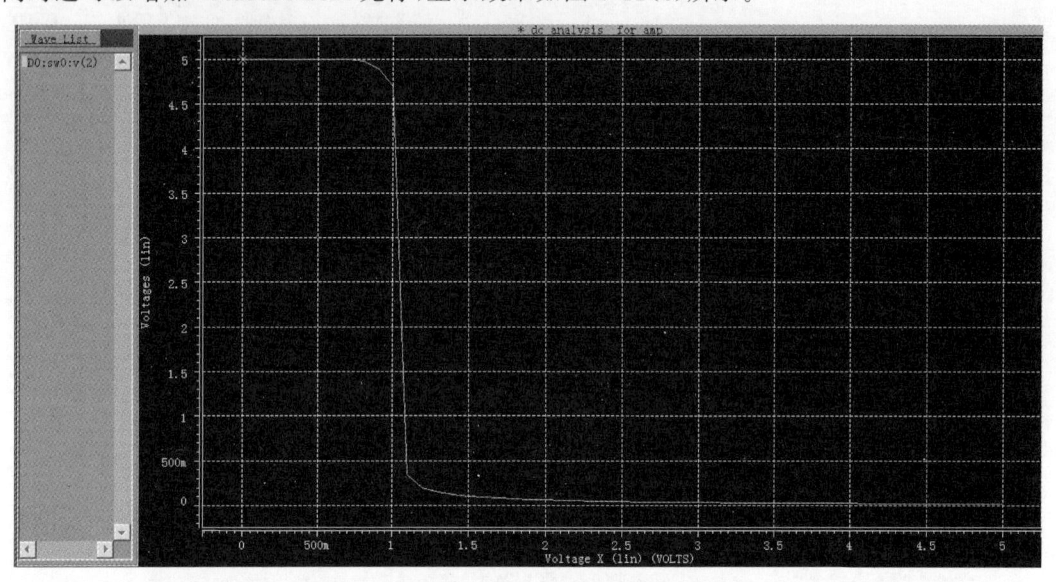

图 3-10 采用 AvanWaves 查看直流扫描结果

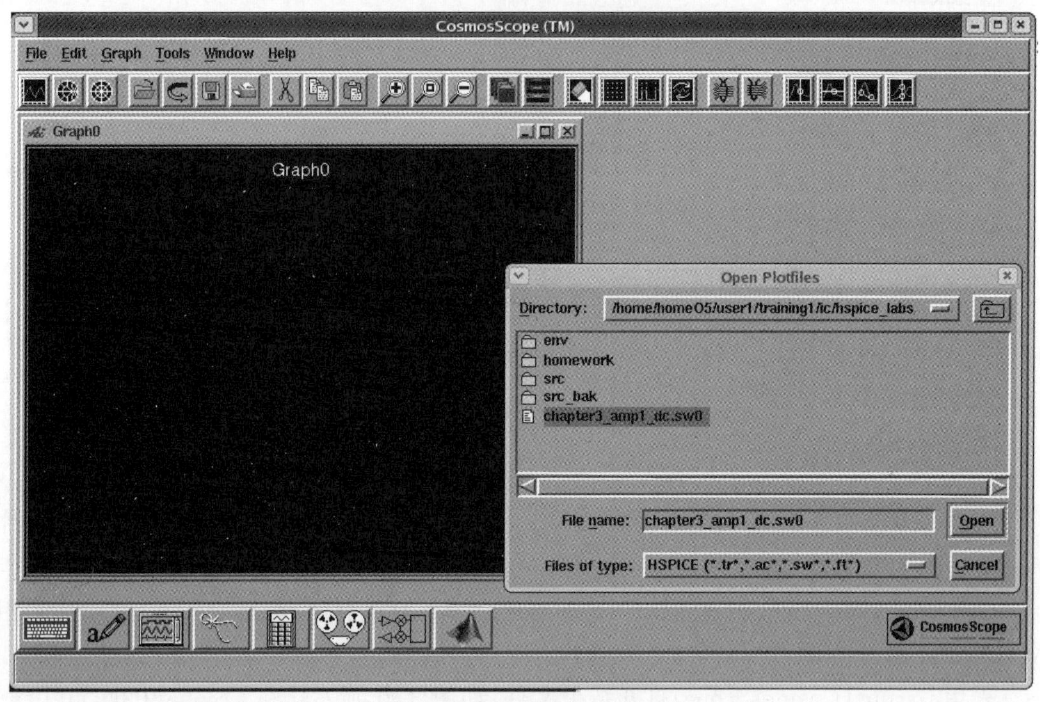

(a) 采用Cscope打开.sw0文件

图 3-11 采用 Cscope 查看直流扫描结果

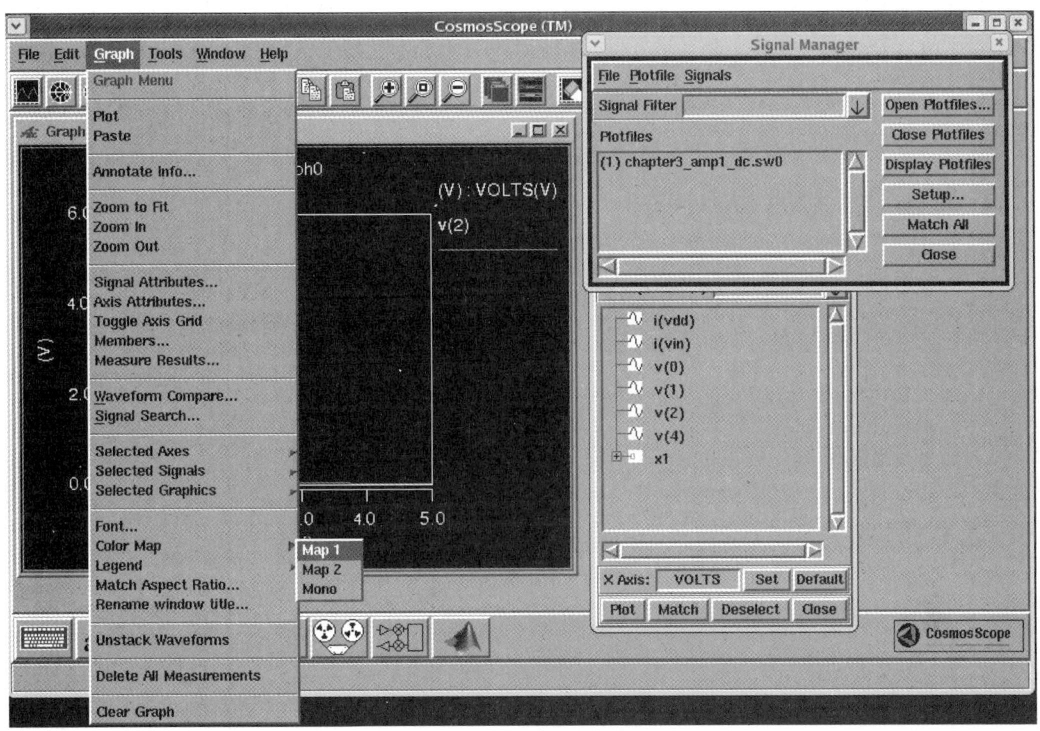

(b) 改变波形显示配色方案

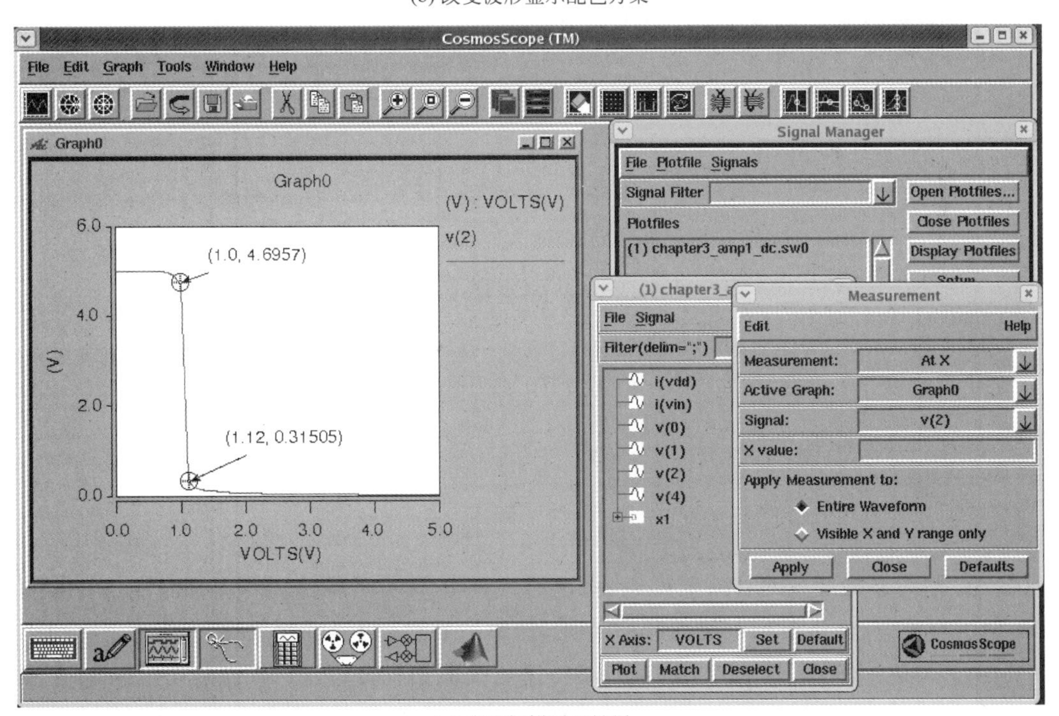

(c) 直流扫描显示效果

图 3-11　（续）

从这些不同形式的输出结果中可以看出，输入为1～1.12V的区域是此放大器的高增益区。这里详细展示了几种输出控制形式以及波形显示工具，它们对于输出数据的显示与处理各有千秋，视需要选用。后面采用Cscope作为主要的输出波形工具，其他形式的输出结果就不一一赘述了。

3.3.2 交流仿真分析

根据直流分析的结果，将图3-5放大器电路的输入直流工作点 V_{in} 设置为1.07V，然后对电路进行交流小信号分析。针对图3-5电路的交流仿真SPICE描述如下。

```
* AC analysis for AMP
* AMP sub-circuit
.subckt AMP out in vdd gnd
M1 out in gnd gnd MOSN w=5u l=1.0u
M2 out 3 vdd vdd MOSP w=5u l=1.0u
M3 3 3 vdd vdd MOSP w=5u l=1.0u
R1 3 gnd 100K
.ends

X1 2 1 4 0 AMP
CL 2 0 5p

Vdd 4 0 DC 5.0
Vin 1 0 DC 1.07 AC 1.0

.OP
.AC DEC 20 100 100MEG
.plot ac VDB(2) VP(2)
.probe
.option list node post

* model
.MODEL MOSN NMOS VTO=0.7 KP=110U
+LAMBDA=0.04 GAMMA=0.4 PHI=0.7

.MODEL MOSP PMOS VTO=-0.7 KP=50U
+LAMBDA=0.05 GAMMA=0.6 PHI=0.8
.end
```

.AC语句根据计算的直流工作点，将电路中的非线性元器件(如MOSFET)采用小信号模型进行等效，然后分析电路的频率特性，如幅频特性、相频特性。在本例中，.AC DEC 20 100 100MEG语句表示100Hz～100MHz进行交流扫描分析，每10倍频程扫描20个点。为了能够得到交流仿真的结果，在放大器的输入端施加的输入信号必须包含交流输入成分，如Vin 1 0 DC 1.07 AC 1.0表示在节点1和节点0之间施加的输入电压源 V_{in} 的直流偏置为1.07V，而交流输入为1V(单位1)。

采用HSPICE执行仿真，将产生交流小信号分析(.AC)结果文件。采用Cscope打开

.ac0 结果文件。此处 HSPICE 描述打印输出节点(节点 2)的幅频特性曲线(上)和相频特性曲线(下),幅频特性曲线中输出以分贝(dB)为单位,相频特性曲线的输出单位为度(°),如图 3-12 所示。可见随着频率的增加,在高于 3dB 频率以上,幅频特性以每 10 倍频程 20dB 下降,而相频特性从 180°(反相)开始发生相移,最大相移约为 90°。放大器的 3dB 带宽约为 104kHz。

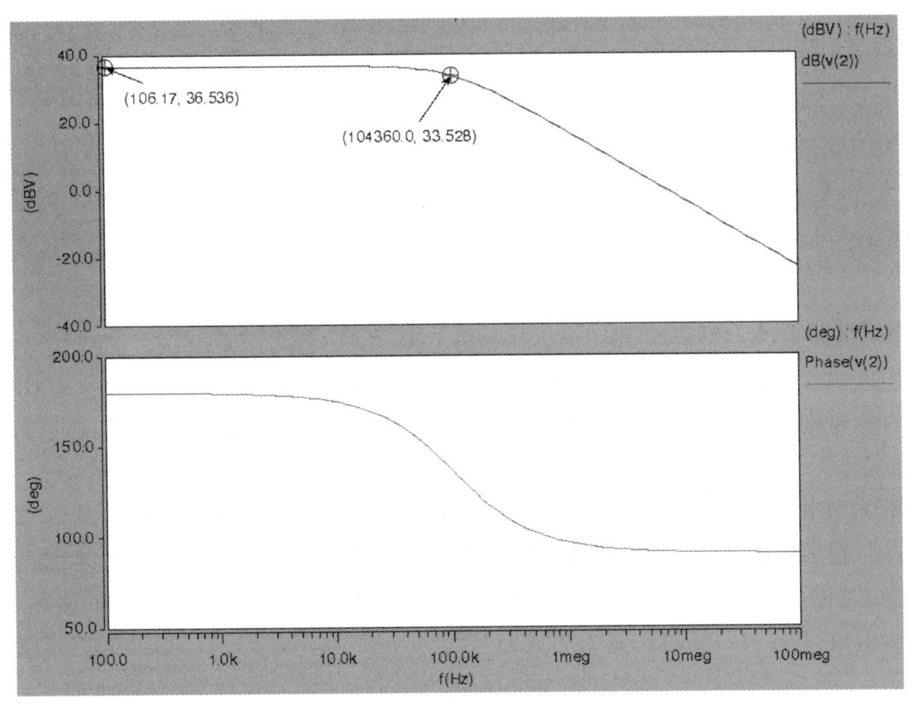

图 3-12 HSPICE 交流仿真结果

3.3.3 瞬态仿真分析

为了了解在施加瞬态输入激励(如正弦信号)的情况下电路随时间变化的瞬态行为,对图 3-5 电路进行瞬态仿真。这里,首先考查在输入端施加偏置为 2.0V、振幅为 1.0V、频率为 100kHz 的正弦信号时的电路行为。瞬态仿真 SPICE 描述如下。

```
* TRAN analysis for AMP
*
* AMP sub-circuit
.subckt AMP out in vdd gnd
M1 out in gnd gnd MOSN w=5u l=1.0u
M2 out 3 vdd vdd MOSP w=5u l=1.0u
M3 3 3 vdd vdd MOSP w=5u l=1.0u
R1 3 gnd 100K
.ends

X1 2 1 4 0 AMP
CL 2 0 5p
```

```
Vdd 4 0 DC 5.0
Vin 1 0 DC 2.0 sin(2.0 1.0 100K)

.OP
.TRAN 0.1u 30u
.plot tran v(2) v(1)
.probe
.option list node post

* model
.MODEL MOSN NMOS VTO=0.7 KP=110U
+LAMBDA=0.04 GAMMA=0.4 PHI=0.7

.MODEL MOSP PMOS VTO=-0.7 KP=50U
+LAMBDA=0.05 GAMMA=0.6 PHI=0.8
.end
```

在本例中，.TRAN 0.1u 30u 语句表示瞬态仿真的结束时间为 30μs，步长为 0.1μs，起始时间为 0 时刻。同样，为了能够得到瞬态仿真结果，在放大器的输入端施加的输入信号必须包含瞬态输入成分，如 Vin 1 0 DC 2.0 sin(2.0 1.0 100K)。

采用 HSPICE 执行仿真，将产生瞬态分析(.TRAN)结果文件。采用 Cscope 打开.tr0 结果文件。在本例中，偏置为 2.0V，振幅为 1.0V，频率为 100kHz 的正弦信号输入时的瞬态仿真结果如图 3-13 所示。可见当输入信号 v(1)幅度很大时，放大器达到了饱和，因而在输出端输出信号 v(2)不能得到输入的放大信号。

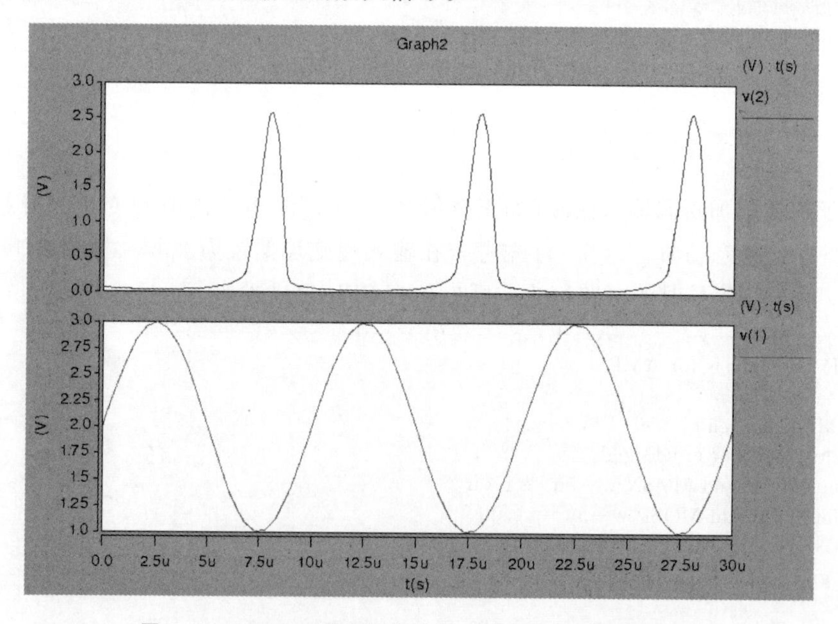

图 3-13 HSPICE 瞬态仿真结果(偏置为 2V，幅度为 1V)

当输入调整为小信号时，并注意偏置值的选取，根据直流仿真的结果，选择 1.07V 的偏置，正弦信号的幅度为 0.0001V，即 Vin 1 0 DC 1.07 sin(1.07 0.0001 100K)，得到的瞬态仿真结果如图 3-14 所示。

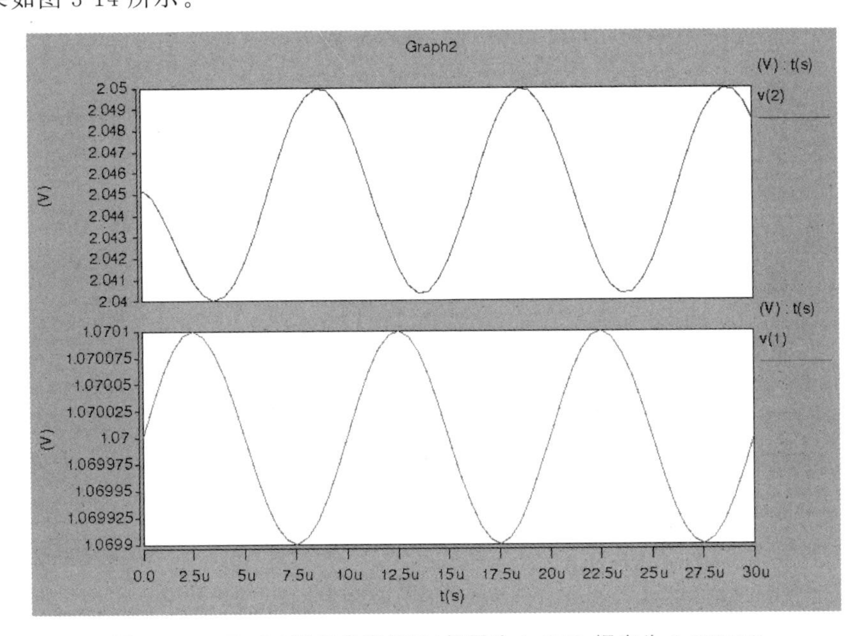

图 3-14 HSPICE 瞬态仿真结果(偏置为 1.07V,幅度为 0.0001V)

通过瞬态仿真,可见此时放大器处于正确的偏置下,输入偏置为 1.07V,输出偏置约为 2.045V,这与采用直流扫描得到的输入/输出特性曲线是可以对应得上。在此偏置下,可以对输入正弦信号进行放大。由仿真波形图可知,小信号增益约为 50 倍(34dB)。与图 3-12 的交流仿真结果进行对照,可以发现在 100kHz 时的增益结果是一致的,同样,相位的结果也是一致的。

3.4 HSPICE 电路分析进阶

直流仿真(包括工作点和直流扫描)、交流小信号仿真以及瞬态仿真是电路分析中最常用的基本仿真分析手段,可以得到绝大部分电路的基本电路特性,如数字逻辑门电路的电压转移特性、噪声容限、速度、功耗、时序等特性,而对于诸如放大器的模拟电路,通过这 3 种仿真手段,构造不同的仿真电路,可以得到直流工作点、输入/输出特性、小信号增益、幅频特性、相频特性、瞬态特性,进而得知相位裕度、带宽、压摆率(转换速率)等特性。下面介绍更多的 HSPICE 仿真分析手段,借助这些分析手段可以更详细地掌握电路的更多特性细节。

3.4.1 噪声仿真分析

在 HSPICE 中进行噪声仿真,采用.NOISE 和.AC 语句控制电路噪声分析。噪声分析将产生电路中每个元器件每个频率点的噪声贡献。

针对图 3-5 放大器进行噪声仿真。器件模型采用某工艺厂家提供的 0.25μm CMOS 工艺模型文件(mix025.lib),其中 NMOS 和 PMOS 器件的模型名分别为 nch 和 pch,TT 是工艺的典型工艺角(section)。在进行噪声仿真之前，应使放大器处于正确的偏置下，通过前述的直流扫描，可知采用此 0.25μm CMOS 工艺器件的放大器在输入为 0.6～0.8V 时是高增益区，这里设置输入为 0.75V。采用 0.25μm CMOS 工艺的放大器电路(见图 3-5)的噪声仿真分析的 SPICE 描述如下。

```
* Noise analysis for AMP

* AMP sub-circuit
.subckt AMP out in vdd gnd
M1 out in gnd gnd nch w=5u l=1.0u
M2 out 3 vdd vdd pch w=5u l=1.0u
M3 3 3 vdd vdd pch w=5u l=1.0u
R1 3 gnd 100K
.ends

X1 2 1 4 0 AMP
CL 2 0 5p

Vdd 4 0 DC 5.0
Vin 1 0 DC 0.75 AC 1.0

.OP
.AC DEC 20 100 100MEG
.NOISE v(2) Vin DEC 20 100 100MEG
.plot ac VDB(2) VP(2)
.probe noise onoise inoise
.OPTION list node post

.lib 'mix025.lib' TT

.end
```

进行噪声分析的语句为.noise v(2) Vin DEC 20 100 100MEG，输出节点为节点 2，等效输入参考噪声的独立源为 Vin。按照每 10 倍频程 20 个点进行仿真，起始频率为 100Hz，结束频率为 100MHz。

输出噪声分析结果的语句为.probe noise onoise inoise，表示产生输出等效噪声以及输入等效噪声的结果。

采用 HSPICE 执行仿真，噪声分析的结果包含在交流分析结果文件中。采用 Cscope 打开.ac0 结果文件。单击 Signal Manager 结果文件信号列表中的 inoise(mag)和 onoise(mag)，将显示等效输入参考噪声和输出参考噪声曲线。如图 3-15 所示，在约 10kHz 处的输出噪声和等效输入噪声分别为 $17.447\mu V/\sqrt{Hz}$ 和 $182.61nV/\sqrt{Hz}$。另外，在 HSPICE 仿真的.lis 报表中或直接打印到屏幕的结果中，可以找到 HSPICE 噪声分析起止频率区间内的输出噪声和等效输入噪声的总积分噪声值，如图 3-16 所示。

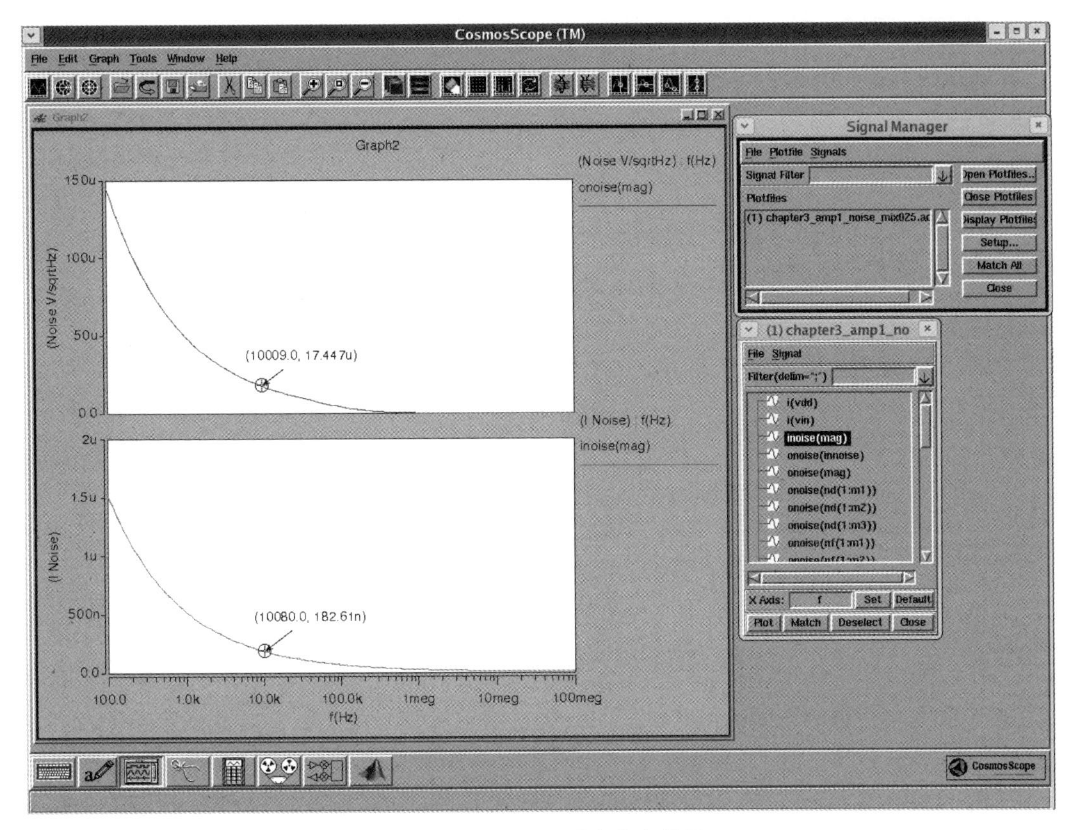

图 3-15 HSPICE 噪声仿真结果

```
**** the results of the sqrt of integral (v**2 / freq)
     using more points from fstart to fstop
     results in more accurate total noise values.

**** total output noise voltage    =     4.4199m       volts
**** total equivalent input noise =  121.3637u
******
```

图 3-16 噪声仿真报表结果

3.4.2 零极点仿真分析

在 HSPICE 中采用.PZ 语句进行零极点仿真。可以不用说明.OP 语句，这是由于 HSPICE 在进行零极点分析之前会自动进行工作点的分析。HSPICE 中的.PZ 语句格式为

```
.PZ ov srcname
```

其中，srcname 是独立电压源或电流源名称；ov 可以是节点电压或支路电流。图 3-5 电路的零极点仿真分析的 SPICE 描述如下。

```
* PZ analysis for AMP
*
* AMP sub-circuit
.subckt AMP out in vdd gnd
M1 out in gnd gnd MOSN w=5u l=1.0u
```

```
M2 out 3 vdd vdd MOSP w=5u l=1.0u
M3 3 3 vdd vdd MOSP w=5u l=1.0u
R1 3 gnd 100K
.ends

X1 2 1 4 0 AMP
CL 2 0 5p
Vdd 4 0 DC 5.0
Vin 1 0 DC 1.07 AC 1.0

.OP
.PZ v(2) Vin
.OPTION list node post

* model
.MODEL MOSN NMOS VTO=0.7 KP=110U
+LAMBDA=0.04 GAMMA=0.4 PHI=0.7

.MODEL MOSP PMOS VTO=-0.7 KP=50U
+LAMBDA=0.05 GAMMA=0.6 PHI=0.8
.end
```

进行零极点分析的语句为.pz v(2)Vin，进行从输入信号电压源 Vin 到输出节点 2 的传递函数的零极点分析。

采用 HSPICE 执行仿真，在 HSPICE 仿真的.lis 报表中或直接打印到屏幕上的结果中，可以找到零极点仿真分析结果的报表，如图 3-17 所示。可见在－656.0246krad/s（－104.4096kHz）存在一个主极点。这和交流仿真中得到的 3dB 带宽频率为 104kHz 的结果是相符合的。在非常远处－65.4557Grad/s（－10.4176GHz）还有一对零极点，并且在传递函数中互相抵消。这是因为 HSPICE 是分别计算传递函数中的分子和分母，因此会把结果报告出来。

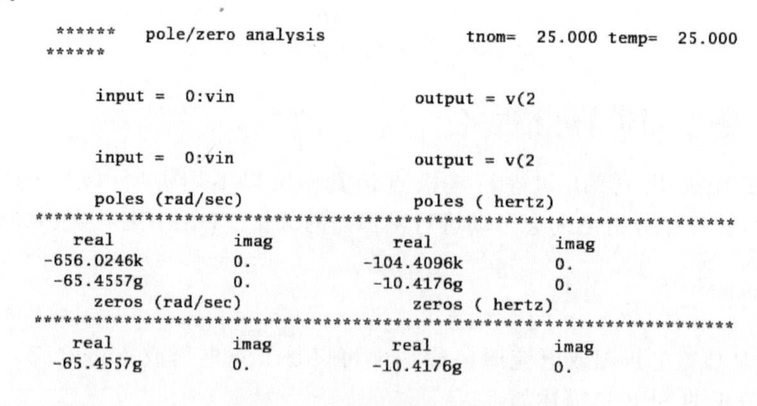

```
 ******   pole/zero analysis            tnom=  25.000 temp=  25.000
******

    input =  0:vin                   output = v(2

    input =  0:vin                   output = v(2

    poles (rad/sec)                  poles ( hertz)
***************************************************************************
   real          imag              real           imag
-656.0246k       0.             -104.4096k        0.
 -65.4557g       0.              -10.4176g        0.
    zeros (rad/sec)                  zeros ( hertz)
***************************************************************************
   real          imag              real           imag
 -65.4557g       0.              -10.4176g        0.
```

图 3-17　零极点仿真报表结果

3.4.3　传递函数仿真分析

在 HSPICE 中采用.TF 语句计算工作点下的传递函数以及直流小信号输入输出电阻。同样地，执行传递函数仿真会自动进行电路的工作点分析，因此可以不必说明.OP 语句。

图 3-5 电路的传递函数仿真分析的 SPICE 描述如下。

```
* TF analysis for AMP
* AMP sub-circuit
.subckt AMP out in vdd gnd
M1 out in gnd gnd MOSN w=5u l=1.0u
M2 out 3 vdd vdd MOSP w=5u l=1.0u
M3 3 3 vdd vdd MOSP w=5u l=1.0u
R1 3 gnd 100K
.ends

X1 2 1 4 0 AMP
CL 2 0 5p

Vdd 4 0 DC 5.0
Vin 1 0 DC 1.07

.OP
.DC Vin 1.0 1.12 0.01
.TF V(2) Vin
.OPTION list node post

* model
.MODEL MOSN NMOS VTO=0.7 KP=110U
+LAMBDA=0.04 GAMMA=0.4 PHI=0.7

.MODEL MOSP PMOS VTO=-0.7 KP=50U
+LAMBDA=0.05 GAMMA=0.6 PHI=0.8
.end
```

从前面的直流仿真结果可以得知，此放大器当输入处于 1.0～1.12V 时为高增益区。因此，这里直流扫描也限定在这个范围内，以便在传递函数仿真报表中可以聚焦这个输入偏置范围内传递函数的特性。执行 HSPICE 仿真后，传递函数仿真报表如图 3-18 所示，可见当输入为 1.07V 时，放大器的增益为−67.1153，负号表示反相放大，输入电阻为 1.000e+20Ω（即认为是无穷大），输出电阻为 304.8651kΩ。

```
****     small-signal transfer characteristics

     vin          input resistance at vin       output resistance at v(2)       v(2)/vin

    1.0000             1.000e+20                      16.5475k                   -3.2432
    1.0100             1.000e+20                      19.3547k                   -3.9151
    1.0200             1.000e+20                      24.6377k                   -5.1368
    1.0300             1.000e+20                      41.3402k                   -8.8690
    1.0400             1.000e+20                     328.3168k                  -71.5269
    1.0500             1.000e+20                     320.3343k                  -70.0937
    1.0600             1.000e+20                     312.5157k                  -68.6200
    1.0700             1.000e+20                     304.8651k                  -67.1153
    1.0800             1.000e+20                     297.3855k                  -65.5885
    1.0900             1.000e+20                     290.0788k                  -64.0473
    1.1000             1.000e+20                      28.9913k                   -5.5674
    1.1100             1.000e+20                      16.3586k                   -2.7914
    1.1200             1.000e+20                      12.5611k                   -1.9786
```

图 3-18 传递函数仿真报表结果

回顾一下此放大器直流工作点的仿真结果，当输入为 1.07V 时，如图 3-7 所示，可知 MOS 晶体管 M1 的 $g_m=220.1475\mu S$，$g_{ds}=1.5059\mu S$，M2 的 $g_{ds}=1.7742\mu S$，根据工作点分析结果，可以计算得到

$$r_{out}=r_{o1}\parallel r_{o2}=1/(g_{ds1}+g_{ds2})=1/(1.5059\mu S+1.7742\mu S)\approx 304.869k\Omega$$

$$|A_v|=g_m\cdot r_{out}=220.1475\mu S\times 304.869k\Omega\approx 67.116$$

可见与传递函数仿真分析的结果能很好地对应。同时，这些结果和交流分析中的增益以及带宽等特性都能很好地对应上。传递函数仿真分析可以将不同输入偏置下的小信号增益以及输入输出电阻采用报表的形式直接打印出来，可以快速获知电路的特性。

3.4.4 灵敏度仿真分析

在 HSPICE 中采用.SENS 语句分析电路特性相对于电路参数的敏感性。图 3-5 电路的灵敏度分析的 SPICE 描述如下。

```
 * SENS analysis for AMP
 * AMP sub-circuit
.subckt AMP out in vdd gnd
M1 out in gnd gnd MOSN w=5u l=1.0u
M2 out 3 vdd vdd MOSP w=5u l=1.0u
M3 3 3 vdd vdd MOSP w=5u l=1.0u
R1 3 gnd 100K
.ends

X1 2 1 4 0 AMP
CL 2 0 5p

Vdd 4 0 DC 5.0
Vin 1 0 DC 1.07

.OP
.SENS V(2)
.SENS I(X1.M1)
.print dc V(2) I(X1.M1)
.OPTION list node post

 * model
.MODEL MOSN NMOS VTO=0.7 KP=110U
+LAMBDA=0.04 GAMMA=0.4 PHI=0.7

.MODEL MOSP PMOS VTO=-0.7 KP=50U
+LAMBDA=0.05 GAMMA=0.6 PHI=0.8
.end
```

在这个例子中，分析了节点 2 以及子电路 X1 中 M1 的偏置电流随电路参数的变化情况，执行 HSPICE 仿真后，灵敏度仿真报表如图 3-19 所示。其中，考查 v(2)对于输入电压在 1.07V 处的灵敏度，当输入电压变化 1 个单位，那么 v(2)就会变化 67.1153，这正好符合当偏置 $V_{in}=1.07V$ 时的直流小信号增益。

```
 ******  dc sensitivity analysis          tnom=  25.000 temp=  25.000
******

dc sensitivities of output v(2)

        element          element       element       normalized
          name            value      sensitivity     sensitivity
                                    (volts/unit) (volts/percent)

        1:r1           100.0000k    -114.6198u     -114.6198m
        0:vdd            5.0000        3.5835       179.1738m
        0:vin            1.0700      -67.1153      -718.1338m

******  dc sensitivity analysis          tnom=  25.000 temp=  25.000
******

dc sensitivities of output i(x1.m1)

        element          element       element       normalized
          name            value      sensitivity     sensitivity
                                     (amps/unit)   (amps/percent)

        1:r1           100.0000k    -172.6062p     -172.6062n
        0:vdd            5.0000        5.3964u      269.8182n
        0:vin            1.0700      119.0785u        1.2741u
```

图 3-19　灵敏度仿真报表结果

3.4.5 参数扫描仿真分析

HSPICE 提供功能强大的扫描仿真(Sweep)手段。下面初步介绍 Sweep 的基本用法。

HSPICE 允许在直流、交流及瞬态等仿真中增加扫描仿真。例如，可以对温度 TEMP 进行扫描，以便考查电路特性和温度之间的关系。在.DC、.AC 及.TRAN 等仿真语句后增加扫描说明，格式为

```
<SWEEP TEMP <START=> start <STOP=> stop <STEP=> incr>
```

也可以对参数进行扫描分析。同样地，在.DC、.AC 及.TRAN 等仿真语句后增加扫描说明，格式为

```
<SWEEP var <START=> start <STOP=> stop <STEP=> incr>
```

针对图 3-5 电路，分别考查以下情况：①进行−40～100℃的温度扫描，考查输入/输出特性以及交流小信号特性；②改变偏置中电阻 R1 的阻值，考查偏置对电路输入/输出特性的改变情况；③改变负载电容，考查瞬态特性的变化。参数扫描仿真分析的 SPICE 描述如下。

```
  * sweep analysis for AMP
  * AMP sub-circuit
.subckt AMP out in vdd gnd
.param rbias=100k cload=5p
M1 out in gnd gnd MOSN w=5u l=1.0u
M2 out 3 vdd vdd MOSP w=5u l=1.0u
M3 3 3 vdd vdd MOSP w=5u l=1.0u
R1 3 gnd rbias
.ends
```

```
 *X1 2 1 4 0 AMP {rbias=50k}
.param rbias=100k cload=5p
X1 2 1 4 0 AMP
CL 2 0 cload

Vdd 4 0 DC 5.0
Vin 1 0 DC 1.07 AC 1.0 sin(1.07 0.0001 100KHZ)

.OP
.DC Vin 0 5 0.1 sweep temp -40 100 20
 *.DC Vin 0 5 0.1 sweep rbias 20k 200k 20k
.AC DEC 20 100 100MEG sweep temp -40 100 20
.TRAN 0.1u 30u sweep cload 1p 10p 1p
 *.print dc V(2)
 *.plot dc V(2)
.probe DC V(2)
.OPTION list node post

 * model
.MODEL MOSN NMOS VTO=0.7 KP=110U
+LAMBDA=0.04 GAMMA=0.4 PHI=0.7

.MODEL MOSP PMOS VTO=-0.7 KP=50U
+LAMBDA=0.05 GAMMA=0.6 PHI=0.8
.end
```

其中，.DC Vin 0 5 0.1 sweep temp −40 100 20 和.AC DEC 20 100 100MEG sweep temp −40 100 20 语句分别同时进行温度扫描的直流仿真和交流小信号仿真，温度范围是−40～100℃，步长是20℃。执行 HSPICE 仿真，随温度变化的直流仿真和交流仿真结果如图 3-20 所示。

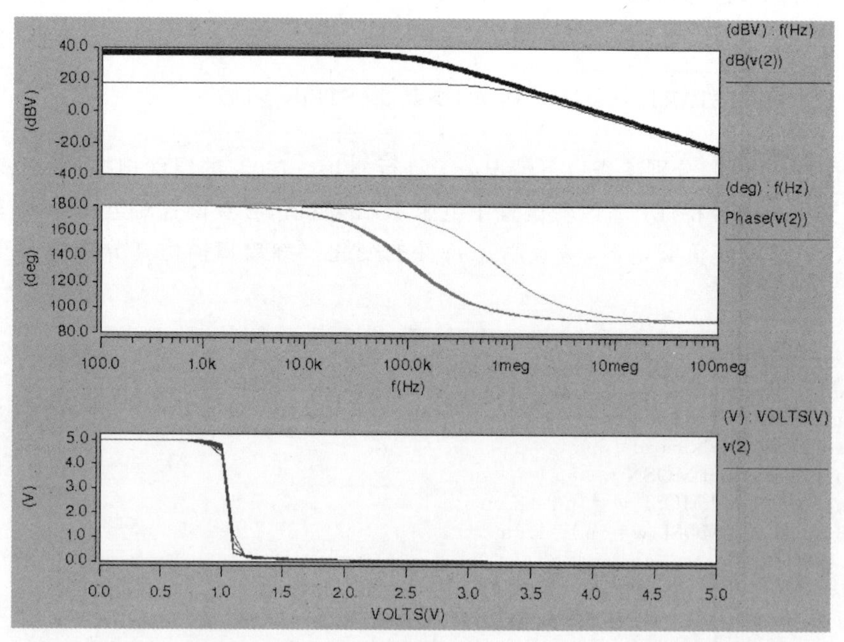

图 3-20 随温度变化的直流仿真和交流仿真结果(−40～100℃)

在输出结果的基础上，可以进一步测量随温度变化特性的曲线。这里，以交流仿真输出的幅频特性为例，绘制低频增益与温度之间的关系。在已经打开.ac0文件并且绘制出v(2)的幅频特性曲线的基础上，在Cscope中执行Tools→Measurement菜单命令，弹出如图3-21所示的界面，选中dB(v(2))曲线，在X value文本框中输入100，单击Apply按钮，便可绘制出100Hz低频交流小信号增益与温度之间的关系曲线。

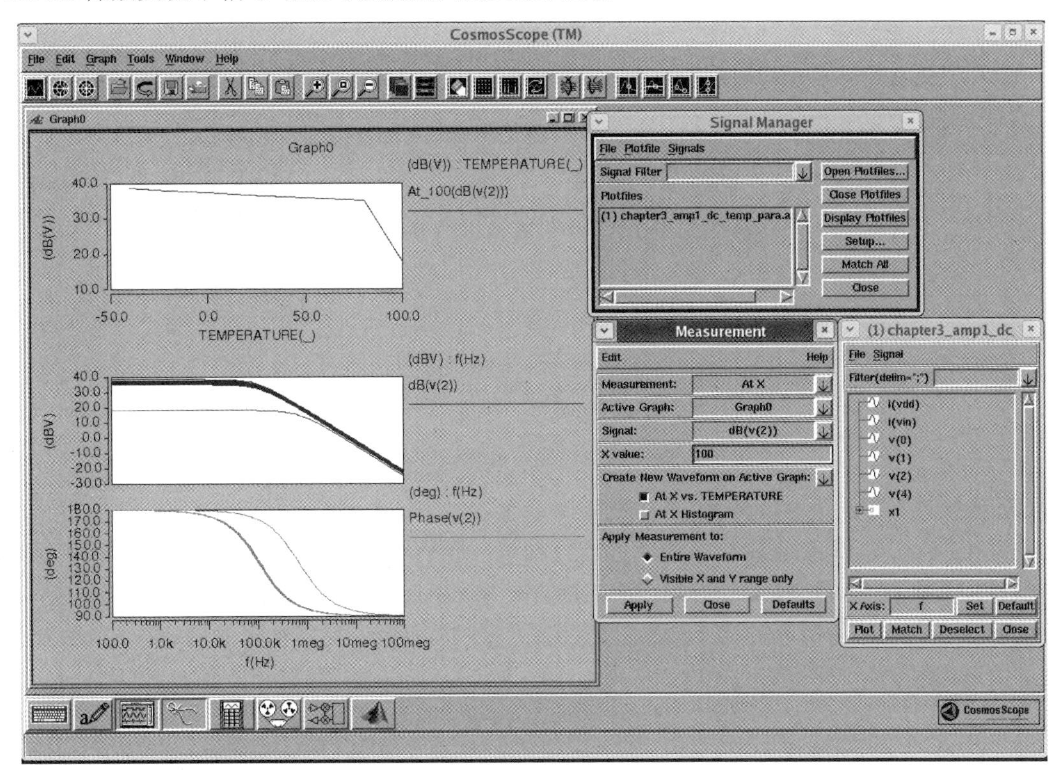

图3-21 绘制100Hz低频交流小信号增益与温度之间的关系曲线

如果需要考查电阻R1的阻值对电路输入输出特性的改变情况，那么.DC语句描述如下。

```
.DC Vin 0 5 0.1 sweep rbias 20k 200k 20k
```

上述语句表示进行0～5V的直流扫描，步长为0.1V；同时进行变量参数rbias扫描，范围是20～200kΩ，步长为20kΩ。这里要注意，首先要定义变量参数rbias。执行HSPICE仿真，得到如图3-22所示的v(2)的特性曲线。执行Tools→Measurement菜单命令测量特性曲线的阈值，在Measurement窗口中单击Measurement项右侧的按钮，选择General中的Threshold(At Y)，然后在Y value文本框中输入2.5，单击Apply按钮，得出如图3-22所示的Thresh_2.5(v(2))结果。

如果需要考查负载电容对瞬态特性的影响，那么.TRAN语句描述如下。

```
.TRAN 0.1u 30u sweep cload 1p 10p 1p
```

上述语句表示进行30μs的瞬态仿真，步长为0.1μs，同时负载电容cload从1pF变化到

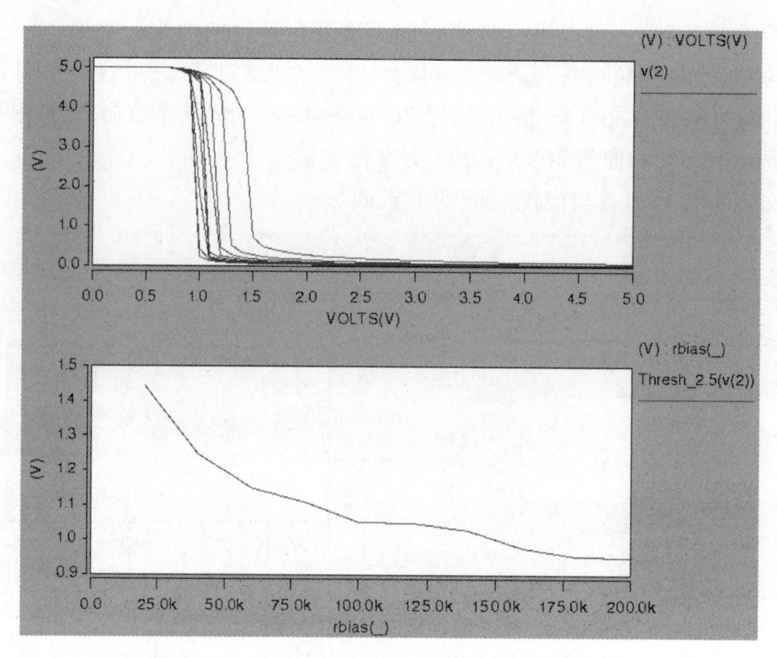

图 3-22 随偏置电阻变化的直流仿真结果曲线

10pF，步长为 1pF。这里要注意，首先要定义变量参数 cload。执行 HSPICE 仿真，打开.tr0 文件并绘制 v(2)，得到如图 3-23 所示的特性曲线。执行 Tools→Measurement 菜单命令测量特性曲线的阈值，在 Measurement 窗口中单击 Measurement 项右侧的按钮，选择 Levels 中的 Peak to Peak，然后单击 Apply 按钮，得出如图 3-23 所示的瞬态波形的峰峰值与 cload 之间的关系曲线 PK2PK(v(2))。

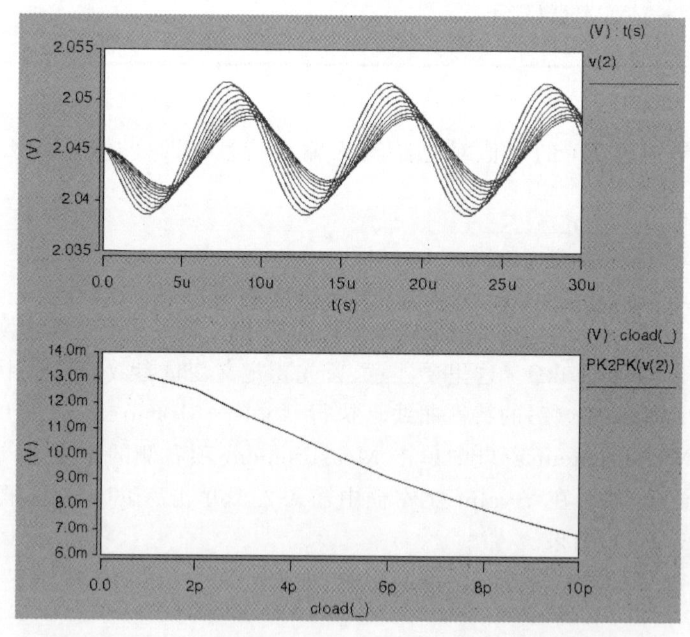

图 3-23 随负载电容变化的瞬态仿真结果曲线

3.4.6　工艺角仿真分析

实际的工艺厂家模型文件会提供不同工艺角(section),以便描述工艺的偏移情况。在HSPICE仿真中,可以采用.ALTER语句更换工艺中不同的工艺角,这样就可以对工艺的偏移对电路性能造成的影响进行仿真分析。以直流仿真为例,进行不同工艺角仿真分析的SPICE描述如下。

```
* DC analysis for AMP under corners
* AMP sub-circuit
.subckt AMP out in vdd gnd
M1 out in gnd gnd nch w=5u l=1.0u
M2 out 3 vdd vdd pch w=5u l=1.0u
M3 3 3 vdd vdd pch w=5u l=1.0u
R1 3 gnd 100K
.ends

X1 2 1 4 0 AMP
CL 2 0 5p
Vdd 4 0 DC 5.0
Vin 1 0 DC 5.0

.OP
.OPTION list node post

.lib 'mix025.lib' TT
.ALTER
.lib 'mix025.lib' SS
.ALTER
.lib 'mix025.lib' FF
.end
```

执行HSPICE仿真后,由于进行了3个工艺角的仿真,分别为TT、SS和FF,在工作目录中产生了.sw0、sw1.sw2这3个直流扫描结果文件。用Cscope工具打开这些文件,如图3-24所示。然后在每个信号列表中双击v(2),得到输出节点相对于Vin的直流扫描结果,如图3-25所示,可以发现输入/输出特性出现了变化,在不同的工艺角下高增益区间是不一样的,也就是说对于这样的放大器,在工艺发生变化时,实现放大功能需要改变输入偏

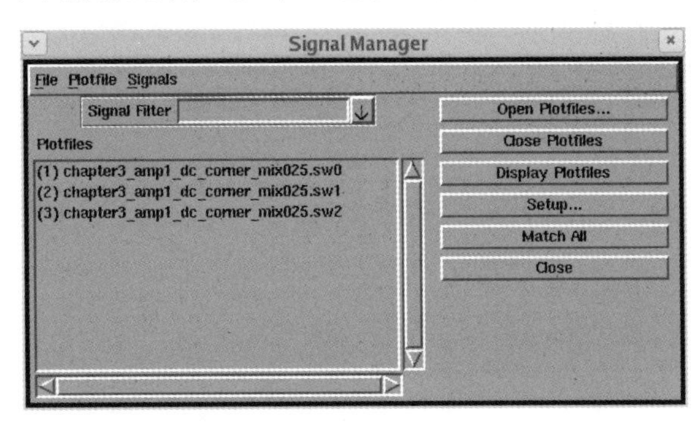

图3-24　3个直流扫描结果文件

置。这说明图 3-5 这样的简单共源极放大器对工艺的容忍程度较差。

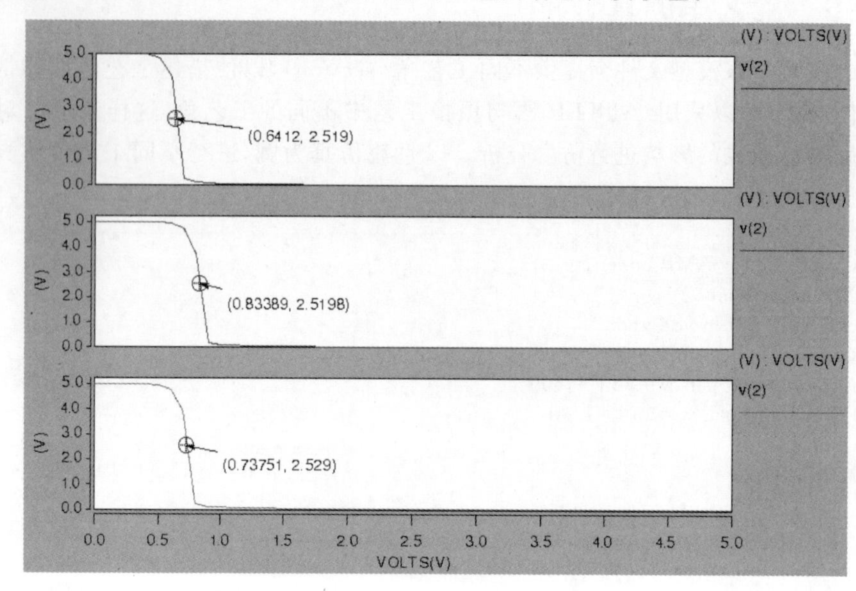

图 3-25　3 个工艺角的直流仿真结果

3.5　本章小结

本章描述了基于 HSPICE 的集成电路仿真方法。HSPICE 是业界作为提交数据的标准电路级仿真工具之一。HSPICE 在兼容标准 SPICE 的基础上，提供更强大的集成电路仿真分析能力。同时，HSPICE 采用和标准 SPICE 描述一致的输入文件，其仿真更具有"原汁原味"SPICE 的特点。因此，学习和掌握 HSPICE 有助于深刻理解集成电路的电路级仿真分析。

HSPICE 也在一直发展更新，更多 HSPICE 功能请读者参考相关的 HSPICE 用户手册及参考文档。

第4章 基于SPECTRE的集成电路仿真

CHAPTER 4

Cadence公司的SPECTRE仿真器的实质和HSPICE等SPICE仿真软件是一样的，而且由于集成了Cadence公司的Virtuoso Analog Design Environment(ADE)仿真集成环境，可以在图形界面下操作，使用更方便和直观一些，不用写SPICE描述文件，可以在电路图视图(Schematic View)中绘制电路图。

本章仍以基本的共源极放大器为例，讲解SPECTRE工具的使用和基本电路分析的方法。

4.1 SPECTRE工具的使用

启动Cadence的设计环境平台，在命令提示符($)下执行[①]

```
$ virtuoso
```

执行命令后，出现Virtuoso的主界面——CIW(Command Interpreter Window)，如图4-1所示。

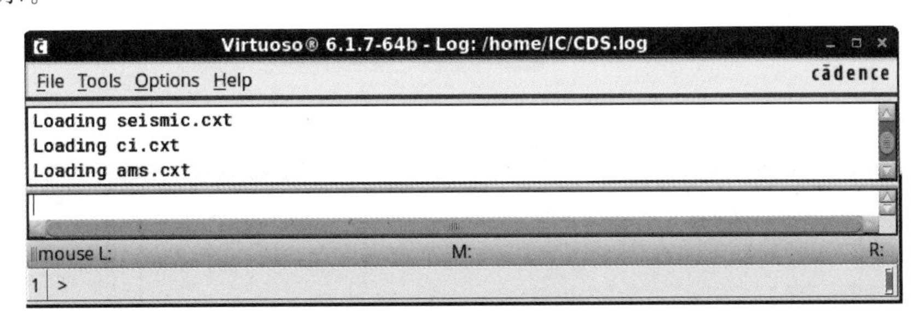

图4-1 CIW主界面

这里先介绍几个在Virtuoso中常见的用语：Library、Category、Cell、View以及Instance。

(1) Library(库)。即设计库，库中包含基本的器件单元以及设计的电路单元。包括工具本身自带的诸如analogLib这样的通用库以及工艺厂家提供的制程设计套件(Process Design Kit，PDK)。通常针对不同的设计项目，建立不同的设计库。

PDK是工艺厂家提供的一套单元库，目的是简化电路及版图设计过程，提高工作效率，

① 较早版本的工具命令为icfb。新老版本的基本操作是一致的。

而且由于提供更贴近工艺厂家实际情况的元器件参数，提高了元器件在仿真中的准确性。在 PDK 中，常用元器件的版图已经创建为单元，并且是参数化的。电路及版图设计者在使用时，只需要进行例化，并输入需要的参数即可。

(2) Category(类别)。类别是将设计库的单元划分为不同的类别进行管理，如 analogLib 库中的 Actives、Analysis、Parasitics、Passives 和 Source 等类别。

(3) Cell(单元)。Cell 可以是一个单元，也可以是设计的电路模块。作为电路模块时相当于 SPICE 中的子电路。

(4) View(视图)。View 是单元(Cell)不同的呈现方式。例如，对于一个放大器单元，会有电路图(Schematic)、版图(Layout)、电路符号(Symbol)等视图。

(5) Instance(例元)。或者称之为"实例"，在电路中调用库中的某一单元(Cell)以便进一步连线形成新的电路图。在新的电路图中，调用某一单元(Cell)时会具有一个例元名称(Instance)，这个过程称为例化。例如，在 lab1 设计库中有一个 amp1 单元，其中包括两个 PMOS 和一个 NMOS 晶体管，那么例化 analogLib 中的 NMOS4 单元，在 amp1 电路图中的例元名称为 M0，例化 analogLib 中的 PMOS4 单元，在 amp1 电路图中的例元名称为 M1 和 M2。

1. 建立设计库

首先建立一个设计库，在 CIW 中执行 File→New→Library 菜单命令，弹出 New Library 对话框，如图 4-2 所示。或者执行 Tools→Library Manager 菜单命令，弹出如图 4-3 所示的库管理界面，在该界面中执行 File→New→Library 菜单命令，同样可以进行新设计库的创建。

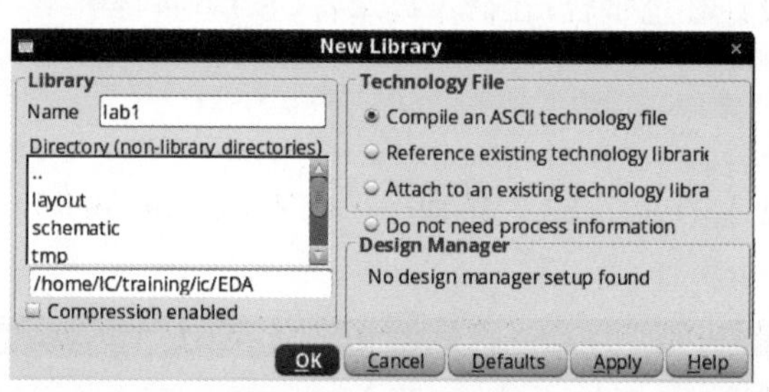

图 4-2 New Library 对话框

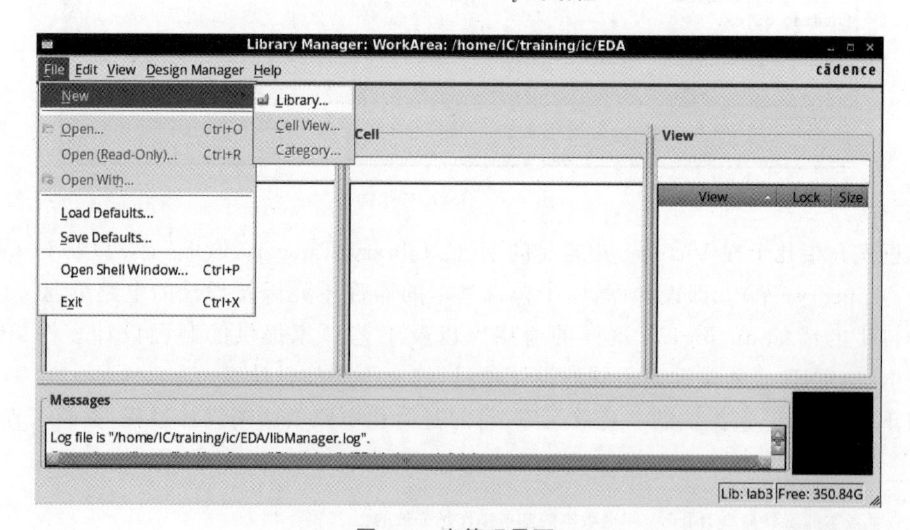

图 4-3 库管理界面

如图 4-2 所示，创建名为 lab1 的设计库，单击 OK 按钮后，弹出如图 4-4 所示的 Technology File for New Library 对话框，设置建立设计库中的工艺文件。建立新库的工艺文件有以下几种形式。

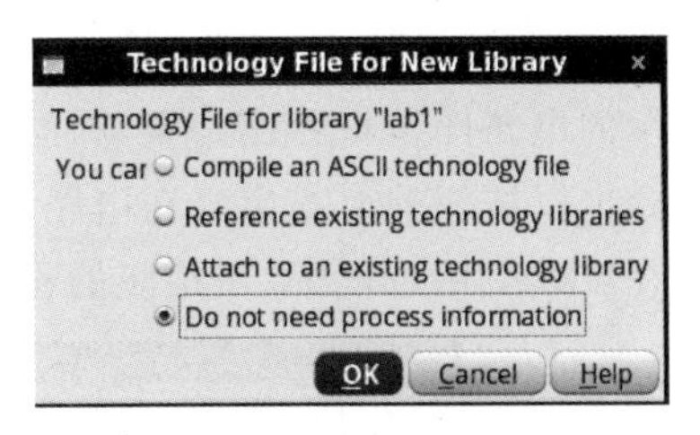

图 4-4 Technology File for New Library 对话框

(1) Compile an ASCII technology file：编译 ASCII 工艺文件。工艺厂家会提供一个说明工艺相关信息的 ASCII 工艺描述文件，一般名称为 techfile，或者以.tf 为扩展名，选择后会对 techfile 文件进行编译。

(2) Reference existing technology libraries：参考已存在的工艺库。参考(Reference)一个具有工艺属性的设计库建立新的设计库，使新建立的设计库本身具有工艺属性。

(3) Attach to an existing technology libraries：依附已存在的工艺库。依附(Attach)一个具有工艺属性的设计库，和参考(Reference)形式不同的是，新建的设计库的工艺属性是由依附(Attach)的设计库所决定的。如果依附的设计库的工艺属性发生改变，那么新建立的这个设计库的工艺属性也随之发生变化。

(4) Do not need process information(老版本为 Don't need a techfile)：不需要工艺信息。新建立的设计库中不含工艺属性。

本例采用工具自带的通用 analogLib 库①中的元器件讲解基于 SPECTRE 工具基本电路仿真的使用方法。选择不带工艺库信息的情形，即 Do not need process information 选项，然后单击 OK 按钮。这样就建立了一个设计库。

如果设计电路的版图，则需要根据选择的工艺厂家的 techfile 进行编译，以便设计库具有工艺属性。如果已经存在一个具有选择的工艺厂家的工艺信息的设计库，如工艺厂家提供的 PDK 库中通常会包含工艺信息，因此可以参考(Reference)或依附(Attach)这个设计库，使新建的设计库具有工艺属性。

说明：如果工艺厂家提供 PDK，则最好采用此 PDK 进行建库以及调用 PDK 中的元器件，这样使电路仿真更加符合特定厂家的工艺情况。当然，如果工艺厂家不提供 PDK，则可以采用通用库 analogLib 依照基本流程和方法开展电路设计与仿真。

图 4-5 New File 对话框

2. 编辑电路图(Schematic)

本例中需要建立 amp1 电路图，在 lab1 设计库中建立一个 amp1 单元的电路图视图(Schematic View)。在 Library Manager 中执行 File→New→Cell View 菜单命令，或者在 CIW 中执行 File→New→CellView 菜单命令，弹出如图 4-5 所示的建立新电路图的 New File 对话框。

如图 4-5 所示，在 Library 下拉列表框中选择 lab1，在 Cell 文本框中输入 amp1，在 View 下拉列表框中选择

---

① 在使用 Virtuoso 进行第 1 次建库后，工具会自动在 Library Manager 中加入 analogLib 等通用库的定义。如果在 Library Manager 中没有出现 analogLib 库，可以在 cds.lib 库文件中加入 analogLib 的定义，如 DEFINE analogLib $CDSHOME/tools/dfII/etc/cdslib/artist/analogLib，其中 $CDSHOME 是 Virtuoso 工具安装路径的环境变量定义。

schematic，应用工具则自动选择 Schematic 编辑软件，然后单击 OK 按钮，则会出现如图 4-6 所示的电路图编辑界面。菜单栏中有编辑、创建、检查等电路相关的命令。而常用的电路图命令也以按钮的形式出现在电路图编辑界面的工具栏中。这里不对菜单命令一一介绍，而是在后续使用过程中，在相应的位置进行描述及说明。

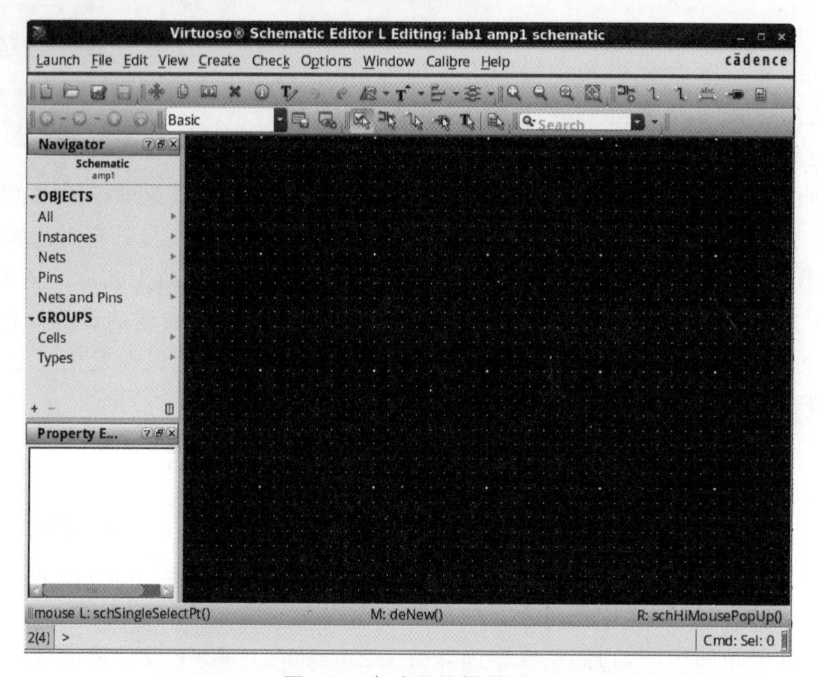

图 4-6　电路图编辑界面

这里需要插入元器件，单击插入元器件按钮（或执行 Create→Instance 菜单命令），然后选择 analogLib 库中的 nmos4、pmos4、res、cap 等元器件以及全局电源/地节点 vdd 和 gnd。如图 4-7 所示，在 Add Instance 对话框中，单击 Library 下拉列表框右侧的 Browse 按钮，弹出库浏览器(Library Browser)，在 Library 列表中选择 analogLib，在 Cell 列表中选择 nmos4，在 View 列表中选择 symbol。然后在 Add Instance 对话框的 Model name 文本框

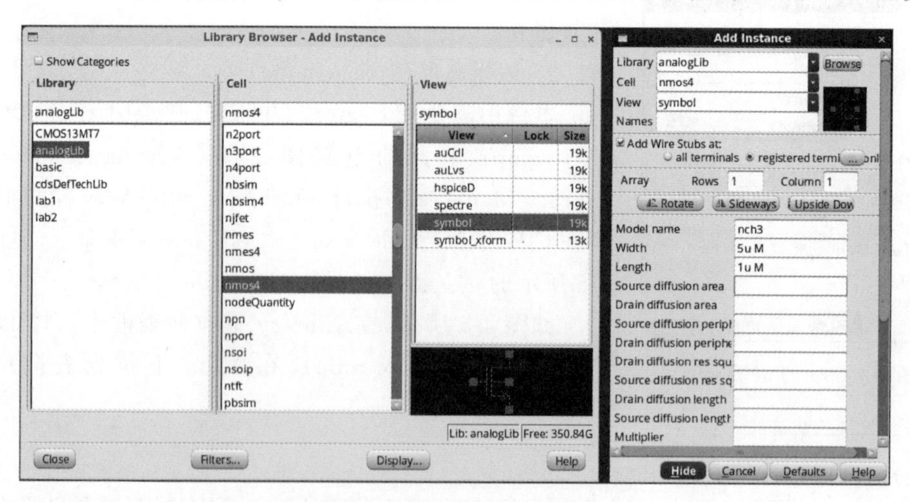

图 4-7　插入 NMOS 单元

中输入 NMOS 器件的名称(根据工艺厂家提供的 SPECTRE 模型文件中的器件模型名称进行填写,这里选择一个 0.13μm 的 CMOS 工艺,输入 nch3),在 Width 和 Length 文本框中分别输入元器件的宽和长(在输入时不需要填写单位,如 5μm,只需要填写数值 5u 即可,单位(米)会被自动加上)。如果 NMOS 是采用多个元器件并联的或是叉指结构,则还需要填入 Multiplier 数值。

依次插入 pmos4、res 单元以及全局的 vdd 节点和 gnd 节点。然后执行 Create→Wire(narrow)菜单命令将各个元器件及节点连接起来。在菜单命令后都会显示一个快捷键,如创建连线命令的快捷键为 W,因此按 W 键也可以进行连线操作。在连接的过程中同时也创建输入端口以及输出端口。创建端口的菜单命令为 Create→Pin,快捷键为 P。创建端口的对话框如图 4-8 所示,端口名称为 Vin,Direction 选择 input。用同样的方法创建输出端口,端口名称为 Vout,Direction 选择 output。连线后形成如图 4-9 所示的电路图,这里采用白色背景①。然后执行 File→Check and Save 菜单命令或单击工具栏上的按钮,如果报错误(Error)或警告(Warning),可以执行 Check→Find Marker 菜单命令(或者按快捷键 G)进行定位并按照提示进行修改。

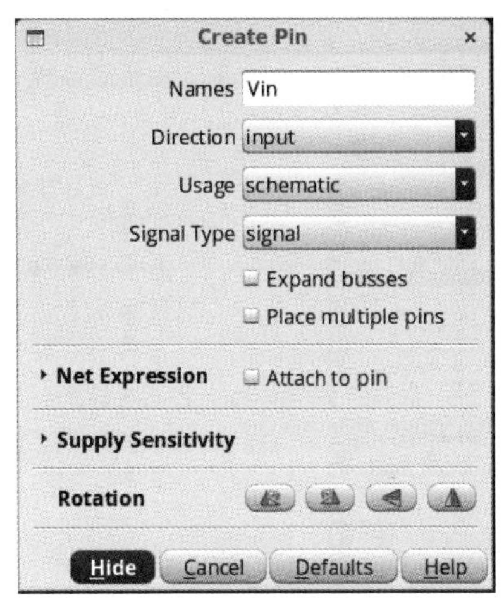

图 4-8 创建端口

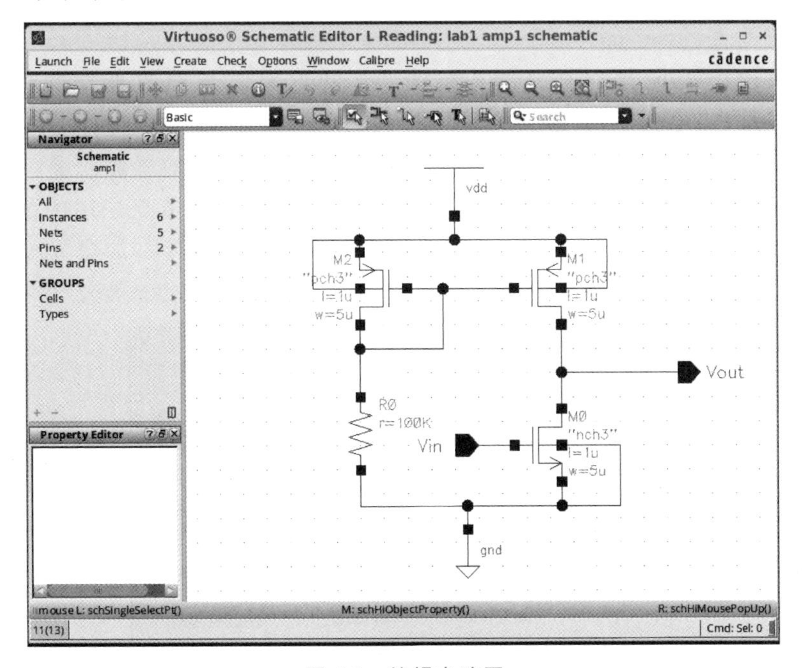

图 4-9 编辑电路图

① Virtuoso 电路编辑器默认背景为黑色,如果想要改变背景颜色,可以在启动 Virtuoso 之前执行命令:echo "Opus.editorBackground: white"|xrdb -merge。如果想改回黑色,则可把命令中的 white 改为 black,在启动 Virtuoso 之前再执行一遍。

如果有元器件参数输入错误，可以选中相应的元器件，执行 Edit→Properties→Objects 菜单命令或按快捷键 Q，弹出 Edit Object Properties 对话框，对相应元器件的属性进行修改，如图 4-10 所示。查看 File 菜单，如果电路图以只读的方式（Make Read Only）打开，那么需要将其转换为可读写（Make Editable）。

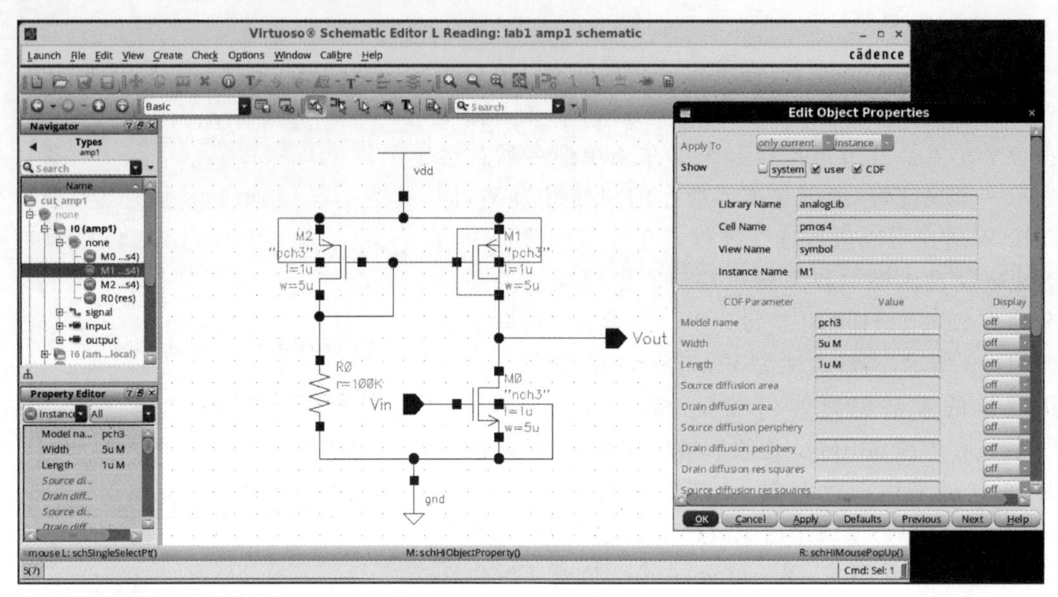

图 4-10　修改元器件属性

3. 创建符号图(Symbol)

下面创建这个放大器的符号图。在图 4-9 的电路图编辑界面中执行 Create[1]→Cellview→From Cellview 菜单命令，单击 OK 按钮后弹出 Symbol Generation Options 对话框，如图 4-11 所示。设置端口排放顺序和外观，这里符号的左边放置输入端口 Vin，右边放置输出端口 Vout。值得一提的是，由于在电路中的电源和地线节点采用的是全局 vdd 和 gnd，全局的节点是可以穿层次的，因此在编辑符号选项时不需要添加全局 vdd 和 gnd 端口；如果电源及地线采用的是普通节点（即对于子电路为本地节点），那么就需要在创建符

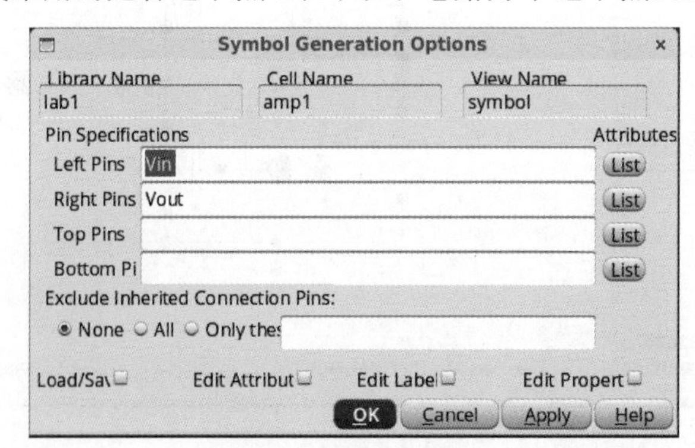

图 4-11　Symbol Generation Options 对话框

[1] 新旧版本的基本功能是一致的，基本功能的命令在菜单中都能找到，但相应的命令在菜单中的位置可能会不一样。例如，这里的创建符号的命令在旧版本的 Design 菜单中。后续类似的情况不再赘述。

号选项时添加相应的端口名称。单击 OK 按钮，出现符号编辑界面，工具会自动生成一个符号图，可以按照需要编辑成想要的符号外观，如图 4-12 所示。编辑完成后，保存退出。这样在 Library Manager 中的 lab1 库中就可以看到 amp1 单元中存在 schematic 和 symbol 两种视图，如图 4-13 所示，分别表示 amp1 单元的电路图和符号图。

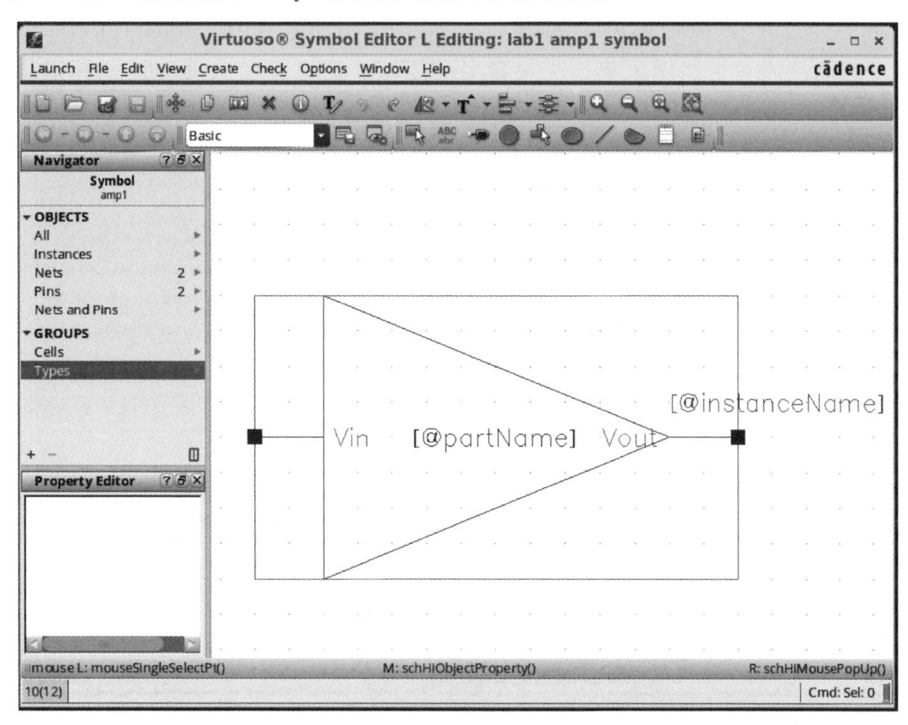

图 4-12　创建并编辑电路单元的符号

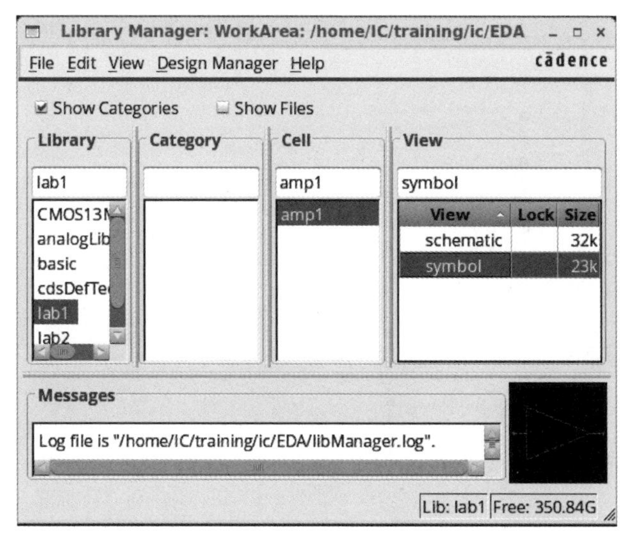

图 4-13　Library Manager 中 amp1 单元的视图

4. 建立仿真电路

下面要对 amp1 单元进行仿真，这里采用子电路的形式，创建一个 amp1 单元的测试仿真电路环境，建立仿真的电路图 cut_amp1。与前面的建立 Schematic View 的方法一样，将此放大器(lab1 中的 amp1 单元)插入电路图中，如图 4-14 所示。添加一个 analogLib 库中的电容 cap 作为放大器的负载，电容值为 5pF，然后添加 vdd 和 gnd 节点以及激励源，并进行连线。默认情况下，工具会自动命名连线，当然也可以对这些连线自定义命名，执行 Create→Wire Name 菜单命令，弹出如图 4-15 所示的 Create Wire Name 对话框，输入需要的连线名称 in，然后在电路图上单击需要命名的连线。这里将输入处的连线和输出处的连线分别命名为 in 和 out。针对 amp1 单元的整体仿真电路如图 4-16 所示。

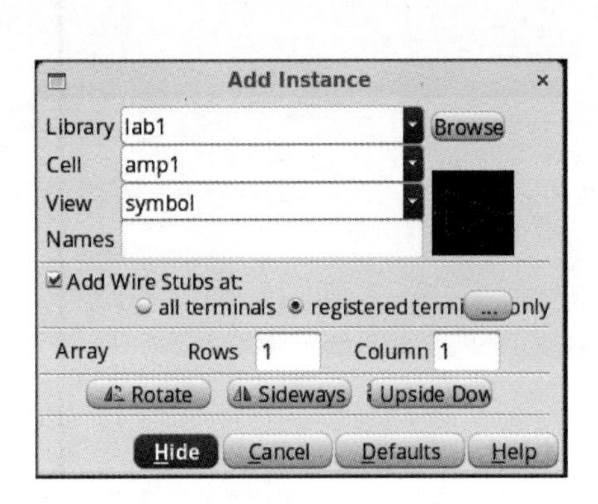

图 4-14　插入 amp1 单元

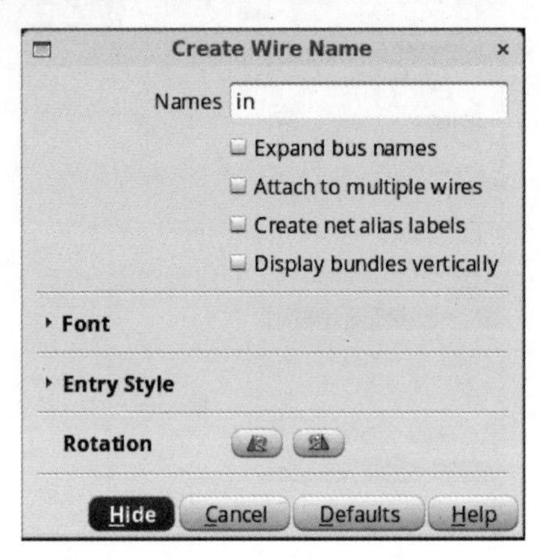

图 4-15　Create Wire Name 对话框

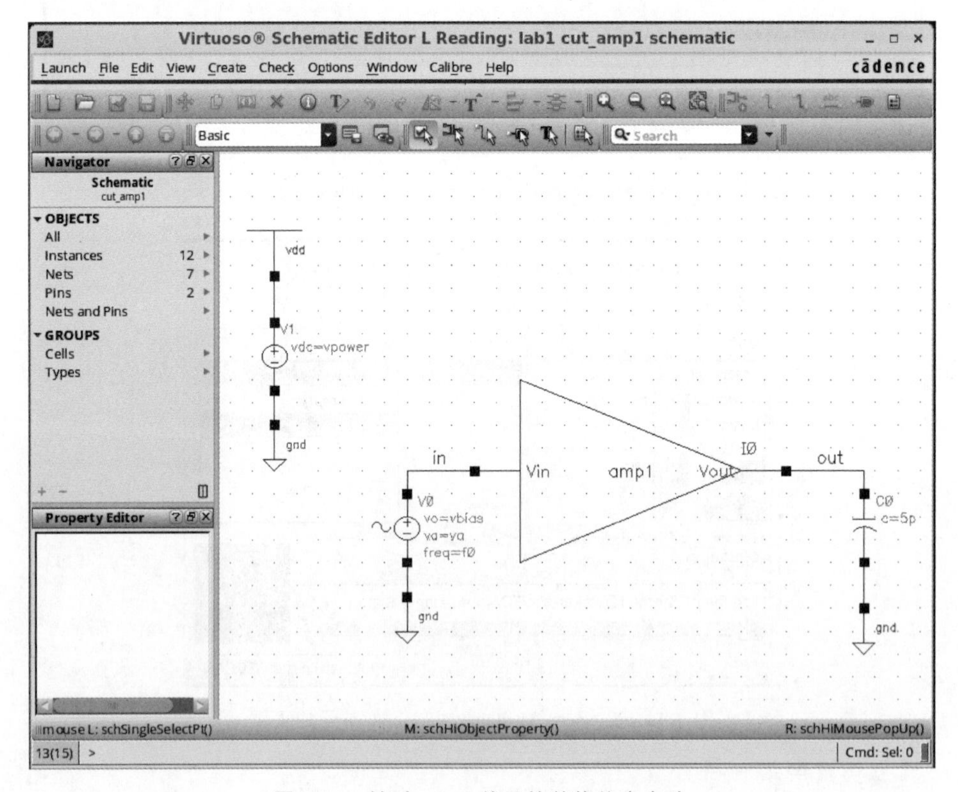

图 4-16　针对 amp1 单元的整体仿真电路

对仿真电路施加激励源时，采用调用 analogLib 库中的电压源、（正弦）信号源的方法。给电源节点供电，采用 analogLib 库中的独立电压源 vdc，可以直接在 DC voltage 项中输入 3.3，表示 3.3V 的电源电压值。这里的电源电压值采用参数变量的形式，如输入 vpower，以便为后续仿真提供灵活性。对输入激励源 V0 的设置如图 4-17 所示，其中的 DC voltage、Offset voltage 等文本框可以填入需要的数值，也可以采用参数变量的形式。这里采用参数变量的形式，设置信号源的 AC magnitude 为单位 1，直流电压 DC voltage 以及正弦波形的偏置电压 Offset voltage 为 vbias，正弦波形的幅度 Amplitude 为 va，频率 Frequency 为 f0。

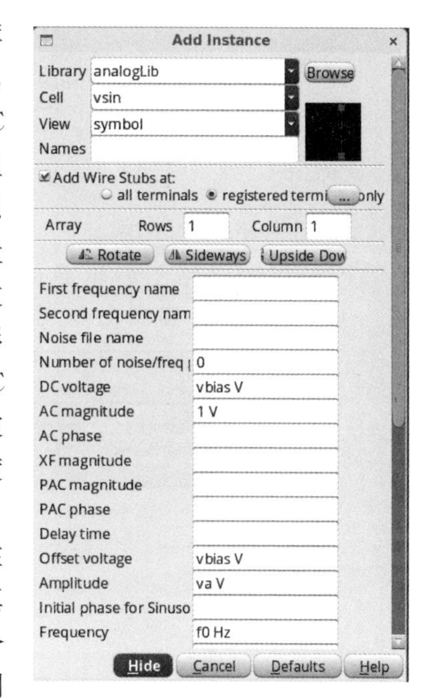

图 4-17　输入激励源设置

图 4-16 的测试仿真电路图是具有层次的，可以在电路层次之间进行切换。例如，在图 4-16 的测试仿真电路图中选中 amp1 子电路，然后执行 Edit→Hierarchy→Descend Edit 或 Descend Read 菜单命令（快捷键分别为 E 或 Shift+E），如图 4-18 所示。弹出 Descend 对话框，单击 OK 按钮便可进入子电路进行编辑或查看，如图 4-19 所示。还可以从子电路中返回上一层电路，执行 Edit→Hierarchy→Return 菜单命令即可，快捷键是 Ctrl+E。

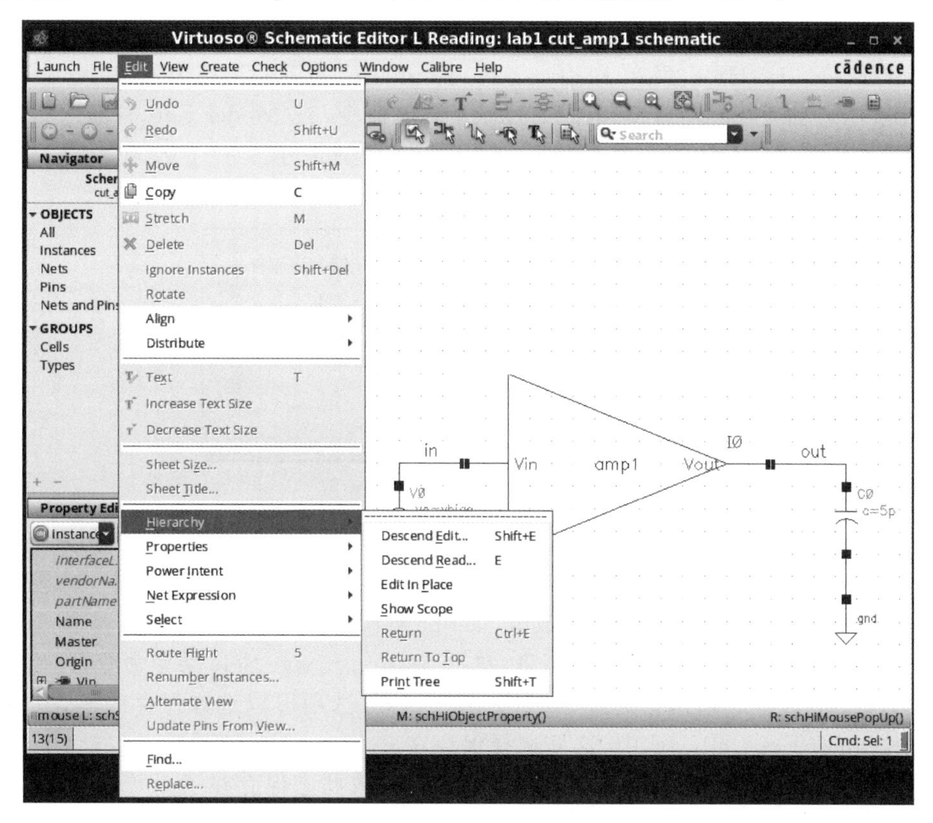

图 4-18　切换层次操作

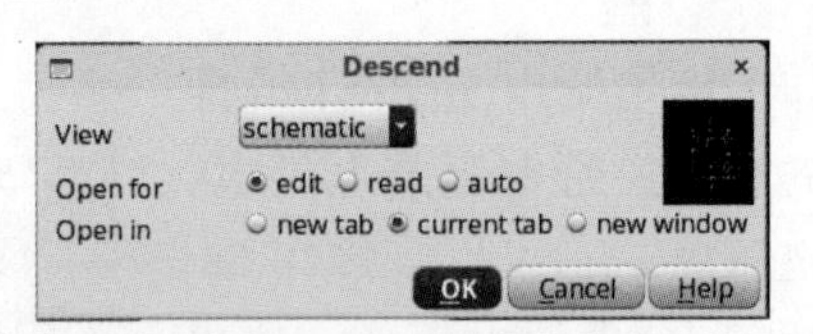

图 4-19　Descend 对话框

5．模拟设计环境(ADE)

在图 4-16 的电路图编辑界面中，执行 Launch(老版本是 Tools)→ADE L(Analog Design Environment)菜单命令，出现 Virtuoso 模拟设计环境界面，如图 4-20 所示。

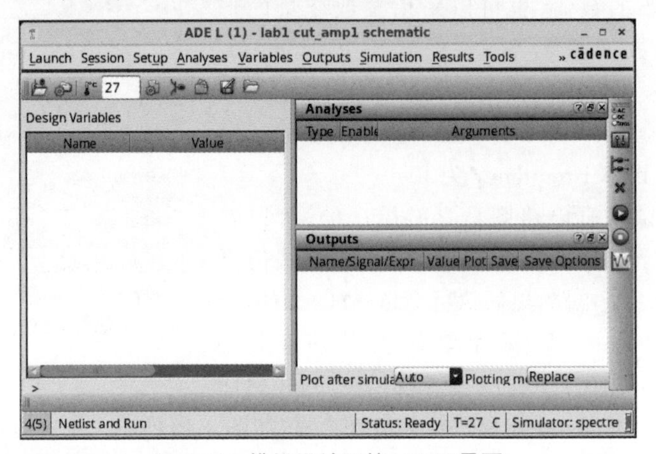

图 4-20　模拟设计环境(ADE)界面

在 ADE 中，需要设置仿真器、仿真数据存放路径和工艺库。在 ADE 中执行 Setup→Simulator/Directory/Host 菜单命令，选择 Simulator 为 spectre，Project Directory 为～/simulation。执行 Setup→Model Libraries 菜单命令，在 Model File 中输入带路径的 SPICE 模型文件，此模型文件由工艺厂家提供，这里的例子是一个名为 gpdk13. scs 的 SPICE 模型文件。Section 部分输入 tt_3v，然后单击 OK 按钮，如图 4-21 所示。

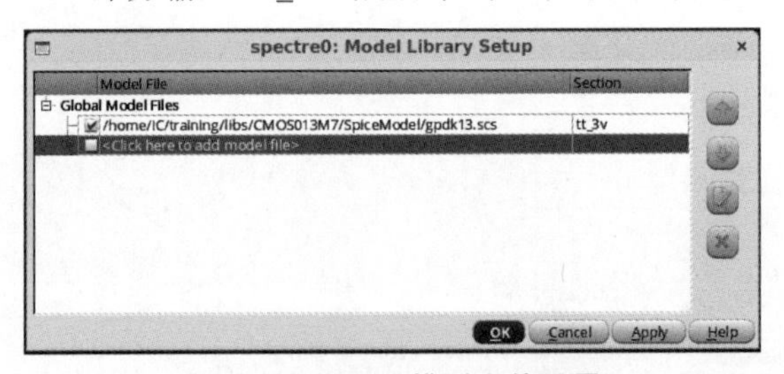

图 4-21　SPICE 模型文件设置

在 ADE 中执行 Variables→Copy From Cellview 菜单命令，则图 4-17 中仿真电路中设置的 vbias、va、f0 及 vpower 等变量出现在 ADE 的 Design Variables 列表中，如图 4-22 所示。此时可以将这些变量赋予合适的数值，如 vpower 为 3. 3，vbias 为 1. 0，va 为 1m，f0 为 100K。此时可以将 ADE 的设置保存起来，执行 Session→Save Sate 菜单命令，弹出 Saving State 对话框，如图 4-23 所示。通过 Save State Option 选项可以选择保存的形式：保存在目录(Directory)下或 Cellview 中，这里选择保存在 Cellview 中，填写 Cellview Options，如图 4-23 所示，然后单击 OK 按钮，这样就把 ADE 的设置状态保存在了 cut_amp1 的单元视图中，以便下次仿真时直接加载，而不必重新一一进行 ADE 的设置。

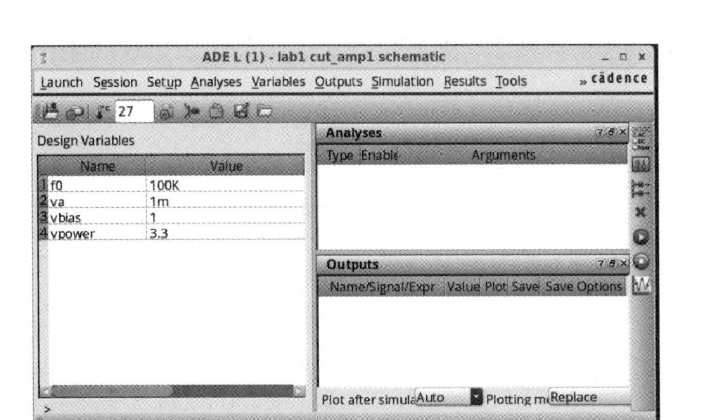

图 4-22 模拟设计环境中的变量

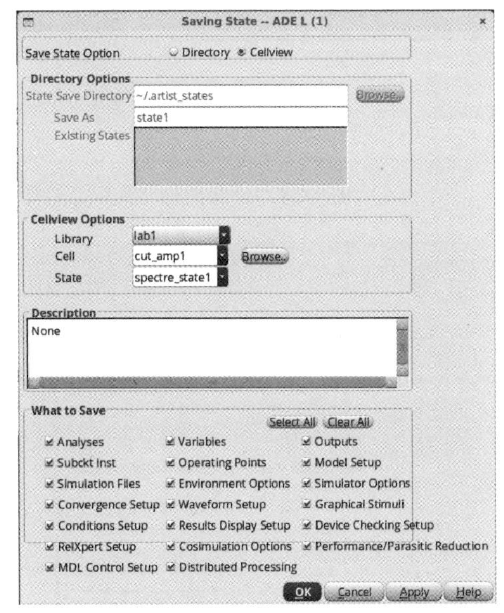

图 4-23 保存模拟设计环境中的设计状态

6. 设计库中单元的操作

设计库中的单元可以进行复制(Copy)、重命名(Rename)以及删除(Delete)操作。在Library Manager中右击单元,就会弹出快捷菜单,其中重命名(Rename)和删除(Delete)操作比较简单,直接按照提示操作即可,而复制(Copy)操作相对复杂一些。这里以将amp1复制成amp1_local为例说明在Library Manager进行单元复制的方法。

把lab1库中的amp1单元复制(Copy Cell)为amp1_local,在Library Manager中右击amp1单元,如图4-24所示。在弹出的快捷菜单中选择Copy,弹出Copy Cell对话框,如图4-25所示。对话框中各项的主要含义如下。

(1) From/To:说明复制的源库名及源单元名,以及目标库及目标单元名。

(2) Copy Hierarchical:由于被复制单元可能带有层次,如果勾选此项,说明带着层次进行复制,被复制单元下的各个层次的单元也会一同被复制到目标库中;如果不勾选此项,只复制源单元本身。下方的Skip Libraries选项是说明在复制层次时略过的库。这个选项

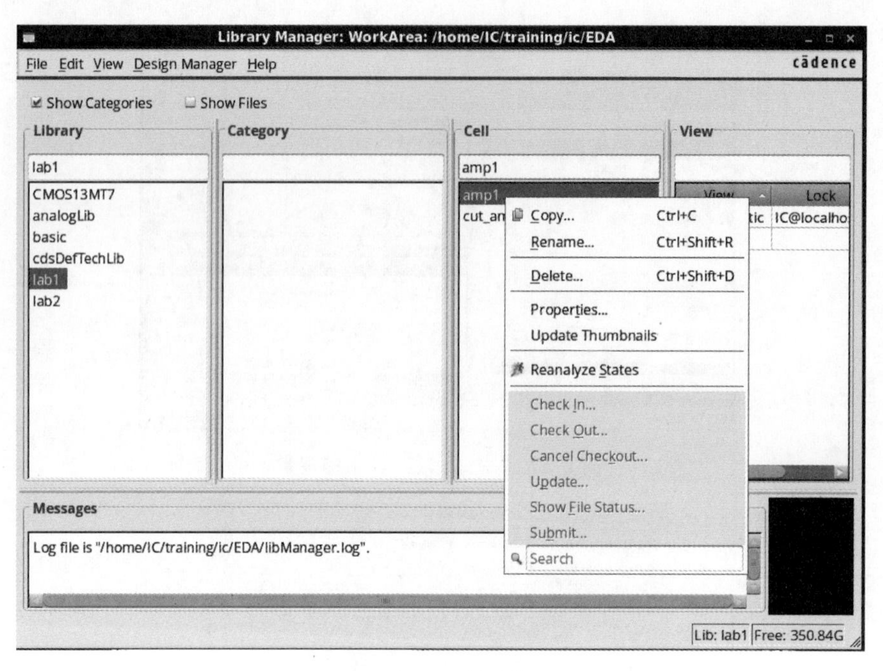

图 4-24　复制操作

Copy Cell
From
Library lab1
Cell amp1
To
Library lab1
Cell amp1_local
Options
Copy Hierarchical
Skip Libraries
CMOS13MT7 analogLib basic cdsDefTechLib lab2
Exact Hierarchy
Extra Views
Copy All Views
Views To Copy schematic symbol
Update Instances: Of New Copies Only
Database Integrity
Re-reference customViaDefs
Check existence in technology database
Add To Category AMP Cells *
OK Apply Cancel Help

图 4-25　Copy Cell 对话框

可以用于在复制层次时略过不想复制到目标库的库中单元的情况，如公共的 analogLib 库中的单元就没有必要复制到目标库中。

(3) Copy All Views：说明复制单元中所有视图，如 schematic、symbol 等。如果想要复制特定视图，可以取消勾选该选项，然后在 Views To Copy 文本框中进行说明。

(4) Update Instances：更新目标库中单元的属性。如果不勾选该项，那么在例化目标库中的单元的例化名称不会发生变化，如…/lib/oldCell/symbol 的例元仍旧是老单元的符号名，而不是希望的新单元的名称。更新属性有两种选项：Of Entire Library 是将原来所有例化源单元的例元对象全部更新为新单元；Of New Copies Only 是仅将目标库中例元的例化对象更新为新单元，原始库（源库）中的例化关系不发生变化。

(5) Add To Category：可以选择并把新复制的单元划分到目标库中的 Category（类别）中。

本例只是复制一个单元，不带层次。如图 4-25 所示，将 lab1 库中的 amp1 单元复制为 lab1 库中的 amp1_local 单元，勾选 Update Instances 选项，并且在右侧的下拉列表中选择 Of New Copies Only，以便更新单元的属性。这里也可以勾选 Add To Category 选项并且填写一个自己定义的类别，如 AMP。单击 OK 按钮，便可以复制一个新的单元 amp1_local。

4.2 SPECTRE 基本电路分析

前面已经介绍了 Virtuoso 电路编辑及仿真环境工具的基本使用。下面结合 amp1 电路的仿真电路图 cut_amp1（见图 4-26）进行基本电路分析。采用调用 analogLib 库激励源的方式施加输入激励。在仿真器、仿真数据存放路径和工艺库已经设置好的 ADE 中设置仿真电路中的变量：vpower＝3.3，vbias＝1，va＝1m，f0＝100k。

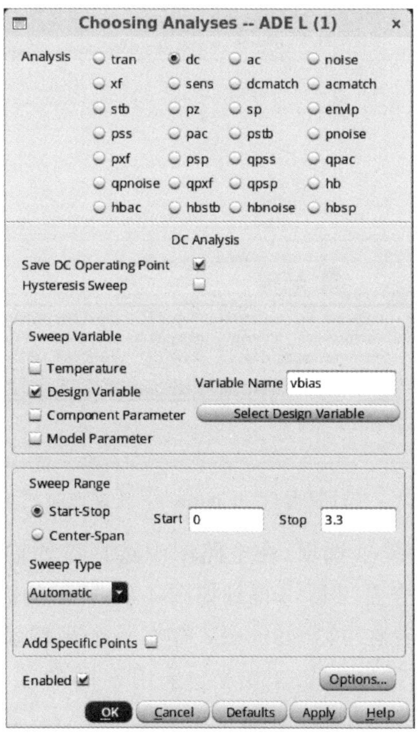

图 4-26　直流仿真设置

4.2.1 直流仿真分析

在 ADE 中执行 Analyses→Choose 菜单命令，弹出 Choosing Analyses 对话框。如图 4-26 所示，在 Analysis 一栏中选择 dc；在 DC Analysis 中勾选 Save DC Operating Point 选项，表明保存直流工作点；在 Sweep Variable 中勾选 Design Variable 选项，在右侧的 Variable Name 文本框中输入 vbias；在 Sweep Range 中选择 Start-Stop 选项，在 Start 文本框中输入 0，在 Stop 文本框中输入 3.3，在 Sweep Type 下拉列表中选择 Automatic，表明进行输入偏置 vbias 从 0V 变化到 3.3V 的直接扫描仿真，然后单击 OK 按钮。

然后，执行 Simulation→Netlist and Run 菜单命令，运行仿真。仿真结束后，查看仿真结果。本例子使用计算器(Calculator)进行输出波形表达式的表示。执行 Tools→Calculator 菜单命令，弹出 Calculator 界面，如图 4-27 所示。

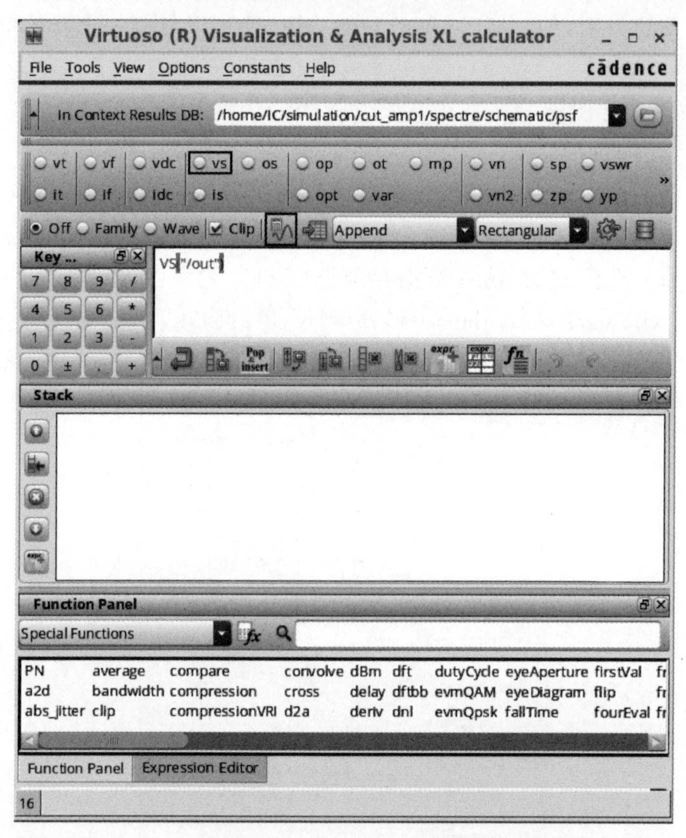

图 4-27 在计算器(Calculator)中设置直流扫描输出

在 Calculator 界面中选择 vs 选项，在电路图中选择需要输出波形的节点，如 out，然后单击 plot 按钮，弹出波形查看工具[①]，得到如图 4-28 所示的波形图。

由图 4-28 可知，输入偏置在 925～990mV 存在一个高增益区，因此输入偏置应设置在这个区域内，如将 vbias 从 1V 改为 0.950 V。采用不同的工艺时，这个高增益区也会不一样。

① 随着 EDA 软件不同版本的发布，会采用不同的波形查看工具，但它们的基本功能以及菜单项都是一致的。

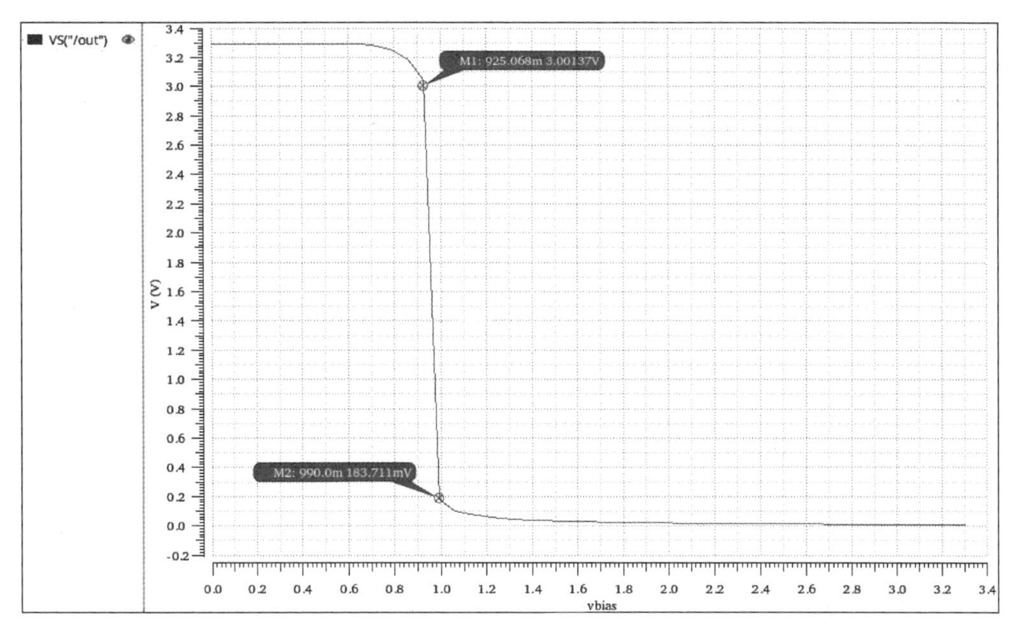

图 4-28 直流扫描输出波形

由于在做直流仿真时也选择了 Save DC Operating Point，因此可以查看电路以及元器件的工作点，查看方法有以下几种。

(1) 查看节点电压：在 Calculator 中选择 vdc，如查看 out 节点的电压工作点，单击按钮则计算出直流值，单击按钮则以表格的形式打印出结果。

(2) 查看器件的工作状态：首先选择 I0 中的一个需要考查的晶体管 M0，具体方法是执行 Edit→Hierarchy→Descend Read 菜单命令(快捷键为 E)，选择进入 amp1 子电路，然后选择 M0，在 Calculator 中选择 op，然后选择需要查看器件的工作点参数值，如 I0/M0 的 vth，那么在 Calculator 中就可显示 M0 晶体管的 vth 值。

(3) 在电路上标注(Annotate)直流工作点：在 ADE 中执行 Results→Annotate 菜单命令进行标注，选择相关的项目后就会在电路中标注出相关信息。例如，选择 DC Node Voltage 后，就会在电路图各个节点上把直流工作点分析得到的直流电压显示出来。如图 4-29(a) 所示，当输入节点电压为 950mV 时，输出节点电压为 2.6501V。而 DC Operating Points 是将每个元器件的工作点情况中的主要条目显示在电路图上，如阈值电压、漏极电流、工作区域等，具体显示哪些条目与选用的元器件参考库有关。

(4) 利用结果浏览器(Results Browser)查看：在 ADE 中执行 Results→Results Browser 菜单命令，弹出结果浏览器界面[①]，如图 4-29(b)所示，所有仿真结果在结果浏览器中均可以找到。本例中，利用结果浏览器查看 I0/M0 的工作点，在结果浏览器中选择 dcOpInfo→I0→M0，这样在目前偏置下，I0/M0 晶体管的所有静态工作点参数都可以显示出来，如图 4-29(c)所示。可以看到，vds>vdsat，因此处于饱和区(region=2)。其中，报表中的 region=0 代表 MOSFET 处于截止区；region=1 代表 MOSFET 处于线性区(或三极管区)；region=2 代表 MOSFET 处于饱和区。

① 同样，工具版本不同，结果浏览器的界面也会不同，但含有的内容是一致的。

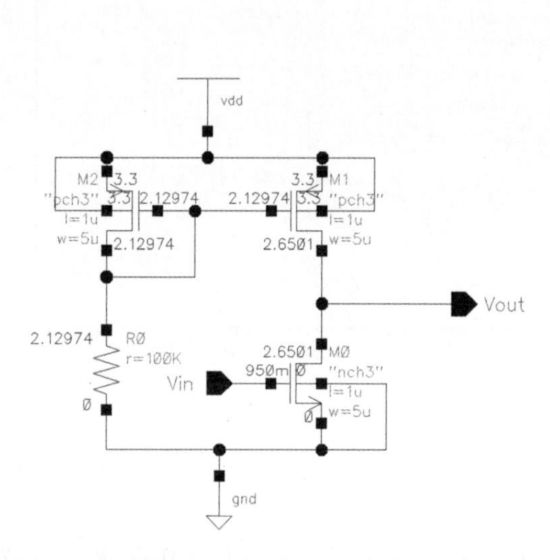

(a) 标注（Annotate）直流工作点

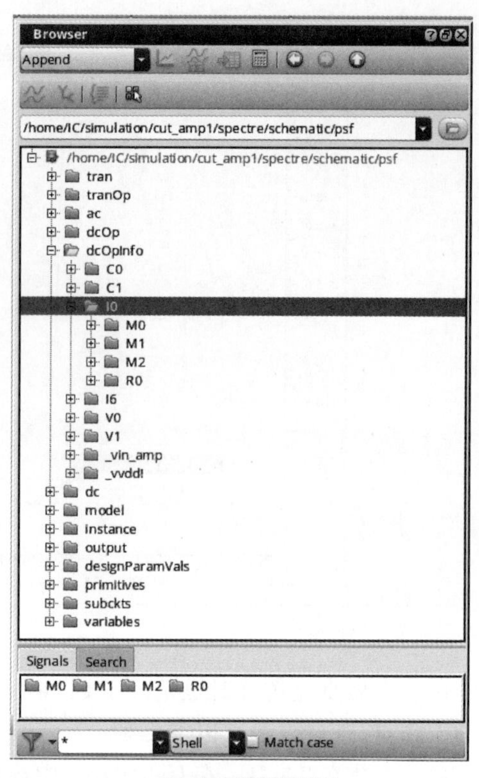

(b) 结果浏览器界面

beff(A/V^2)=0.00082951385	cgg(F)=1.7260455e-14	gmbs(S)=6.2248657e-05	igidl(A)=0	qsrco(Coul)=-4.7680222e-15	vgsteff(V)=0.22387021
betaeff(A/V^2)=0.00088229144	cggbi(F)=1.4806285e-14	gmoverid(1/V)=7.6489927	igisl(A)=0	region=2	vgt(V)=0.22350075
cbb(F)=6.4060394e-15	cgs(F)=-1.502714e-14	i1(A)=2.0718175e-05	igs(A)=0	reversed=0	vsat_marg(V)=2.4490727
cbd(F)=-1.3854199e-16	cgsbi(F)=-1.3675973e-14	i3(A)=-2.0698919e-05	is(A)=-2.0698919e-05	ron(Ohm)=128031.06	vsb(V)=-0
cbdbi(F)=1.0778232e-16	cgsovl(F)=1.3511664e-15	i4(A)=-1.9255511e-08	isb(A)=-0	rout(Ohm)=2103643.5	vth(V)=0.72649925
cbg(F)=-2.5986935e-15	cjd(F)=1.4458907e-16	ibd(A)=-1.9255511e-08	ise(A)=2.0718175e-05	self_gain=333.06121	
cbs(F)=-3.668804e-15	cjs(F)=0	ibe(A)=-1.9258161e-08	isub(A)=1.9255511e-08	type=0	
cbsbi(F)=-3.3188192e-15	csb(F)=-5.1094465e-15	ibs(A)=0	pwr(W)=5.490533e-05	ueff=0.034518062	
cdb(F)=-1.4512022e-16	csd(F)=-2.7377801e-17	ibulk(A)=-1.9255511e-08	qb(Coul)=-1.2266319e-14	vbs(V)=0	
cdd(F)=1.2477622e-15	csg(F)=-1.3557557e-14	id(A)=2.0718175e-05	qbd(Coul)=-4.881996e-16	vdb(V)=2.6501046	
cddbi(F)=2.5633587e-19	css(F)=1.8694381e-14	idb(A)=7.6942726e-19	qbi(Coul)=-1.2266236e-14	vds(V)=2.6501046	
cdg(F)=-1.1042042e-15	cssbi(F)=1.7343215e-14	ide(A)=2.071818e-05	qbs(Coul)=0	vdsat(V)=0.20103192	
cds(F)=1.5621745e-18	fug(Hz)=1.4598889e+09	ids(A)=2.0698919e-05	qd(Coul)=1.9679049e-15	vdss(V)=0.20103192	
cgb(F)=-1.1514727e-15	gbd(S)=8.4219511e-08	igb(A)=0	qdi(Coul)=2.6579149e-16	vearly(V)=43.583664	
cgbovl(F)=8.675e-20	gbs(S)=0	igcd(A)=0	qg(Coul)=1.5066436e-14	vfbeff(V)=nan	
cgd(F)=-1.0818425e-15	gds(S)=4.7536573e-07	igcs(A)=0	qgi(Coul)=1.5817345e-14	vgb(V)=0.95	
cgdbi(F)=2.1074387e-17	gm(S)=0.00015832588	igd(A)=0	qinv(Coul)=0.00021021667	vgd(V)=-1.7001046	
cgdovl(F)=1.1029168e-15	gmb(S)=6.2248657e-05	ige(A)=0	qsi(Coul)=-3.8168997e-15	vgs(V)=0.95	

(c) I0/M0晶体管的所有静态工作点参数

图 4-29 查看直流工作点

4.2.2 交流仿真分析

在 ADE 中执行 Analyses→Choose 菜单命令，弹出 Choosing Analyses 对话框。注意此时需要将放大器设置在高增益区，对于图 4-9 中简单的共源极放大器，通过前述直流扫描可知高增益区在输入偏置为 925～990mV，因此将 vbias 变量设置为 950mV。注意，在 Vin 输入信号源激励设置中，AC magnitude 需设置为 1。如图 4-30 所示，在 Analysis 一栏中选择 ac；在 AC Analysis 中，Sweep Variable 选择为 Frequency；Sweep Range 选择为 Start-Stop，范围为 1～1000M；在 Sweep Type 下拉列表中选择 Logarithmic；勾选 Points Per

Decade 选项，在右侧的文本框中输入 20，表示扫描类型为对数，每 10 倍频程 20 个点。设置完成后，单击 OK 按钮。然后，在 ADE 中执行 Simulation→Netlist and Run 菜单命令运行仿真。仿真运行结束后，仍可以采用 Calculator 打印结果。还可以采用另外一种方法输出波形，在 ADE 中执行 Results→Direct Plot→AC Magnitude & Phase 菜单命令，然后在电路图中单击 out 节点，节点选择完毕后按 Esc 键则打印出如图 4-31 所示的幅频特性和相频特性。

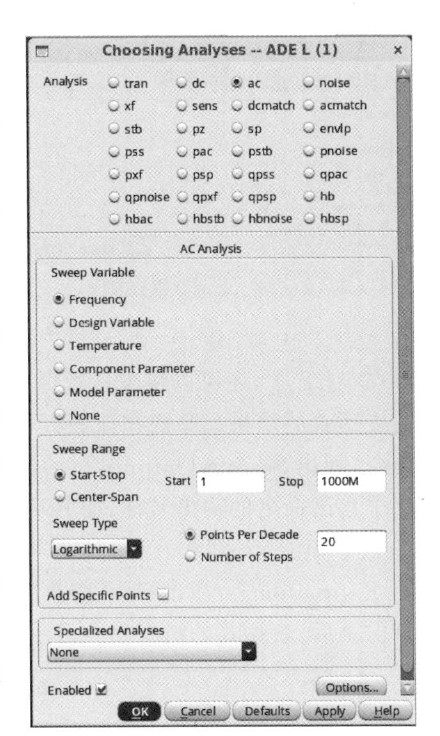

图 4-30　交流仿真设置

通过对仿真得到的幅频特性和相频特性进行测量，可得到放大器的直流（低频）小信号增益约为 38dB，3dB 带宽约为 63kHz，放大器为反相放大，并且经历了一个主极点，因此相位从 180°变化到 90°。

ADE 的 Calculator 提供了很多功能强大的函数，在这里利用其中的 bandwidth 和 phasemargin 函数测量此放大器的 3dB 带宽和相位裕度。在 Calculator 中选择 vf，然后在电路图上单击 out 连线，这样表达式 VF("/out")就出现在 Calculator 中，然后在函数面板（Function Panel）的 Special Functions 中选择 bandwidth 函数，设置 Type 为 low，Db 为 3，表示是低通特性的 3dB 带宽，然后单击 OK 或 Apply 按钮，如图 4-32(a)所示。随后表达式 bandwidth(VF("/out")3 "low")出现在 Calculator 界面中，单击 或 按钮，这样就会根据仿真结果计算出放大器的 3dB 带宽，如图 4-32(b)所示，可见 3dB 带宽的准确结果为 63.45kHz。

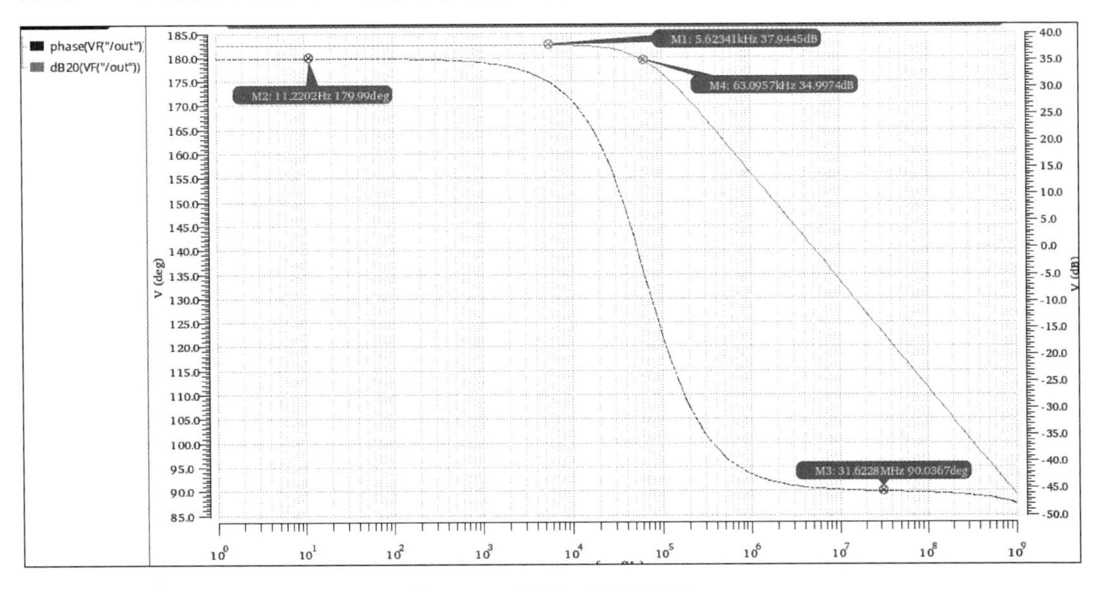

图 4-31　交流仿真输出波形

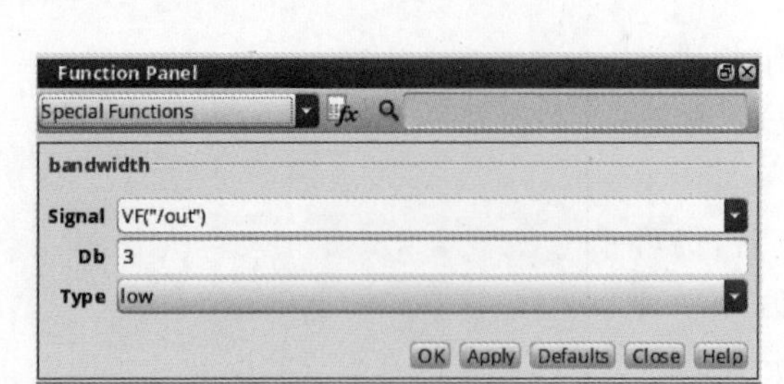

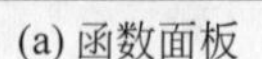
(a) 函数面板

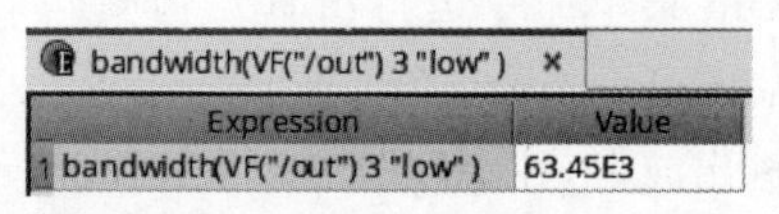

(b) 表达式bandwidth(VF("/out") 3 "low")结果显示

图 4-32　使用 Calculator 中的函数

在 ADE 中，还可以将表达式保存在 ADE 的 Outputs 面板中，这样在每次仿真结束后相关表达式的结果就呈现在该面板中，方便仿真调试。在 ADE 中执行 Outputs→Setup 菜单命令，弹出 Setting Outputs 对话框，如图 4-33(a)所示。在 Name(opt.)文本框中可以填写一个自己命名的输出名称，如 BW_3dB；在 Expression 文本框中填写需要输出的表达式，如 bandwidth(VF("/out")3"low")，可以采用手工填写或者从 Calculator 中获取表达式(Get Expression)。单击 Add 按钮后，设置的输出项目就出现在 Outputs 面板上，这样每次执行仿真后，表达式的结果就会显示在 Output 面板的相应项中，如图 4-33(b)所示。

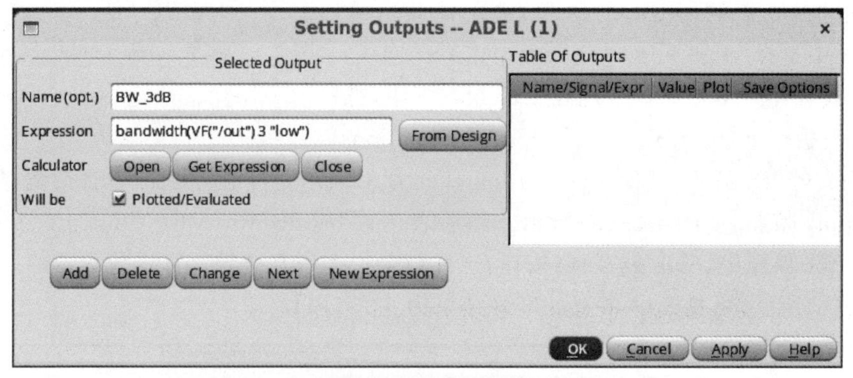

(a) Setting Outputs对话框

(b) Outputs面板

图 4-33　设置输出表达式

采用同样的方法，在 Calculator 中选择 vf，然后在电路图上单击 out 连线，在 Calculator 中得到表达式 VF("/out")，然后选择 phaseMargin 函数，在 ADE 主界面中出现表达式 phaseMargin(VF("/out"))，这样就可以得到相位裕度为 89.29°[①]。同样，可以将这个表达式也输出在 Outputs 面板上。

① 注意，这里由于是反相输出，因此利用 phaseMargin 函数得到的是负值，额外的 180°相移应考虑在内。

4.2.3 瞬态仿真分析

在 ADE 中执行 Analyses→Choose 菜单命令，弹出 Choosing Analyses 对话框。如图 4-34 所示，在 Analysis 一栏中选择 tran；在 Stop Time 文本框内输入合适的数值，表示瞬态仿真停止时间，如 100u 表示 100μs 停止。可以设置 Accuracy Defaults(errpreset)选项选择精度，其中 conservative 表示保守设置，精度高但仿真时间长；moderate 表示中等设置，精度和仿真速度都处于中等；liberal 表示精简设置，精度低但仿真速度快。一般对于模拟电路仿真，需要高精度仿真，因此选择 conservative。

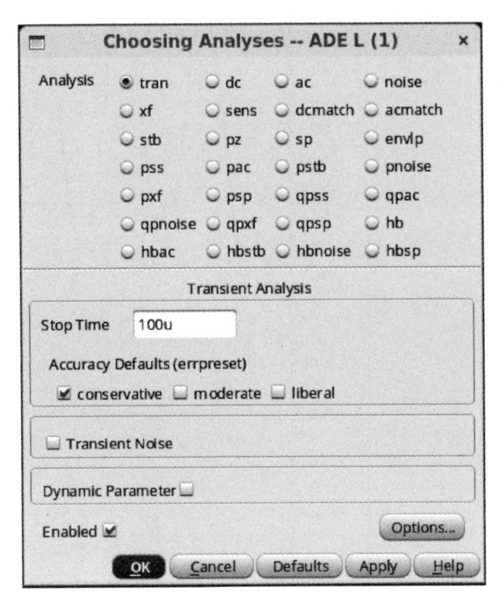

图 4-34　瞬态仿真设置

当输入信号为大信号时，如设置 va 为 1.0，即输入信号的振幅为 1.0V 时，瞬态仿真输出波形如图 4-35 所示。

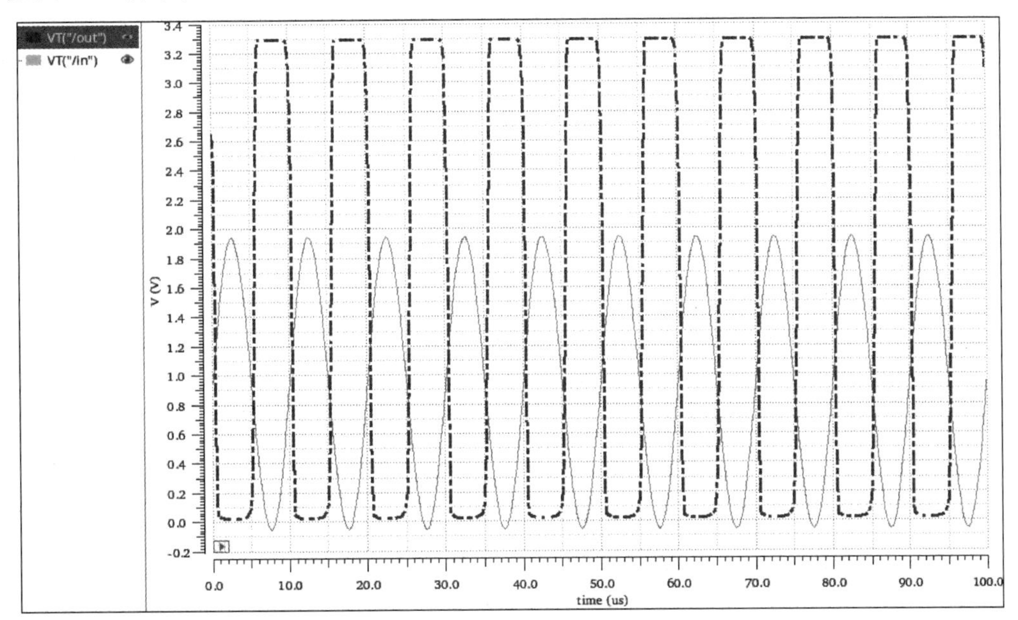

图 4-35　当输入信号为大信号时的瞬态仿真输出波形

当输入信号为小信号时，如设置 va 为 0.1m，即输入信号的振幅为 0.1mV 时，瞬态仿真输出波形如图 4-36 所示。可见相对于 100kHz 的正弦输入信号，输出得到放大的信号，通过测量可知峰峰值约为 8.287mV，那么在 100kHz 下放大器的增益为 8.287/0.2=41.435，约为 32dB，并且输出相位也有变化，符合交流仿真得到的幅频特性和相频特性结果(见图 4-31)。

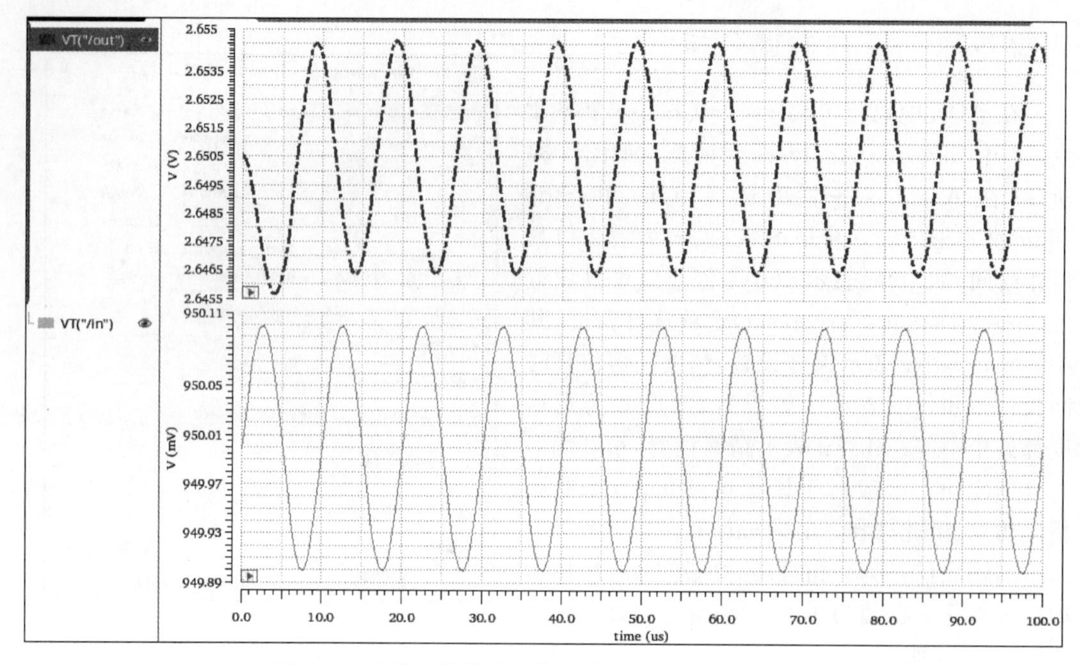

图 4-36 当输入信号为小信号时的瞬态仿真输出波形

4.3 SPECTRE 电路分析进阶

4.3.1 噪声仿真分析

噪声(Noise)分析首先将电路在工作点处进行线性化,然后在输出处计算电路总噪声频谱密度,如果说明输入测量元件(电压、电流或端口),则会计算传递函数,进而得出电路的等效输入参考噪声。

在 ADE 中执行 Analyses→Choose 菜单命令,弹出 Choosing Analyses 对话框。针对图 4-16 的仿真电路,输入偏置电压 vbias 设置在 950mV 高增益区间上。如图 4-37 所示,在 Analysis 一栏中选择 noise;类似于交流仿真,在 Noise Analysis 中,Sweep Variable 选择为 Frequency;Sweep Range 选择为 Start-Stop,范围为 1~1G;在 Sweep Type 下拉列表中选择 Logarithmic;勾选 Points Per Decade 选项,在右侧的文本框中输入 20,表示扫描类型为对数,每 10 倍频程 20 个点。对于噪声仿真,还需要指定噪声的输出节点,在 Output Noise 下拉列表中选择 voltage;在 Positive Output Node 文本框中输入正输出节点,在 Negative Output Node 文本框中输入负输出节点,

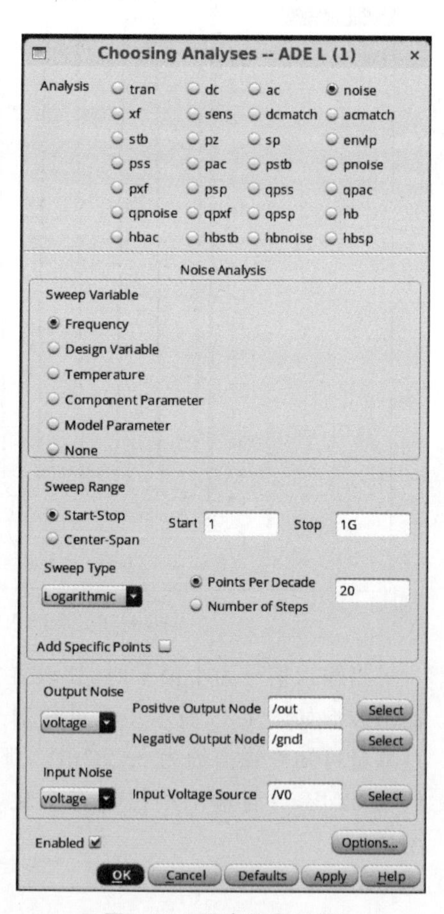

图 4-37 噪声仿真设置

这里是单端输出，因此在 Positive Output Node 文本框中输入放大器输出节点/out，在 Negative Output Node 文本框中输入地线/gnd!。注意，这里可以通过单击文本框右侧的 Select 按钮在电路图中选择相关的节点。此放大器是电压放大器，因此根据电路的噪声分析理论，在 Input Noise 下拉列表中选择 voltage，然后在 Input Voltage Source 文本框中输入/V0。同样地，可以通过单击文本框右侧的 Select 按钮在电路图中选择相关的电压源(注意要单击电压源上，而不是电压源的连线上)。设置完成后单击 OK 按钮。

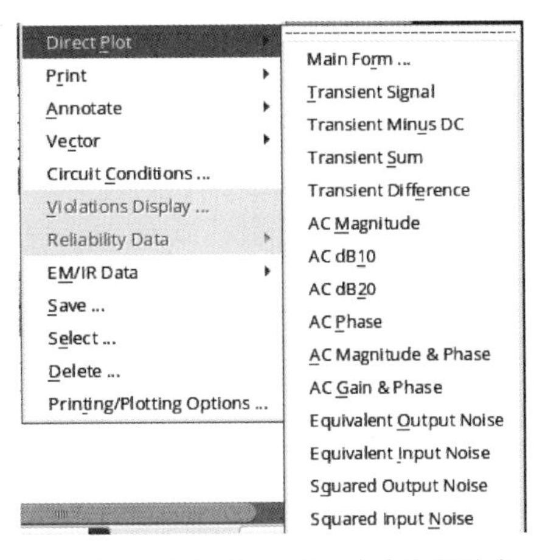

图 4-38　采用 Direct Plot 命令直接输出噪声仿真结果

然后，在 ADE 中执行 Simulation→Netlist and Run 菜单命令运行仿真。仿真结束后，可以采用以下几种方法输出噪声仿真分析结果。

(1) 采用 Direct Plot 命令直接输出噪声仿真结果。如图 4-38 所示，在 ADE 中执行 Results→Direct Plot→Equivalent Input Noise 菜单命令，绘制出如图 4-39 所示的等效输入噪声特性；若执行 Equivalent Output Noise 命令，则绘制出如图 4-40 所示的等效输出噪声特性；执行 Squared Output Noise 命令将绘制平方输出噪声曲线；执行 Squared Input Noise 命令将绘制平方输入噪声曲线。

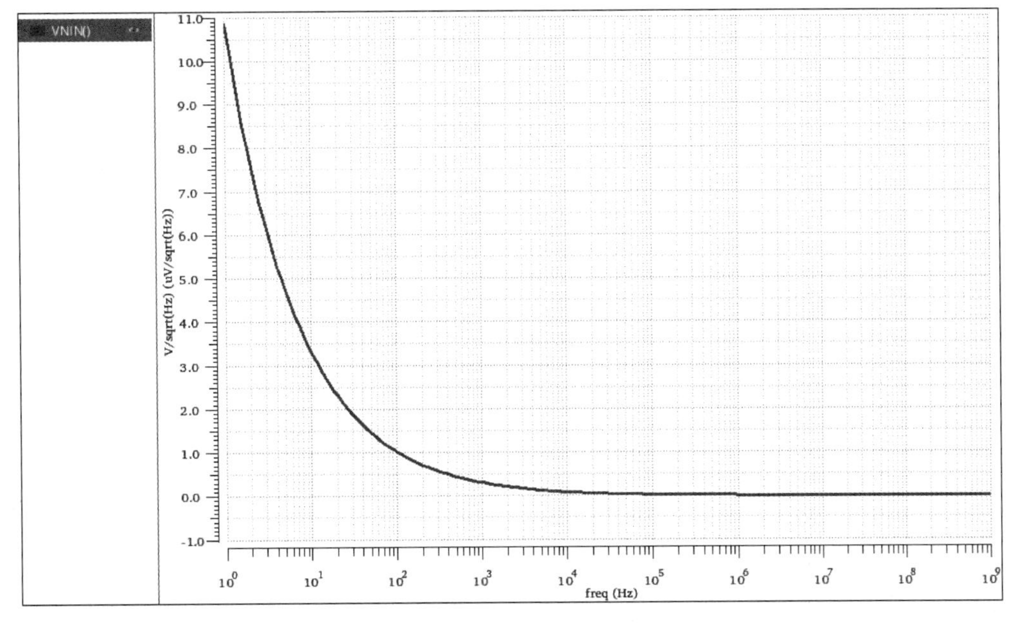

图 4-39　等效输入噪声特性

在 ADE 中执行 Results→Direct Plot 菜单命令，除了输出噪声仿真结果之外，还可以输出瞬态仿真、交流仿真、直流仿真等结果。只要执行了相关仿真并正确产生了结果，Direct Plot 相应菜单项就会变亮有效，可以进行结果的绘制输出。

(2) 采用 Direct Main Form 输出噪声仿真结果。在 ADE 中执行 Results→Direct Plot→

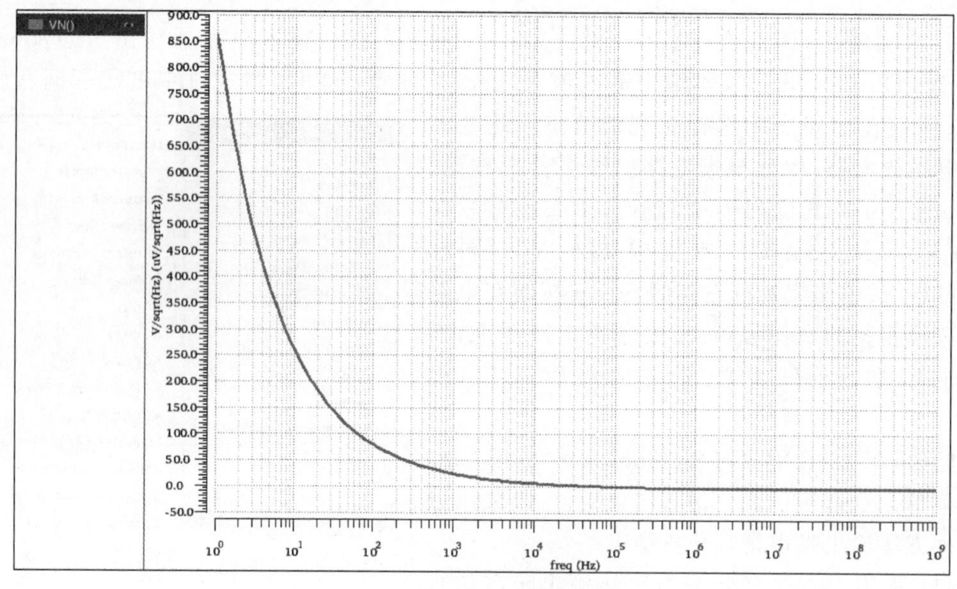

图 4-40　等效输出噪声特性

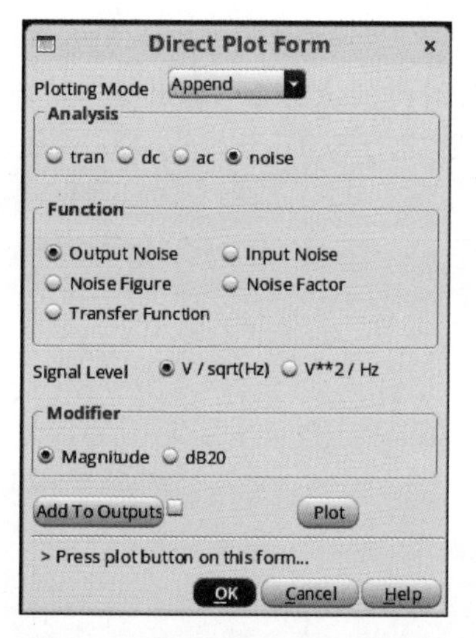

图 4-41　Direct Plot Form 对话框

Main Form 菜单命令，弹出 Direct Plot Form 对话框，如图 4-41 所示。在 Direct Plot Form 对话框中，可以输出瞬态仿真、交流仿真、直流仿真以及噪声仿真结果。这里在 Analysis 中选择 noise，在 Function 中可以选择 Output Noise 或 Input Noise 进行输出，在 Signal Level 中可以选择 V/sqrt(Hz)或平方形式，这里选择 V/sqrt(Hz)，绘制的噪声特性曲线如图 4-42 所示。

(3) 采用 Calculator 绘制噪声仿真结果。在 Calculator 中输入 VNIN()或 VN()后单击按钮绘制噪声曲线，分别表示等效输入噪声和等效输出噪声，同样可以输出如图 4-42 所示的噪声特性曲线。输入 VNIN() ** 2 则可绘制平方输入噪声曲线，输入 VN2 则可绘制平方输出噪声曲线。

(4) 打印噪声统计结果。在 ADE 中执行 Results→Print→Noise Summary 菜单命令，弹出 Noise Summary 对话框，如图 4-43 所示。在 Type 中可以选择某一噪声频率点噪声(spot noise)，也可以选择某一带宽内的积分噪声(integrated noise)，注意要选择希望的噪声单位(noise unit)。这里选择积分噪声，频率为 1～100kHz。噪声单位(在 noise unit 下拉列表中选择)为 V^2，表示选择等效噪声功率。在 FILTER 中选择所有类型器件(单击 Include All Types 按钮)，即 b3v3 和 resistor。在 top 文本框中可以输入想要输出噪声中贡献排序列出项的个数，这里输入 5，表示输出噪声贡献最多的前 5 项。单击 OK 或 Apply 按钮，噪声统计结果会打印到 Results Display Window 中，分别给出噪声贡献前 5 的元器件，以及总输出噪声和输入等效噪声值，如图 4-44 所示。可以看出，在 1～100kHz 的积分噪声中，M0 的 fn(1/f 噪声)为主要成分。通过噪声统计分析，可以获知电路中的噪声贡献情况以及总噪声情况，以便有针对性地对电路进行噪声优化。

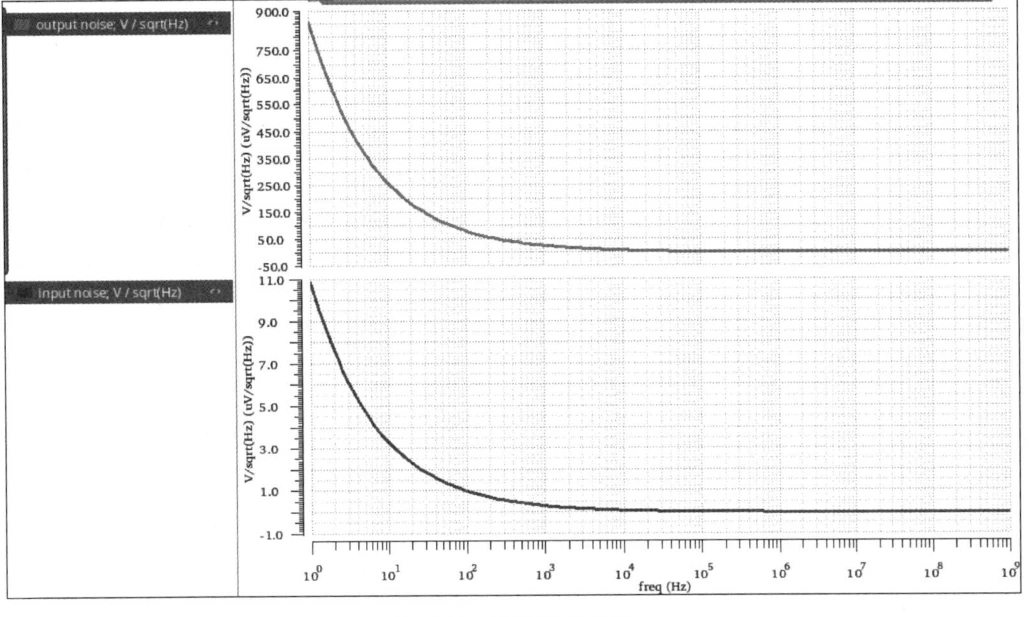

图 4-42　噪声特性曲线

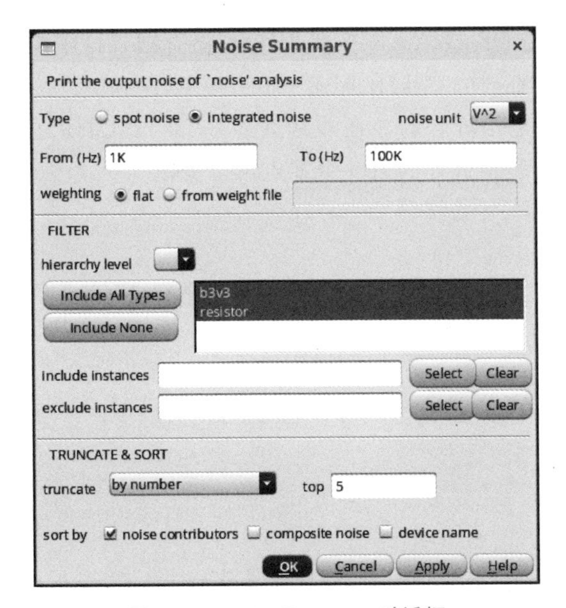

图 4-43　Noise Summary 对话框

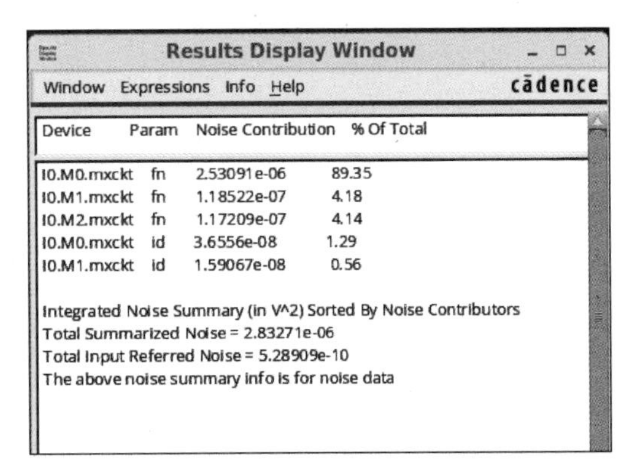

图 4-44　打印到 Results Display Window 中的噪声统计结果

4.3.2　零极点仿真分析

零极点分析是研究线性时不变网络的一种有效方法，可以应用到模拟电路设计中，用于分析电路的稳定性。

在 ADE 中执行 Analyses→Choose 菜单命令，弹出 Choosing Analyses 对话框，在 Analysis 一栏中选择 pz，如图 4-45 所示。针对图 4-16 的仿真电路，输入偏置电压 vbias 设

置在950mV高增益区。零极点设置如下。

(1) 在Output下拉列表中选择voltage。在Positive Output Node文本框中输入正输出节点(/out)，或者单击Select按钮在电路图上选择输出节点out。同样地，在Negative Output Node文本框中输入负输出节点(/gnd!)，或者单击Select按钮在电路图上选择输出节点gnd!。如果是电流输出，在Output下拉列表中选择probe，然后单击Select按钮选择相应的输出元器件，如analogLib库中的电感、独立源、开关、传输线、受控源以及iprobe器件。

(2) 按照需要在Input Source下拉列表中选择输入的电压源(voltage)或电流源(current)类型，这里选择voltage。然后在Input Voltage Source文本框中输入/V0，或者单击Select按钮在电路图上选择输入电压源V0。

(3) 还可以针对电路中变化的参量进行扫描，如频率(Frequency)、设计变量(Design Variable)、温度(Temperature)、器件参数(Component Parameter)以及器件模型参数(Model Parameter)等，这里不进行参量的扫描，因此不做任何选择。

单击OK或Apply按钮完成设置。然后，在ADE中执行Simulation→Netlist and Run菜单命令运行仿真。仿真运行结束后，同样可以采用Results→Direct Plot或Print菜单命令输出零极点仿真结果。这里执行Results→Print→Pole-Zero Summary菜单命令，弹出Pole-Zero Summary对话框，如图4-46所示。可以选择输出零点还是极点，并且可以设置最大频率以及实部值范围。这里采用默认值，单击OK或Apply按钮，零极点仿真结果打印在Results Display Window上，如图4-47所示。可见在−63.55kHz存在一个主极点，这和交流仿真中得到的3dB带宽频率为63.45kHz的结果是相符合的。在非常远处−0.4125GHz还有一对零极点，并且在传递函数中互相抵消。在非常远处的另一个零点可以忽略。

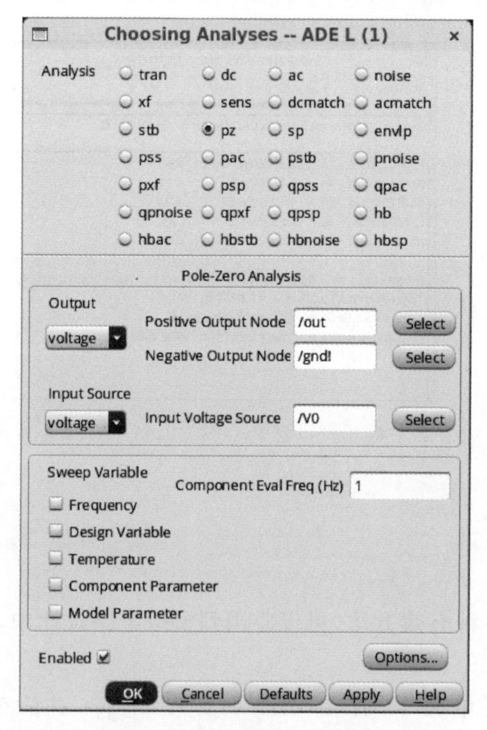

图4-45 零极点仿真设置

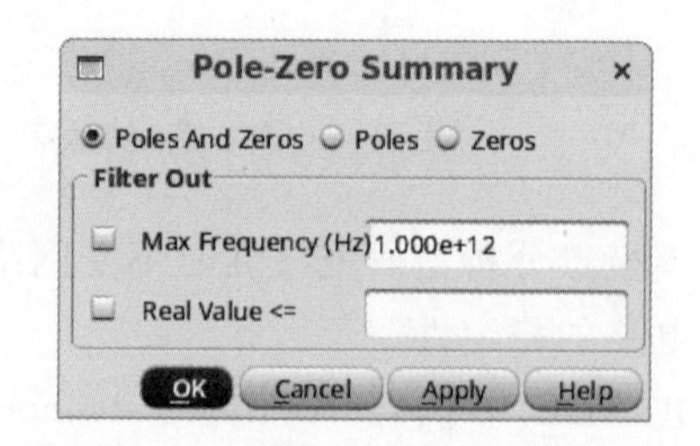

图4-46 Pole-Zero Summary对话框

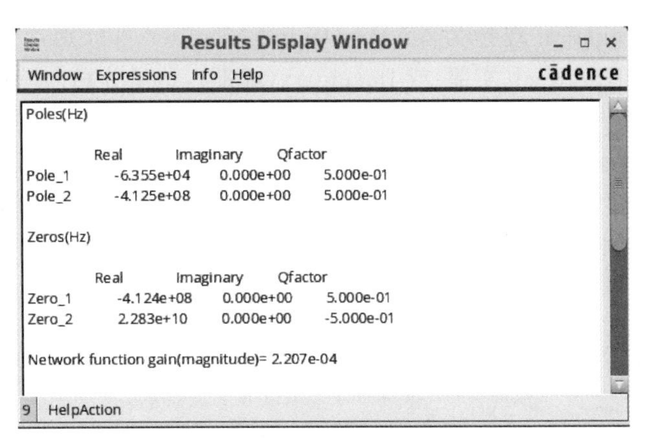

图 4-47 零极点仿真结果

图 4-47 零极点仿真结果中的品质系数 Qfactor 的定义为

$$\text{Qfactor} = \text{sign}0.5\left[\left(\frac{\text{im}}{\text{re}}\right)^2 + 1\right]^{0.5} \tag{4-1}$$

其中，如果实部 re<0，则 sign 为+1；如果实部 re>0，则 sign 为−1；当实部 re=0 时，则不定义 Qfactor。

如果零极点仿真结果中含有正实部极点，说明电路是不稳定的，在报表中这些极点上会加上 ** RHP 标识。

4.3.3 传递函数仿真分析

传递函数分析首先将电路在工作点处进行线性化，然后进行小信号分析，从而计算从每个独立源或电路端口到选定的输出之间的传递函数。

在 ADE 中执行 Analyses→Choose 菜单命令，弹出 Choosing Analyses 对话框。针对图 4-16 的仿真电路，输入偏置电压 vbias 设置在 950mV 的高增益区。如图 4-48 所示，在 Analysis 一栏中选择 xf。

Sweep Variable 可以是频率（Frequency）、设计变量（Design Variable）、温度（Temperature）、器件参数（Component Parameter）以及器件模型参数（Model Parameter）。当 Sweep Variable 选择为 Frequency 时，类似于交流仿真，Sweep Range 选择为 Start-Stop，范围为 1～1G；在 Sweep Type 下拉列表中选择 Logarithmic；勾选 Points Per Decade 选项，在右侧的文本框中输入 20，表示扫描类型为对数，每 10 倍频程 20 个点。

对于传递函数仿真，还需要指定输出节点，方法和噪声仿真是一样的。在 Output 中选择 voltage，在 Positive Output Node 文本框中输入正输出节点，在 Negative Output Node 文本框中输入负输出节点，这里是单端输出，因此在 Positive Output Node 文本框中输入/out，在 Negative Output Node 文本框中输入/gnd!。同样，可以单击 Select 按钮在电路图上选择相应的节点或元器件。

单击 OK 或 Apply 按钮完成设置。然后，在 ADE 中执行 Simulation→Netlist and Run 菜单命令运行仿真。仿真运行结束后，同样可以执行 Results→Direct Plot→Main Form 命令输出零极点仿真结果。如图 4-49 所示，在 Direct Plot Form 对话框中，Analysis 选择为 xf，按照窗口底部的提示（Select Port or Voltage Source on schematic…）在弹出的电路图中

选择 V0 电压源；Function 选择为 Voltage Gain；Modifier 可分别选择为 Magnitude（幅值）、Phase（相位）、dB20、Real（实部）或 Imaginary（虚部），这里分别选择 dB20 和 Phase。单击 Replot 按钮则可以分别将放大器输入到输出传递函数的幅频特性和相频特性绘制在波形图中，如图 4-50 所示。读者可以尝试在 Direct Plot Form 中选择 dB20 并且在电路图中选择 V1 电压源，这样就可以绘制出电源 V1 到放大器输出的传递函数。

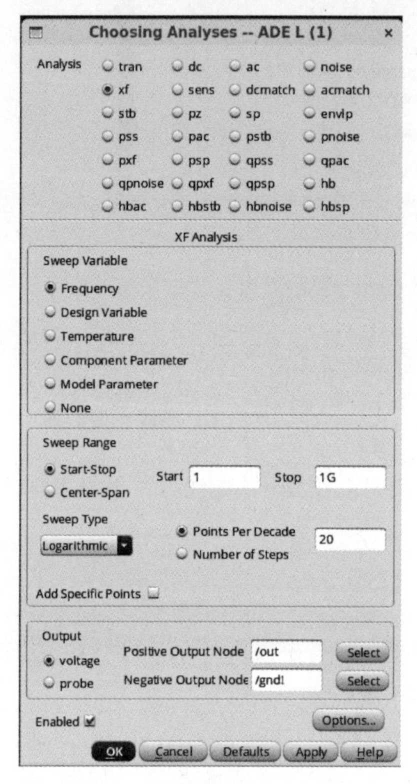

图 4-48　传递函数仿真设置

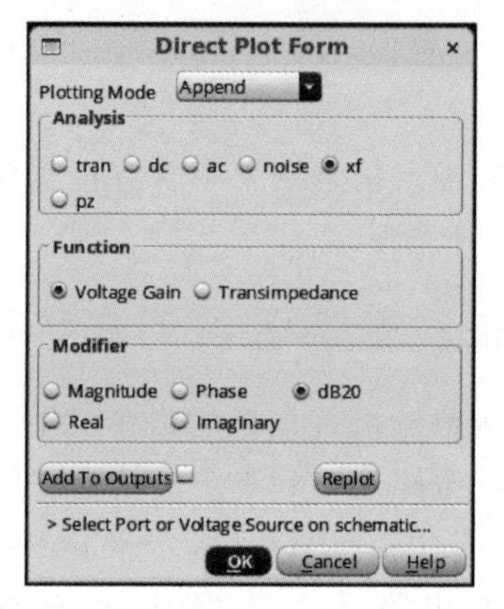

图 4-49　Direct Plot Form 对话框

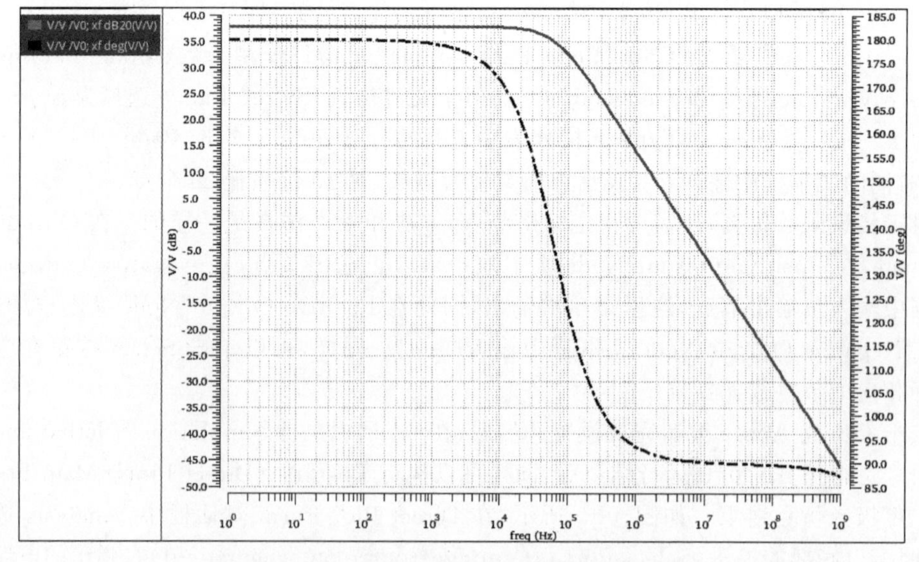

图 4-50　放大器传递函数的幅频特性和相频特性

当进行传递函数仿真设置，Sweep Variable 选择为 Design Variable 时，在 At Frequency(Hz)文本框中输入分析传递函数的频率点，这里输入1；在 Variable Name 文本框中输入变量参数 vbias；Sweep Range 选择为 Start-Stop，范围为0～3.3；在 Sweep Type 下拉列表中选择 Linear，在 Step size 文本框中输入0.001，表示扫描类型为线性，扫描步长为0.001V。这样，可以得到随输入偏置 vbias 而变化的传递函数仿真结果。单击 OK 或 Apply 按钮完成设置。然后，在 ADE 中执行 Simulation→Netlist and Run 菜单命令运行仿真。仿真运行结束后，采用同样的方法输出结果，这里绘制输入到输出传递函数随输入偏置 vbias 变化的曲线，放大后，可见高增益区在950～970mV 输入偏置区域内，如图4-51所示。可见相比于直流仿真，传递函数仿真可以得到更直接而精确的结果，此方法可以直接得到放大器电路小信号增益与输入偏置之间的关系。

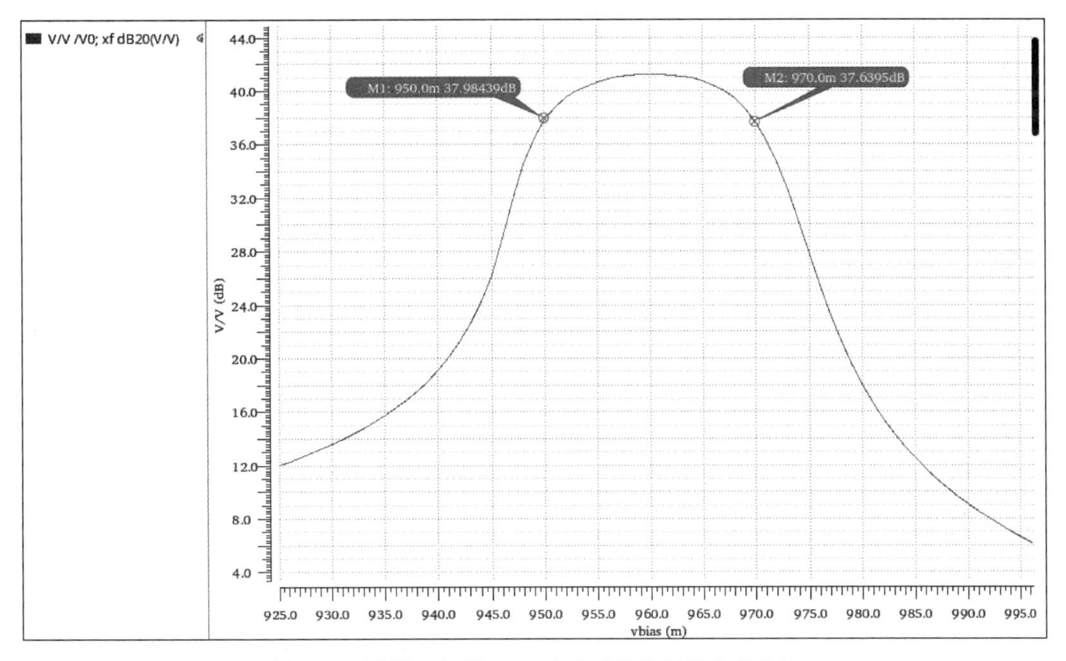

图4-51　随输入偏置 vbias 变化的传递函数仿真结果

4.3.4　灵敏度仿真分析

灵敏度分析可以让设计者考查电路中各参数影响指定的输出的程度。进行灵敏度分析可以使设计者决定对哪些参数进行优化以便达到设计目标。

在 ADE 中执行 Analyses→Choose 菜单命令，弹出 Choosing Analyses 对话框。针对图4-16的仿真电路，输入偏置电压 vbias 设置在950mV 高增益区。如图4-52所示，在 Analysis 一栏中选择 sens；Sensitivity Analysis 中的 For base 选项可以选择 dcOp(直流工作点)、dc(直流分析)以及 ac(交流分析)进行灵敏度仿真。注意，选择相应的仿真项时，相应的分析必须要同时进行。例如，在本例中，选择 dcOp 进行直流工作表灵敏度仿真，那么必须同时进行直流(dc)仿真中的工作点分析，并且在设置对话框中需要勾选 Save DC Operating Point 选项。

在 Output 文本框中输入输出节点/out，也可以单击 Select 按钮在电路图中进行选择。

在 Instances 文本框中输入需要进行灵敏度分析的参数对应的例元。当选择了例元时，则只有选择的例元的相关参数才会进行灵敏度分析。如果 Instances 文本框中没有填入任何例元，则电路中的所有例元的相关参数都进行灵敏度分析。本例中，选择/I0/R0 和 V0，考查放大器中偏置电阻以及输入偏置电压对放大器输出的影响。

单击 OK 或 Apply 按钮完成设置。然后，在 ADE 中执行 Simulation→Netlist and Run 菜单命令，运行仿真。仿真运行结束后，执行 Results→Print→Sensitivities 菜单命令，打印出灵敏度报表，部分结果如图 4-53 所示。可以看出输出 out 对于输入电压 V0 为 950mV 的灵敏度，V0 变化 1 个单位，那么 out 就会变化－79.235，这正好符合当偏置 vbias＝950mV 时的直流小信号增益。

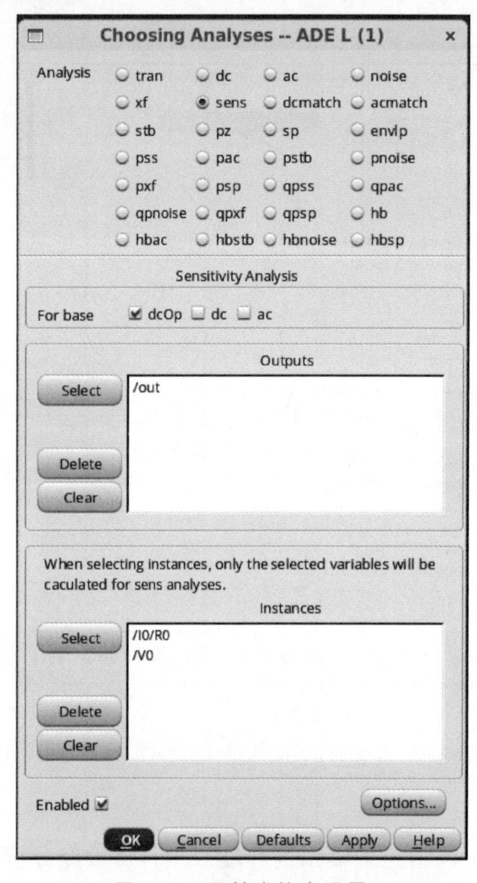

图 4-52　灵敏度仿真设置

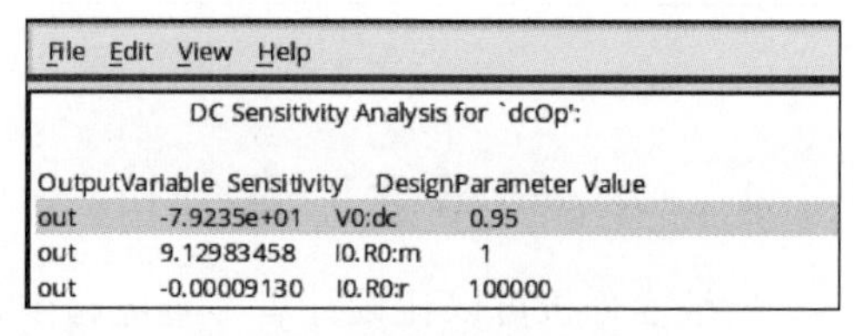

OutputVariable	Sensitivity	DesignParameter	Value
out	-7.9235e+01	V0:dc	0.95
out	9.12983458	I0.R0:m	1
out	-0.00009130	I0.R0:r	100000

图 4-53　灵敏度仿真部分结果

4.3.5　参数扫描仿真分析

在集成电路设计和验证阶段，参数扫描分析工具用于分析电路随电路参数变化的行为，有助于发现问题并优化电路设计参数以及性能。

在 ADE 中执行 Tools→Parametric Analysis 菜单命令，弹出 Parametric Analysis 对话框，如图 4-54 所示。

在本例中，针对图 4-16 的仿真电路，扫描输入偏置电压参数 vbias，考查对交流特性的影响。

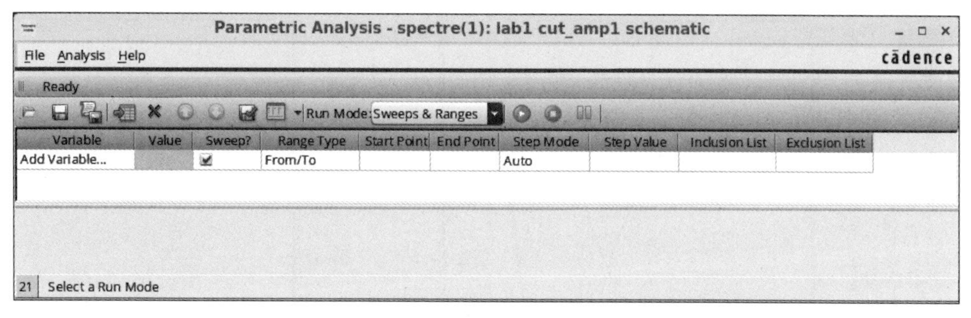

图 4-54　Parametric Analysis 对话框

（1）在 ADE 中设置交流仿真，具体设置方法与 4.2.2 节一样。在交流仿真设置中，Sweep Variable 选择为 Frequency，Sweep Range 选择为 Start-Stop，范围为 1～1000M，在 Sweep Type 下拉列表中选择 Logarithmic，在 Points Per Decade 文本框中输入 20，表示扫描类型为对数，每 10 倍频程 20 个点，最后单击 OK 按钮。

（2）为了便于考查结果，设置输出表达式，如表 4-1 所示。

表 4-1　用于参数扫描仿真的输出表达式

名　称	表 达 式	说　明
BW_3dB	bandwidth(VF("/out")3"low")	3dB 带宽
PM	phaseMargin(VF("/out"))	相位裕度
A0	value(mag(VF("/out"))1)	1Hz 处的低频增益值
A0_db	dB20(value(VF("/out")1))	1Hz 处的低频增益分贝值

（3）在 Parametric Analysis 对话框中，将 vbias 变量参数填入 Variable 一栏，也可以单击 Add Variable 单元格选择 vbias，然后设置需要考查的变化范围，这里选择 From/To 方式，在 From 一栏中输入 0.8，在 To 一栏中输入 1.0，Step Mode 可以选择 Auto 或按照自己的需要选择步长模式，这里选择 Linear Steps，在 Step Size 一栏中输入 0.02，如图 4-55 所示。然后执行 Analysis→Start All 或 Start Selected 菜单命令，运行结束后，就可以采用 Calculator 或 Results 命令输出需要考查的结果。这里由于在步骤(2)中设置了 Outputs 面板表达式，因此就会按照设置弹出随 vbias 变化的各项参数变化情况，如图 4-56 所示。

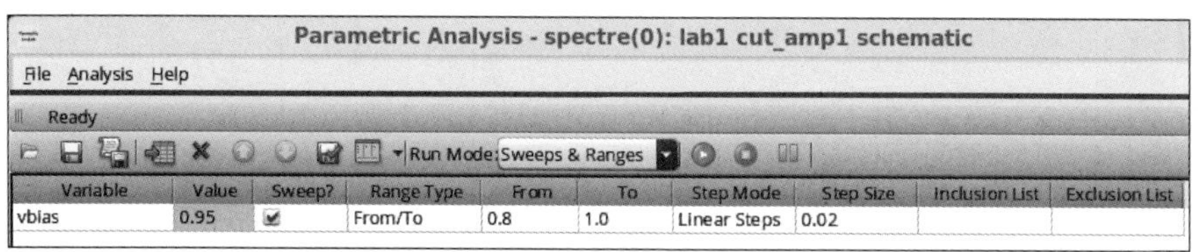

图 4-55　参数扫描分析设置 vbias 变量

参数扫描仿真还可以进行多个变量参数的扫描分析。在 Parametric Analysis 对话框中，单击 Add New Row 按钮，增加新的变量参数，如 temp（温度），以同样方式输入需要的扫描类型、范围和步长模式。如图 4-57 所示，温度扫描范围为 −20～80℃，这里 Step Mode 选择为 Auto，总步长数为 5 个。

然后执行 Analysis→Start All 或 Start Selected 菜单命令，运行结束后，就可以采用 Calculator 或 Results 命令输出需要考查的结果。这里由于已设置了 Outputs 面板表达式，因此就会按照设置弹出以 vbias 为参量，随温度变化的各项参数变化情况，如图 4-58 所示。

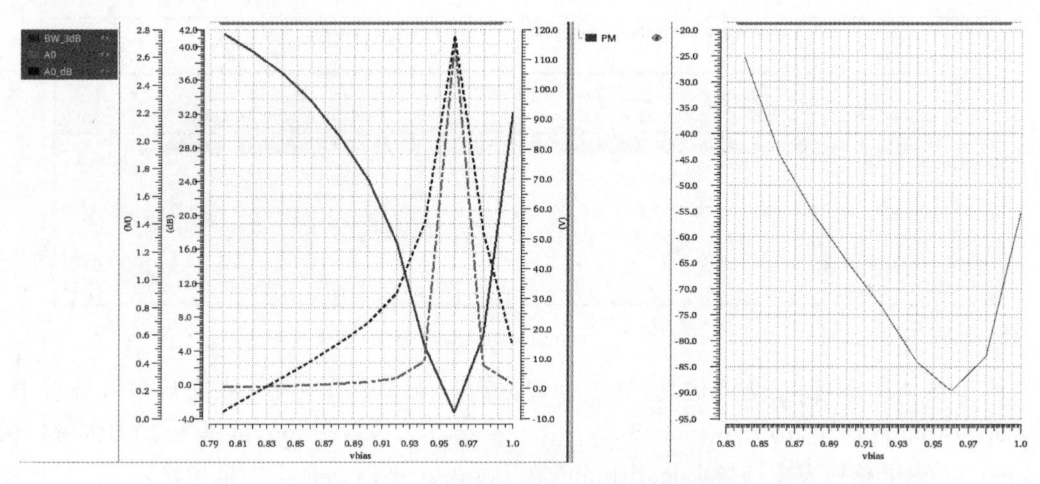

图 4-56　各项参数随 vbias 的变化情况

Parametric Analysis - spectre(0): lab1 cut_amp1 schematic

File　Analysis　Help

Parametric Simulation Completed.

Run Mode: Sweeps & Ranges

Variable	Value	Sweep?	Range Type	From	To	Step Mode	Total Steps	Inclusion List	Exclusion List
vbias	0.95	✔	From/To	0.8	1.0	Linear Steps	0.02		
temp	27	✔	From/To	-20	80	Auto	5		

图 4-57　多个参数扫描仿真设置

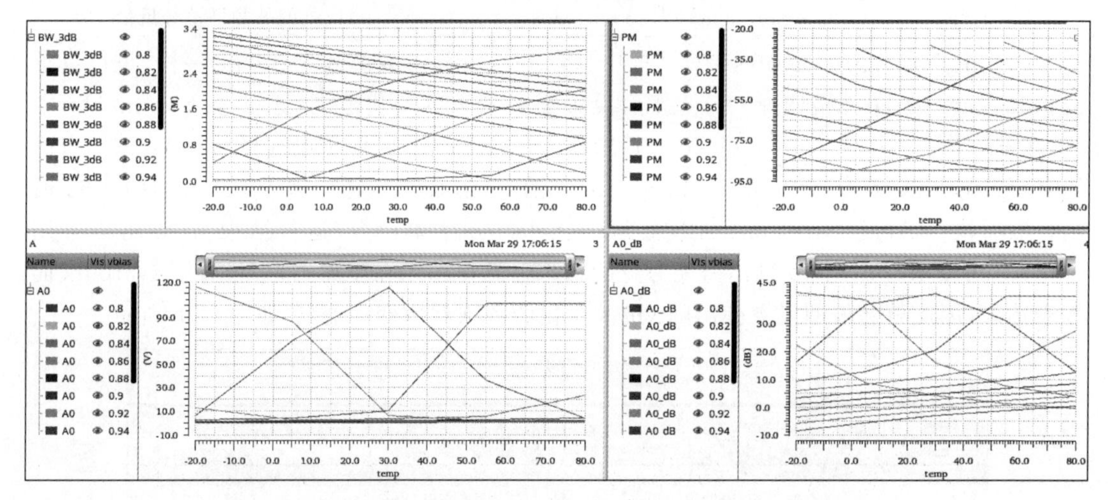

图 4-58　以 vbias 为参量，随温度变化的各项参数变化情况

4.3.6　工艺角仿真分析

在 ADE 中，使用 Model Library Setup 对话框中的 Section 更换工艺中的不同的工艺角，如图 4-21 所示，这样可以对工艺的偏移对电路性能造成的影响进行仿真分析。

ADE 还提供了功能更为强大的工艺角分析工具。在 ADE 或电路图界面 Launch 菜单启动 ADE XL①。如图 4-59 所示，选择 Create New View 选项，单击 OK 按钮，弹出 Create

① 在 IC 51 版本中，工艺角分析的工具在 ADE 的 Tools 菜单中启动，并且不需要创建视图。

new ADE(G) XL view 对话框，如图 4-60 所示。其中 View 的名称为 adexl，打开工具为 ADE XL。单击 OK 按钮后，进入 ADE XL 编辑界面，如图 4-61 所示。ADE XL 提供更多强大的分析手段，如工艺角仿真、蒙特卡罗仿真等。这里由于是在 ADE 中启动 ADE XL，ADE 中的 Outputs 面板的输出表达式同时也会出现在 ADE XL 的 Outputs Setup 标签页中。在 ADE XL 的 Outputs Setup 标签页仍可以通过单击 按钮增添新的输出表达式。

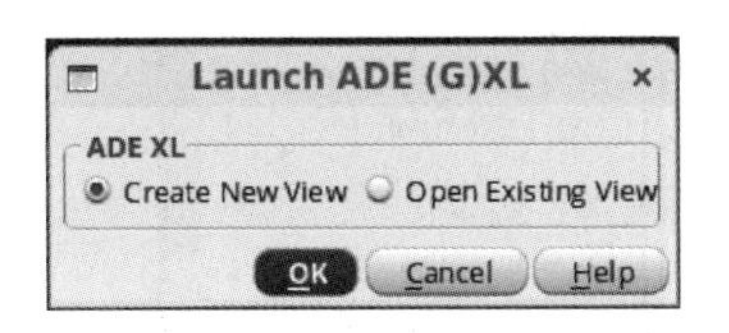

图 4-59　启动 ADE XL

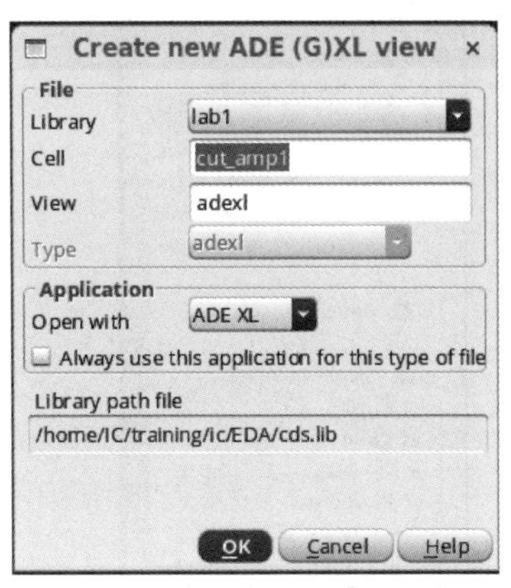

图 4-60　Create new ADE (G)XL view 对话框

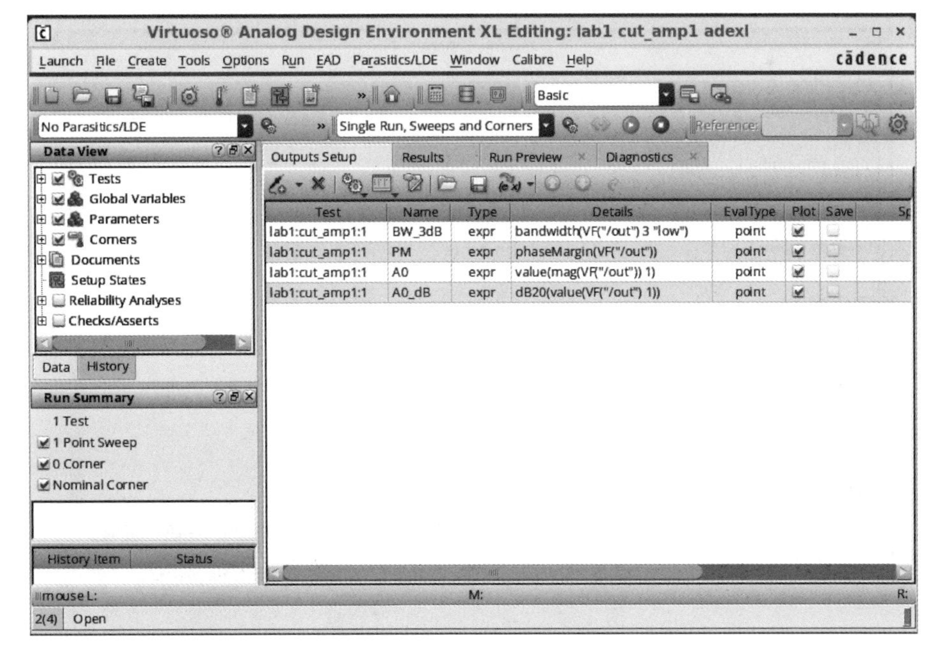

图 4-61　ADE XL 编辑界面

如图 4-62 所示，在 Data View 面板中，展开 Tests→lab1：cut_amp1：1→Analyses 项目，勾选 ac 和 dc 选项，进行直流仿真和交流仿真。Global Variables 和 ADE 中的变量设置一致。

在 ADE XL 的 Data View 面板中设置工艺角仿真，如图 4-63 所示。单击 Click to add corner 弹出 Corners Setup 对话框，如图 4-64 所示，可以设置设计变量、参数、模型文件等工艺角变化量。这里设置模型文件(Model Files)，单击 Model Files 栏下的 Click to add，弹出 Add/Edit Model Files 对话框，如图 4-65(a)所示，可以通过单击 Click to add 增加模型文件。这里，由于是从 ADE 中启动 ADE XL，因此 ADE 的设置是包含在 ADE XL 中的。这样，单击 Import from Tests 按钮就可以把 ADE 中模型文件的设置导入，单击 OK 按钮完成模型文件的加入，如图 4-65(b)所示。在 Corners Setup 对话框 Model Files 栏下就可以出现相应的模型文件。

图 4-62 Data View 面板

图 4-63 工艺角仿真设置

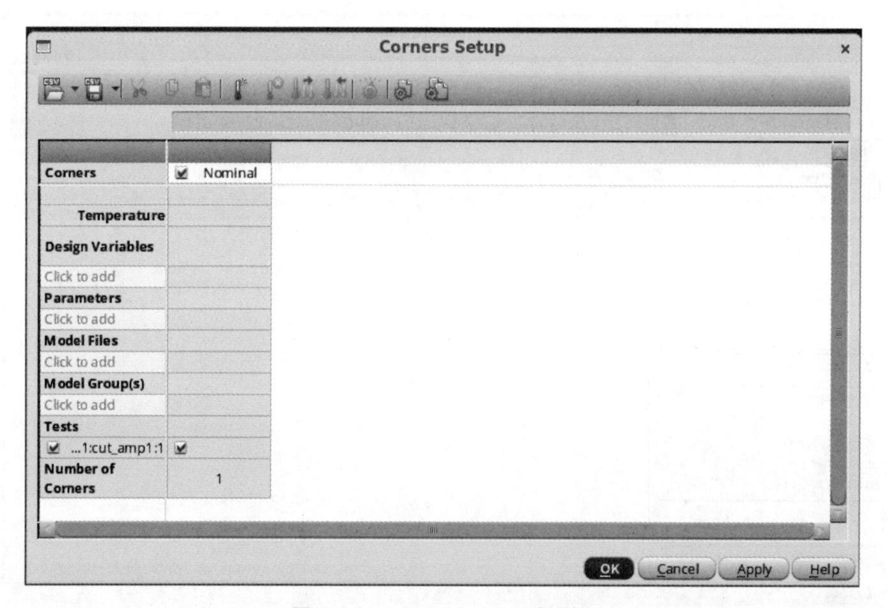

图 4-64 Corners Setup 对话框

在 Corners Setup 对话框中单击按钮增加工艺角设置，或者在 Corners 后的 Nominal 项目上右击，在弹出的快捷菜单中选择 Add Corner，或者按快捷键 Ctrl+N，均可增加一个新的工艺角，这里是 C0，可以修改 C0 为其他名字，如 FF。在 Model Files 的模型文件对应的<section>位置填入需要的模型段(section)，或者双击<section>栏，在弹出的下拉列表中选择需要的模型段，如图 4-66(a)所示，这里选择 ff_3v。采用同样的方法添加 SS、FS、SF 工艺角，单击 OK 按钮完成，如图 4-66(b)所示。当然，还可以根据需要添加更多的工艺角以及参数变化项目。

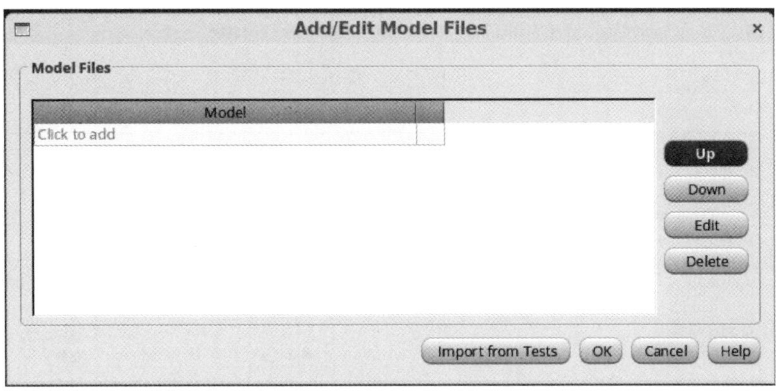

(a) Add/Edit Model Files对话框

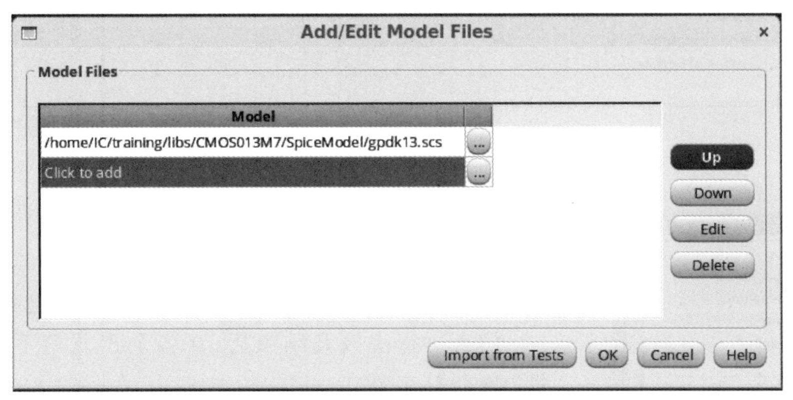

(b) 导入ADE中的模型文件

图 4-65 增加/编辑模型文件

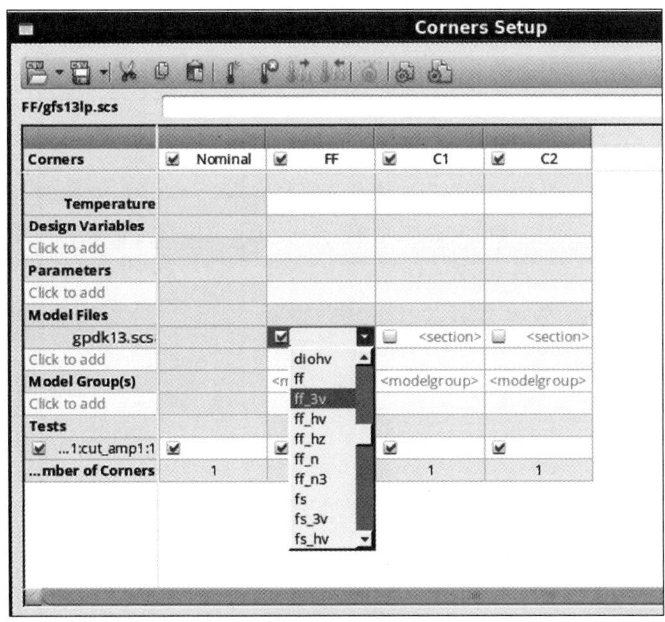

(a) 增加一个工艺角

图 4-66 增加工艺角设置

Corners	Nominal	FF	SS	FS	SF
Temperature					
Design Variables					
Click to add					
Parameters					
Click to add					
Model Files					
gpdk13.scs		ff_3v	ss_3v	fs_3v	sf_3v
Click to add					
Model Group(s)		<modelgroup>	<modelgroup>	<modelgroup>	<modelgroup>
Click to add					
Tests					
...1:cut_amp1:1	✓	✓	✓	✓	✓
...mber of Corners	1	1	1	1	1

(b) 增加多个工艺角

图 4-66 （续）

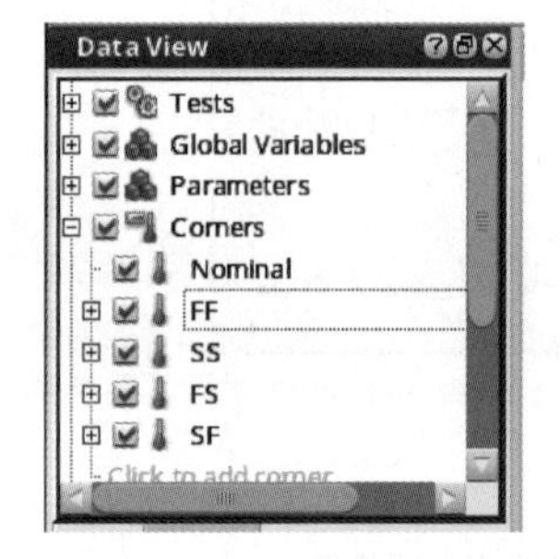

图 4-67 设置工艺角后的 Data View 面板

完成工艺角设置后，Data View 面板中就出现了上述设置，如图 4-67 所示。执行 Run→Single Run，Sweeps and Corners 菜单命令或单击按钮开始各个工艺角的仿真。

仿真进行中以及结束后，在各个工艺角下设置的表达式结果会呈现在 Results 标签页中，如图 4-68 所示。在本例中，可见对于图 4-16 这样的共源极放大器电路，当输入偏置为 0.95V 时，不同的工艺角下，其交流小信号性能发生了很大的变化。

为了分析出现这个现象的原因，考查放大器的输入/输

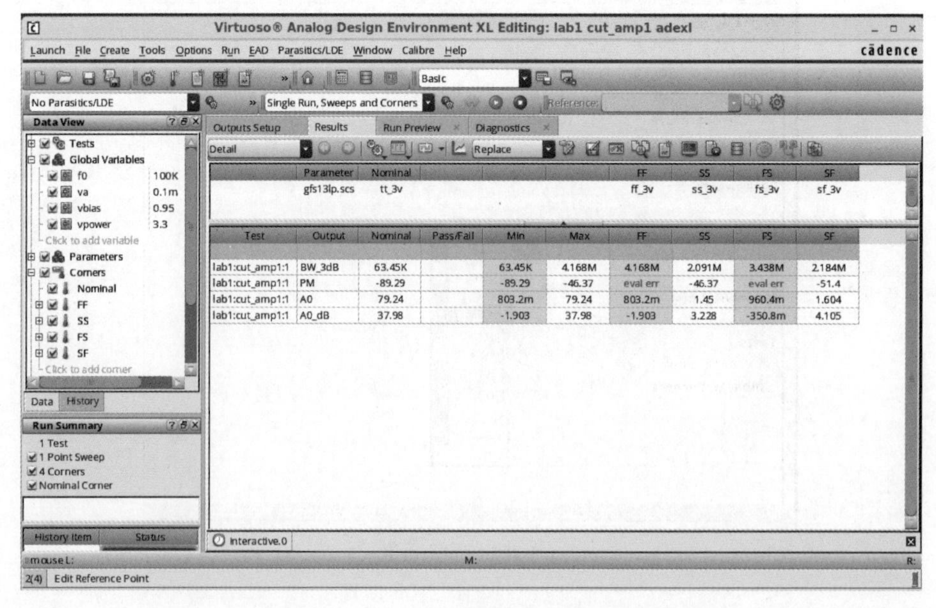

图 4-68 各工艺角下的输出表达式结果

出转移特性。在本例中我们进行了直流扫描仿真。可以通过 Calculator 绘制 VS("/out")输出波形，如图 4-69 所示。可见工艺发生变化后，其输入/输出转移特性发生了变化，高增益区的输入偏置点发生变化。如果仍旧采用 0.95V 的输入偏置电压，放大器不能处于较好的高增益区，则交流小信号特性会发生非常大的变化。

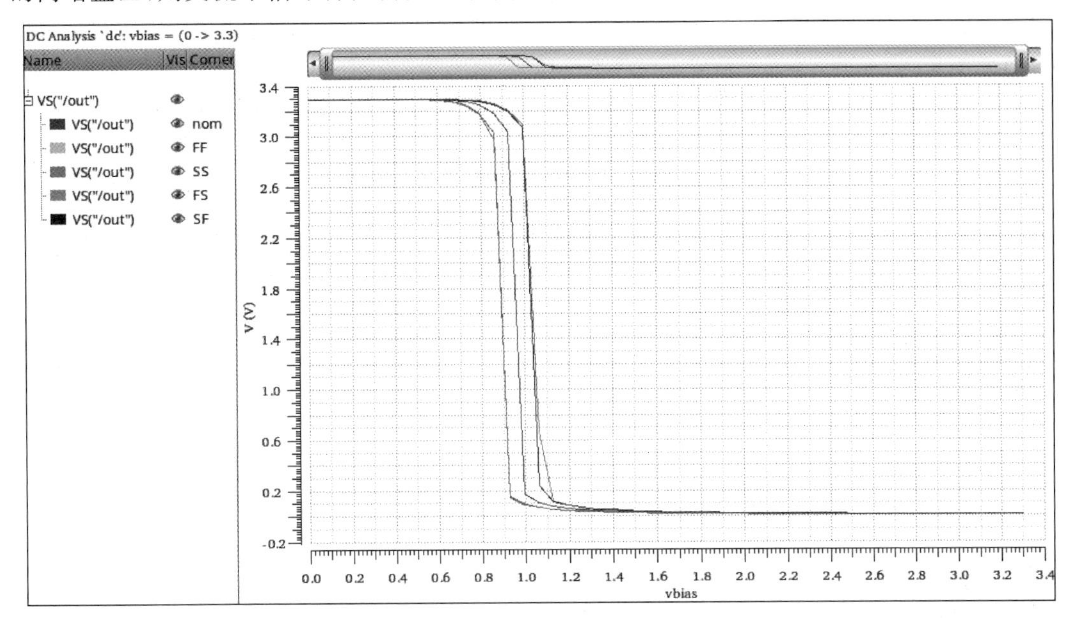

图 4-69 各工艺角下输入/输出转移特性

4.3.7 蒙特卡罗仿真分析

在 ADE XL 中开展蒙特卡罗(Monte Carlo)仿真分析[①]，首先要确认电路中的元器件及元器件模型包括了统计变量参数，模型文件中需要包括 statistics 模型段(section)，其中包含了全局的工艺(process)或元器件之间的失配(mismatch)信息。

```
statistics {
        process {
        vary sigma_vthp dist=gauss std= 5e-3
         ...
         ...
        }
        mismatch {
        vary vthpmis dist=gauss std= 1
        vary toxpmis dist=gauss std= 1
         ...
         ...
}
```

对于 process 和 mismatch 的区别，可以这样理解：process 表示所有元器件整体上的工

① 在 IC 51 版本中，蒙特卡罗分析工具同样在 ADE 的 Tools 菜单中启动，并且不需要创建 ADE XL 视图。

艺参数的随机波动；而 mismatch 指的是不同元器件之间的随机波动而造成的失配。

增加一个工艺角，重命名为 MIS。如图 4-70 所示，在 Model Files 栏中填入或选择工艺厂家提供的模型文件中的 mc_3v 模型段(section)，包含 3.3V 元器件的蒙特卡罗参数的 statistics 模型段，这个模型段的名称在工艺厂家提供的模型文件中可以找到(名称是由工艺厂家命名，不必一样)。这里只留下选择 mc_3v 模型段的这个 MIS 工艺角，其他工艺角先不选择。

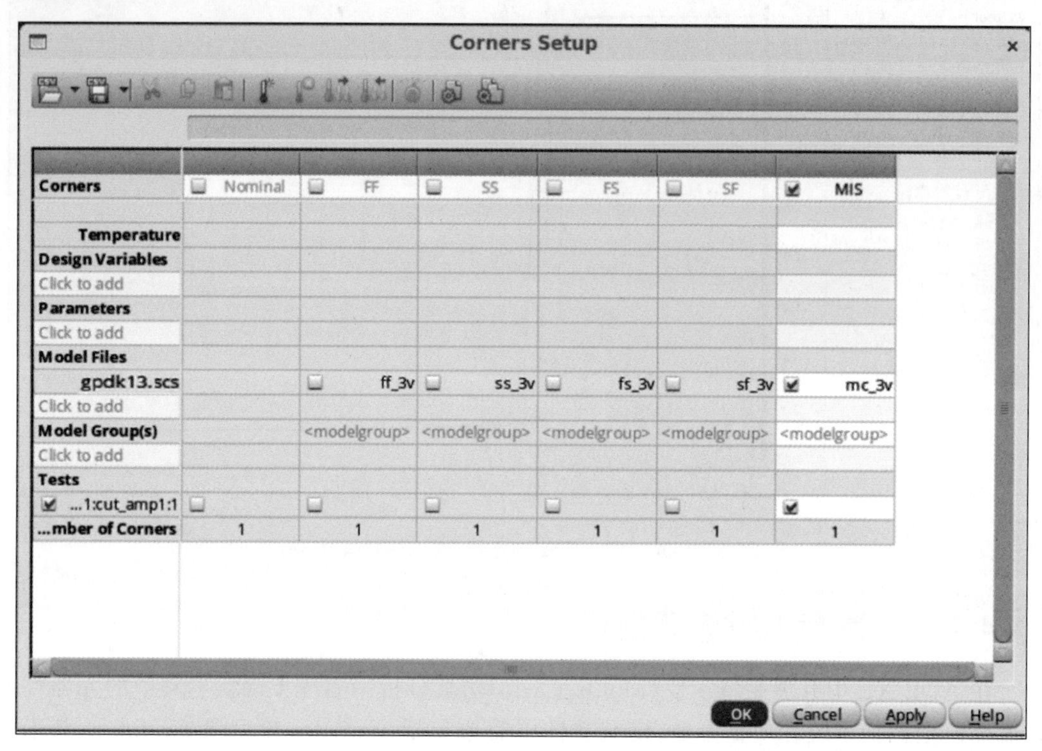

图 4-70 增加进行蒙特卡罗仿真的工艺角设置

在 Data View 面板中选择刚刚建立的 MIS 工艺角，执行 Run→Monte Carlo Sampling 菜单命令，弹出如图 4-71 所示的 Monte Carlo 对话框，Statistical Variation 选择为 All，即包括 Process 和 Mismatch，这里也可以分别选择 Process 或 Mismatch 进行蒙特卡罗仿真，其他项采用默认选择，在 Sampling Method 下拉列表中选择 Random，运行的点数为 200。然后单击 OK 按钮开始蒙特卡罗仿真。

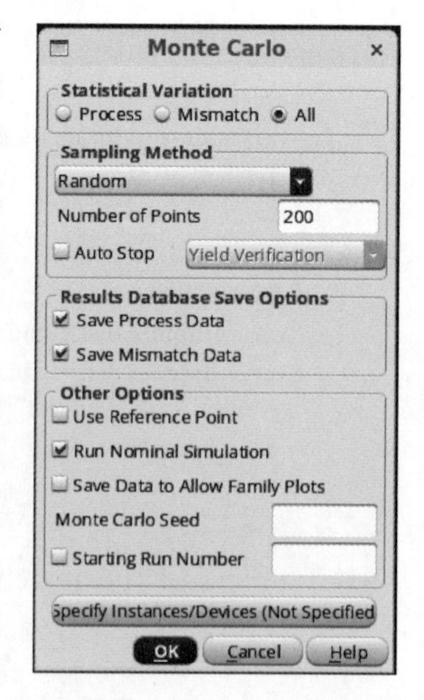

图 4-71 Monte Carlo 对话框

如果模型文件中 statistics 模型段包含的 process 或 mismatch 中含有零值变量，则仿真器会提示错误，并且不能运行蒙特卡罗仿真。此时需要右击 Tests 中的仿真对象(这里是 lab1 ：cut_ampl ：1)，在弹出的快捷菜单中选择 Options→Analog，弹出如图 4-72 所示的 Simulator Options 对话框，切换到 Miscellaneous 标签页，然后在 Additional arguments 文本框中输入 ignorezerovar=yes，则可以解决这个问题。如果读者采用的工艺 SPICE 模型文件中的 statistics 模型段的 process 或 mismatch 不含有零值变量，那么忽略这里零值变量的设置。

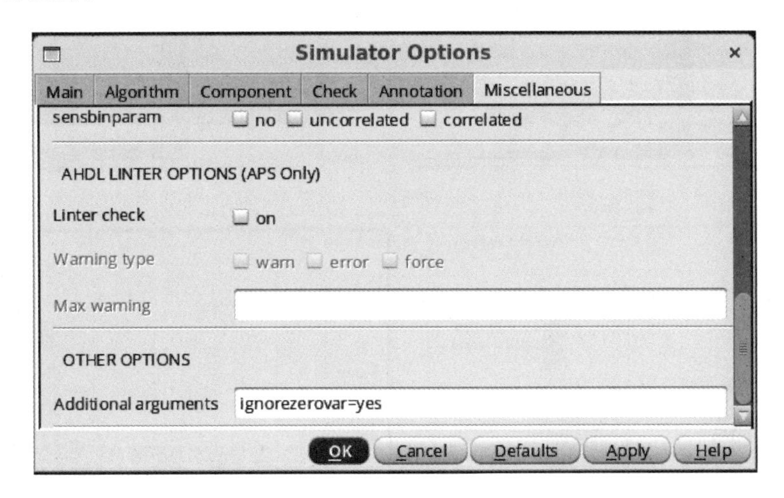

图 4-72　Simulator Options 对话框

仿真进行中以及结束后，设置的表达式结果会呈现在 Results 标签页中，如图 4-73 所示。还可以将统计结果绘制成统计直方图，单击工具栏中的按钮，则会绘制设置的表达式的统计直方图结果，如图 4-74 所示。可见对于图 4-16 这样的共源极放大器电路，工艺及元器件的失配对其性能的影响非常大。

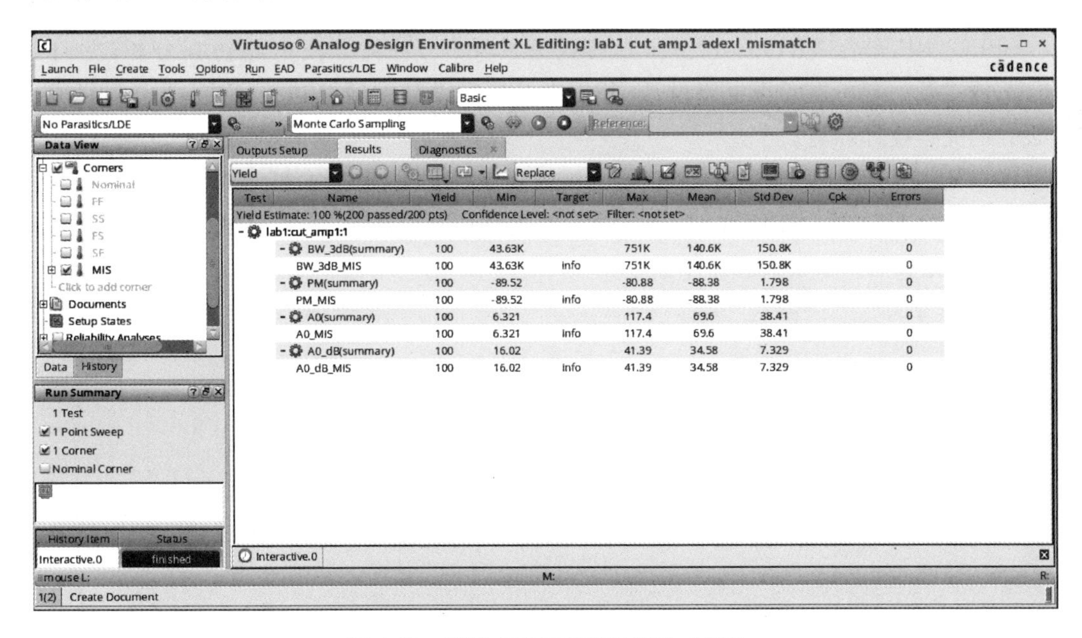

图 4-73　蒙特卡罗仿真输出表达式结果

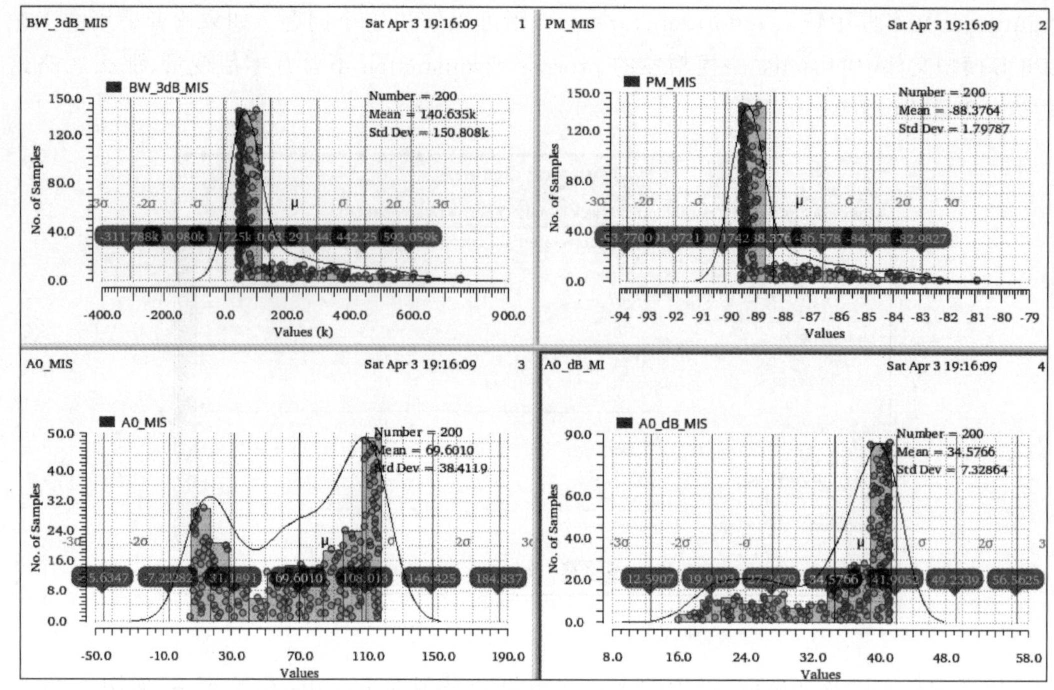

图 4-74 蒙特卡罗仿真输出表达式的直方图结果

4.4 本章小结

SPECTRE 配合 Virtuoso 工具，具有优秀的用户界面，方便电路仿真分析，并且和 Virtuoso 工具一起可以实现电路设计、分析以及版图设计的无缝连接，实现全定制集成电路设计的完整设计环境。

本章详细介绍了基于 SPECTRE 的常用仿真分析方法，其基本思想和原理也都是基于 SPICE 的仿真与分析。SPECTRE 具有强大的电路仿真分析能力，更多的仿真功能请参考 SPECTRE 工具用户手册和参考手册。

第5章 版图设计

CHAPTER 5

集成电路的电路级设计完毕后，则开始设计集成电路的版图(Layout)，以便进行制版，完成工艺流片。本章讨论集成电路的版图设计以及版图 EDA 工具的使用。

5.1 版图概述

集成电路的版图是指集成电路工艺制造厂家(Foundry)所定义的工艺层次几何图形。这些版图几何图层包括 N 阱、有源区、多晶硅、N 注入、P 注入、接触孔、金属层、通孔、焊盘开窗区等。表 5-1 所示为某工艺的版图层次示例。GDSII(GDS2 或 GDS)是通用的版图数据格式文件。版图 GDS 数据交给工艺厂家后，根据版图 GDS 数据制造掩模版(Mask，也称为"光罩")。值得注意的是，在版图设计阶段绘制的各个版图层次并不是最终进行工艺流片时采用的掩模版的层次，流片时采用的掩模版是根据版图层次进行运算形成的集成电路工艺掩模版需要的图形。

表 5-1 某工艺的版图层次示例

版图绘制图层名称	GDS 层号	描述
NW	1	N 阱(NWELL)
ACT	2	有源区(Active)
GATE	12	多晶硅栅(Poly Gate)
NPLUS	13	N+S/D 注入
PPLUS	14	P+S/D 注入
ESD	15	ESD 注入
SAB	16	非硅化区定义
CT	17	接触层(Contact)
PA	18	PAD 开窗区
M1	21	金属层 1(Metal1)
M2	22	金属层 2(Metal2)
M3	23	金属层 3(Metal3)
M4	24	金属层 4(Metal4)
M5	25	金属层 5(Metal5)
M6	26	金属层 6(Metal6)
M7	27	金属层 7(Metal7)
MV1	31	通孔 1(Via1)

续表

版图绘制图层名称	GDS 层号	描　述
MV2	32	通孔 2(Via2)
MV3	33	通孔 3(Via3)
MV4	34	通孔 4(Via4)
MV5	35	通孔 5(Via5)
MV6	36	通孔 6(Via6)
PSUB2	50	多电源隔离衬底区域定义
prBoundary	60	单元布局边界标识层
M1_TEXT	131	Metal1 文本标识层
M2_TEXT	132	Metal2 文本标识层
M3_TEXT	133	Metal3 文本标识层
M4_TEXT	134	Metal4 文本标识层
M5_TEXT	135	Metal5 文本标识层
M6_TEXT	136	Metal6 文本标识层
M7_TEXT	137	Metal7 文本标识层
SRING	143	封装隔离环区域定义(Seal Ring)

版图设计要遵循特定工艺厂家的版图设计规则。版图设计规则是一套图形设计规则的组合，如图 5-1 所示。版图设计规则是连接集成电路工艺制造厂家和集成电路设计者的桥梁。在图 5-1 所示的范例中，A 与 B 表示不同的图形，图形之间的关系包括宽度(或长度)、间距、包围、延伸等图形尺寸规则，相关描述如表 5-2 所示。

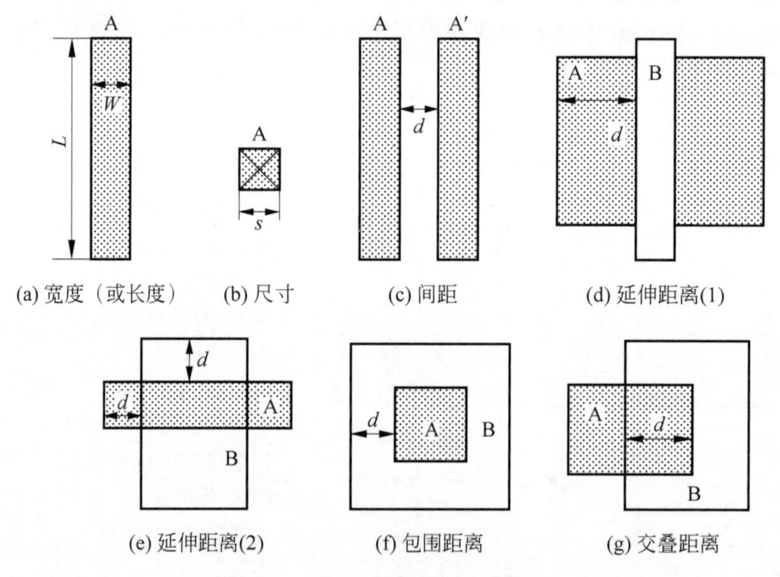

图 5-1　基本版图规则关系图示

表 5-2　基本版规则关系说明

定　义	符　号	规 则 示 例	说　明
宽度(或长度)	W(或 L)	最小宽度	图形的宽度 W 和长度 L，版图上的几何图形的宽度或长度必须大于一个最小值

续表

定　　义	符　　号	规 则 示 例	说　　明
尺寸	s	最小或固定尺寸	版图中的方形图形的尺寸。一般规定接触孔（Contact）或通孔（Via）具有固定尺寸
间距	d	A 与 A′图形之间的最小间距	同一层中两个排他对象之间的距离
延伸距离	d	A 与 B 外延长边沿最小距离	两个交叠图形之间的外边沿之间的距离
包围距离	d	B 包围 A 的最小距离	包围图形内边沿之间的距离
交叠距离	d	A 与 B 交叠部分的最小距离	交叠图形内边沿之间的距离

5.2　版图设计工具的使用

目前主流的版图设计工具主要有 Cadence 公司的 Virtuoso、Synopsys 公司的 Laker 以及华大九天等，版图设计的流程方法基本都是一致的，这里以 Cadence 的版图设计工具为例说明版图设计工具的使用。

首先确保执行目录下有 display.drf 文件。与电路设计一样，启动 Cadence 的设计环境平台，在命令提示符（$）下执行

```
$ virtuoso &
```

与电路设计与仿真一样，首先需要建立一个设计库，同样可以在 CIW 或 Library Manager 中进行新设计库的建立。这里在 Virtuoso 的主界面 CIW 中执行 Tools→Library Manager 菜单命令，然后在打开的库管理器中执行 File→New→Library 菜单命令，如图 5-2 所示。设置库名为 lab2，单击 OK 按钮。这里的建库步骤和电路仿真时建立设计库是一样的。但要注意的是，由于开展版图设计，因此建立的设计库中要包含进行集成电路版图设计的工艺信息。

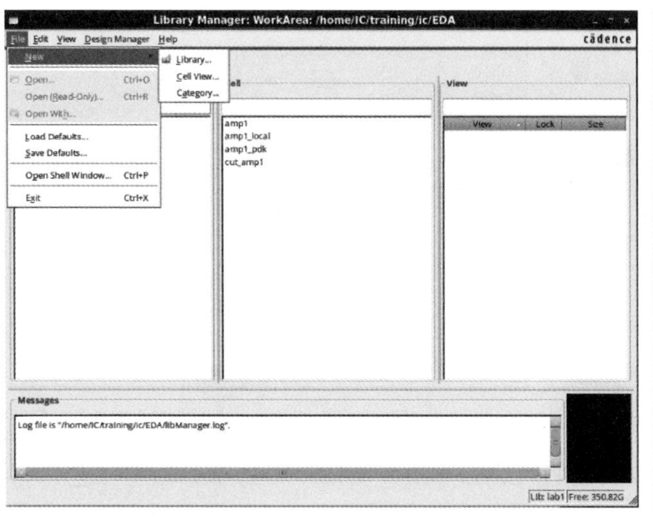

图 5-2　在库管理器中建立设计库

如图 5-3(a)所示，在 Technology File for New Library 对话框中选择 Compile an ASCII technology file 选项，单击 OK 按钮，弹出 Load Technology File 对话框，为新建立的库加载工艺厂家提供的 ASCII 工艺文件。或者依附(Attach)一个已有的工艺厂家提供的 PDK 库，如图 5-3(b)所示，选择依附一个已经具有工艺属性的设计库，这样新建的设计库就会包含工艺厂家规定版图的图层等工艺信息。

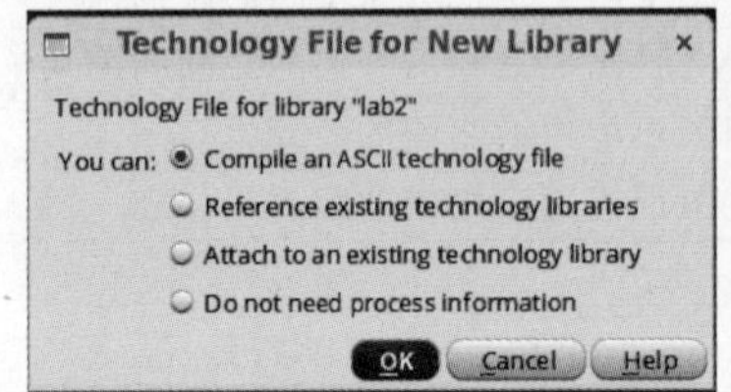

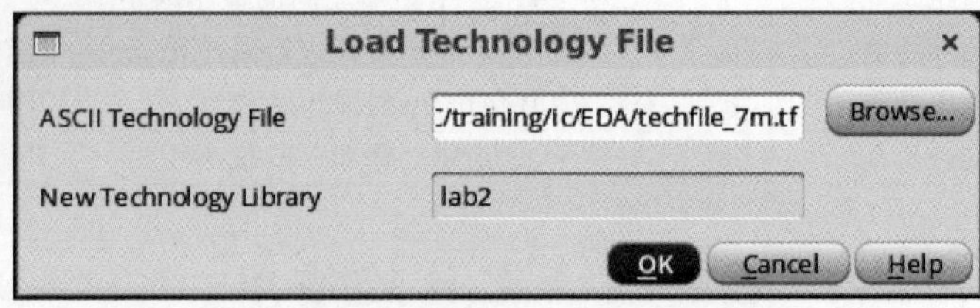

(a) 编译ASCII工艺文件

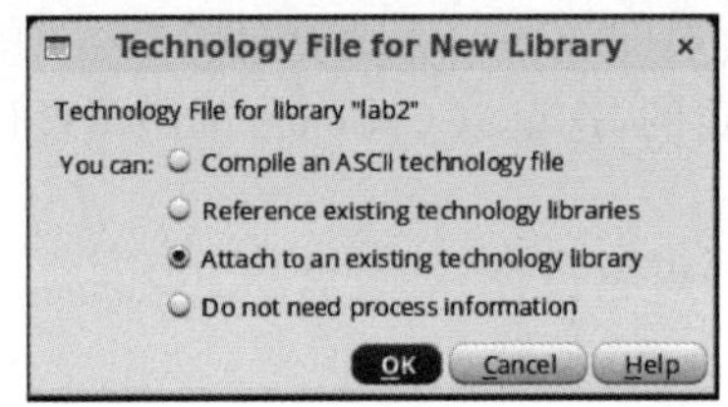

(b) 依附已存在的工艺库

图 5-3 建立新库的工艺文件

然后，在 lab2 设计库中建立一个版图视图(Layout View)，在库管理器中执行 New→Cell View 菜单命令，弹出 New File 对话框。如图 5-4 所示，以一个反相器为例，在 Cell 文本框中输入需要创建的单元名称，View 选择为 layout，Type 选择为 layout，则工具会自动选择 Layout 工具，单击 OK 按钮，弹出版图编辑界面，如图 5-5 所示。这里同时为 inv1 单元建立电路图，即在 New File 对话框中 View 选择为 schematic，Type 选择为 schematic，然后在电路图编辑界面中编辑 inv1 的电路图，过程与方式已介绍过，这里不再赘述。

图 5-4 建立新单元的版图及电路图

在版图编辑界面中，左侧是图层选择窗口(Layer Select Window，LSW)，对应工艺厂家工艺文件中所规定的图形信息。在其中选择图层，然后绘制各种图形。在版图编辑界面的底栏中有当前命令的提示以及鼠标键功能提示(鼠标左、中、右键)。版图编辑界面的菜单栏

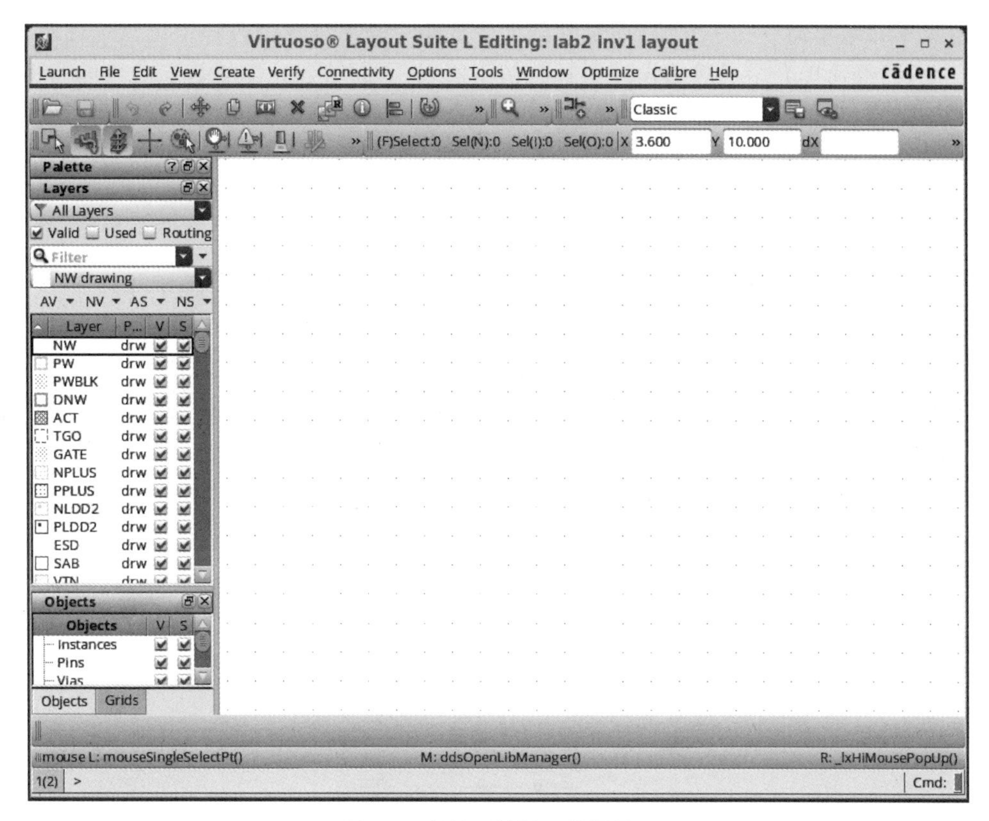

图 5-5　新单元的版图编辑界面

中有包含文件操作、编辑、查看、创建等版图相关的命令，如图 5-6 所示。而常用的版图编辑命令也以按钮的形式出现在版图编辑界面顶部的工具栏中。

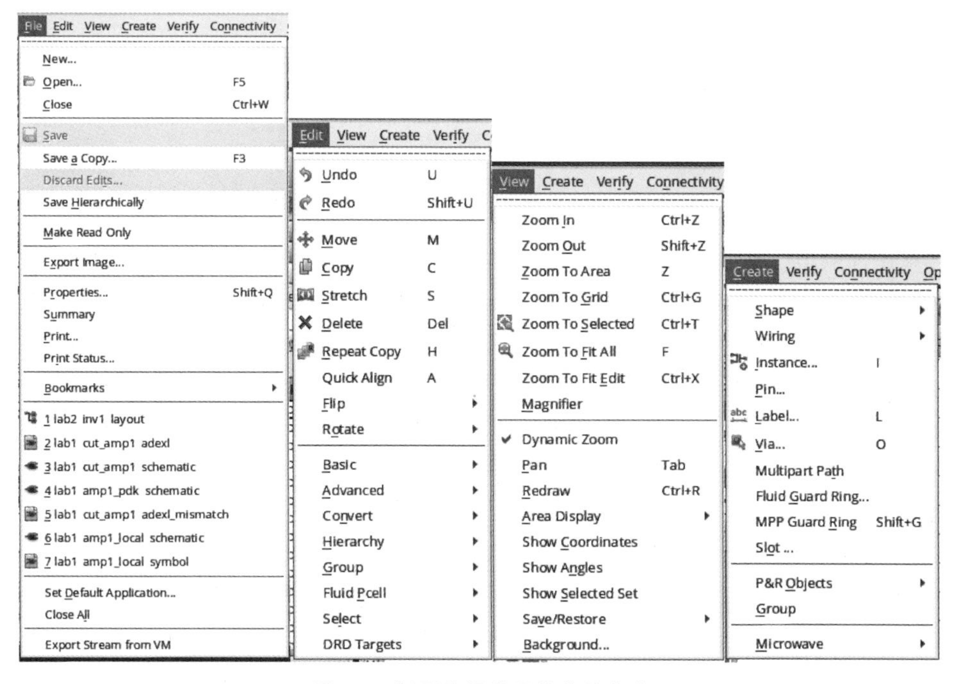

图 5-6　版图编辑常用的菜单命令

这里不对菜单命令一一介绍，而是伴随命令或菜单在后续使用过程中进行描述及说明。

至此，已经简单介绍了版图设计工具的初步使用，下面结合具体的基本电路进行版图设计方法的介绍。

5.3 基本版图设计

前面已经介绍过 PDK 的概念。在 PDK 中，常用元器件的版图已经创建为单元，并且是参数化的。电路及版图设计者在使用时，只需要进行单元例化，并输入需要的参数，即可生成需要的元器件版图，这些版图的图层之间均符合相应工艺厂家的设计规则。下面以一个反相器的设计为例说明基本版图设计方法。首先采用 PDK 的元器件完成反相器电路的设计，如图 5-7 所示。电路图的编辑采用第 4 章的流程和方法，这里不再一一赘述。为了能够使用工艺厂家提供的 PDK，注意需要将 PDK 加入库中。在库管理器中执行 Edit→Library Path 菜单命令，弹出 Library Path Editor 对话框，在其中输入 PDK 库名称以及相应的路径，或者在 cds.lib 文件中指明 PDK 库的路径。

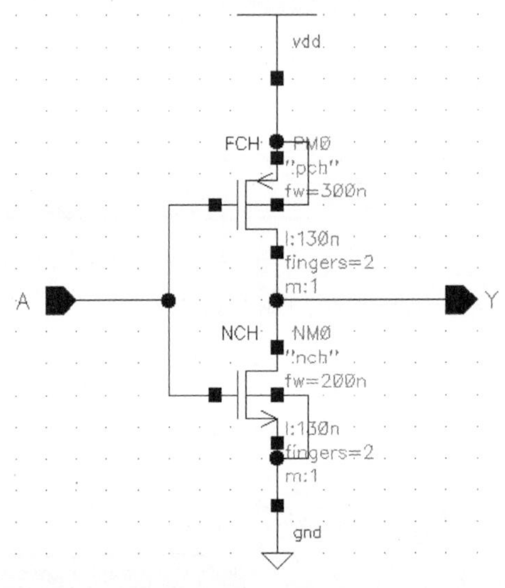

图 5-7　inv1 单元的电路图

按照设计的电路图开展版图的设计。在版图设计前，要注意设置版图的格点，执行 Options→Display 菜单命令，弹出 Display Options 对话框。如图 5-8 所示，在 Grid Controls 区域设置格点。格点的大小需要根据工艺手册选取，这里 X Snap Spacing 为 0.005，Y Snap Spacing 为 0.005，然后单击 Save To 按钮保存。

如图 5-9 所示，从 PDK 中选择 NMOS 晶体管 NCH 和 PMOS 晶体管 PCH，在 View 下拉列表中选择 Layout，按照电路的尺寸输入相应的参数。不同厂家提供的 PDK 中元器件的参数可能会不一样，但基本参数都会提供。例如，这里的 MOS 器件的参数都会提供栅长(Length)、栅宽(Width)，总栅宽(Total Width)=晶体管叉指栅宽(Finger Width)×叉指数(Fingers)。本例中，PMOS 和 NMOS 晶体管的栅长都为 130nm。PMOS 单个叉指栅宽为 300nm，叉指数为 2，因此总栅宽为 600nm；NMOS 单个叉指栅宽为 200nm，叉指数为 2，因此总栅宽为 400nm。除此之外，一些工艺厂家为了方便设计，在 PDK 中还提供很多的功

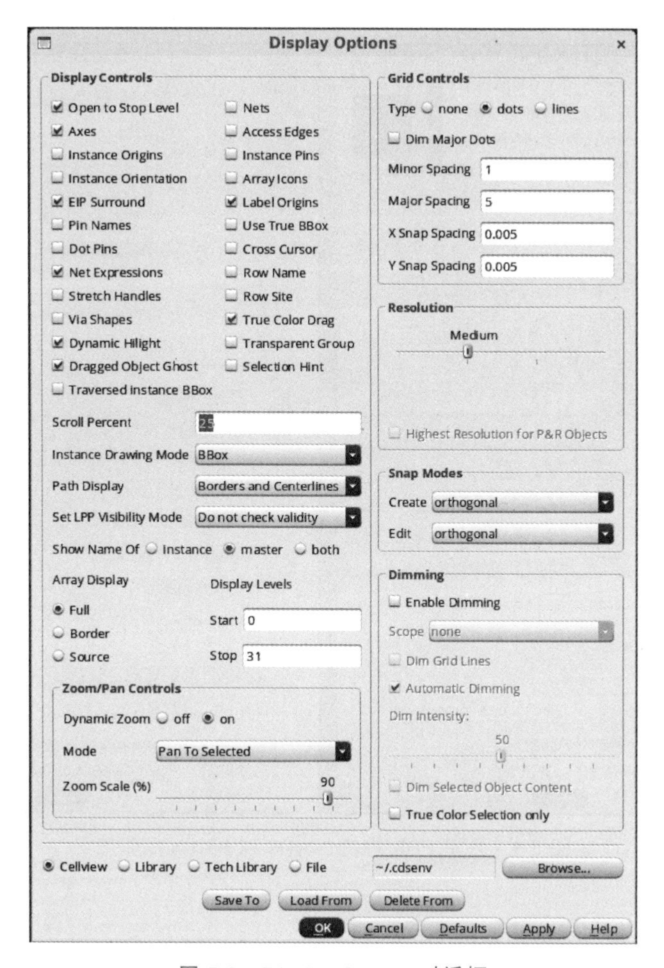

图 5-8 Display Options 对话框

能,如可以选择栅的端头的连接方式、源漏区的连接方式、晶体管衬底或阱的连接(Tap)的方式等。本例采用 PDK 形成的 NMOS 和 PMOS 晶体管版图如图 5-10 所示,其中图 5-10(b)包含了晶体管的衬底或阱的连接(Tap)。

如果插入的元器件版图的参数数据填写错误,可以选中元器件后使用属性(Properties)命令修改器件的参数,在弹出的 Edit Instance Properties 对话框中按照需要修改相关参数,单击 Apply 按钮后生效,如图 5-11 所示。

NMOS 晶体管的衬底端 B 需要连接在衬底上,PMOS 晶体管的衬底端 B 需要连接在 N 阱中。如果在插入 PDK 元器件时没有选择衬底或阱的连接(Tap),或者工艺厂家提供的 PDK 没有提供此功能选项,则可以手工插入相关有源区形成阱接触或衬底接触。例如,对于 NMOS 晶体管,执行 Create Via 命令(快捷键为 O),弹出 Create Via 对话框,如图 5-12 所示。Via 的类型选择 M1_ACT,即 M1 和有源区的 Via,按照需要填入相应的行(Rows)数目和列(Columns)数目。对话窗口中的其他参数是工艺文件所规定的,一般不需要改变,当然也可按照需要并且遵循工艺设计规则填写。这里需要注意的是,创建 Via 需要工艺厂家提供的工艺文件中有相应的 Via 图形与其他图层之间关系的定义,例如这里的 M1_ACT 之间的关系定义,如果工艺文件中没有提供这部分定义,则不能正确执行 Create Via 命令。

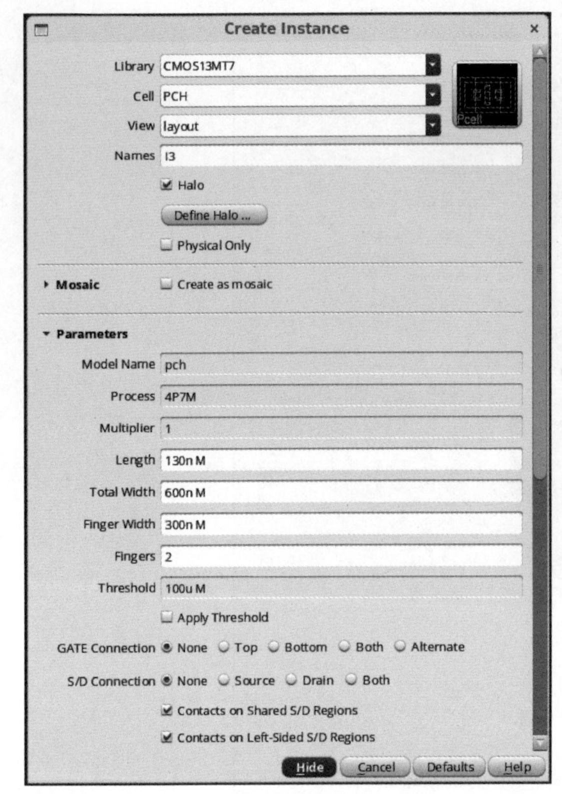

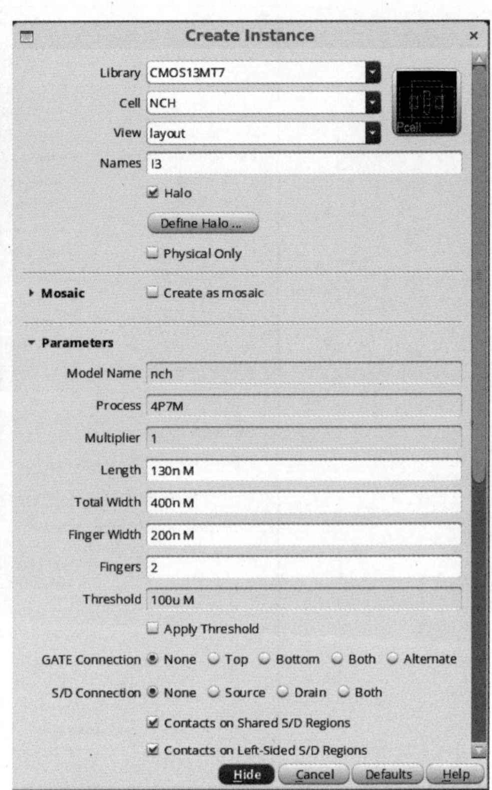

图 5-9 采用 PDK 中的 NMOS 和 PMOS 晶体管

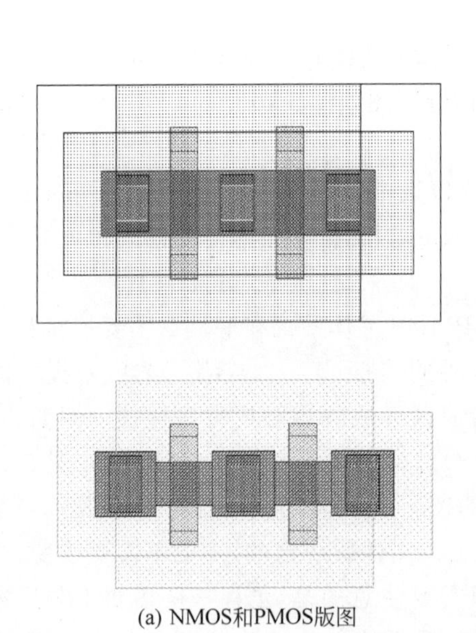

(a) NMOS和PMOS版图

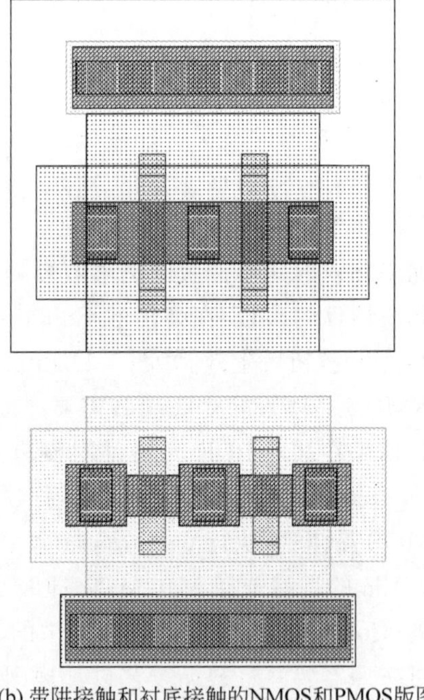

(b) 带阱接触和衬底接触的NMOS和PMOS版图

图 5-10 采用 PDK 形成的 NMOS 和 PMOS 晶体管版图

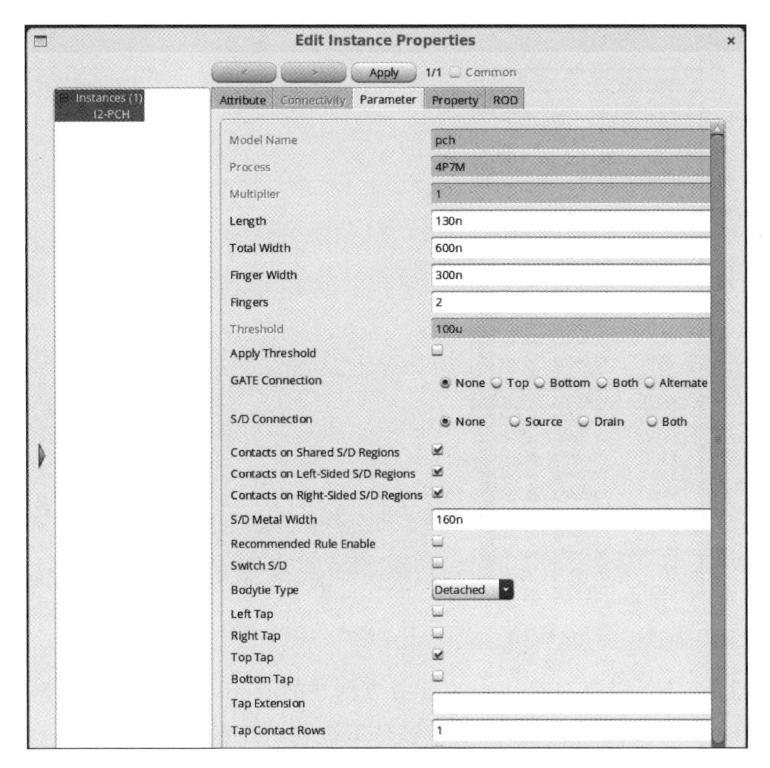

图 5-11 修改 PDK 中元器件的例元属性

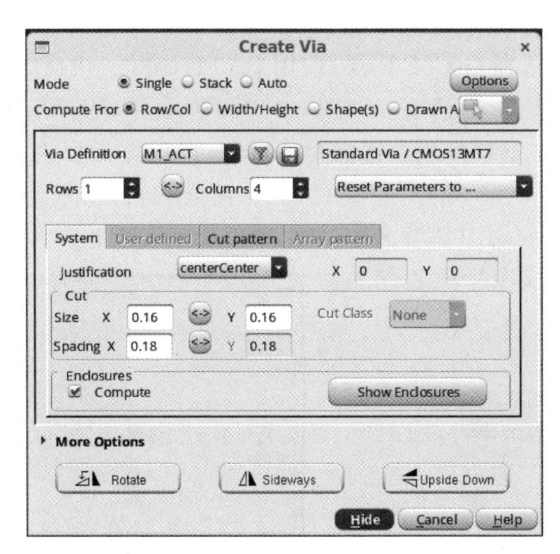

图 5-12 Create Via 对话框

这里通过 Create Via 命令创建了 Active+Contact+Metal1 的图形。由于希望创建的是 NMOS 晶体管在 P 型衬底上的衬底接触，还需要规定有源区的类型，因此这里首先选择 PPLUS 图层，然后使用创建矩形的命令(快捷键为 R)，按照设计规则要求在有源区外形成 PPLUS 图层，如图 5-13 所示。在执行创建矩形的命令过程中，按照版图编辑界面的底栏中的当前命令提示使用鼠标键，即在创建矩形的命令生效时先单击一次确定矩形的第 1 个坐标，然后再单击确定矩形的第 2 个坐标并完成矩形的绘制。其他图层的矩形均可按照该方法进行创建。

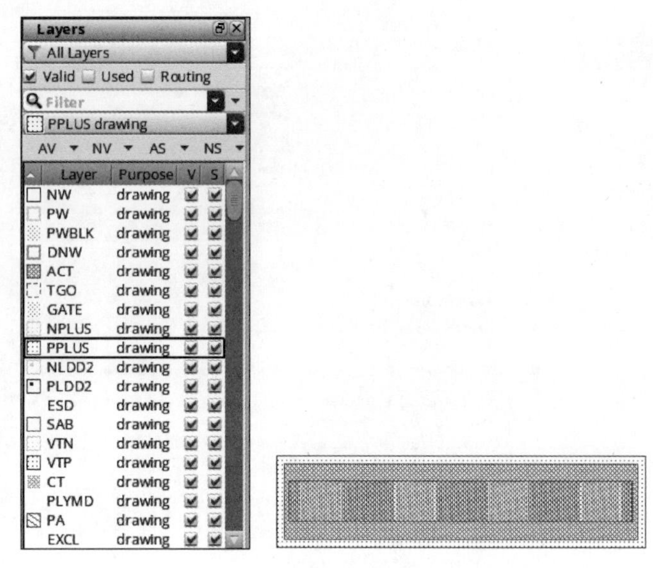

图 5-13　在 M1_ACT 基础上添加 PPLUS 图层

值得一提的是，是否需要在 Create Via 命令创建的 Active＋Contact＋Metal1 图形的基础上再增加 PPLUS 实现衬底接触，要看工艺厂家提供的工艺文件的定义，有些工艺厂家直接就规定了 Active＋PPLUS＋Contact＋Metal1 的关系，直接通过 Create Via 命令创建这个衬底接触就可以了。阱接触也是如此。

如图 5-14(a)所示，选择 GATE 图层，使用 PATH(连线，快捷键为 P)命令连接两个晶体管的栅，弹出 Create Wire 对话框。如图 5-14(b)所示，在 Width 文本框中输入连线的宽度，还可以在 Snap Mode 下拉列表中选择对齐方式，可以按需要选择任意角度、正交、X 方向、Y 方向等，推荐选择 orthogonal(正交)方式。图 5-14(c)所示为创建连线的局部效果。图 5-14(d)所示为连接 MOS 晶体管的 GATE 图层的整体效果。

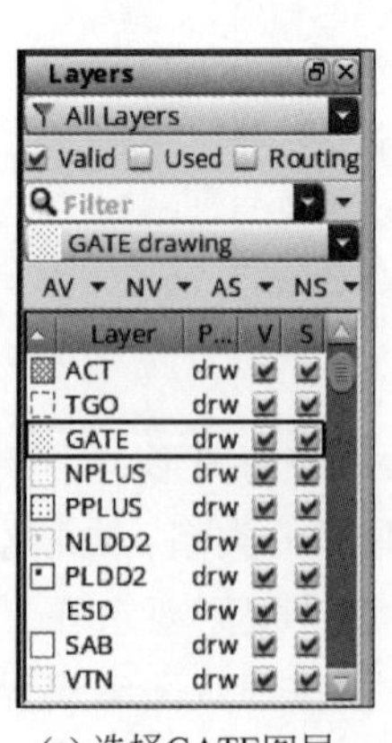

(a) 选择GATE图层

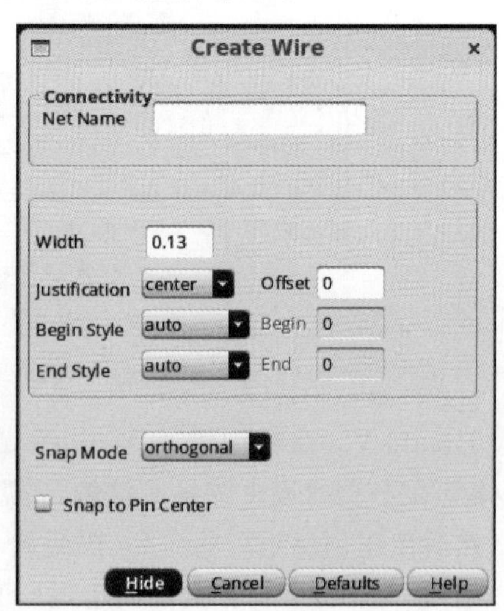

(b) Create Wire对话框

图 5-14　选择 GATE 图层并连线

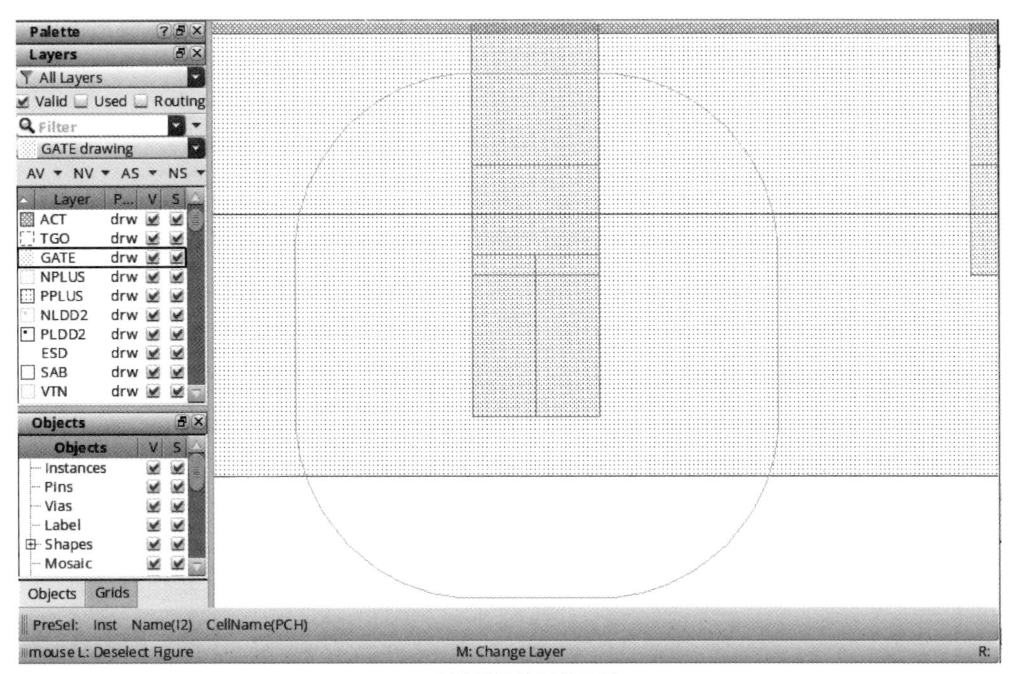

(c) 创建连线的局部效果

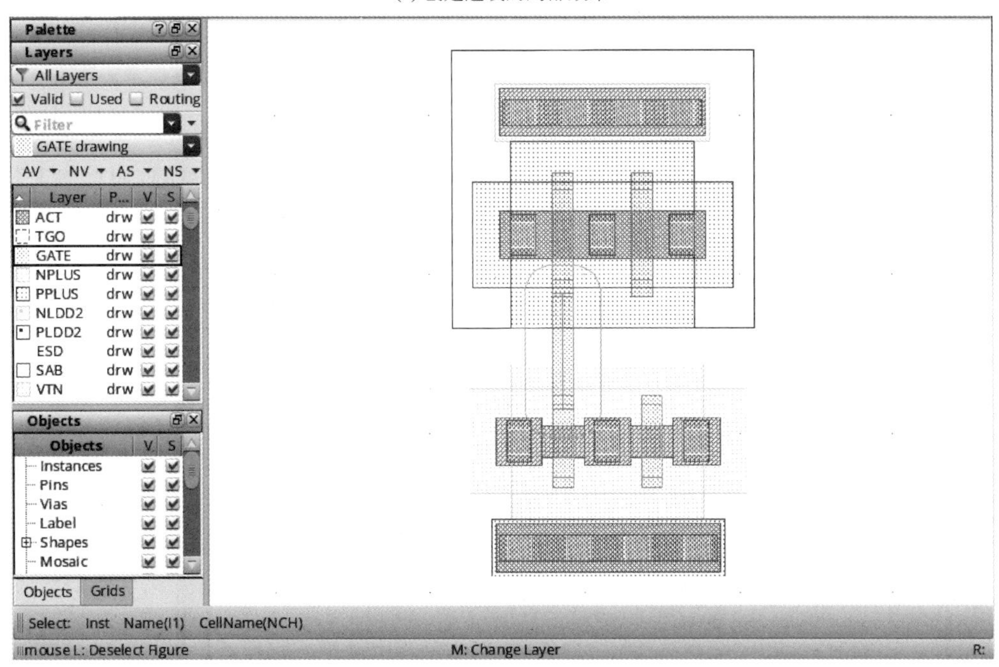

(d) 连接MOS晶体管的GATE图层的整体效果

图 5-14 （续）

然后使用 Create Via 命令创建 GATE 和 M1 的 Contact 组合图形 M1_GATE，如图 5-15 所示。使用 Create Label 命令（快捷键为 L）在 M1_TEXT 图层打上标签 A，这样形成 inv1 单元的输入。

采用同样的方式依次选择 M1 图层，使用 Path 或矩形命令连接 inv1 单元的输出、电源和地，并分别在 M1_TEXT 图层打上 Y、vdd!、gnd![1] 标签，最终的 inv1 单元整体版图如图 5-16 所示。打标签时注意标注点（即十字叉点）要放在相应的连线层（多晶硅、金属层）图形内，而不能放在图形的外部。

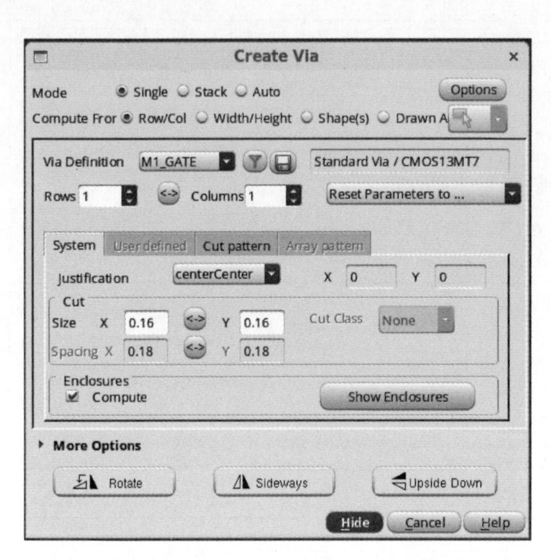

图 5-15 创建 GATE 和 M1 的 Contact 组合图形

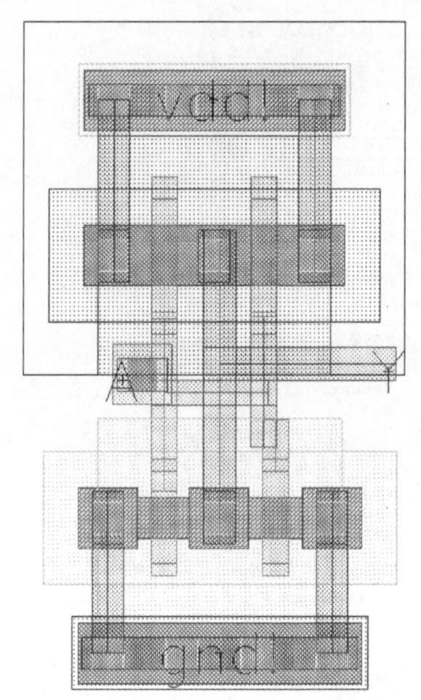

图 5-16 inv1 单元整体版图

需要注意的是，不同的工艺厂家提供的工艺图层的定义是不同的，因此读者在开展版图设计前要仔细阅读工艺文件。另外，有的工艺规定每个层次都有不同的目的，如有的工艺厂家定义 Metal1 有 Drawing 层 MET1(drw) 和 Label 层 MET1(lbl)，用 Drawing 层绘制图形，而用 Label 层标注名称。

5.4 版图设计文件导出

在完成版图设计后，可以将版图数据导出为 GDS 数据，交给其他工具进行版图验证，待整个芯片的版图设计完成后，同时也需要导出 GDS 数据交给工艺厂家，工艺厂家将根据版图数据形成掩模版进行集成电路的生产与制造。

这里仍以 inv1 单元版图为例，介绍导出 GDS 数据的操作。在 CIW 中执行 File→Export→Stream 菜单命令，如图 5-17 所示，弹出 XStream Out 窗口。

如图 5-18 所示，单击 Library 文本框右侧的▣按钮，弹出 Select lib, cells and views 对话框，选择准备导出的设计单元。如图 5-19 所示，选择 lab2 库中 inv1 单元的 layout 视图，单击 OK 按钮，导出的设计单元信息就自动填入了图 5-18 XStream Out 窗口中的相应文本框，导出文件名称为 inv1.gds。在 Log File 文本框中，工具自动填入 strmOut.log，用来记录数据导出的日志报表。当然，以上内容均可按需要手工填写。

---

[1] 在 Virtuoso 电路图中，在全局量名称后会加上“!”，但在电路图中不显示“!”。例如，在电路图中 vdd 不显示为 vdd!，但此节点（连线）全局名称为 vdd!，那么在版图上相应的标签为 vdd!。

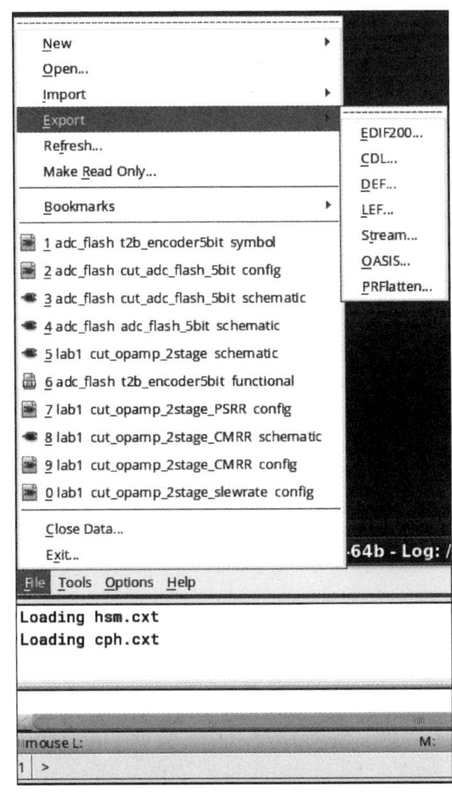

图 5-17　导出 GDS 数据文件菜单命令

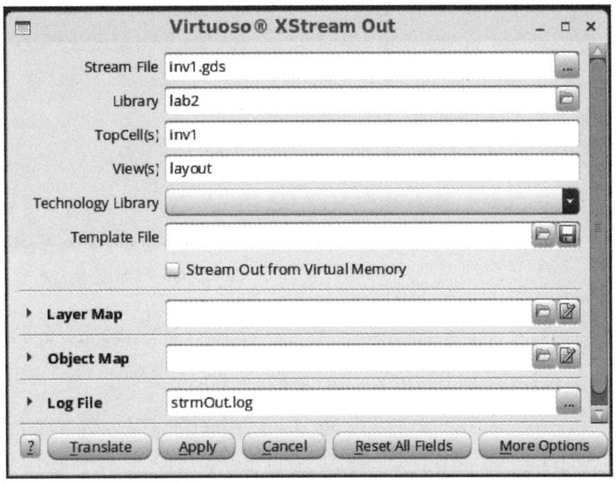

图 5-18　XStream Out 窗口

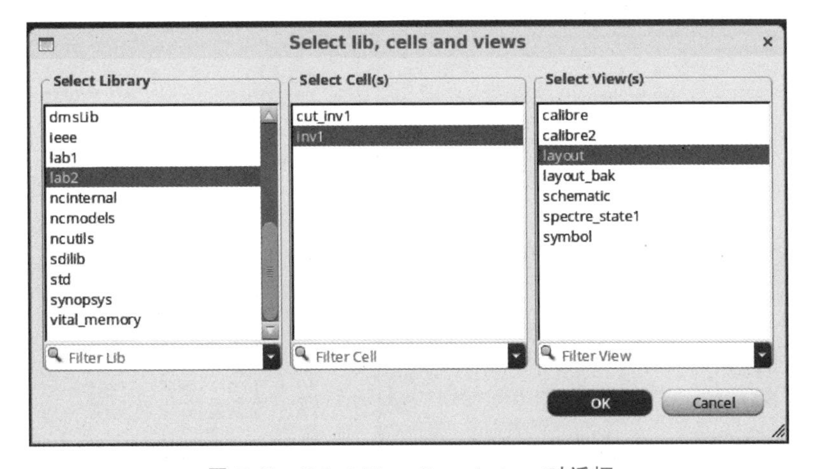

图 5-19　Select lib、cells and views 对话框

进一步地，如果还想了解导出数据的总结内容报表，可以在 XStream Out 窗口的 Log File 部分的 Summary File 文本框中输入报表名称，如 strmSum.log，如图 5-20 所示。Summary File 文本框中如果不填写任何文件名，则不会产生相应的总结内容报表。

对于 Layer Map 文本框，需要输入版图设计与 GDS 层号的对应关系，即如表 5-1 所示的绘制图层与 GDS 层号的关系。如果在版图库建库时编译的工艺文件中包含 streamLayers 的定义，则 Layer Map 文本框可以空着，这样会按照当初版图设计库中工艺

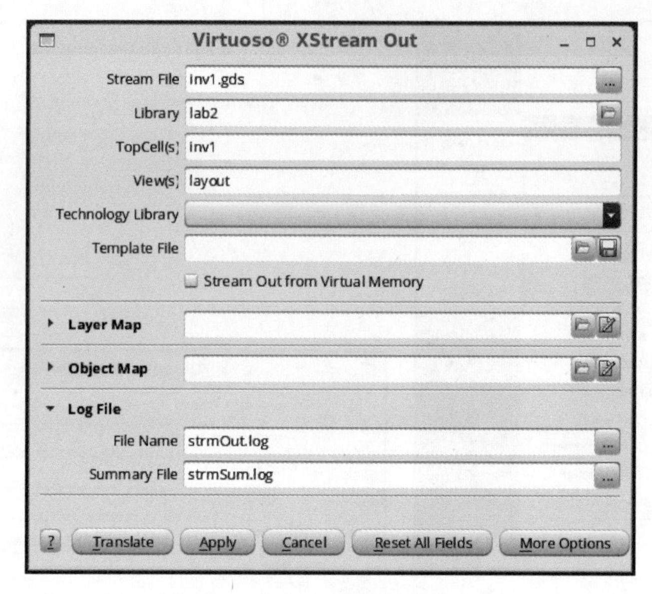

图 5-20　产生 GDS 总结内容报表

文件中的 streamLayers 定义导出 GDS 数据文件。如果版图库的工艺文件中没有包含 streamLayers 的定义，则需要在 Layer Map 文本框中输入内容，如图 5-21 所示。示例文件 layer_mapping. map 的部分内容如图 5-22 所示，其中第 1 列为绘制的版图图层名，第 2 列为版图图层的目的，一般是为了区分 drawing、label、pin 等不同目的的图层，第 3 列是导出 GDS 的图层号，第 4 列是 GDS 的图层的数据类型，与绘制版图的图层目的对应。

图 5-21　指定 Layer Map 文件

```
#layer purpose streamNo. datatype #note
#####################################################################
NW      drawing  1   0     #NWELL
ACT     drawing  2   0     #Active area
GATE    drawing  12  0     #Poly gate
NPLUS   drawing  13  0     #Nimp
PPLUS   drawing  14  0     #Pimp
ESD     drawing  15  0     #ESD implant
SAB     drawing  16  0     #Non silicided area definition
CT      drawing  17  0     #Contact
PA      drawing  18  0     #Passivation
M1      drawing  21  0     #Metal1
M2      drawing  22  0     #Metal2
M3      drawing  23  0     #Metal3
M4      drawing  24  0     #Metal4
M5      drawing  25  0     #Metal5
M6      drawing  26  0     #Metal6
M7      drawing  27  0     #Metal7
MV1     drawing  31  0     #Via1
MV2     drawing  32  0     #Via2
MV3     drawing  33  0     #Via3
MV4     drawing  34  0     #Via4
MV5     drawing  35  0     #Via5
MV6     drawing  36  0     #Via6
M1_TEXT    drawing  131  0    #Metal1 text layer
M2_TEXT    drawing  132  0    #Metal2 text layer
M3_TEXT    drawing  133  0    #Metal3 text layer
M4_TEXT    drawing  134  0    #Metal4 text layer
M5_TEXT    drawing  135  0    #Metal5 text layer
```

图 5-22　layer_mapping. map 示例文件部分内容

设置完成后，单击 Translate 或 Apply 按钮，就会执行 GDS 数据文件的导出。待导出完成后，弹出如图 5-23 所示的对话框，说明正常导出 GDS 完毕。如果出现问题，如 Warning 或 Error 提示，可以通过查看 strmOut. log 日志文件查找问题的原因。如果没有问题日志文件 strmOut. log，则报告导出 GDS 的基本过程信息，strmOut. log 文件部分内容如图 5-24 所示。如果想要了解导出 GDS 的具体信息，如图层对应关系、单元信息等，则可以在生成的 strmSum. log 文件中查阅，如图 5-25 所示。

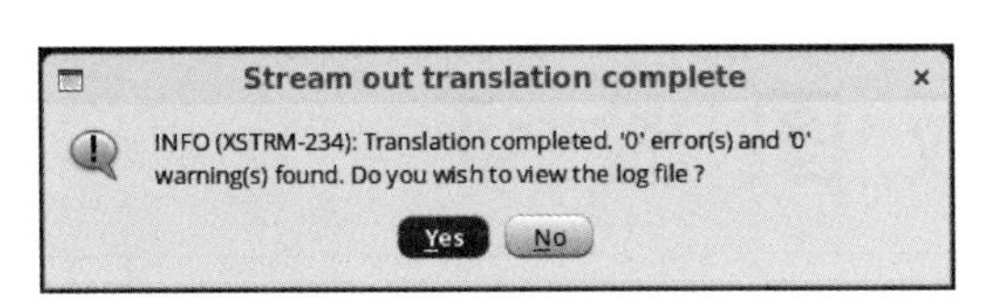

图 5-23　导出 GDS 结束

```
Summary of Options :
library                                 lab2
strmFile                                invl.gds
topCell                                 invl
view                                    layout
logFile                                 strmOut.log
summaryFile                             strmSum.log
layerMap                                layer_mapping.map
case                                    Preserve
convertDot                              node
```

图 5-24　strmOut. log 文件部分内容

```
                         Individual Cell Statistics - Advanced Objects
-------------------------------------------------------------------------------------------------------------------
Library/Cell/View           PRBdy    OtherBdy   AreaBlkg   LayerBlkg  AreaHalo   Row   Marker   CustVia   StdVia   CdsGenVia
-------------------------------------------------------------------------------------------------------------------
CMOS13MT7/NCH/layout        0        0          0          0          0          0     0        0         0        0
lab2/invl/layout            0        0          0          0          0          0     0        0         1        0
CMOS13MT7/PCH/layout        0        0          0          0          0          0     0        0         0        0
CMOS13MT7/M1_GATE/layout    0        0          0          0          0          0     0        0         0        0
-------------------------------------------------------------------------------------------------------------------

                         Statistics of Layers
-------------------------------------------------------------------------------------------------------------------
Cadence     Cadence     Stream  Stream
Layer       Purpose     Layer   Datatype  Polygon  Rect   Path   Text   TextDisplay   Line Dot Arc Donut Ellipse Pathseg
-------------------------------------------------------------------------------------------------------------------
M1          drawing     21      0         0        9      0      0      0             0    0   0   0     0       7
PPLUS       drawing     14      0         0        3      0      0      0             0    0   0   0     0       0
ACT         drawing     2       0         0        16     0      0      0             0    0   0   0     0       0
CT          drawing     17      0         0        15     0      0      0             0    0   0   0     0       0
M1_TEXT     drawing     131     0         0        0      0      4      0             0    0   0   0     0       0
GATE        drawing     12      0         0        21     0      0      0             0    0   0   0     0       7
NPLUS       drawing     13      0         0        4      0      0      0             0    0   0   0     0       0
NW          drawing     1       0         0        1      0      0      0             0    0   0   0     0       0
-------------------------------------------------------------------------------------------------------------------

Summary of Objects Translated:
  Scalar Instances:   2
  Array Instances:    0
  Polygons:      0
  Paths:         0
  Rectangles:     69
  Lines:         0
  Arcs:       0
```

图 5-25　strmSum. log 文件部分内容

5.5　本章小结

本章介绍了版图设计的基本概念以及工具的使用。版图设计的核心目标是在保证电路物理实现时功能和性能的前提下尽量减小芯片面积消耗。对于模拟集成电路，版图设计主要需要考虑的是对称性和匹配性。本章介绍了版图设计工具的使用方法，以便读者可以快速上手掌握版图设计。每种版图设计工具都具有其各自强大的功能，这里就不一一介绍了，读者可以参考相关工具的用户手册以及参考手册。

第 6 章 版图验证

CHAPTER 6

在版图设计过程中，要进行版图的设计规则检查(DRC)、版图电路图一致性检查(LVS)以及版图寄生参数提取(PEX 或 LPE)等验证工作。主流的版图验证工具主要有 Cadence 公司的 Dracula、Diva、Assura、PVS，以及 Mentor 公司的 Calibre 和 Synopsys 公司的 Hercules 等。其中，Mentor 公司的 Calibre 越来越被业界所接受，并成为主流工具。本章也将以 Calibre 为例讨论版图验证。

Calibre 可以单独运行，在命令提示符($)下执行

```
$ calibre -gui
```

即可出现 Calibre 的主界面菜单，如图 6-1(a)所示。单击 nmDRC 按钮则出现 DRC 的用户界面，如图 6-1(b)所示。也可执行

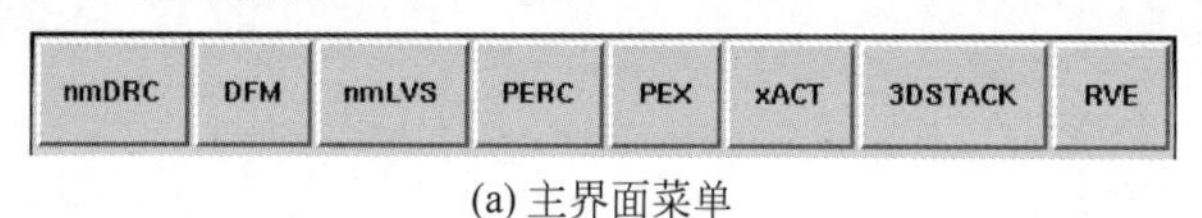

(a) 主界面菜单

(b) DRC界面

图 6-1　Calibre 的用户界面

```
$ calibre -gui -drc
```

这样可以直接弹出 DRC 界面。同样地，把命令中的-drc 换成-lvs，就可以直接弹出 LVS 界面。

Calibre 也可以集成到 Virtuoso 的版图编辑界面。为了在 Virtuoso 的版图编辑界面可以运行 Calibre，应在 Virtuoso 启动的初始化文件.cdsinit 中加入以下设置。

```
cal_home=getShellEnvVar("MGC_HOME")
load(strcat(cal_home "/lib/calibre.skl"))
```

其中，cal_home 是 Calibre 的安装路径；MGC_HOME 是在用户环境变量设置中的 Calibre 安装路径，这样确保 Calibre 菜单出现在版图编辑界面，如图 6-2 所示。

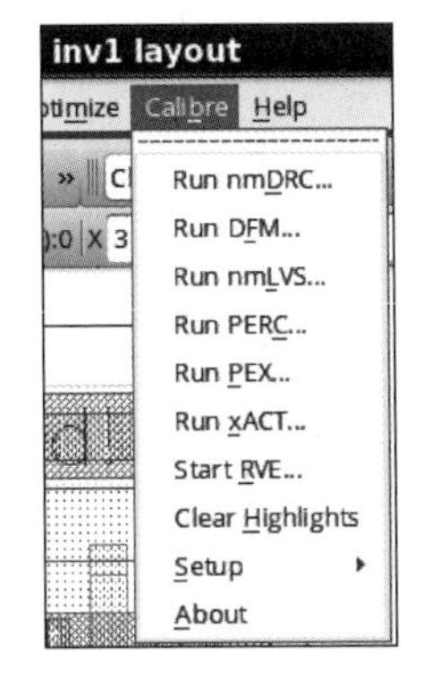

图 6-2 Virtuoso 版图编辑界面中的 Calibre 菜单

在进行版图验证之前，需要为其建立一个工作目录，将相关产生的验证数据放到相应的工作目录中。

```
$ mkdir verify
$ cd verify
$ mkdir drc lvs pex
```

6.1 设计规则检查

在版图设计过程中，设计者要验证设计的版图是否符合工艺厂家的版图设计规则，如各图层之间的关系。这样就需要针对版图进行设计规则检查(DRC)验证。

为了便于在版图设计过程中随时进行版图设计规则检查，版图设计者更喜欢在版图设计工具中开展 DRC 验证，因此这里详细介绍集成到 Virtuoso 中的 Calibre 使用方法。而在单独启动 Calibre 的用法中，不同的是在 DRC 界面的 Inputs 页面输入版图 GDS 数据，其余步骤均与集成方法描述一致。

在集成了 Calibre 的 Virtuoso 工具中，执行 Calibre→Run nmDRC 菜单命令，弹出如图 6-1(b) 所示的 DRC 界面。在每次启动 DRC 界面前，会提示载入已有的 Runset 文件，如图 6-3 所示。由于是第 1 次启动，因此没有现成的 Runset 文件，这里是空的，暂时单击 Cancel 按钮。待保存 Runset 文件后，下次启动后可以载入保存好的 Runset 文件。

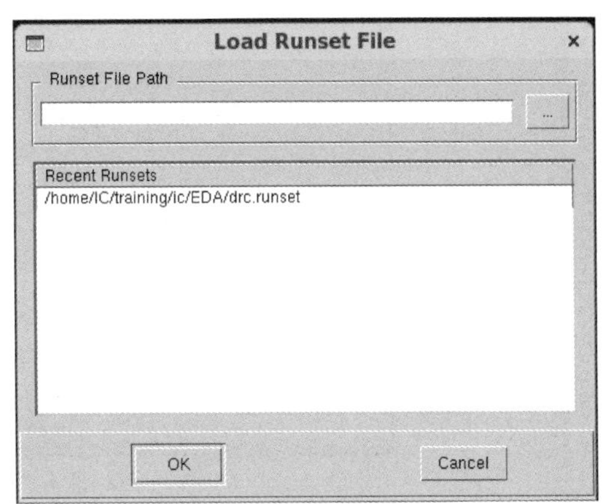

图 6-3 载入 Runset 文件

首先设置规则(Rules)文件，如图 6-4 所示，在 DRC Rules File 文本框中输入工艺厂家提供的 Calibre DRC 规则文件，如 A013M7_DRC_Cal.cmd。在 DRC Run Directory 文本

框中输入 DRC 的工作目录，就是刚才建立的 DRC 工作目录（项目工作目录为/verify/drc，所以 DRC 工作目录为/home/IC/training/ic/EDA/verify/drc）。

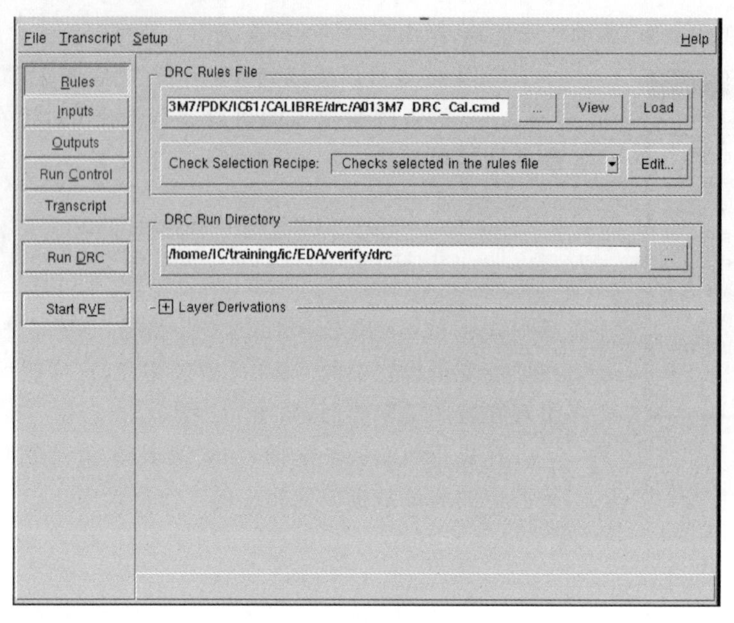

图 6-4　DRC 规则文件设置

然后，单击 Inputs 按钮，设置版图数据输入文件，如图 6-5(a)所示。由于 Calibre 集成在 Virtuoso 工具中，因此这里会自动填写。注意这里必须勾选 Export from layout viewer 选项，这样才能从 Virtuoso 工具将版图导出进行 DRC 验证。在单独启动 Calibre DRC 的用法中，不需要勾选 Export from layout viewer 选项。

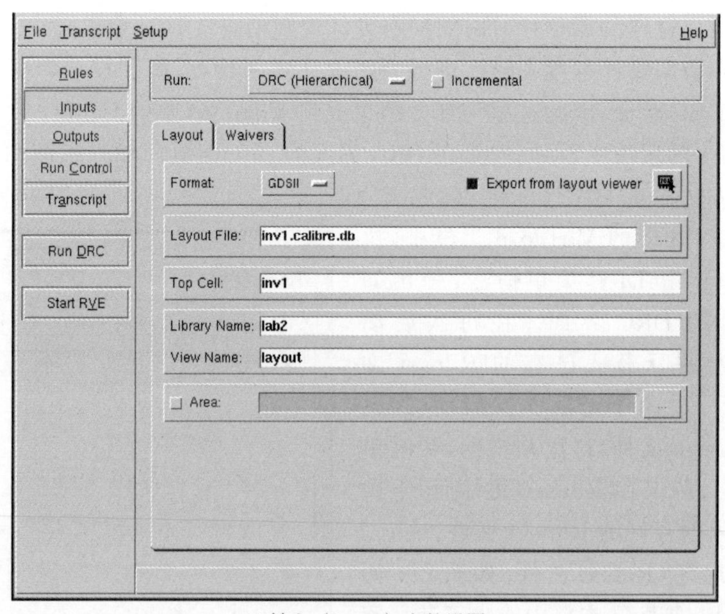

(a) 输入（Inputs）文件设置

图 6-5　DRC 输入（Inputs）文件和输出（Outputs）文件设置

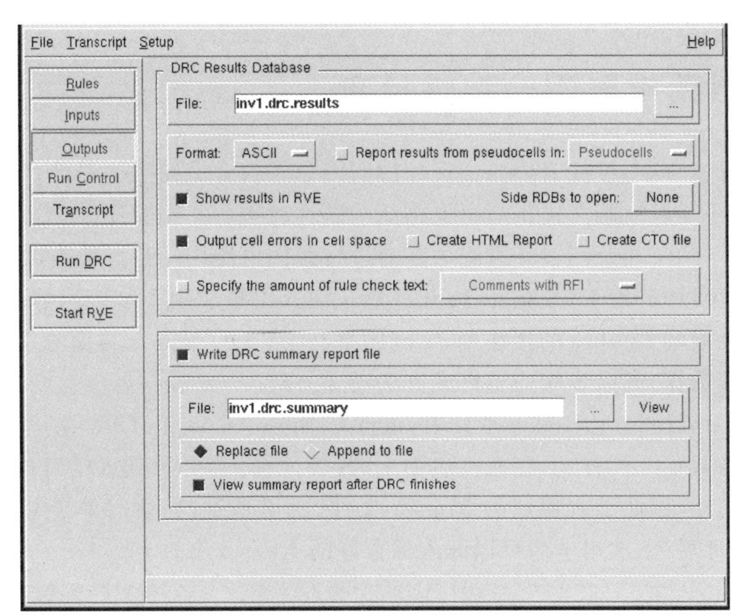

(b) 输出（Outputs）文件设置

图 6-5　（续）

单击 Outputs 按钮进行 DRC 结果的输出文件设置，工具也会自动填写，如图 6-5(b)所示。

单击 Run DRC 按钮进行 DRC 验证，运行完毕后，会得到结果报表，同时会出现 RVE 窗口进行错误的显示，可以利用其进行调试，如图 6-6 所示。

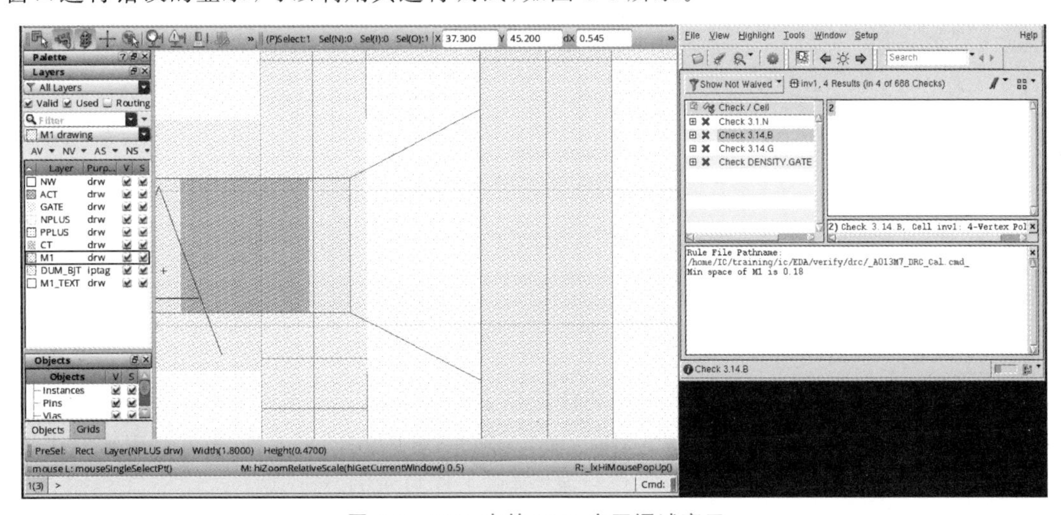

图 6-6　DRC 中的 RVE 交互调试窗口

这里显示了几个版图错误(Error)。可以利用 RVE 窗口和版图界面进行交互，在 RVE 窗口中单击一个错误项，版图中会自动定位到此错误项。修正错误后，单击 Run DRC 按钮，由于产生了新的版图数据，因此工具会询问是否要覆写文件。选择覆写，更新运行目录中的相应文件，继续进行 DRC 验证。重复此过程直至修正所有错误。

退出 DRC 工具时，可以将设置保存成一个 Runset 文件，如 drc. runset，以便下次调用。这个过程也可以通过 File→Save Runset 或 Save Runset As 菜单命令完成。

6.2 版图电路图一致性检查

在版图设计过程中，设计者要验证设计的版图是否符合电路图的设计，与电路图设计是否一致，这样就需要针对版图进行版图电路图一致性检查（LVS）验证。

同样地，为了便于在版图设计过程中随时进行版图电路图一致性检查，版图设计者更喜欢在版图设计工具中开展 LVS 验证，因此这里详细介绍集成到 Virtuoso 中的 Calibre 使用方法。而在单独启动 Calibre 的用法中，不同的是在 LVS 的 Inputs 页面分别输入版图 GDS 数据和电路网表数据，其余步骤均与集成方法描述一致。

在集成了 Calibre 的 Virtuoso 工具中，执行 Calibre→Run nmLVS 菜单命令，弹出如图 6-7 所示的 LVS 界面。同样地，在每次启动 LVS 界面前，会提示载入已有的 Runset 文件。由于是第 1 次启动，因此没有现成的 Runset 文件，这里是空的，暂时单击 Cancel 按钮。待保存 Runset 文件后，下次启动后可以载入保存好的 Runset 文件。

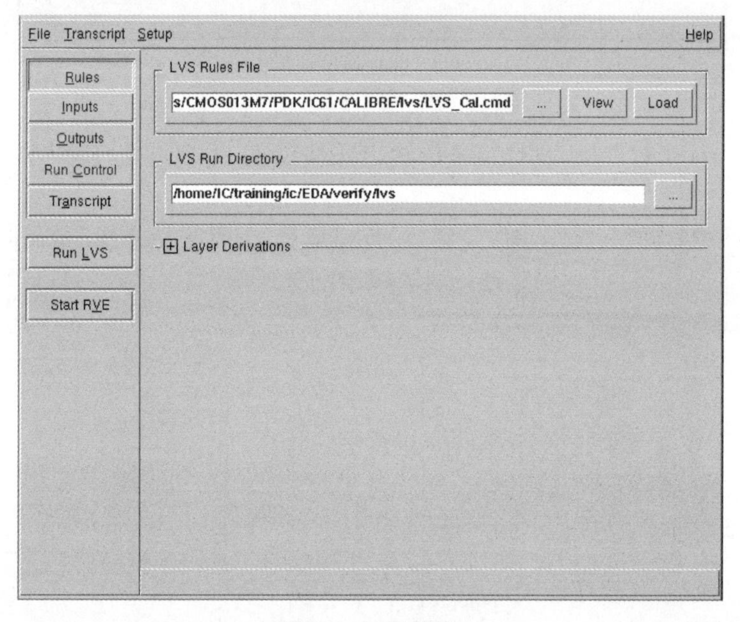

图 6-7 LVS 界面

如图 6-7 所示，首先设置 LVS 规则文件。在 LVS Rules File 文本框中输入工艺厂家提供的 Calibre LVS 规则文件，如 LVS_Cal. cmd。在 LVS Run Directory 文本框中输入 LVS 的工作目录，就是刚才建立的 LVS 工作目录（项目工作目录为/verify/lvs，LVS 工作目录即为/home/IC/training/ic/EDA/verify/lvs）。

然后，单击 Inputs 按钮，设置版图和电路图输入文件，如图 6-8 所示。由于 Calibre 集成在 Virtuoso 工具中，因此这里工具自动填写。注意，在 Layout 标签页中必须勾选 Export from layout viewer 选项，Netlist 标签页中的 Export from schematic viewer 选项也必须勾选上，这样才能从 Virtuoso 工具中将版图（Layout）导出，以及从电路图编辑工具中将电路图（Netlist）导出，以便进行 LVS 验证。单独启动 Calibre LVS 时，不需要勾选 Export from layout viewer 以及 Export from schematic viewer 选项。

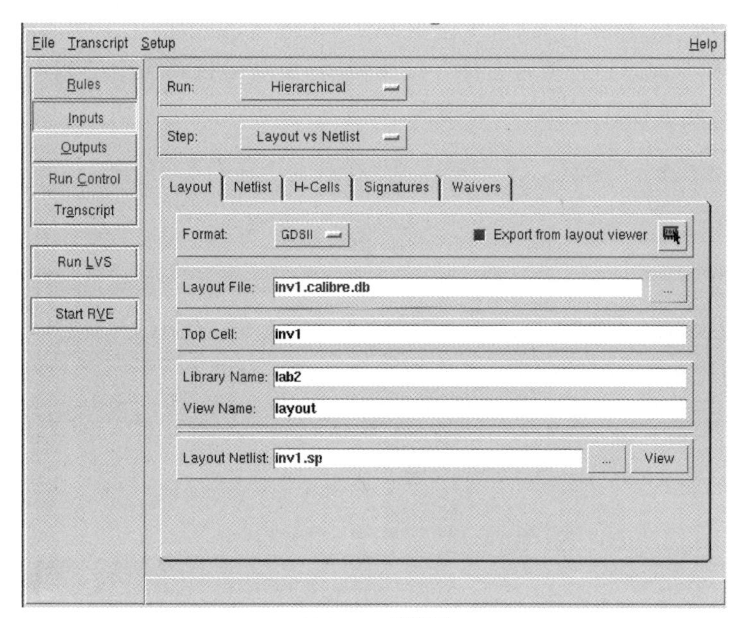

(a) Layout标签页

(b) Netlist标签页

图 6-8　LVS 版图输入文件和电路图输入文件设置

单击 Outputs 按钮进行 LVS 结果的输出设置，工具也会自动填写，如图 6-9 所示。

单击 Run LVS 按钮进行 LVS 验证。

LVS 验证运行完毕后，会得到报表。如果没有错误，则得到 LVS 成功报表；如果存在错误，则同时弹出 RVE 窗口进行错误的显示，可以利用其进行调试。

图 6-10(a)所示为验证成功的报表结果。图 6-10(b)显示了一个尺寸的错误。可以利用 RVE 窗口和版图界面进行交互，在 RVE 窗口中单击错误项，在版图中会自动定位此错误

项，如图 6-10(b)所示。修正错误后，单击 Run LVS 按钮，由于产生了新的版图数据和电路图数据，因此工具会询问是否覆写文件。选择覆写，更新运行目录中的相应文件，继续进行 LVS 验证。重复此过程直至修正所有错误。

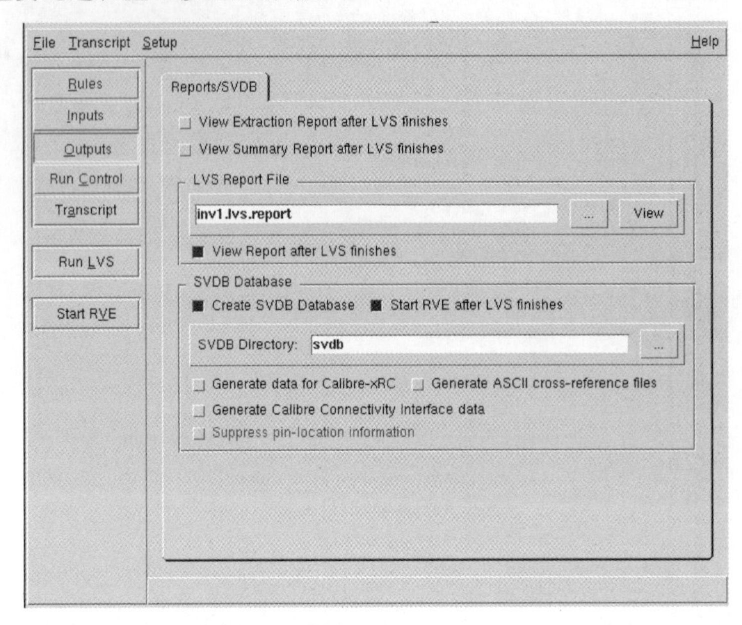

图 6-9 LVS 输出(Outputs)文件设置

同样，在退出 LVS 工具时，可以将设置保存为一个 Runset 文件，如 lvs.runset，以便下次调用。这个过程也可以通过 File→Save Runset 或 Save Runset As 菜单命令完成。

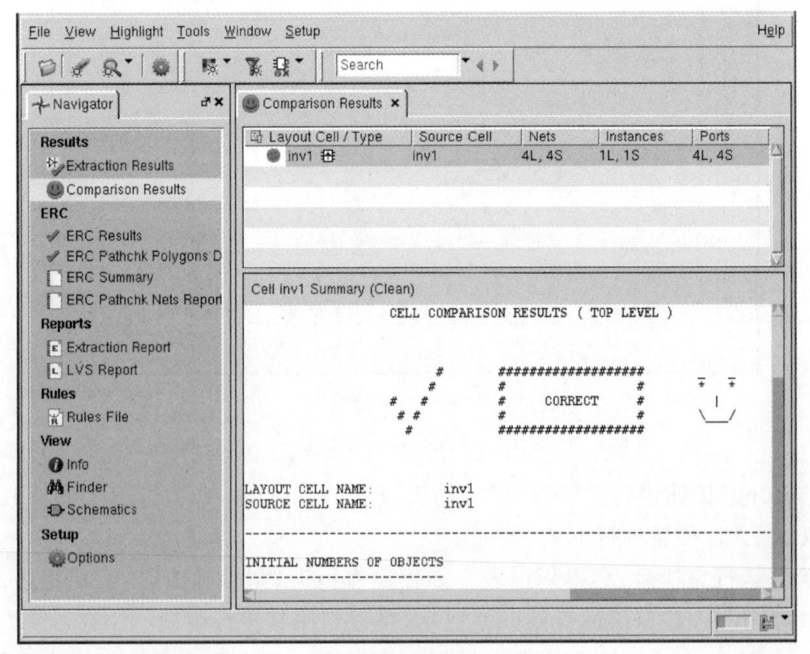

(a) 验证成功

图 6-10 LVS 中的 RVE 交互调试窗口

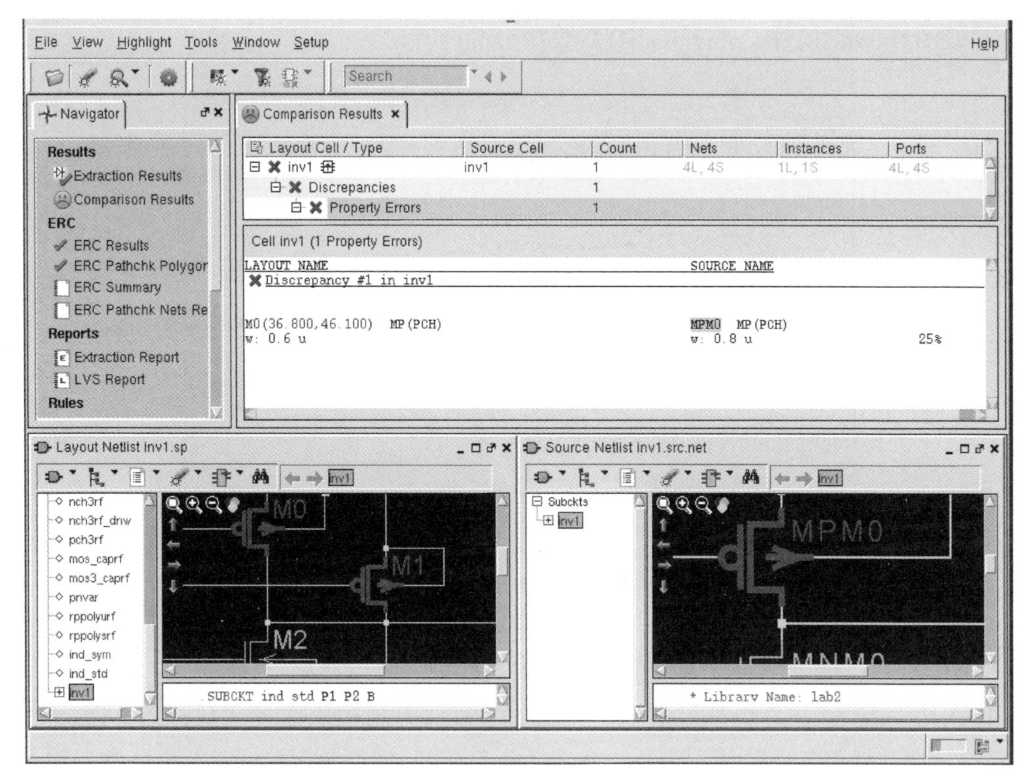

(b) 存在错误

图 6-10 (续)

6.3 版图寄生参数提取

在完成版图设计后,设计者要在完成版图电路图一致性检查后提取版图寄生参数,包括寄生电容、寄生电阻,以便在设计的电路中加入寄生参数考查版图设计产生的寄生参数对电路性能的影响。这样就需要开展版图的寄生参数提取(PEX 或 LPE)。

同样地,为了便于在电路模块的版图设计过程中随时进行版图的寄生参数提取,版图设计者更喜欢在版图设计工具中进行 PEX 验证,因此这里详细介绍集成到 Virtuoso 中的 Calibre 使用方法。而单独启动 Calibre 时,不同的是在 PEX 界面中的 Inputs 页面输入版图 GDS 数据和电路网表数据,其余步骤均与集成方法描述一致。

6.3.1 PEX 基本设置

在集成了 Calibre 的 Virtuoso 工具中,执行 Calibre→Run PEX 菜单命令,弹出如图 6-11 所示的 PEX 界面。同样,在每次启动 PEX 界面前,会提示载入已有的 Runset 文件,由于是第 1 次启动,因此没有现成的 Runset 文件,这里是空的,暂时单击 Cancel 按钮。待保存 Runset 文件后,在下次启动后可以载入保存好的 Runset 文件。

首先设置规则文件(Rules),如图 6-11 所示,在 PEX Rules File 文本框中输入工艺厂家提供的 Calibre PEX 规则文件,如 PEX_Cal. cmd。在 PEX Run Directory 文本框中输入 PEX 的工作目录,就是刚才建立的 PEX 工作目录(项目工作目录为/verify/pex,所以 PEX

工作目录为/home/IC/training/ic/EDA/verify/pex）。

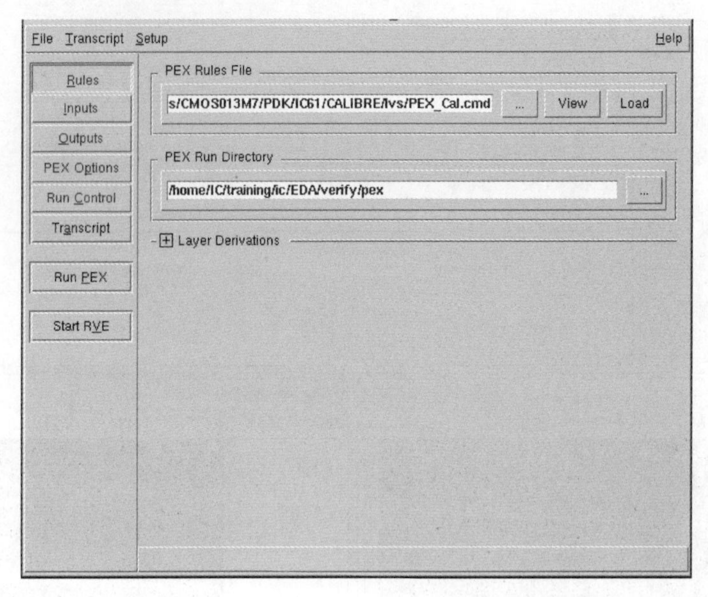

图 6-11　PEX 界面以及规则文件(Rules)设置

PEX 在进行 LVS 的基础上进行寄生参数的提取，因此 PEX 的输入数据和 LVS 是一致的，都是版图数据和电路数据。同样地，单击 Inputs 按钮，设置版图数据以及电路数据输入文件，如图 6-12 所示。由于这里 Calibre 是集成在 Virtuoso 工具中，因此工具自动填写，不需要手动填写。注意，在 Layout 标签页中必须勾选 Export from layout viewer 选项，在 Netlist 标签页中也必须勾选 Export from schematic viewer 选项，这样才能从 Virtuoso 将版图(Layout)导出，以及在电路图编辑工具中将电路(Netlist)导出，以便进行 PEX 验证。

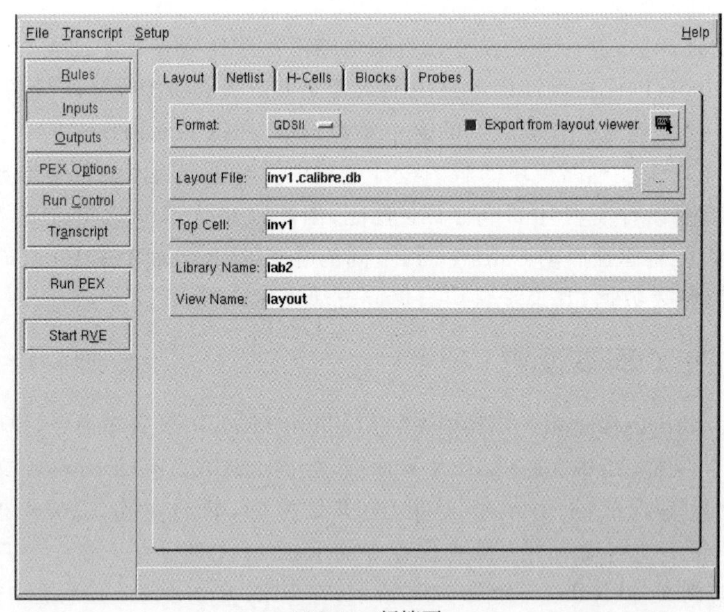

(a) Layout标签页

图 6-12　PEX 版图数据和电路数据输入文件设置

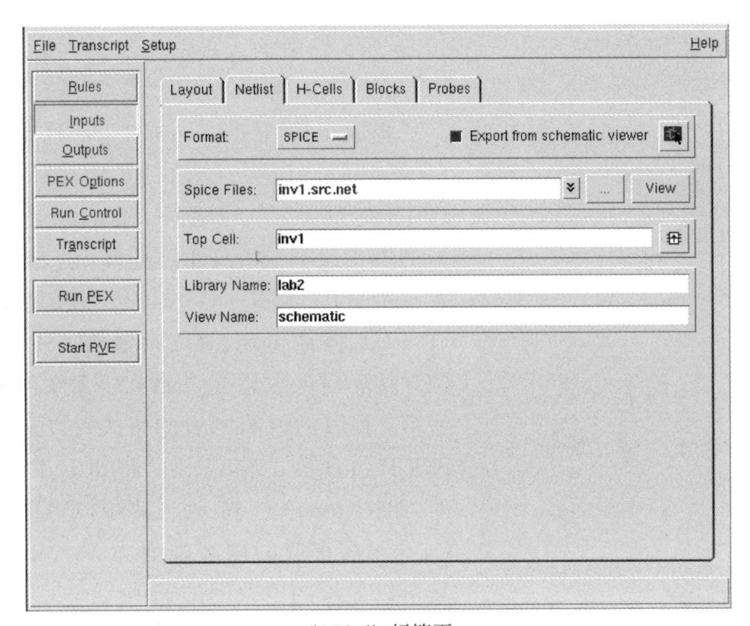

(b) Netlist标签页

图 6-12　（续）

同样地，在单独启动 Calibre PEX 用法中，不需要勾选 Export from layout viewer 以及 Export from schematic viewer 选项。

单击 Outputs 按钮进行 PEX 结果的输出设置，这里需要选择和填写寄生参数选项以及在 Netlist 标签页中选择生成的带有寄生参数的文件格式。而 Reports 和 SVDB 标签页中的相关的内容工具也会自动填写，如图 6-13 所示。

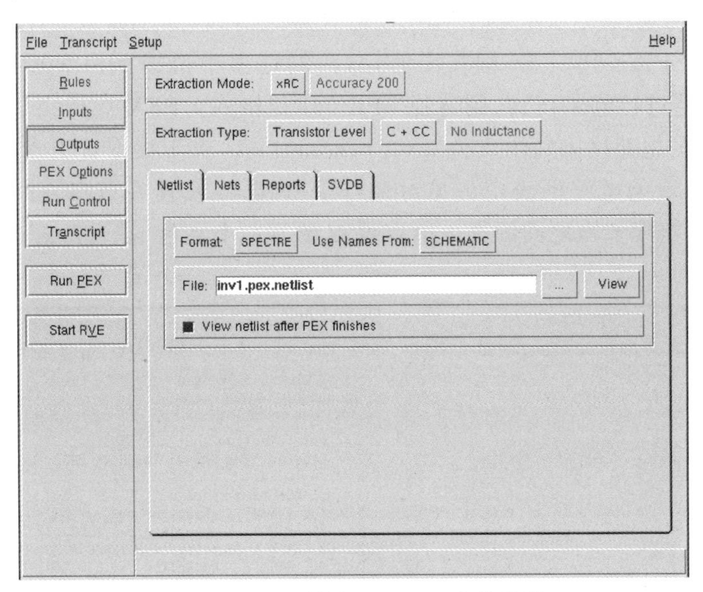

图 6-13　PEX 输出(Outputs)文件设置

这里，在 Extraction Type 中选择晶体管级(Transistor Level)的提取，并且进行 C+CC(节点对地寄生电容以及节点之间的寄生电容)的提取。提取的电路网表格式选择 SPECTRE 格式，电路网表中的名称可以来源于电路图(SCHEMATIC)或版图(LAYOUT)

中的名称，这里选择 SCHEMATIC。在 File 文本框中输入提取出来的网表文件名称，这里工具也会自动填写。

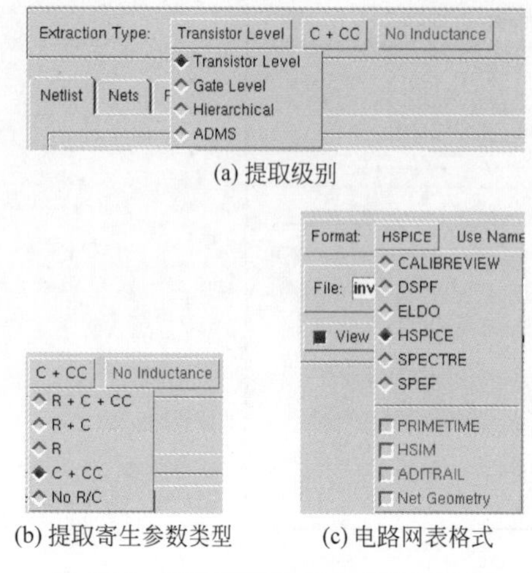

(a) 提取级别

(b) 提取寄生参数类型

(c) 电路网表格式

图 6-14　PEX 输出文件中各选项内容

提取类型(Extraction Type)通常支持晶体管级(Transistor Level)、门级(Gate Level)、层次级(Hierarchical)等，如图 6-14(a)所示。而对于其提取的寄生参数类型，可以选择：连线电阻＋对地电容＋耦合电容(R＋C＋CC)、连线电阻＋对地电容(R＋C)、连线电阻(R)、对地电容＋耦合电容(C＋CC)以及不提取寄生参数(No R/C)，如图 6-14(b)所示。提取的电路网表的格式可以选择支持常见的 SPICE 仿真器的格式，如 HSPICE、ELDO、SPECTRE 等，如图 6-14(c)所示。其中，CALIBREVIEW 是 Calibre 将提取的网表映射为 Virtuoso 电路编辑工具可以显示的电路图的选项。

单击 Run PEX 按钮进行 PEX 版图寄生参数提取。首先进行版图电路图一致性检查，同样可以在 RVE 窗口中查看版图电路图一致性检查结果，在没有问题的情况下，运行完毕后，会得到提取的带有寄生参数的电路网表或电路图。

同样，在退出 PEX 工具时，可以将设置存为一个 Runset 文件，如 pex. runset，以便下次调用。这个过程也可以通过 File→Save Runset 或 Save Runset As 菜单命令完成。

6.3.2 SPICE 网表格式

提取的电路网表格式为常见的 SPICE 仿真器的格式，如 HSPICE、ELDO、SPECTRE 等。如果采用 HSPICE 仿真器，则在图 6-14(c)的选项中选择 HSPICE 格式。这里采用 SPECTRE 仿真器进行电路仿真，则选择 SPECTRE 格式。PEX 运行完毕后，会得到提取的带有寄生参数的电路网表输出文件 inv1. pex. netlist。由于提取寄生参数类型选择的是 C＋CC，因此在提取的电路网表中可见对地寄生电容，以及连线节点之间的寄生电容，如图 6-15(a)所示；连线节点之间的寄生电容保存在另一个文件 inv1. pex. netlist. INV1. pxi 中，如图 6-15(b)所示。

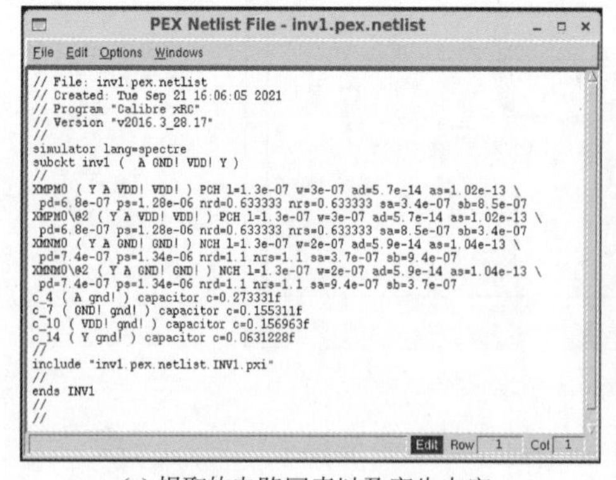

(a) 提取的电路网表以及寄生电容

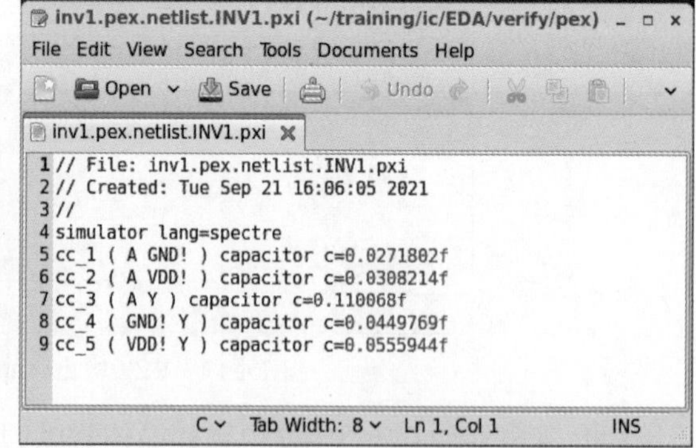

(b) 连线节点之间的寄生电容

图 6-15　PEX 提取的电路网表及寄生参数

6.3.3 映射电路图

如前所述,Calibre还可以将提取的网表映射为Virtuoso电路编辑工具可以显示的电路图,将格式选项选择为CALIBREVIEW,如图6-16所示。单击Run PEX按钮进行PEX版图寄生参数提取,得到如图6-17所示的包含寄生参数的inv1.pex.netlist网表文件。下一步需要将此网表文件映射为电路图输出,弹出如图6-18所示的Calibre View Setup对话框。

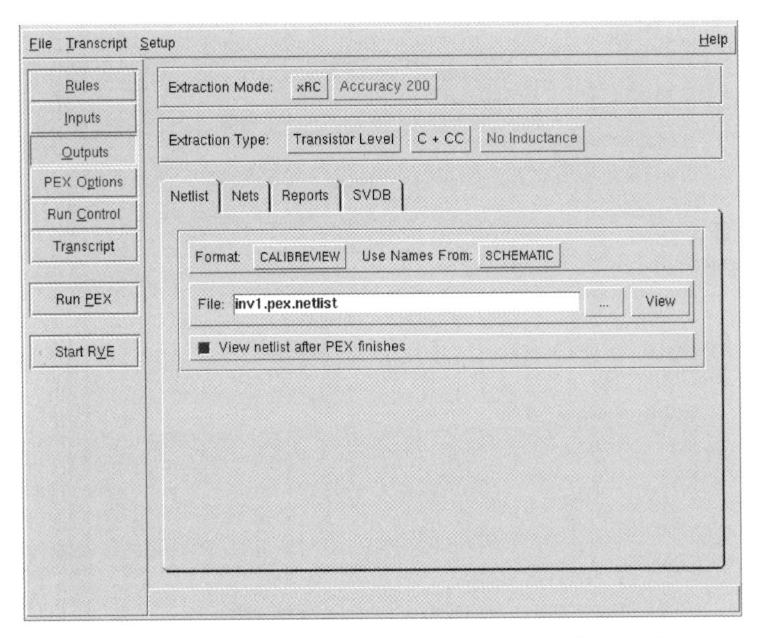

图6-16 将提取的网表映射为Virtuoso可显示的电路图

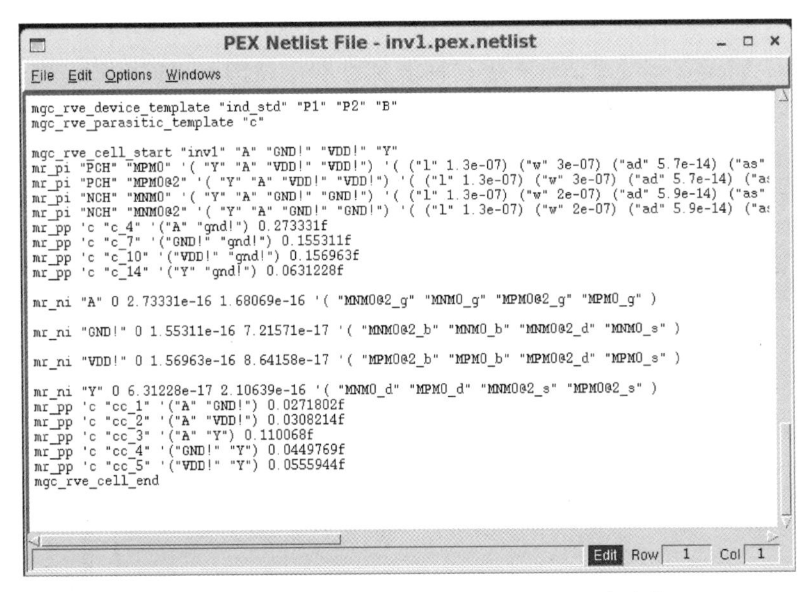


```
mgc_rve_device_template "ind_std" "P1" "P2" "B"
mgc_rve_parasitic_template "c"

mgc_rve_cell_start "inv1" "A" "GND!" "VDD!" "Y"
mr_pi "PCH" "MPM0" '( "Y" "A" "VDD!" "VDD!") '( ("l" 1.3e-07) ("w" 3e-07) ("ad" 5.7e-14) ("as"
mr_pi "PCH" "MPM0@2" '( "Y" "A" "VDD!" "VDD!") '( ("l" 1.3e-07) ("w" 3e-07) ("ad" 5.7e-14) ("a
mr_pi "NCH" "MNM0" '( "Y" "A" "GND!" "GND!") '( ("l" 1.3e-07) ("w" 2e-07) ("ad" 5.9e-14) ("as"
mr_pi "NCH" "MNM0@2" '( "Y" "A" "GND!" "GND!") '( ("l" 1.3e-07) ("w" 2e-07) ("ad" 5.9e-14) ("a
mr_pp 'c "c_4" '("A" "gnd!") 0.273331f
mr_pp 'c "c_7" '("GND!" "gnd!") 0.155311f
mr_pp 'c "c_10" '("VDD!" "gnd!") 0.156963f
mr_pp 'c "c_14" '("Y" "gnd!") 0.0631228f

mr_ni "A" 0 2.73331e-16 1.68069e-16 '( "MNM0@2_g" "MNM0_g" "MPM0@2_g" "MPM0_g" )

mr_ni "GND!" 0 1.55311e-16 7.21571e-17 '( "MNM0@2_b" "MNM0_b" "MNM0@2_d" "MNM0_s" )

mr_ni "VDD!" 0 1.56963e-16 8.64158e-17 '( "MPM0@2_b" "MPM0_b" "MPM0@2_d" "MPM0_s" )

mr_ni "Y" 0 6.31228e-17 2.10639e-16 '( "MNM0_d" "MPM0_d" "MNM0@2_s" "MPM0@2_s" )
mr_pp 'c "cc_1" '("A" "GND!") 0.0271802f
mr_pp 'c "cc_2" '("A" "VDD!") 0.0308214f
mr_pp 'c "cc_3" '("A" "Y") 0.110068f
mr_pp 'c "cc_4" '("GND!" "Y") 0.0449769f
mr_pp 'c "cc_5" '("VDD!" "Y") 0.0555944f
mgc_rve_cell_end
```

图6-17 包含寄生参数的inv1.pex.netlist网表文件

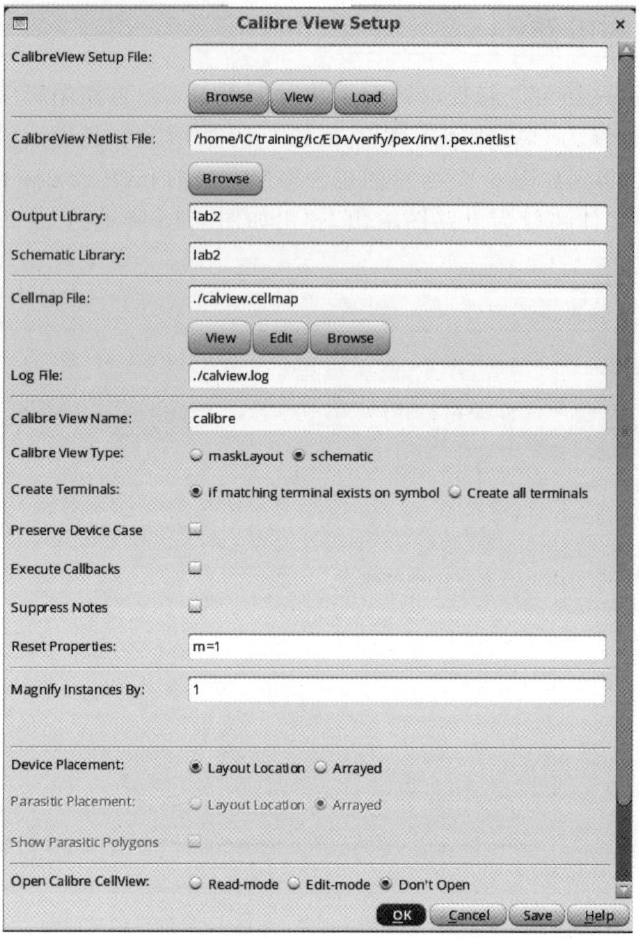

图 6-18　Calibre View Setup 对话框

在 Calibre View Setup 对话框中进行网表文件和电路图映射的设置。在 CalibreView Netlist File 文本框中输入产生的 inv1. pex. netlist 网表文件，一般情况下工具会自动填写。在 Output Library 以及 Schematic Library 文本框中输入想要输出到的库名称。Calibre View Type 选择为 schematic。Device Placement 选择为 Layout Location。在 Cellmap File 文本框中输入 calview. cellmap 映射文件，说明 Calibre 提取网表与电路单元库(如 PDK 库)中单元的对应关系，一般情况下工艺厂家会提供这个映射文件，下面是一个简单的映射文件示例。

```
(NCH
  (CMOS13MT7 NCH symbol)
  (
      (d D)
      (g G)
      (s S)
      (b B)
  )
  (
```

```
        (nil fingers 1)
        (w tw)
        (w fw)
        (w w)
        (l l)
        (nrd nrd)
        (nrs nrs)
    )
)
(PCH
    (CMOS13MT7 PCH symbol)
    (
        (d D)
        (g G)
        (s S)
        (b B)
    )
    (
        (nil fingers 1)
        (w tw)
        (w fw)
        (w w)
        (l l)
        (nrd nrd)
        (nrs nrs)
    )
)
((p cap c)
      (analogLib cap symbol)
          (
            (PLUS)
            (MINUS)
          )
)
((p res r)
      (analogLib res symbol)
          (
            (PLUS)
            (MINUS)
          )
)
```

在 Calibre View Name 文本框中可以输入想要呈现的视图的名称,默认为 Calibre。其他选项可以按需要选择,如电路图中提取电路元器件的布局方式 Device Placement 可以选择为 Layout Location,这样在电路图中各元器件就会按版图的位置进行呈现。单击 OK 按钮,会将产生的电路图输出至 lab2 库,即名称为 inv1 的 Calibre 视图,则在库管理器中就可以看到 inv1 单元多了一个 Calibre 视图。打开此电路图,可以看到包括寄生参数的电路图,如图 6-19 所示。

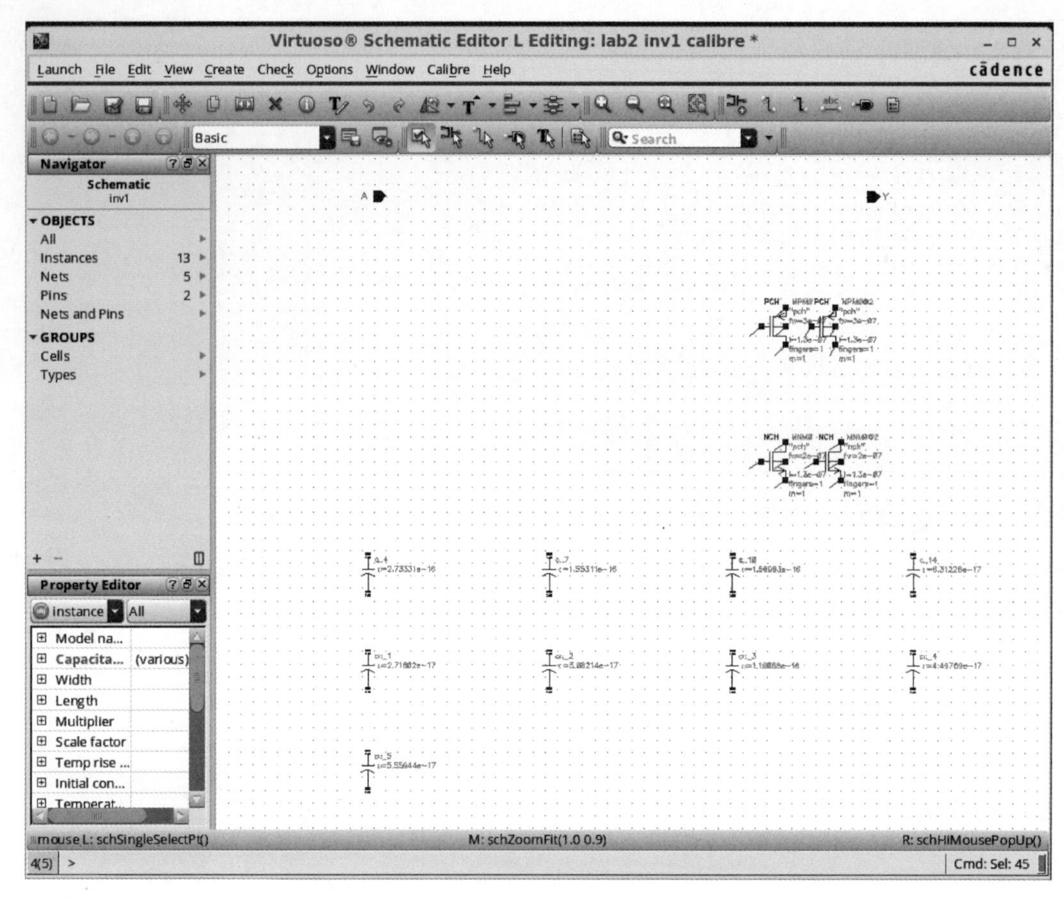

图 6-19 包括寄生参数的电路图

6.4 版图后仿真

在完成 PEX 后，就可以采用包括版图提取寄生参数的电路网表或电路图进行版图后仿真。这样在原有的电路设计中加入寄生参数进行电路仿真，可以得到更加接近芯片制造后实际情况的结果。

下面讨论如何利用 PEX 提取的带有寄生参数的电路网表或电路图进行版图后电路仿真。首先考查电路的前仿真情况和结果。然后针对带有寄生参数的电路网表或电路图开展版图后电路仿真，从而进行对比分析。

6.4.1 采用 SPICE 网表描述的后仿真

针对本章采用的反相器实例进行电路仿真。图 6-20(a)为反相器的仿真电路图，电源电压为 1.2V，在输入施加一个周期为 10ns、1.2V 高电平、上升时间 tr 及下降时间 tf 为 1ns 的方波信号。采用 ADE 仿真环境进行 SPECTRE 电路仿真，将得到一个反相的输出，如图 6-20(b)所示，实线为输入信号波形，虚线为输出信号波形。

采用 ADE 仿真环境进行 SPECTRE 电路仿真，默认运行目录在用户根目录下的 simulation 目录中。例如，本例仿真运行目录在~/simulation/cut_inv1/spectre/netlist 下，

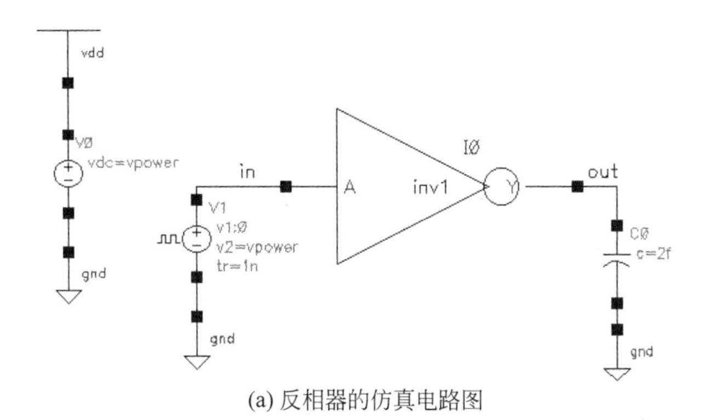

(a) 反相器的仿真电路图

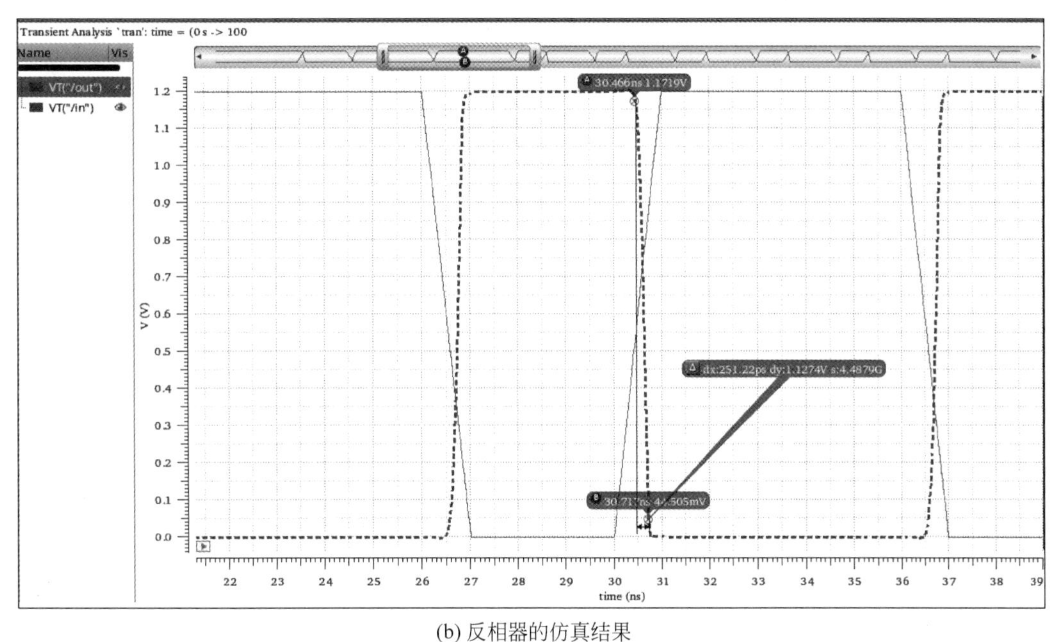

(b) 反相器的仿真结果

图 6-20 反相器电路仿真

当然可以根据用户要求修改仿真运行的目录，设置方法是在 ADE 中执行 Setup→Simulator/Directory/Host→Project Directory 菜单命令，具体见第 4 章相关内容。

在运行目录可见用于 SPECTRE 仿真的 input. scs 描述文件。input. scs 文件采用的是 SPECTRE 格式的 SPICE 描述文件。这里利用这个 input. scs 文件进行 PEX 版图后仿真。执行以下命令，将 simulation 目录中的前仿真数据复制到新目录 postsim，命令如下。

```
cd ~/simulation/cut_inv1/spectre
cp -r schematic postsim
cd postsim/netlist
```

将 PEX 提取的 inv1. pex. netlist. INV1 和 inv1. pex. netlist. INV1. pxi 文件复制到当前目录～/simulation/cut_inv1/spectre/postsim/netlist 下，然后修改 input. scs 文件中对 inv1 子电路的例化定义，采用 PEX 提取的网表，修改后的 input. scs 文件如下。

```
// Generated for: spectre
// Design library name: lab2
// Design cell name: cut_inv1
// Design view name: schematic
simulator lang=spectre
global 0 vdd!
parameters tper=10n vpower=1.2
include "/home/IC/training/libs/CMOS013M7/SpiceModel/gpdk13.scs" section=tt

// Library name: lab2
// Cell name: inv1
// View name: schematic
//subckt inv1 A Y
//      PM0 (Y A vdd! vdd!) pch w=300n l=130n as=102f ad=57f ps=1.28u pd=680n \
//           nrd=633.333m nrs=633.333m count=(1) * (2)
//      NM0 (Y A 0 0) nch w=200n l=130n as=104f ad=59f ps=1.34u pd=740n \
//           nrd=1.1 nrs=1.1 count=(1) * (2)
//ends inv1
// End of subcircuit definition
include "./inv1.pex.netlist"
// Library name: lab2
// Cell name: cut_inv1
// View name: schematic
I0 (in 0 vdd! out) inv1
V0 (vdd! 0) vsource dc=vpower type=dc
V1 (in 0) vsource dc=vpower type=pulse val0=0 val1=vpower period=tper \
        delay=10n rise=1n fall=1n width=0.5 * tper
C0 (out 0) capacitor c=2f
simulatorOptions options reltol=1e-3 vabstol=1e-6 iabstol=1e-12 temp=27 \
    tnom=27 scalem=1.0 scale=1.0 gmin=1e-12 rforce=1 maxnotes=5 maxwarns=5 \
    digits=5 cols=80 pivrel=1e-3 sensfile="../psf/sens.output" \
    checklimitdest=psf
tran tran stop=100n errpreset=conservative write="spectre.ic" \
    writefinal="spectre.fc" annotate=status maxiters=5
finalTimeOP info what=oppoint where=rawfile
modelParameter info what=models where=rawfile
element info what=inst where=rawfile
outputParameter info what=output where=rawfile
designParamVals info what=parameters where=rawfile
primitives info what=primitives where=rawfile
subckts info what=subckts where=rawfile
saveOptions options save=allpub
```

需要注意的是，子电路例化端口的顺序和子电路端口定义要一致。如图 6-15 所示，PEX 提取的电路网表的端口定义为

```
subckt inv1 (A GND! VDD! Y)
```

那么对应的子电路例化的端口就应该为

```
I0 (in 0 vdd! out) inv1
```

其中，inv1 是单元名；I0 是例化单元名；in 连线对应于 inv1 单元的 A 端口；地线 0 对应于

inv1 单元的 GND! 端口；电源 vdd! 连线对应于 inv1 单元的 VDD! 端口；out 连线对应于 inv1 单元的 Y 端口。

然后执行命令

```
spectre input.scs +escchars +log ../psf/spectre.out -format psfxl -raw ../psf
```

这样仿真结果就输出在与 netlist 平行的 psf 目录中。可以采用支持 SPECTRE 输出格式的波形查看工具观察波形输出结果。这里，为了便于和前仿真进行对比，可以在 ADE 中执行 Results→Select 菜单命令，弹出 Select Results 对话框。如图 6-21 所示，选择 postsim 中的仿真数据。然后在 Calculator 中输出 out 节点的瞬态波形 VT("out")，如果之前进行前仿真时输出波形没有关闭，则可以将后仿真的输出波形叠加到前仿真的结果中。如图 6-22 所示，其中靠后的点画线波形是后仿真结果，可见相较于前仿真结果(虚线)出现了一定的延迟，这是由于版图寄生参数的影响。

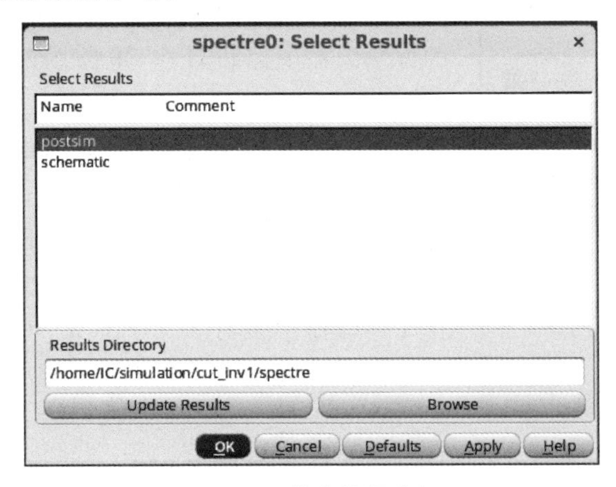

图 6-21　仿真数据选择

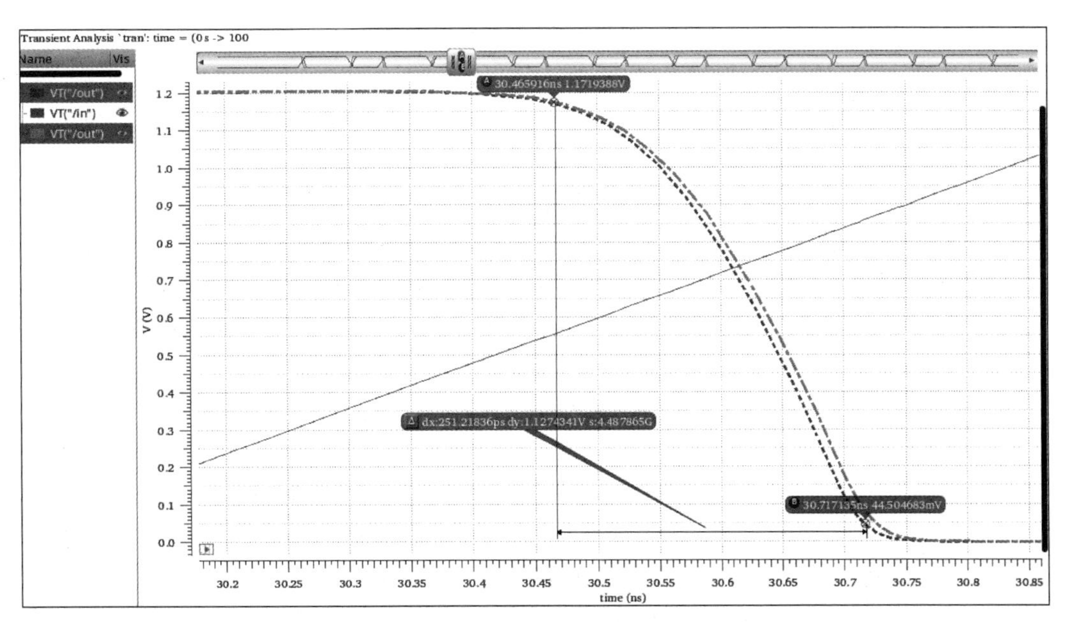

图 6-22　反相器版图后仿真结果

以上描述的是 SPECTRE 格式的 SPICE 网表的后仿真方法，利用了 ADE 自动产生的 SPICE 仿真文件。实际上，进行 SPICE 仿真，正如第 2 章和第 3 章的讨论，都是基于这些仿真文件进行的。仿真工具只不过提供一个友好的用户界面，方便用户进行直观的仿真。如果提取的是 HSPICE 格式的网表，也可采用类似的方式，首先将提取寄生参数的网表在仿真文件中包含(include)进来，替换原始设计的电路描述，然后进行子电路例化（端口要对应上），按照第 3 章的 HSPICE 电路仿真进行版图 SPICE 后仿真。

6.4.2 映射为电路图的后仿真

6.4.1 节说明的是采用 PEX 提取具有寄生参数的 SPICE 网表进行版图后仿真的方法，这是大多数 PEX 工具提取寄生参数后采用版图后仿真的通用方法。如 6.3 节所述，一些 PEX 工具，如 Calibre，还可以将提取的网表映射为 Virtuoso 电路编辑工具可以显示的电路图，这样比较直观，便于查看；同时，也便于在同一个电路仿真环境中进行仿真。

图 6-23 创建 cut_inv1 仿真电路的 config 视图

下面介绍采用 PEX 提取的电路图进行版图后仿真的方法。在电路设计中，电路图的视图为 schematic，而 PEX 提取的电路图默认的视图是 calibre。在进行电路仿真时，图 6-20(a)反相器实例进行电路仿真的单元为 cut_inv1，EDA 工具会采用电路的 schematic 视图进行仿真。为了可以选择到 PEX 提取的 calibre 电路图，需要采用层次编辑器（Hierarchy Editor）建立 config 视图。具体地，在库管理器中执行 File→New→Cell view 菜单命令，弹出 New File 对话框，如图 6-23 所示。在 Cell 文本框中输入 cut_inv1，在 View 文本框中输入 config，那么 Type 下拉列表就自动选择为 config，并且 Application 也自动选择为 Hierarchy Editor。

单击 OK 按钮，弹出 New Configuration 对话框。按照图 6-24(a)中的内容填写，其中在 View 下拉列表中选择 schematic。其他选择可以在 Use Template 对话框中填写，如图 6-24(b)所示，这样可以快速填写相关选项内容，这里采用 spectre 模板，单击 OK 按钮后就可以呈现图 6-24(a)的填写内容。

在 New Configuration 对话框中单击 OK 按钮，弹出 Virtuoso 的层次编辑器（Hierarchy Editor）界面，如图 6-25 所示。在 Cell Bindings 列表中可以看到 cut_inv1 仿真电路中各个元器件对应的库（Library）、单元（Cell）以及采用的视图（View）。对 cut_inv1 单元的 config 视图进行保存关闭后，则在库管理器中就可以看到 cut_inv1 单元多了一个 config 视图，如图 6-26 所示。

如图 6-27 所示，在库管理器中重新打开 cut_inv1 单元的 config 视图。这里要同时打开 config 以及 schematic 视图，在图 6-27(a)对话框中两个选项都要勾选 yes，单击 OK 按钮，则出现电路图编辑器（Schematic Editor）以及层次编辑器（Hierarchy Editor）界面。注意到电路图编辑器界面中打开的是 cut_inv1 单元的 config 视图，而不是 schematic 视图，这是有区别的，只有在电路图编辑器界面中编辑的 cut_inv1 为 config 视图时，其中单元才会反映层次编辑器中的内容。图 6-27(b)中的 lab2 库中的 inv1 单元仍采用的是 schematic 视图。

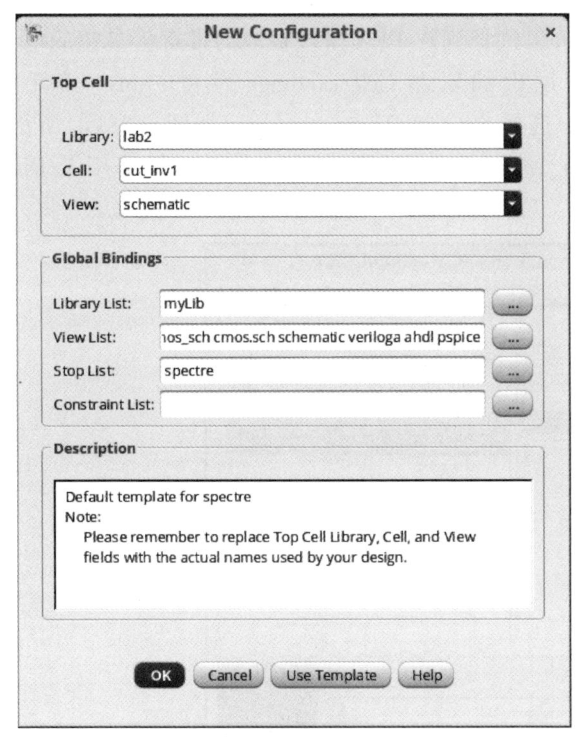

(a) 新配置设置

(b) 使用模板

图 6-24　建立新的配置

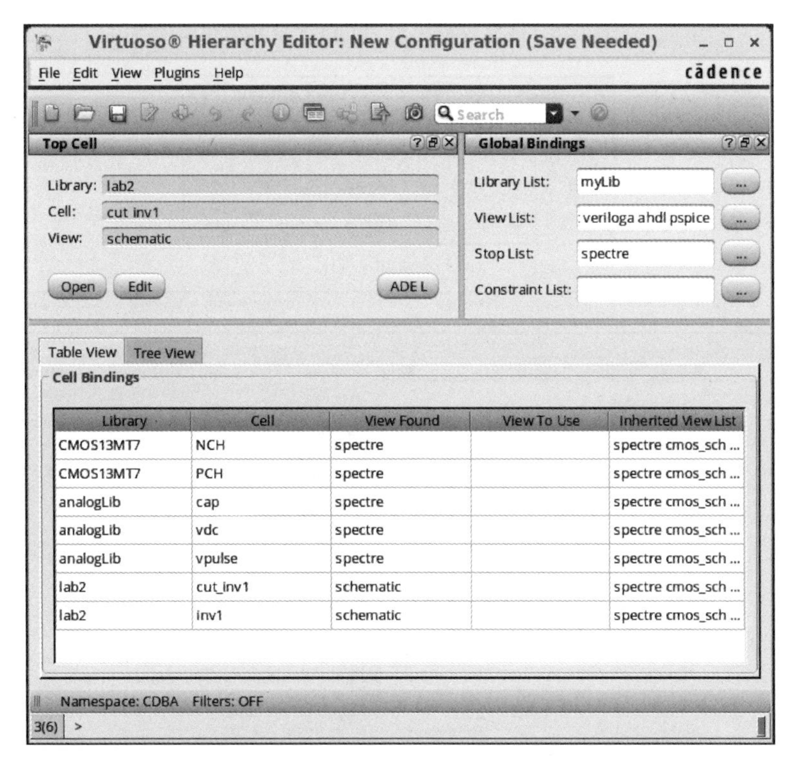

Library	Cell	View Found	View To Use	Inherited View List
CMOS13MT7	NCH	spectre		spectre cmos_sch ...
CMOS13MT7	PCH	spectre		spectre cmos_sch ...
analogLib	cap	spectre		spectre cmos_sch ...
analogLib	vdc	spectre		spectre cmos_sch ...
analogLib	vpulse	spectre		spectre cmos_sch ...
lab2	cut_inv1	schematic		spectre cmos_sch ...
lab2	inv1	schematic		spectre cmos_sch ...

图 6-25　Virtuoso 的层次编辑器(Hierarchy Editor)界面

通过在层次编辑器中修改采用的视图，就可以选择到在 PEX 阶段提取的带寄生参数的电路图(inv1 的 calibre 视图)。具体方法是在层次编辑器 Cell Bindings 列表中 inv1 单元的 schematic 视图上右击，在弹出的快捷菜单中选择 Set Cell View→calibre，如图 6-28(a)所示。单击层次编辑器中的"保存"按钮，这样 cut_inv1 电路图中例化的 inv1 单元就采用了 PEX 后的 calibre 视图。

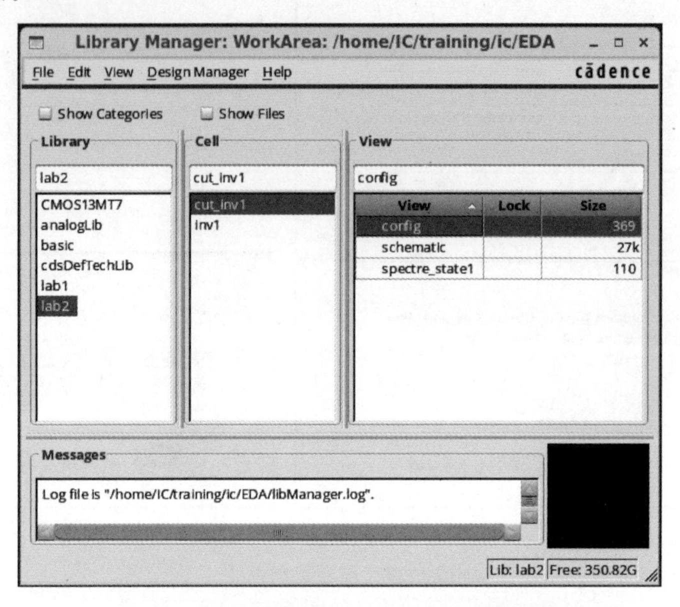

图 6-26 库管理器中的 cut_inv1 单元的视图

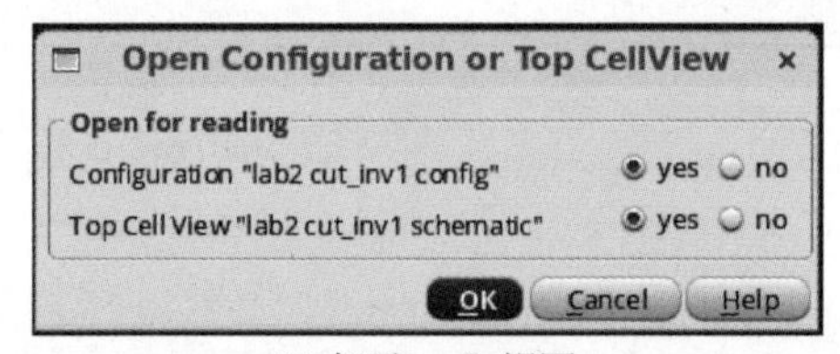

(a) 打开config视图

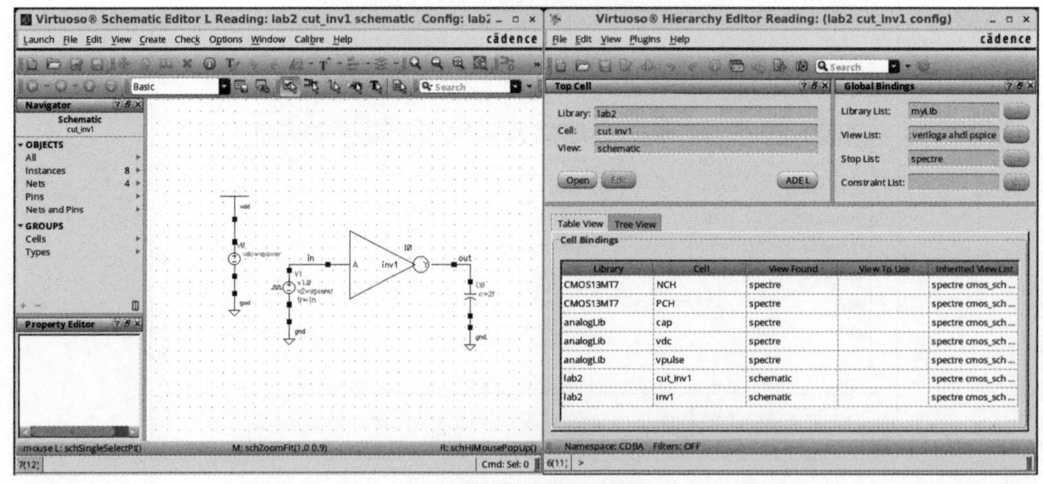

(b) 电路图以及config视图

图 6-27 重新打开的 config 视图

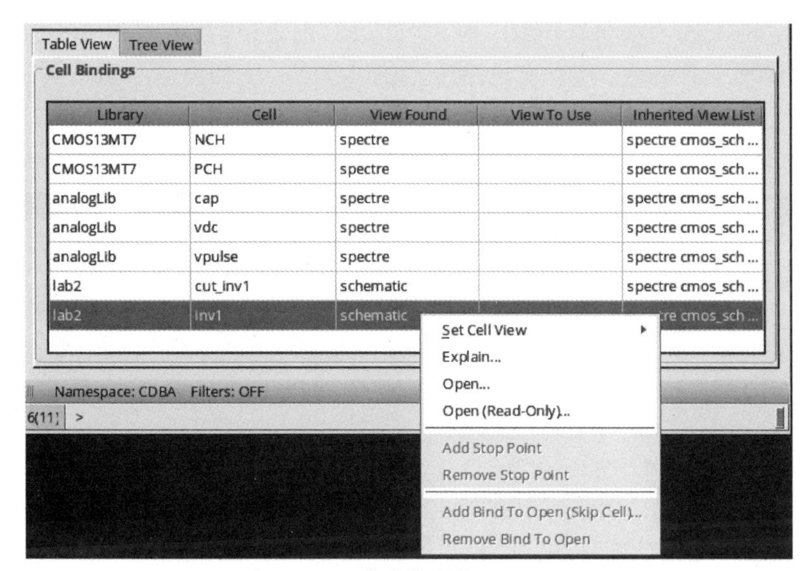

(a) 修改单元视图

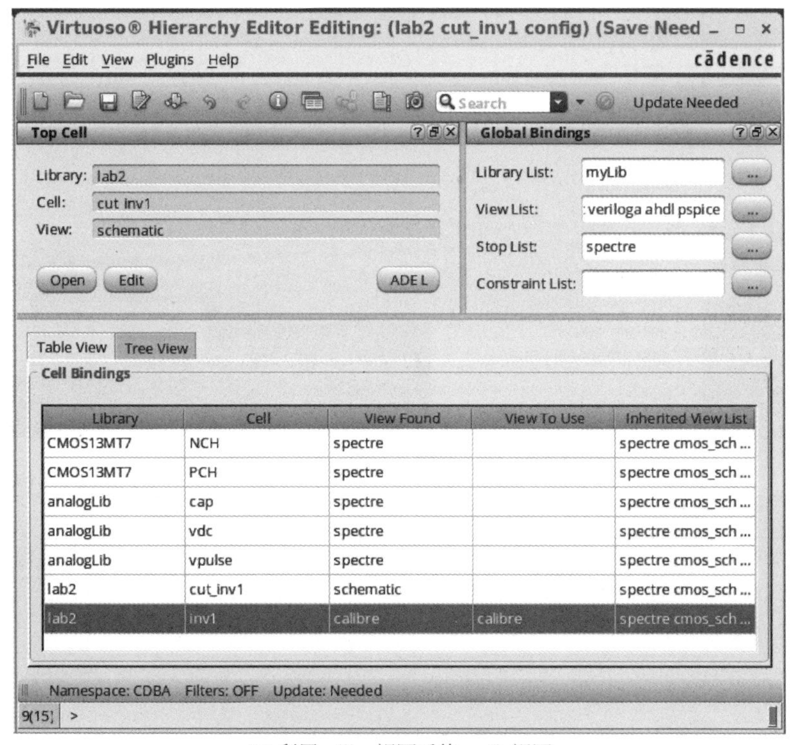

(b) 利用calibre视图后的config视图

图 6-28　在层次编辑器中修改视图

为了验证此时 cut_inv1 电路图中例化的 inv1 单元是否采用了 PEX 后的 calibre 视图，可以单击电路图的 inv1 单元，执行 Edit→Hierarchy→Descend Edit 或 Descend Read 菜单命令进入下一层次 inv1 电路图进行查看，如图 6-29(a)所示。此时可见 inv1 电路图已经是 PEX 后的 calibre 电路图了。这里注意到，PEX 的 inv1 单元的 calibre 电路图中的电源和地分别提取为 VDD! 和 GND!，也是可以跨层次的节点。但这也与前仿真电路中的 vdd! 和

gnd！大小写并不一致，而在仿真环境中的 SPECTRE 网表中，会把 gnd！节点默认为 0 号节点，因此需要修改一下 cut_inv1 仿真电路图，如图 6-29(b)中的电源激励。这种修改不是所有情况下都需要做的，如果没有出现名称不一致的情况，就不需要进行修改，需要视情况进行相应的操作。

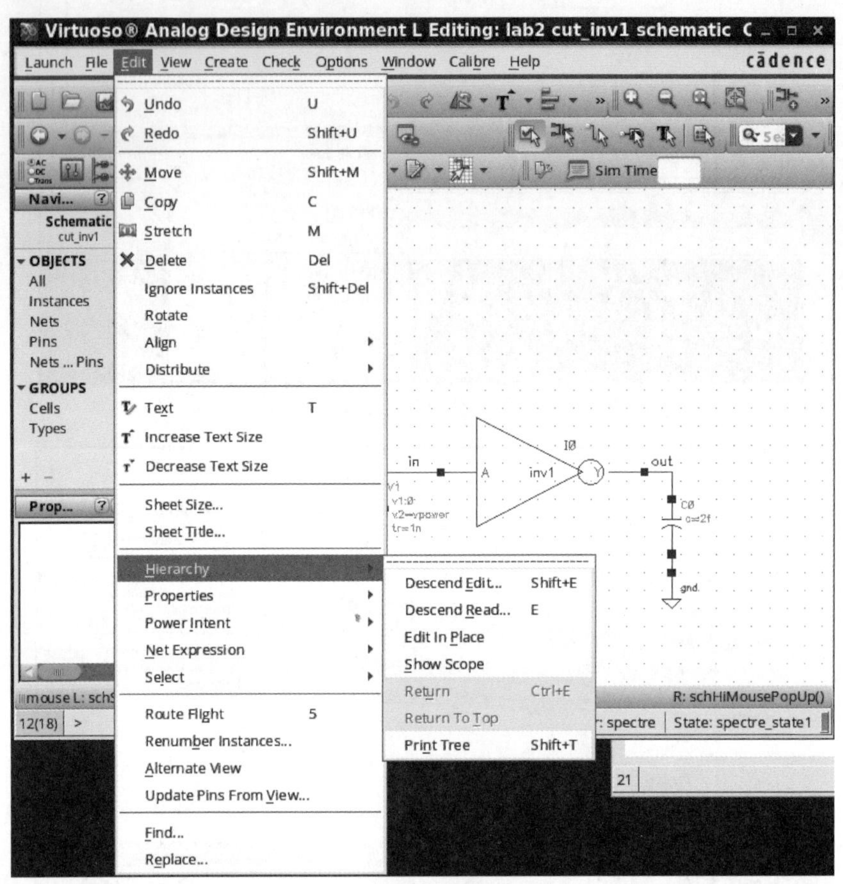

(a) 查看inv1电路图

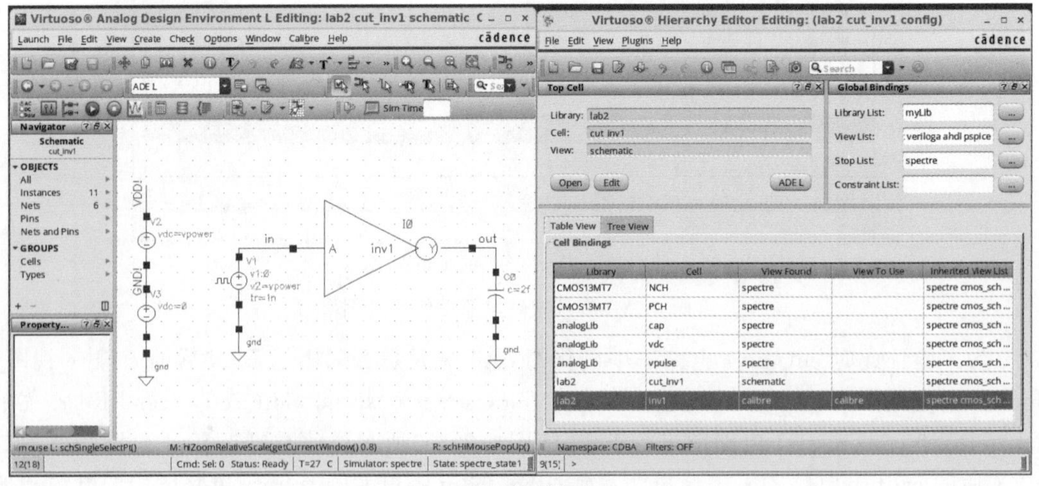

(b) 修改仿真电路

图 6-29　查看 cut_inv1 仿真电路中的 inv1 电路图

做好以上准备后，就在 cut_inv1 仿真电路的 config 视图中启动 ADE，如图 6-30 所示。注意到 ADE 对应的设计为 cut_inv1 的 config 视图，而不是 cut_inv1 的 schematic 视图。仿真方法和第 4 章一致，不再赘述。仿真参数仍与图 6-20 中前仿真相同。进行瞬态仿真后就可以得到 PEX 后仿真结果了。在 ADE 中执行 Simulation→Netlist→Display 菜单命令，可以查看仿真的 SPECTRE 网表，可见被测单元 inv1 已经采用了 PEX 提取的电路，如图 6-31 所示。

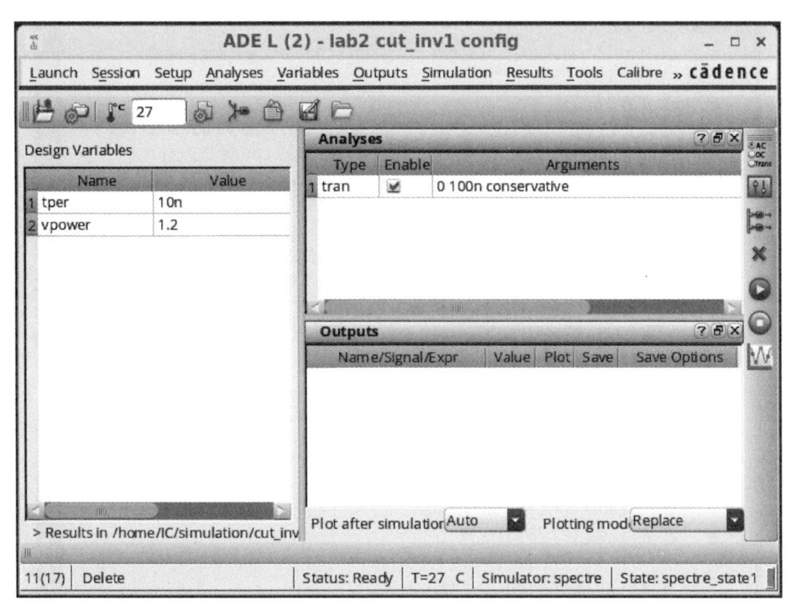

图 6-30 cut_inv1 的 config 电路图仿真环境

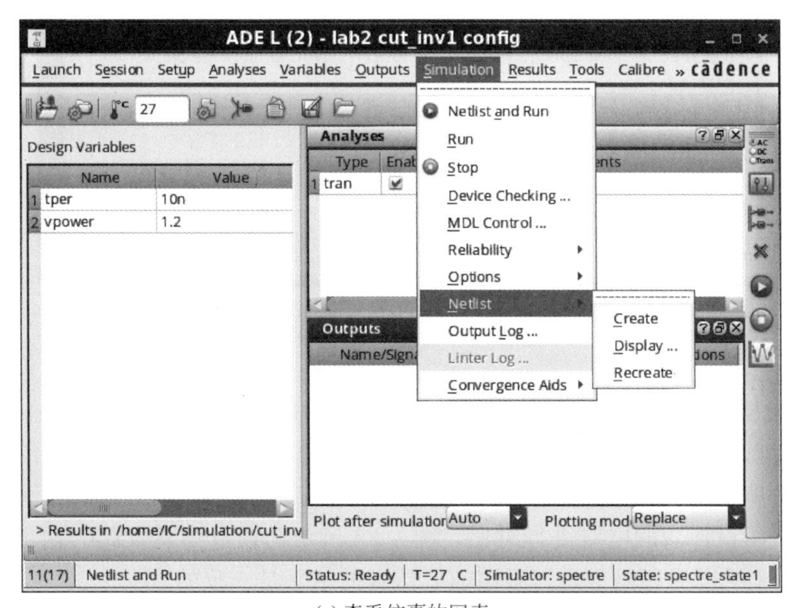

(a) 查看仿真的网表

图 6-31 查看 cut_inv1 的仿真 SPECTRE 网表

```
simulator lang=spectre
global 0 vdd! GND! VDD!
parameters tper=10n vpower=1.2
include "/home/IC/training/libs/CMOS013M7/SpiceModel/gpdk13.scs" section=tt

// Library name: lab2
// Cell name: inv1
// View name: calibre
// Inherited view list: spectre cmos_sch cmos.sch schematic veriloga ahdl
//pspice
subckt inv1 A Y
    MPM0\@2 (Y A VDD! VDD!) pch w=3e-07 l=1.3e-07 as=1.02e-13 ad=5.7e-14 \
        ps=1.28e-06 pd=6.8e-07 nrd=0.633333 nrs=0.633333 count=(1)*(1)
    MPM0 (Y A VDD! VDD!) pch w=3e-07 l=1.3e-07 as=1.02e-13 ad=5.7e-14 \
        ps=1.28e-06 pd=6.8e-07 nrd=0.633333 nrs=0.633333 count=(1)*(1)
    MNM0\@2 (Y A GND! GND!) nch w=2e-07 l=1.3e-07 as=1.04e-13 ad=5.9e-14 \
        ps=1.34e-06 pd=7.4e-07 nrd=1.1 nrs=1.1 count=(1)*(1)
    MNM0 (Y A GND! GND!) nch w=2e-07 l=1.3e-07 as=1.04e-13 ad=5.9e-14 \
        ps=1.34e-06 pd=7.4e-07 nrd=1.1 nrs=1.1 count=(1)*(1)
    cc_5 (VDD! Y) capacitor c=5.55944e-17
    cc_4 (GND! Y) capacitor c=4.49769e-17
    cc_3 (A Y) capacitor c=1.10068e-16
    cc_2 (A VDD!) capacitor c=3.08214e-17
    cc_1 (A GND!) capacitor c=2.71802e-17
    c_14 (Y 0) capacitor c=6.31228e-17
    c_10 (VDD! 0) capacitor c=1.56963e-16
    c_7 (GND! 0) capacitor c=1.55311e-16
    c_4 (A 0) capacitor c=2.73331e-16
ends inv1
// End of subcircuit definition.

// Library name: lab2
// Cell name: cut_inv1
// View name: schematic
// Inherited view list: spectre cmos_sch cmos.sch schematic veriloga ahdl
// pspice
I0 (in out) inv1
V3 (GND! 0) vsource dc=0 type=dc
V2 (VDD! GND!) vsource dc=vpower type=dc
V0 (vdd! 0) vsource dc=vpower type=dc
V1 (in 0) vsource dc=vpower type=pulse val0=0 val1=vpower period=tper \
        delay=10n rise=1n fall=1n width=0.5 * tper
C0 (out 0) capacitor c=2f
```

(b) 采用PEX后calibre电路图的cut_inv1网表

图 6-31 （续）

这里采用层次编辑器为电路仿真提供一种便利，可以比较灵活地选择电路图的视图。例如，本例中可以选择 inv1 单元的 PEX 提取的电路图，同样也可以采用图 6-28 中的方法选择前仿真的电路图 schematic 视图，保存后就可以进行电路的版图前仿真，从而对电路版图设计前以及版图设计后的电路进行对比。图 6-32 所示为前后仿真反相器输出下降沿的对比结果，这与图 6-22 采用网表进行版图前后仿真的结果是一致的。

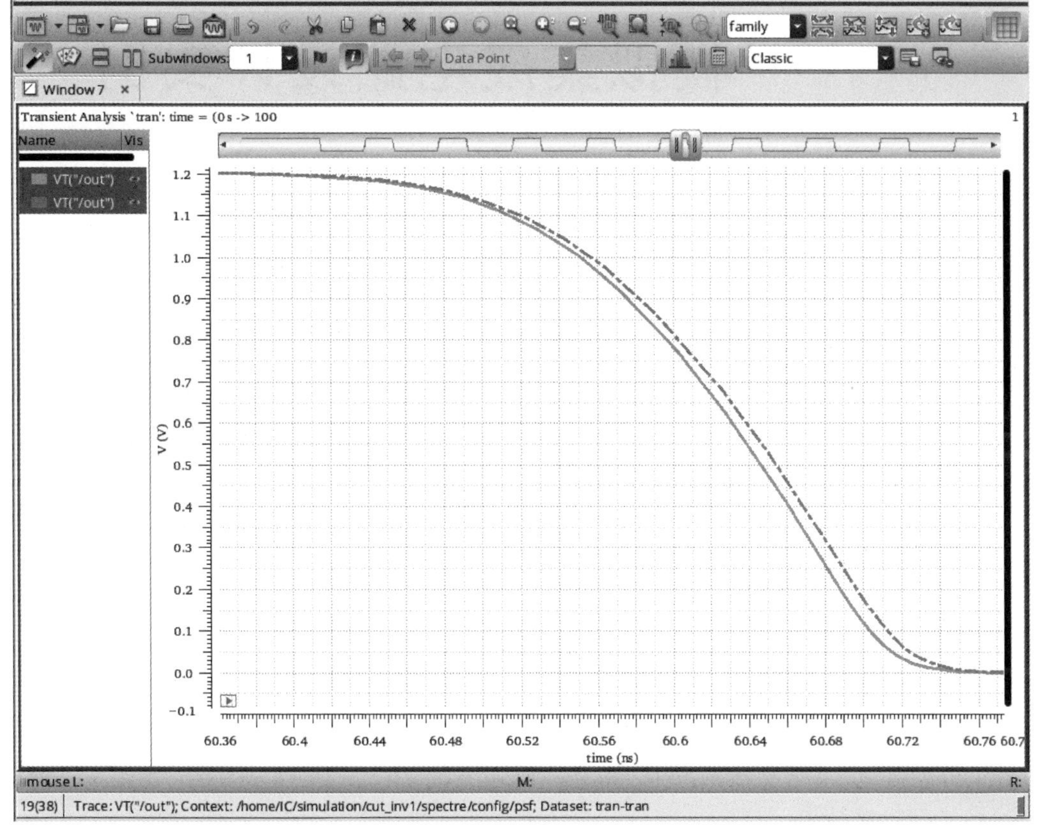

图 6-32　前后仿真反相器输出下降沿的对比结果

6.5　本章小结

为了保证版图设计符合工艺厂家的版图设计规则，并且保证所设计的版图能够体现电路设计，在版图设计的过程中以及结束后，要进行版图设计规则检查（DRC）以及版图电路图一致性检查（LVS）。在版图设计完成后，还要进行版图寄生参数提取，以便将版图中所带来的寄生参数反标回电路中，一同进行版图后仿真。将提取的带有寄生参数的电路进行后仿真，可以得到更接近芯片实际情况的仿真结果，并且可以根据版图后仿真结果进一步优化版图设计。

第 7 章 模拟集成电路设计实例

CHAPTER 7

集成电路设计需要考虑诸多因素，如速度、功耗、芯片面积成本等。对于模拟集成电路，在设计时需要考虑的性能指标更多，需要进行仔细的设计、分析和验证。这样就需要借助 EDA 工具，在集成电路制造之前，进行详细的仿真、分析和验证。本章将以一些模拟电路作为实例，介绍使用 EDA 工具开展模拟集成电路的设计、分析以及验证的方法。

7.1 放大器的电路设计与仿真分析

模拟集成电路中最典型也是最重要的电路模块就是放大器。本节以一个典型的二级运算放大器为例，讨论其电路设计、仿真分析以及验证的方法。此设计实例的主要内容如下。

(1) 开展初步的手工设计，根据拟定的设计指标，确定满足指标的运算放大器各元器件的尺寸和所需要的偏置电流的大小。具体步骤如下：

- 选定电路结构；
- 手工设计，确定各元件的尺寸以及偏置电流。

(2) 采用典型工艺角模型，开展此运算放大器的基本仿真，调整和优化电路。

(3) 进行运算放大器的电路仿真(采用典型工艺角模型，27℃)，确定运放的最终性能参数，包括：

- 开环增益的幅频和相频响应；
- 共模抑制比(Common Mode Rejection Ratio，CMRR)的频率响应；
- 电源抑制比(Power Supply Rejection Ratio，PSRR)的频率响应；
- 输入共模范围；
- 输出电压摆幅；
- 压摆率；
- 建立时间；
- 噪声；
- 功耗。

(4) 在各工艺角(Corner)下对此运算放大器的各性能进行仿真。

7.1.1 放大器电路

图 7-1 所示的放大器是一种常见的二级运算放大器，由一个电流镜作负载的差分级和

一个共源极结构的增益级构成，驱动 C_L 负载电容。在这个放大器中，NMOS 晶体管 M0、M5 和 M7 用来形成偏置电流源。NMOS 晶体管 M1、M2 以及 PMOS 晶体管 M3 和 M4 构成差分级。PMOS 晶体管 M6 和 NMOS 晶体管 M7 构成电流源作负载的共源极放大器。通过引入密勒电容 C_x 进行频率补偿。

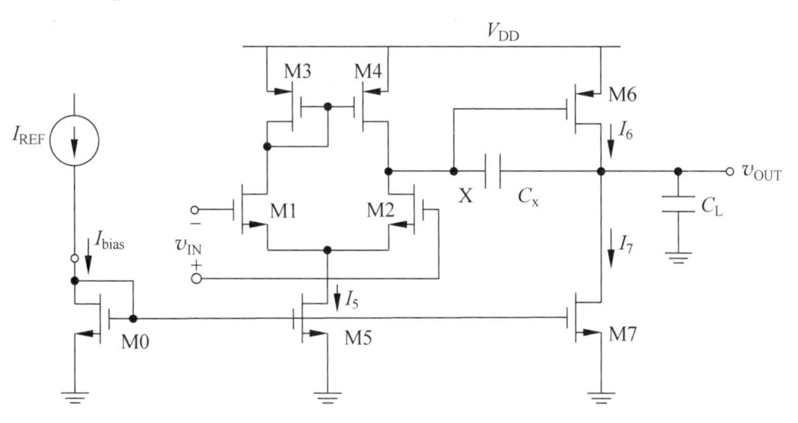

图 7-1　二级运算放大器实例

放大器设计的主要任务是在一些约束条件下按照设计规范要求确定电路结构以及电路参数以便放大器获得相应的功能和性能。模拟集成电路的设计需要涉及很多方面的内容，如采用的工艺、功耗、速度、增益、带宽、输入信号范围、输出摆幅等，因此把需要考虑的设计内容归为几方面开展放大器的 IC 设计：约束条件、设计描述、关系表达式。图 7-1 所示二级运算放大器典型的设计内容可以归纳为以下方面。

(1) 约束条件：采用的工艺、电源电压、工作温度。

(2) 设计描述：驱动的负载电容、小信号增益、增益带宽积、相位裕度、输入共模范围、输出摆幅、转换速率、功耗。

在设计的过程中，需要考虑电路性能与电路参数之间的关系。这里需要整理出和放大器小信号增益、增益带宽积、相位裕度、输入共模范围、输出摆幅、转换速率、功耗等设计描述相关的关系表达式。

对于图 7-1 所示的二级运算放大器，第一级电压增益为

$$A_1 = -g_{m1,2}(r_{o2} \parallel r_{o4}) = \frac{2g_{m1}}{I_5(\lambda_2 + \lambda_4)} \tag{7-1}$$

其中，$g_{m1} = g_{m2} = g_{m1,2}$ 为 M1 和 M2 的跨导；r_{o2} 和 r_{o4} 为 M2 和 M4 的输出阻抗；I_5 为流经尾电流源的电流；λ_2 和 λ_4 为 M2 和 M4 的沟道长度调制效应系数。流经每个差分输入晶体管 M1 或 M2 的电流为 I_5 的一半。而采用共源极放大器的第二级电压增益为

$$A_2 = -g_{m6}(r_{o6} \parallel r_{o7}) = \frac{g_{m6}}{I_6(\lambda_6 + \lambda_7)} \tag{7-2}$$

其中，g_{m6} 为 M6 的跨导；r_{o6} 和 r_{o7} 为 M6 和 M7 的输出阻抗；λ_6 和 λ_7 为 M6 和 M7 的沟道长度调制效应系数。二级运放总的低频电压增益为

$$A_o = A_1 A_2 = g_{m1,2}(r_{o2} \parallel r_{o4}) g_{m6}(r_{o6} \parallel r_{o7}) \tag{7-3}$$

图 7-1 的二级运算放大器采用一个跨接在第二级放大器输入输出的密勒电容进行频率补偿，则其增益带宽积 GBW、第二极点频率以及密勒电容零点频率分别近似为

$$\mathrm{GBW} \approx \frac{g_{\mathrm{m1}}}{C_{\mathrm{x}}} \tag{7-4}$$

$$\omega_{\mathrm{p2}} = -\frac{g_{\mathrm{m6}}}{C_{\mathrm{L}}} \tag{7-5}$$

$$\omega_{\mathrm{z1}} = \frac{g_{\mathrm{m6}}}{C_{\mathrm{x}}} \tag{7-6}$$

假设补偿后的相位裕度 PM 的目标是 PM≥60°，总体设计考虑保证 $\omega_{\mathrm{z}} \geqslant 10\omega_{\mathrm{u}}$，其中 $\omega_{\mathrm{u}} = 2\pi f_{\mathrm{u}}$ 为单位增益带宽，可以近似认为 $\omega_{\mathrm{u}} \approx \mathrm{GBW}$，即 $\omega_{\mathrm{z}} \geqslant 10\mathrm{GBW}$，这样可以推导出 GBW 和第二极点频率的关系为

$$\omega_{\mathrm{p2}} \approx 2.2\mathrm{GBW} \tag{7-7}$$

以及可以进一步得到密勒补偿电容与负载电容之间的关系，即

$$C_{\mathrm{x}} \approx 0.22C_{\mathrm{L}} \tag{7-8}$$

采用如图 7-1 所示的密勒补偿的二级运算放大器，在发生转换时，第一级放大器为密勒电容 C_{x} 提供了一个恒定的充电电流 I_5，由于第二级放大器的偏置电流 I_6 比第一级的偏置电流 I_5 大很多，因此，其转换速率为

$$\mathrm{SR} = \frac{I_5}{C_{\mathrm{x}}} \tag{7-9}$$

此二级运算放大器输入共模范围(Input Common Mode Range，ICMR)由第一级电流镜作负载的差分对决定。

$$V_{\mathrm{inCM,max}} = V_{\mathrm{DD}} - |V_{\mathrm{GS3}}| + V_{\mathrm{THN}} \tag{7-10}$$

$$V_{\mathrm{inCM,min}} = V_{\mathrm{OD5}} + V_{\mathrm{GS1}} = V_{\mathrm{OD5}} + V_{\mathrm{OD1}} + V_{\mathrm{THN1}} \tag{7-11}$$

其中，$V_{\mathrm{OD}} = V_{\mathrm{GS}} - V_{\mathrm{THN}}$ 为工作在饱和区的 NMOS 晶体管的过驱动电压。MOS 晶体管工作在饱和区的漏极电流为

$$\begin{aligned} I_{\mathrm{D}} &= \frac{1}{2}\mu_{\mathrm{n}} C_{\mathrm{ox}} \frac{W}{L}(V_{\mathrm{GS}} - V_{\mathrm{TH}})^2 \\ &= \frac{1}{2}K \frac{W}{L}(V_{\mathrm{GS}} - V_{\mathrm{TH}})^2 = \frac{1}{2}\beta(V_{\mathrm{GS}} - V_{\mathrm{TH}})^2 \end{aligned} \tag{7-12}$$

故有

$$V_{\mathrm{OD}} = \sqrt{\frac{2I_{\mathrm{D}}}{\beta}} \tag{7-13}$$

其中，$\beta = K\dfrac{W}{L} = \mu_{\mathrm{n}} C_{\mathrm{ox}} \dfrac{W}{L}$，$L$ 为沟道长度，W 为沟道宽度，μ_{n} 为表面电子迁移率，C_{ox} 为单位面积 MOSFET 栅氧化层电容，K 为 μ_{n} 与 C_{ox} 的乘积。

运算放大器的输出摆幅由第二级的共源极放大器决定，输出摆幅的上限为电源电压减去 M6 的过驱动电压值，输出摆幅的下限为地电压加上 M7 的过驱动电压值。此外，设计放大器还需要考虑功耗的限制，即

$$P_{\mathrm{diss}} = (V_{\mathrm{DD}} - 0) \cdot I_{\mathrm{total}} \tag{7-14}$$

图 7-1 所示放大器的第一级差分对采用电流镜作负载，因而在电流镜处(M3 和 M4)具有一对镜像零极点对，为了使其不影响频率特性以及稳定性，需要验证镜像极点对频率是否大于 10GBW，镜像极点处的电容近似为 $C_{\mathrm{gs3}} + C_{\mathrm{gs4}}$，此极点频率和零点频率分别为

$$\omega_m = \frac{g_{m3}}{C_{gs3} + C_{gs4}} = \frac{g_{m3}}{2C_{gs3}} \tag{7-15}$$

$$\omega_z = \frac{2g_{m3}}{C_{gs3} + C_{gs4}} = \frac{g_{m3}}{C_{gs3}} \tag{7-16}$$

以上给出了设计这个密勒电容补偿的二级运算放大器需要的主要关系表达式，详细的电路原理分析与讨论参见相关文献中密勒电容进行补偿的二级运算放大器电路。利用这些主要关系表达式就可以开展初步的手工计算。同时，在仿真分析以及设计优化中，根据这些主要的关系改进电路的性能，以便最终实现设计的要求。

考虑一个如图 7-1 所示的设计实例，驱动的负载电容 $C_L=1\text{pF}$。满足如下要求：$A_{vo}>3000$；增益带宽积 GBW≥50MHz；转换速率 SR>80V/μs；相位裕度 PM 超过 45°(最好达到 60°)；输入共模范围 ICMR 至少为下限 1.5V，上限 $V_{DD}-0.5\text{V}$；输出摆幅范围至少为下限 0.5V，上限 $V_{DD}-0.5\text{V}$；$P_{diss}\leqslant 2\text{mW}$(不包括电流基准电路部分的电流)。

设计约束：工艺为一个 0.13μm CMOS 混合信号工艺，采用其中的 3.3V 元器件进行运算放大器的设计；电源电压 $V_{DD}=3.3\text{V}$；工作温度为 27℃。

首先开展初步的电路设计部分的初始计算工作，为了能够开展这部分手工计算工作，需要知道关系表达式中 V_{THN}、K_n、λ_n、V_{THP}、K_p、λ_p 等参数值。这里存在一个问题，工艺厂家提供 CMOS 工艺的 MOS 器件的模型参数大多采用 BSIM 模型，而关系表达式对应的是最基本的 MOS1 模型，其中 K_n、λ_n、K_p、λ_p 等很多变量参数无法从 BSIM 模型直接获得。为了解决这个问题，可以采用电路仿真的方法获得近似的可用于手工计算的参数值。令 NMOS 或 PMOS 晶体管处于饱和区，使用电路仿真中的工作点(OP)分析功能，获得处于饱和区的 NMOS 或 PMOS 晶体管的 g_m、r_o 等参数值，然后根据 g_m 和 r_o 的表达式得到 K_n、λ_n、K_p、λ_p 等参数估算值。而 V_{THN} 和 V_{THP} 采用 BSIM 模型中 VTHO 进行估算。注意采用这种方法得到的参数估算值是不精确的，并且也是在元器件特定尺寸以及特定工作点附近才能保证相对偏差不大。

$$g_m = K\frac{W}{L}(V_{GS} - V_{TH}) = \sqrt{\left(2K\frac{W}{L}\right)I_D} = \sqrt{2\beta I_D} \tag{7-17}$$

$$\frac{1}{r_o} = g_{ds} = \lambda I_D \tag{7-18}$$

例如，将此工艺厂家提供的 CMOS 工艺中 3.3V NMOS 和 PMOS 器件尺寸设置为 $W/L=3$，最好采用电路设计准备采用的栅长，如 $L=1\mu\text{m}$，偏置电流 $I_D=20\mu\text{A}$，处于饱和区，采用如图 7-2(a)所示的电路图进行工作点(OP)仿真。反标工作点后的 NMOS 和 PMOS 元器件的工作点情况如图 7-2(b)所示[①]，其中 vdsat 就是过驱动电压 $V_{OD}=V_{GS}-V_{TH}$，由式(7-17)和式(7-18)可以计算出 NMOS 晶体管的 K_n 和 λ_n，即

$$K_n = \frac{g_m}{V_{OD}(W/L)} = \frac{119.12\ \mu\text{S}}{252.967\text{mV} \times 3} \approx 157\mu\text{A/V}^2$$

$$\lambda_n = \frac{g_{ds}}{I_D} = \frac{589.7\text{nS}}{20\ \mu\text{A}} \approx 0.0295\text{V}^{-1}$$

① 反标显示的信息可能会由于采用不同的参考库或 PDK 库而不同。元器件的 OP 信息可采用 4.2.1 节的查看工作点的任意方法进行查看。

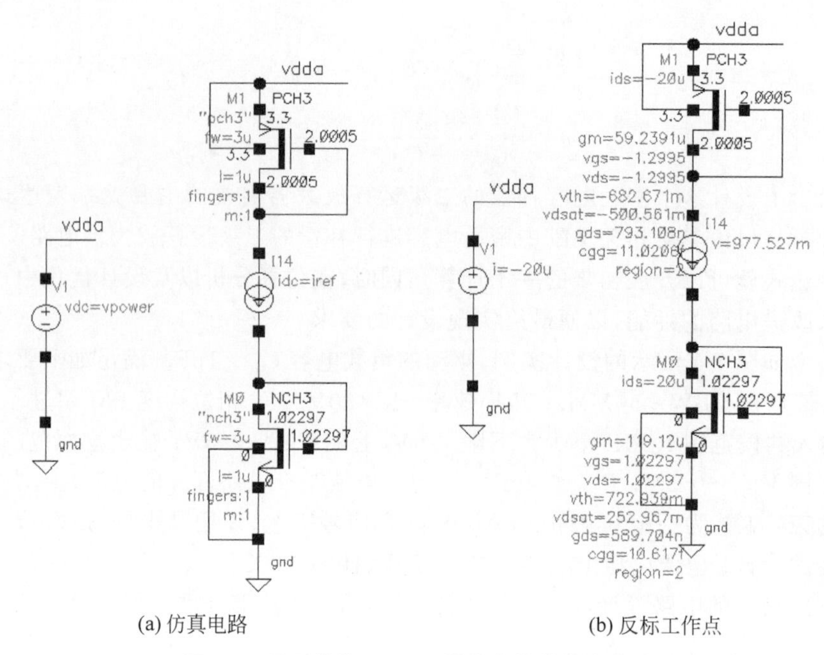

(a) 仿真电路　　　　(b) 反标工作点

图 7-2　用于估算 MOS 元器件参数的仿真电路

由于这里是为了能够得到一套可以用于手工计算的 MOS 晶体管参数,并不需要多么准确,为了计算方便,取 $K_n=150\mu A/V^2$, $\lambda_n=0.03V^{-1}$,同理可以得到 PMOS 晶体管的近似参数。V_{THN} 和 V_{THP} 采用 BSIM 模型中 VTHO≈0.7V 进行估算。通过这种方法,得到此工艺厂家提供 CMOS 工艺的 MOS 晶体管的参数估算值如下。

(1) NMOS 晶体管的参数为 $V_{THN}=0.7V$, $K_n=150\mu A/V^2$, $\lambda_n=0.03V^{-1}$ ($L=1\mu m$ 时)。

(2) PMOS 晶体管的参数为 $V_{THP}=-0.7V$, $K_p=40\mu A/V^2$, $\lambda_p=0.04V^{-1}$ ($L=1\mu m$ 时)。

(3) 根据模型中 $t_{ox}=7.3nm$ 参数估算 $C_{ox}=\varepsilon_{ox}/t_{ox}=4.72fF/\mu m^2$,栅源电容按 $C_{gs}=0.67WLC_{ox}$ 计算。

电路设计的解决方案不是唯一的,并没有标准答案。而且计算值都是上限值或下限值,数值的舍入处理也不一样,任何合理的计算都是一种解决方案。下面对关键步骤给出参考的设计和计算步骤。

在进行电路参数计算前,首先应保证图 7-1 二级运算放大器具有正确的电路偏置,以便保证所有晶体管处于饱和区。可以选取这样的偏置方案:为保证良好的电流镜关系,有

$$V_{SG4}=V_{SG6}$$

这样,有

$$I_6=\frac{(W/L)_6}{(W/L)_4}I_4$$

以及

$$I_7=\frac{(W/L)_7}{(W/L)_5}I_5=\frac{(W/L)_7}{(W/L)_5}(2I_4)$$

而 $I_6=I_7$,则有

$$\frac{(W/L)_6}{(W/L)_4}=\frac{2(W/L)_7}{(W/L)_5}$$

运算放大器中各 MOS 晶体管都应处于饱和区，根据饱和区式(7-12)，有 3 个基本的设计参量需要确定：偏置漏极电流 I_D、器件尺寸以及过驱动电压 $V_{OD}=V_{GS}-V_{TH}$。这些参量决定了电路的基本性能。下面开展图 7-1 运算放大器电路参数的计算。

(1) 此二级运算放大器采用密勒电容补偿，并且考虑到密勒电容引入零点的影响，按照 PM=60°进行设计，求出密勒补偿电容 C_x(假定 $\omega_z \geqslant 10\text{GBW}$)

$$C_x \geqslant 0.22C_L$$

则得到 $C_x \geqslant 0.22\text{pF}$，这里留出余量，取 $C_x=0.3\text{pF}$。

(2) 由已知的 C_x 并根据转换速率 SR 的要求(大于 80V/μs，即 $80\times10^6\text{V/s}$)选择 $I_{SS}(I_5)$的范围，有

$$I_5 \geqslant \text{SR}\cdot C_x = 80\times10^6\text{V/s}\times0.3\text{pF}=24\mu\text{A}$$

取 $I_5=30\mu\text{A}$，留有余量。

(3) 由计算得到的电流偏置值，设计 $W_3/L_3(W_4/L_4)$满足 ICMR 上限要求，有

$$\text{ICMR}_+ = V_{DD} - |V_{GS3}| + V_{THN}$$

则有

$$\frac{I_5}{2}=|I_{3,4}|=\frac{1}{2}K_p\left(\frac{W}{L}\right)_{3,4}(V_{DD}-\text{ICMR}_+ + V_{THN}-|V_{THP}|)^2$$

得到

$$\left(\frac{W}{L}\right)_{3,4}=\frac{I_5}{K_p(V_{DD}-\text{ICMR}_+ + V_{THN}-|V_{THP}|)^2}=\frac{30}{40\times(0.5+0.7-0.7)^2}=3$$

这里取$(W/L)_{3,4}=3$。

(4) 图 7-1 所示放大器具有一个镜像极点，验证 M3 处镜像极点是否大于 10GBW，镜像极点处的电容近似为 $C_{gs3}+C_{gs4}$，此极点频率为

$$\frac{g_{m3}}{C_{gs3}+C_{gs4}}=\frac{g_{m3}}{2C_{gs3}}=\frac{\sqrt{2K_p\dfrac{W_3}{L_3}I_3}}{2\times0.67W_3L_3C_{ox}}\approx 3.162\times10^9\text{rad/s}$$

其中，栅长 $L_3=1\mu\text{m}$。此镜像极点频率值为 503.5MHz，刚好大于 10GBW=10×50MHz=500MHz。

(5) 设计 $W_1/L_1(W_2/L_2)$满足 GBW 的要求，由式(7-4)可得

$$\text{GBW}=g_{m1,2}/C_x$$

得到

$$g_{m1,2}=\sqrt{2K_n\left(\frac{W}{L}\right)_{1,2}I_{1,2}}=\text{GBW}\cdot C_x\approx 94.25\mu\text{S}$$

有

$$\left(\frac{W}{L}\right)_{1,2}=\frac{(\text{GBW}\cdot C_x)^2}{2K_nI_{1,2}}\approx 1.974$$

取$(W/L)_{1,2}=2$。

(6) 设计 W_5/L_5 满足 ICMR 下限(或输出摆幅)要求，即

$$\text{ICMR}_- = V_{OD5}+V_{GS1}=V_{OD5}+V_{OD1}+V_{THN}$$

得到

$$V_{OD5}=\text{ICMR}\_-V_{GS1}=\text{ICMR}\_-\left(\sqrt{\frac{2I_1}{K_n(W/L)_1}}+V_{THN}\right)\approx 0.483\text{V}$$

选择 $V_{OD5}=0.4\text{V}$，再根据

$$I_5=\frac{1}{2}\mu_n C_{ox}(W/L)_5 V_{OD}^2$$

得到

$$(W/L)_5=\frac{2I_5}{\mu_n C_{ox}V_{OD}^2}=\frac{2\times 30}{150\times 0.4^2}\approx 2.5$$

取 $(W/L)_5=3$，选择更大的 W/L，则实际的 V_{OD5} 可以更小。为了可以获得更好的输入共模范围，并且考虑 M1 和 M2 还存在衬偏效应，这里留出一定的余量。

(7) 根据 PM=60°的要求进行设计，$\omega_z\geqslant 10\text{GBW}$，即 $g_{m6}/C_x\geqslant 10g_{m1}/C_x$，有

$$g_{m6}\geqslant 10g_{m1}=942.5\mu\text{S}$$

按临近值计算，且据偏置条件 $V_{SG4}=V_{SG6}$ 计算得到 M6 的尺寸，得到 $\left(\frac{W}{L}\right)_6=\frac{g_{m6}}{g_{m4}}\left(\frac{W}{L}\right)_4$，而 $g_{m4}=\sqrt{2K_p(W/L)_4I_4}\approx 60\mu\text{S}$，得到 $(W/L)_6\approx 16\times 3=48$。

(8) 根据偏置条件 $V_{SG4}=V_{SG6}$，且处于饱和区，$I_6=I_4\times(W/L)_6/(W/L)_4$，或根据 $g_{m6}=\sqrt{2K_p(W/L)_6I_6}$ 计算 I_6，得到 $I_6=240\mu\text{A}$。并验证 $V_{out,max}$ 是否满足要求：$V_{out,max}=V_{DD}-V_{OD6}=V_{DD}-\sqrt{\frac{2I_6}{K_p(W/L)_6}}=3.3-0.5=2.8\text{V}$，满足要求。

(9) 计算 M7 的尺寸，并验证 $V_{out,min}$ 是否满足要求，M7 的尺寸为

$$(W/L)_7=\frac{(W/L)_5(W/L)_6}{2(W/L)_4}=24$$

或

$$(W/L)_7=I_6/I_5\times(W/L)_5=24$$

$V_{out,min}=V_{OD7}=\sqrt{\frac{2I_7}{K_n(W/L)_7}}\approx 0.365\text{V}$，满足要求。

(10) 验证增益和功耗：$A_v=\frac{g_{m1,2}g_{m6}}{(I_5/2)(\lambda_2+\lambda_4)I_6(\lambda_6+\lambda_7)}\approx 5036$ 满足要求；功耗 $P_{diss}=3.3\times(30+240)=891\mu\text{W}=0.891\text{mW}$ 满足要求。

(11) 若增益不满足要求，可以采取降低 I_5 和 I_6 或增大 M1/M2、M6 尺寸等措施，当然这会影响其他性能，需要重复以上步骤进行验证。

7.1.2 放大器电路的基本仿真

通过以上电路参数的基本计算，得到了电路的一套基本设计参数，结果并不精确，以此为起点，基于更精确的电路 SPICE 模型，采用 BSIM 模型的 MOS 元器件模型，开展详细的电路仿真，得到电路的精确性能结果。必要的情况下，需要对电路进行优化和调整，以便得到想要的电路性能。

根据图 7-1 和计算结果，采用 Virtuoso 电路图编辑工具在 lab1 库中创建 opamp_2stage

单元，电路图如图 7-3 所示。注意 M6 的尺寸 W/L 采用 $3\times16=48$，即 $W=3\mu m\times16$ 叉指，$L=1\mu m$；M7 的尺寸 W/L 采用 $3\times8=24$，即 $W=3\mu m\times8$ 叉指，$L=1\mu m$。这样可以与 M4 和 M5 保证精确的比例关系。

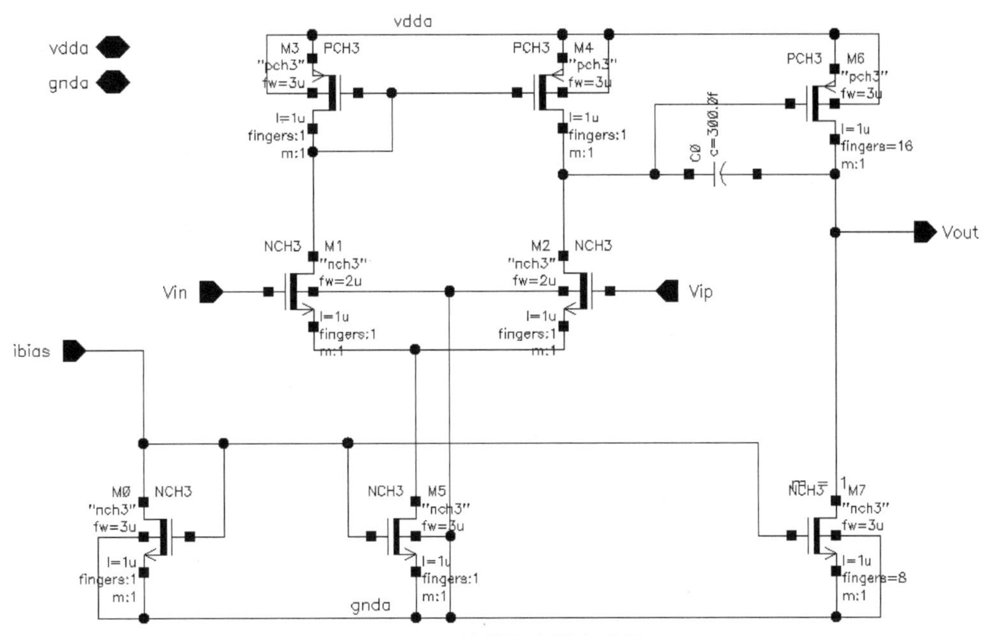

图 7-3　设计的放大器电路图

实际上 opamp_2stage 单元中的电容也应该采用工艺厂家的元器件实现，这里暂时采用 analogLib 通用库中的元器件，在版图设计前最终应采用工艺厂家提供的元器件。

然后，创建如图 7-4 所示的 cut_opamp_2stage 仿真电路图，采用开环仿真的形式。其中，电流源采用电流镜复制的形式实现。放大器驱动 1pF 负载。施加在 vdda 和 gnda 之间的电源电压为 vpower。输入的差分信号可以采用伪差分形式(见图 7-4(a))或差分形式(见图 7-4(b))。vbias 确定放大器输入的直流偏置，图 7-4(a)中的反相输入端口连接直流偏置，同相输入端口连接差分信号，这里施加一个单位的交流输入以及幅值为 va、频率为 f0 的正弦瞬态信号；而图 7-4(b)中的反相输入端口连接反相差分输入信号，同相输入端口连接同相差分信号，同相和反相端口都施加 0.5 个单位的交流输入以及幅值为 va/2、频率为 f0 的正弦瞬态信号，只是相位相反。

启动 ADE，设置好仿真数据存储路径以及工艺库，并且设置仿真电路中的变量：vpower=3.3，vbias=1.65，va=100u，f0=100K，Iref=30u。对放大器进行直流、交流、瞬态以及噪声仿真，如图 7-5 所示。

由于输入信号激励为 100kHz 的正弦信号，因此在瞬态仿真中设置了 100μs 的仿真时间，如图 7-6(a)所示。在直流仿真中保存电路的工作点，如图 7-6(b)所示，勾选 Save DC Operating Point 选项。在交流仿真中，如图 7-6(c)所示，Sweep Variable 选择为 Frequency，Sweep Range 选择为 Start-Stop，范围设置为 1～1000M，Sweep Type 选择为 Logarithmic，在 Points Per Decade 文本框中输入 20，表示扫描类型为对数，每 10 倍频程 20 个点。在噪声仿真中，如图 7-6(d)所示，Sweep Variable 选择为 Frequency，Sweep Range 选择为 Start-Stop，范围设置为 1～1G，Sweep Type 选择为 Logarithmic，在 Points Per Decade

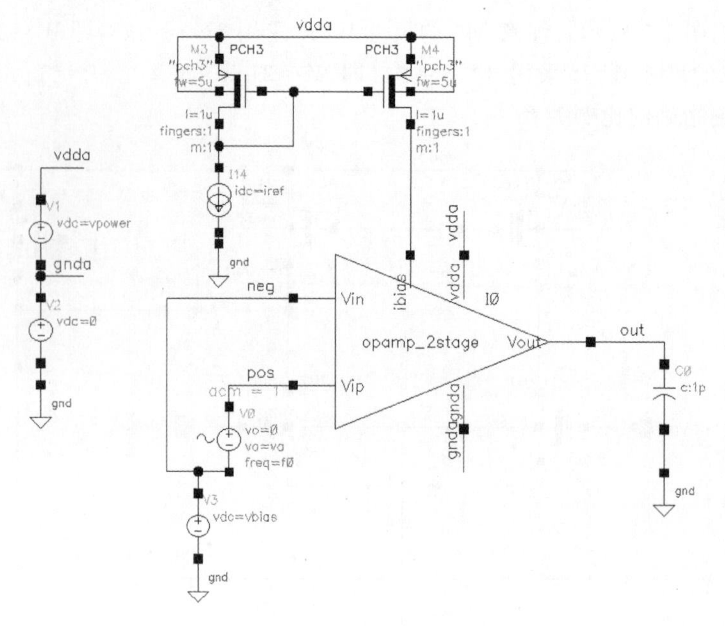

(a) 伪差分输入

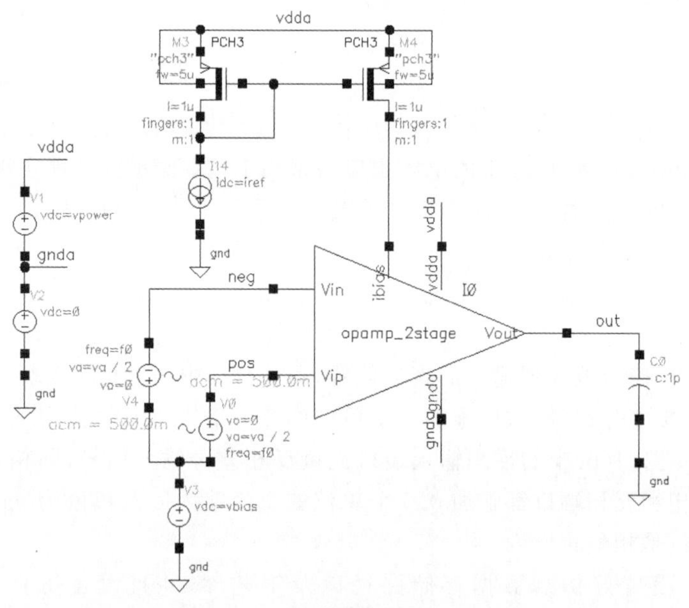

(b) 差分输入

图 7-4　放大器开环仿真电路图

Design Variables

	Name	Value
1	iref	30u
2	f0	100K
3	va	100u
4	vbias	1.65
5	vpower	3.3

Analyses

	Type	Enable	Arguments
1	tran	☑	0 100u conservative
2	ac	☑	1 1G 20 Logarithmic Points Per Decade Start-Stop
3	dc	☑	t
4	noise	☑	1 1G 20 Logarithmic Points Per Decade Start-Stop /out /gnd!

图 7-5　仿真电路变量以及分析设置

(a) 瞬态仿真分析设置

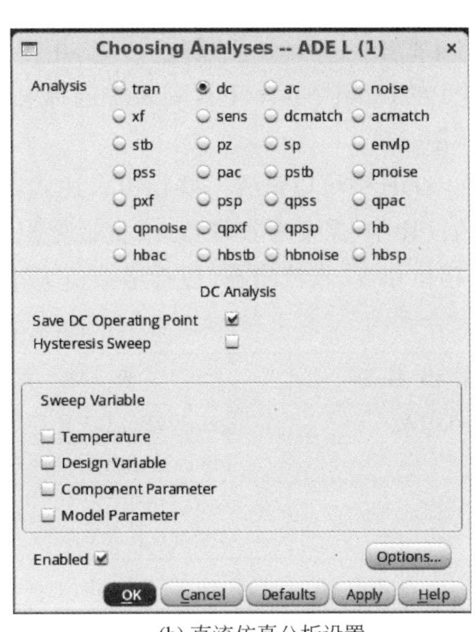

(b) 直流仿真分析设置

(c) 交流仿真分析设置

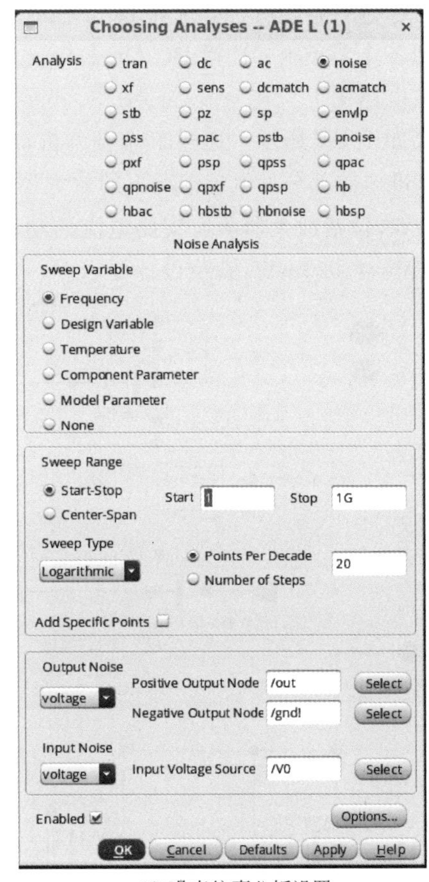

(d) 噪声仿真分析设置

图 7-6 放大器的瞬态、直流、交流以及噪声仿真分析设置

文本框中输入 20，表示扫描类型为对数，每 10 倍频程 20 个点，在 Output Noise 下拉列表中选择 voltage，噪声的正输出节点 Positive Output Node 填放大器输出节点/out，负输出节点

Negative Output Node 填地线/gnd!，由于此放大器是电压放大器，因此根据电路的噪声分析理论，在 Input Noise 下拉列表中选择 voltage，然后在 Input Voltage Source 文本框中输入电压源/V0。

在 ADE 中可以设置一些输出表达式，如表 7-1 所示，这样方便电路分析与调试。在放大器的设计中，需要考查带宽（增益带宽积）、相位裕度、直流增益等参数。这里给出增益带宽积、相位裕度、直流增益（包括增益值大小以及以分贝表示的增益值）的输出表达式。

表 7-1 用于电路分析的输出表达式

输出名称	表达式	说明
GBW	gainBwProd(VF("/out"))	增益带宽积
PM	phaseMargin(VF("/out"))	相位裕度
A0	value(mag(VF("/out"))1)	1Hz 处的直流（低频）增益
A0_dB	dB20(value(VF("/out")1))	1Hz 处的直流（低频）增益分贝值

运行直流仿真的 OP 仿真后，可以获知电路的工作点信息。这里采用在电路上标注（Annotate）直流工作点的方式显示电路工作点情况。在 ADE 中执行 Results→Annotate 菜单命令进行各项标注：选择 DC Node Voltage 把直流工作点分析得到的直流电压显示在电路图各个节点上；选择 DC Operating Points 把每个元器件的工作点情况中的主要条目显示在电路图上。在 vpower=3.3、vbias=1.65、Iref=30u 的情况下，该放大器的工作点反标结果如图 7-7 所示。通过工作点分析，要验证所有 MOS 晶体管是否处于饱和区。不包括电流基准电路部分的电流情况下的放大器功耗 $P_{\text{diss}}=3.3\times(30.0568+248.778)\approx920\mu\text{W}=0.92\text{mW}$，包括放大器所有支路电流的功耗 $P_{\text{diss}}=3.3\times(31.0288+30.0568+248.778)\approx1023\mu\text{W}=1.023\text{mW}$，满足设计要求。

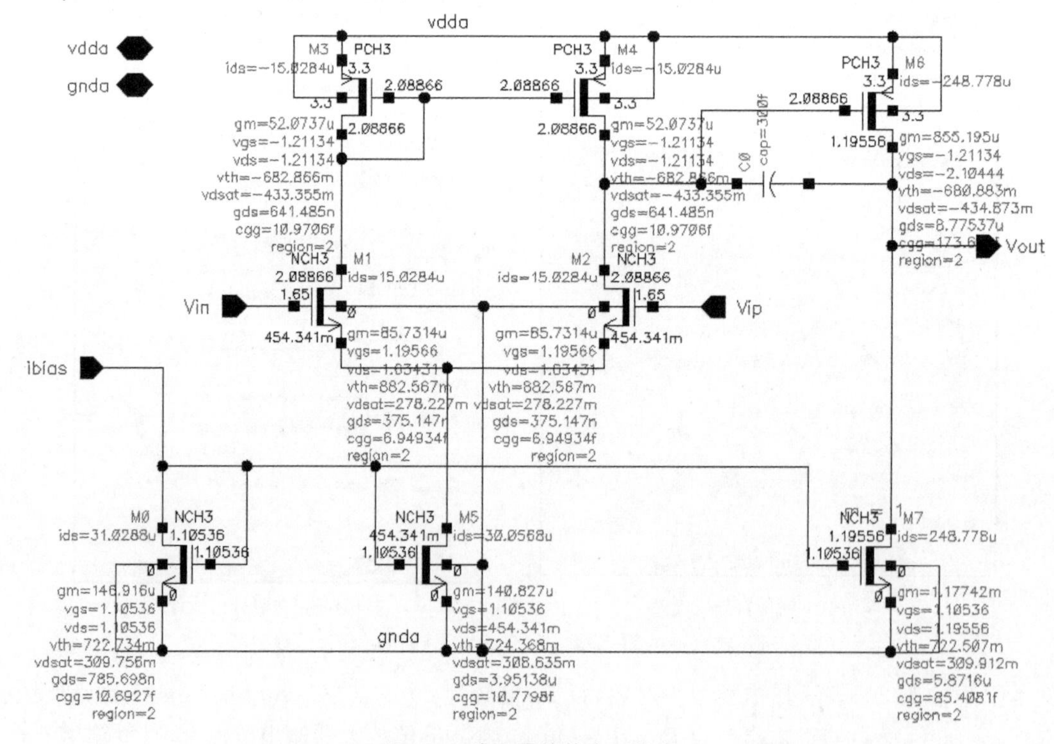

图 7-7 放大器的静态工作点

根据放大器的工作点仿真结果，可以得知放大器输入共模范围(ICMR)为

$$\begin{aligned}\text{ICMR}_- &= V_{\text{OD5}} + V_{\text{GS1}} \\ &\approx 308.6\text{mV} + 1.1957\text{V} \\ &= 1.5043\text{V}\end{aligned}$$

和

$$\begin{aligned}\text{ICMR}_+ &= V_{\text{DD}} - |V_{\text{GS3}}| + V_{\text{THN}} \\ &\approx 3.3\text{V} - 1.2113\text{V} + 882.6\text{mV} \\ &= 2.9713\text{V}\end{aligned}$$

其中，饱和电压 vdsat 就是 MOS 晶体管的过驱动电压 V_{OD}。注意到 MOS 晶体管的 V_{GS} 并不等于 $V_{\text{OD}}+V_{\text{TH}}$，产生这个结果的原因是估算采用的是简单的长沟器件 I-V 特性公式，而实际的器件已经是深亚微米器件，并且采用 BSIM 模型进行仿真得到的结果。这里注意到，M1 和 M2 由于存在衬偏效应，造成其阈值电压 0.8826V 要大于估计值 0.7V。由于在设计的过程中，V_{OD5} 留出了较多的余量，因此总体上 ICMR 下限值差一点就满足设计指标，可以通过增大 M1、M2 或 M5 的尺寸减小 V_{OD} 从而降低 ICMR 下限值。ICMR 上限值是满足设计指标要求的 3.3−0.5=2.8V。

通过工作点分析还可以得知输出允许的范围。M6 的 V_{OD} 为 434.9mV，M7 的 V_{OD} 为 309.9mV，即下限值为 309.9mV，上限值为 $V_{\text{DD}}-434.9\text{mV}$，可见满足设计要求的输出摆幅范围(下限值为 0.5V，上限值为 $V_{\text{DD}}-0.5\text{V}$)。

通过工作点分析，考查第一级增益级 g_{m} 和第二级增益级 g_{m} 的情况，$g_{\text{m1}}=85.7\mu\text{S}$，$g_{\text{m6}}=855.2\mu\text{S}$，基本满足 $g_{\text{m6}}=10g_{\text{m1}}$ 的关系，但 g_{m1} 和 g_{m6} 均小于设计值(94.25μS 和 942.5μS)。

运行交流仿真后，可以得到电路的交流小信号性能结果。在 ADE 中执行 Results→Direct Plot→AC Magnitude & Phase 菜单命令，然后在电路图编辑界面中单击 Vout 节点，则打印出如图 7-8 所示的相频特性和幅频特性。同时，可以得到如图 7-9 所示的输出表达

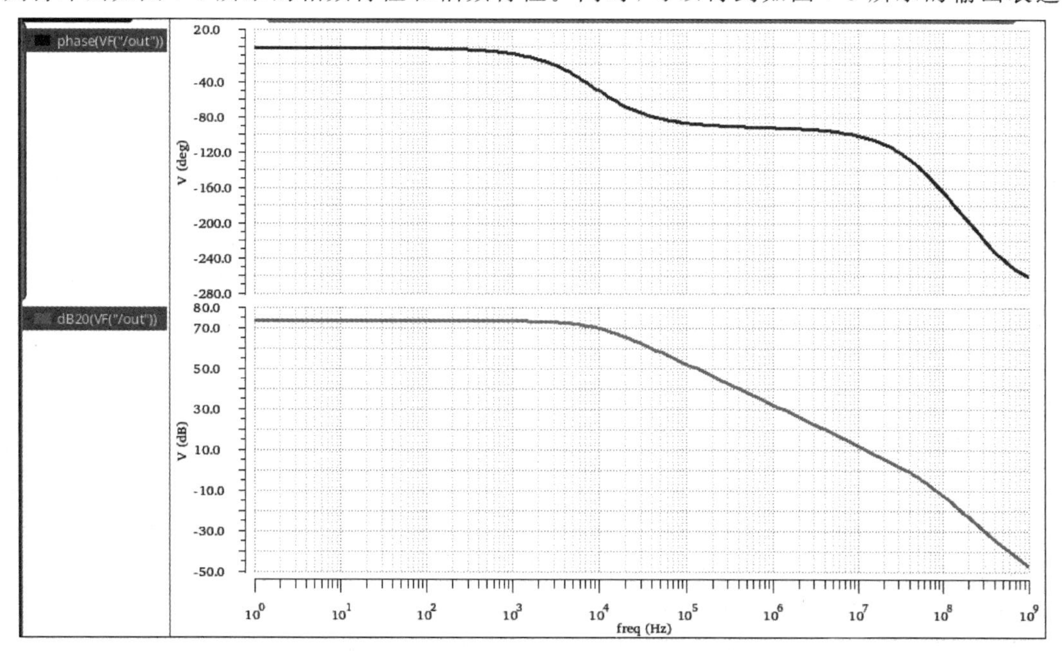

图 7-8　放大器的相频特性和幅频特性

式结果，可见仿真结果与设计预期比较接近。相位裕度 PM 已经接近 60°，满足 45°的设计要求。直流增益约为 4893（约为 73.8dB），满足设计要求，与设计结果 5036（约为 74.04dB）也较为接近。只是增益带宽积没有达到预期指标，但差距不大。在 OP 分析中可知 M1、M2 的 g_m 没有达到预期值，这样导致增益带宽积下降。下一步优化电路时可以适当增大 M1、M2 的宽长比或偏置电流提高 g_m，但要注意的是，这会使 V_{OD} 值发生变化，进而影响输入共模范围。

Outputs

	Name/Signal/Expr	Value	Plot
1	BW_3dB	8.64838K	☑
2	PM	55.704	☑
3	A0	4.89303K	☑
4	A0_dB	73.7916	☑
5	GBW	42.4161M	☑

图 7-9 ADE 中输出表达式结果

在 vpower＝3.3、vbias＝1.65、Iref＝30u 偏置下，施加的瞬态输入激励是幅度为 0.1mV、频率为 100kHz 的正弦信号，运行瞬态仿真后，可以得放大器的瞬态响应，如图 7-10 所示。可见输出信号与输入信号之间存在一定的相位差，输出信号幅度与输入信号幅度的比值为 80.92/0.2＝404.6（约为 52dB），即输入 100kHz 正弦信号时的增益为 52dB，与交流仿真得到的幅频特性结果一致。

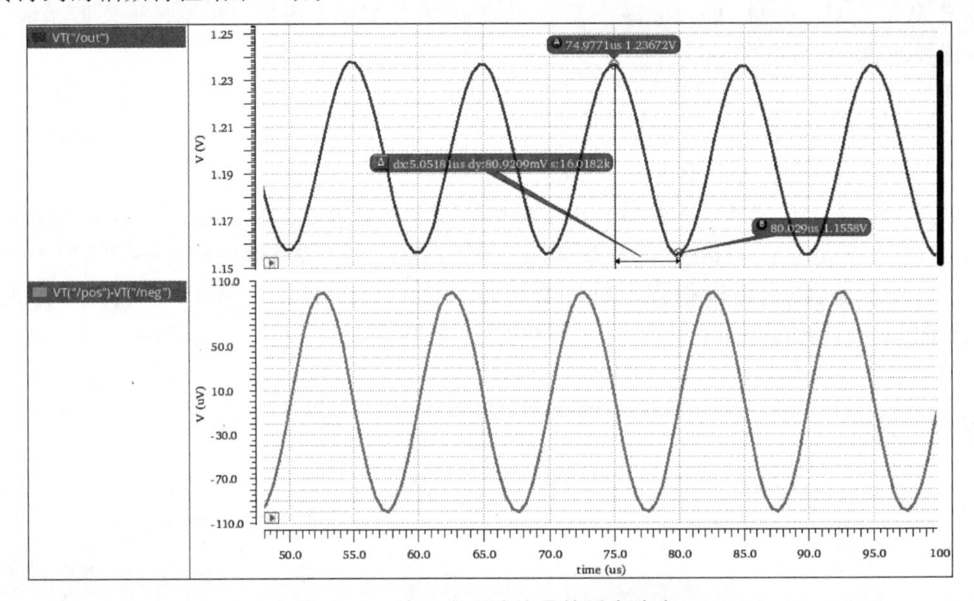

图 7-10 输入为正弦信号的瞬态响应

运行噪声仿真后，可以掌握电路的噪声情况。在 ADE 中执行 Results→Direct Plot→Main Form 菜单命令，弹出 Direct Plot Form 对话框，选择噪声仿真（noise），在 Function 中可以选择 Output Noise 或 Input Noise 进行输出，Signal Level 可以选择为 V/sqrt(Hz)，绘制噪声特性曲线，输出噪声和输入噪声特性如图 7-11 所示。

观察图 7-11 的闪烁噪声（1/f 噪声）等效输入噪声电压功率谱密度，由于闪烁噪声与频率成反比，随着工作带宽下限（即低频工作频率）降低，会产生闪烁噪声（1/f 噪声）使工作带宽内总噪声迅速增加的错觉。闪烁噪声在低频处功率值很大，在非常低频应用（如 10Hz 以下的应用）中，闪烁噪声确实是主要成分。对于大部分大带宽工作的放大器电路，图 7-11 中噪声电压功率谱密度曲线的横坐标是对数坐标，而实际上在计算一定带宽内总的噪声功率时是对工作带宽内噪声成分进行线性积分，闪烁噪声随频率下降而增加的比重并不是很高。打印出噪声统计结果，考查放大器在不同带宽区间的噪声情况，证实上述分析，如图 7-12 所

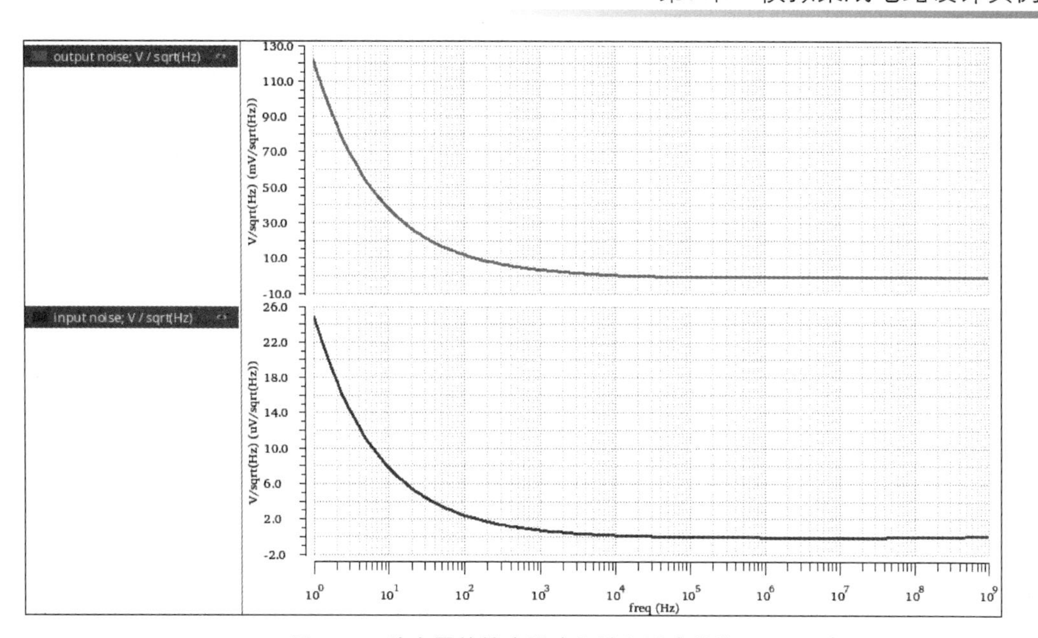

图 7-11　放大器的输出噪声和输入噪声特性

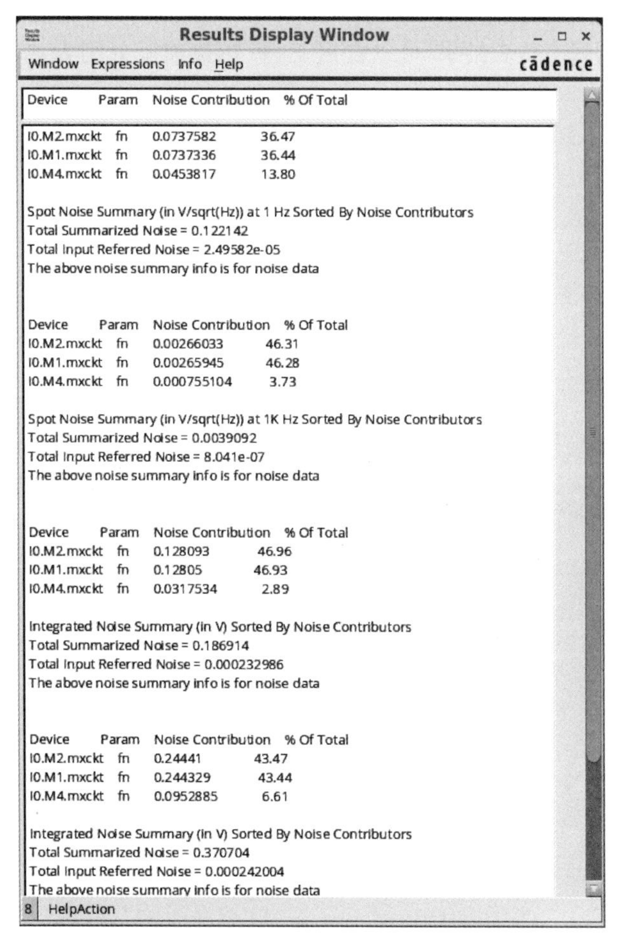

图 7-12　放大器的输出噪声和输入噪声统计结果

示。在 ADE 中执行 Results→Print→Noise Summary 菜单命令，弹出 Noise Summary 对话框，Type 可以选择为某一噪声频率点噪声(Spot Noise)，这里选择 1Hz 频率点和 1kHz 频率点的噪声进行打印。然后分别选择 1kHz～50MHz 带宽区间以及 1Hz～50MHz 带宽区间的积分噪声(Integrated Noise)进行打印。噪声单位选择为 V，表示选择等效噪声 RMS 值；FILTER 选择为所有类型(Include All Types)，噪声的统计结果会打印到 Results Display Window。如图 7-12 所示，一共打印 4 次噪声结果，4 次打印给出的噪声信息分别为 1Hz 频率点、1kHz 频率点、1kHz～50MHz 带宽区间以及 1Hz～50MHz 带宽区间的元器件噪声贡献以及总的输出噪声和输入等效噪声值。可以看出 1Hz 频率点的输入等效噪声(2.49582e-05V/$\sqrt{\text{Hz}}$)比 1kHz 频率点的输入等效噪声(8.041e-07V/$\sqrt{\text{Hz}}$)大很多，单从频率点看，在低频段闪烁噪声随频率下降有较大的增加。然而，在 1kHz～50MHz 带宽区间和 1Hz～50MHz 带宽区间的总输入等效噪声分别为 0.000232986Vrms 和 0.000242004Vrms，后者相对于前者的增量是非常小的。

为了进行放大器的转换速率仿真，创建如图 7-13 的仿真电路，采用单位增益闭环形式。其中，电流源同样采用电流镜复制的形式实现，放大器驱动 1pF 负载，设置电源电压为 vpower＝3.3，输入偏置电流源 Iref＝30u。同相输入端施加偏置为 2.15V，高、低电平分别为 650mV、－650mV 的方波信号以便模拟 1.5～2.8V 的大信号阶跃输入。运行瞬态仿真后，得到如图 7-14 所示的瞬态仿真结果，可以看出正、负转换速率分别为 96V/μs 和 89.4V/μs，均满足设计要求。

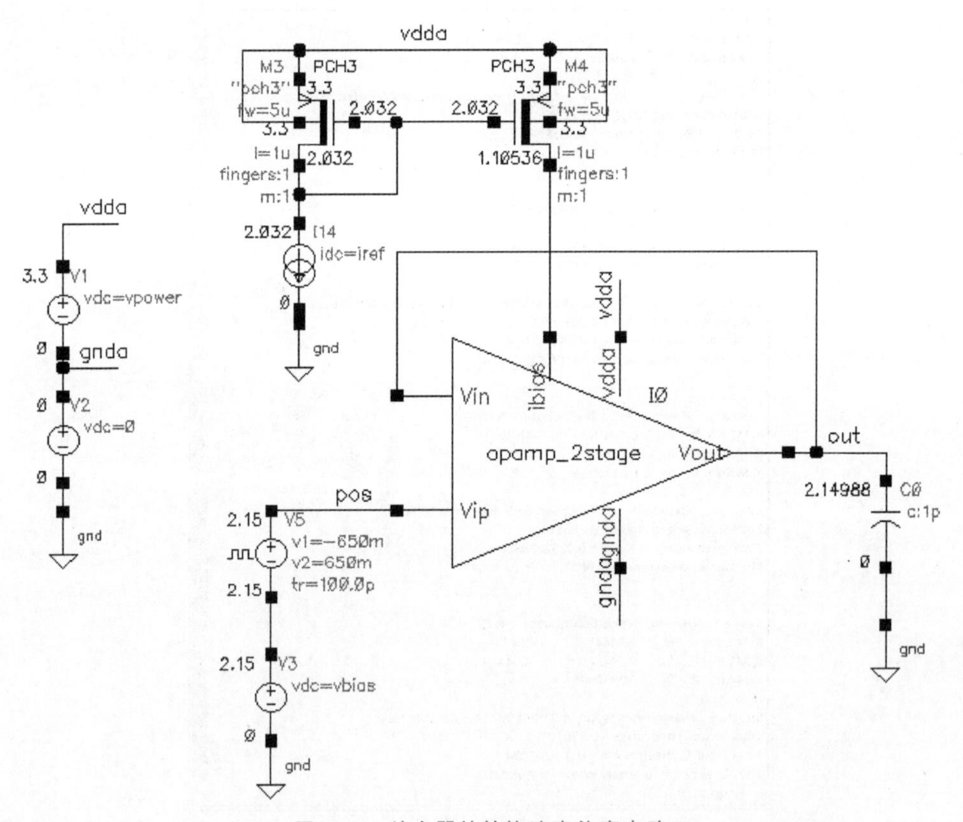

图 7-13 放大器的转换速率仿真电路

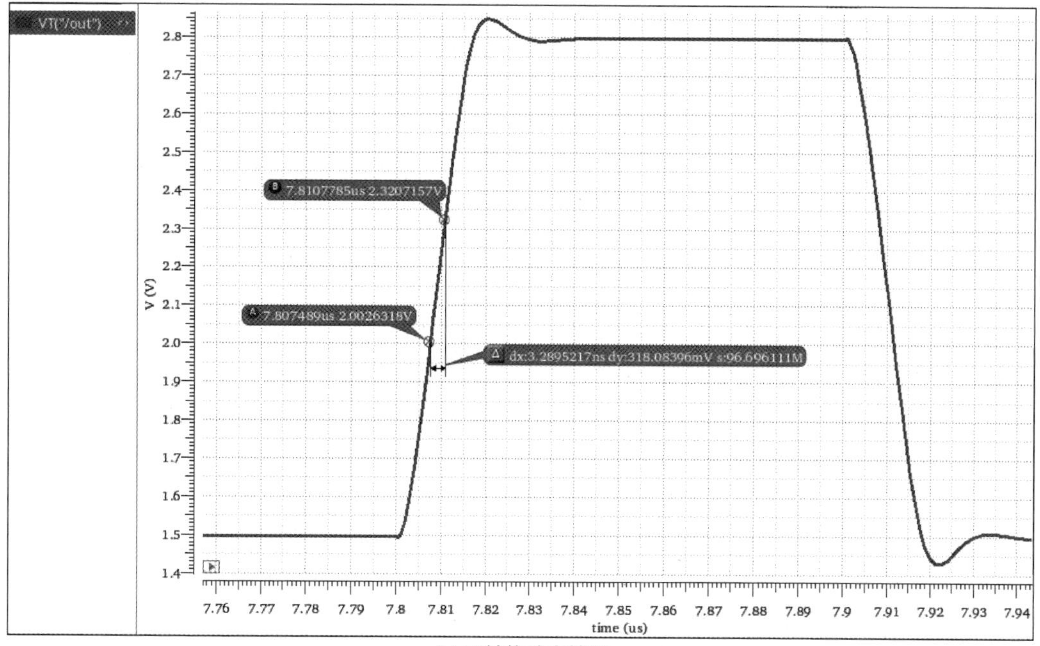

(a) 正转换速率结果

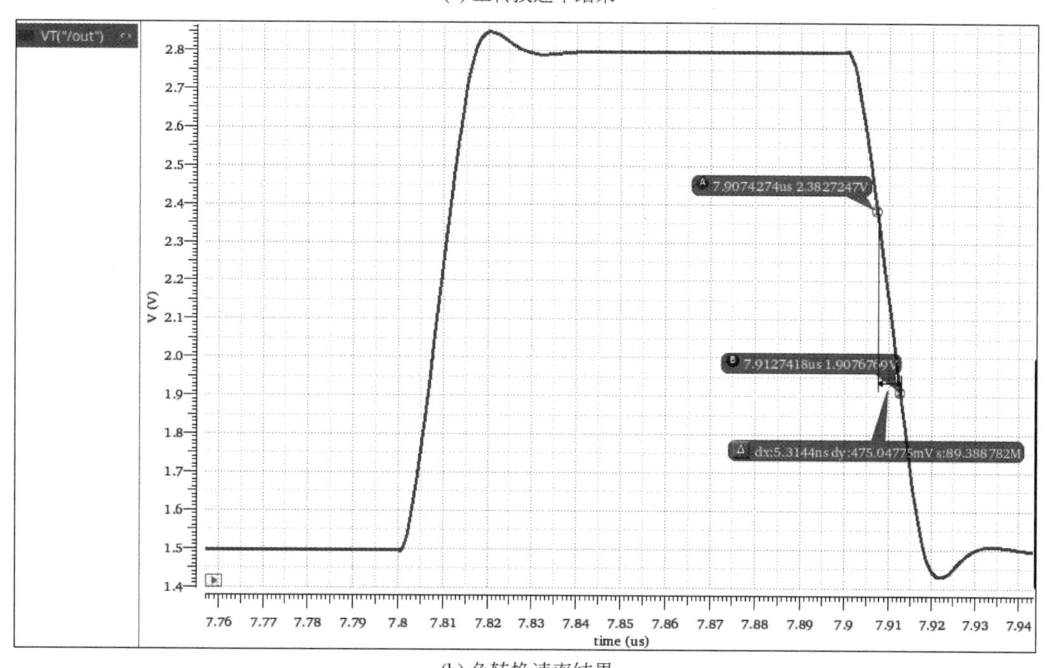

(b) 负转换速率结果

图 7-14　放大器的转换速率仿真结果

至此，通过电路仿真得到了设计的放大器电路的初步仿真结果，各主要性能指标如表 7-2 所示。可见除了增益带宽积和输入共模范围的下限没有达到预期指标，其他主要指标满足设计要求。可以通过调整 M1、M2 以及 M5 的宽长比或偏置电流优化电路，使增益带宽积以及输入共模范围满足设计要求。

表 7-2　放大器的主要性能指标

指　　标	结　　果	设计要求值
工艺	0.13 μm CMOS 混合信号工艺	
电源电压	3.3V	3.3V
功耗	0.92mW(不包括偏置电流输入电流)； 1.203mW(包括偏置电流输入电流)	≤2mW(不包括偏置电流输入电流)
驱动负载	1pF	1pF
直流增益	4893(约为 73.8dB)	>3000
增益带宽积(GBW)	42.416MHz	≥50MHz
转换速率(SR)	正：96V/μs；负：89.4V/μs	>80V/μs
相位裕度(PM)	55.7°	>45°(最好达到 60°)
输入共模范围(ICMR)	下限 1.504V；上限 2.97V	下限 1.5V；上限 2.8V
输出摆幅范围	下限 309.9mV；上限 $V_{DD}-434.9$mV	下限 0.5V；上限 2.8V

下面针对没有达到预期设计要求的 GBW 和 ICMR 下限开展优化设计。根据式(7-4)，通过提高 M1、M2 的 g_m 可以提高增益带宽积。又根据式(7-17)，如果不改变偏置电流，增大 M1、M2 的宽长比，则可以提高其 g_m。由式(7-4)和式(7-17)可得

$$\frac{\text{GBW}_{\text{opt}}}{\text{GBW}_{\text{init}}}=\frac{g_{\text{m,opt}}}{g_{\text{m,init}}}=\sqrt{\frac{(W/L)_{\text{opt}}}{(W/L)_{\text{init}}}} \tag{7-19}$$

由此得到优化后的 M1、M2 的宽长比为

$$(W/L)_{\text{opt}}=\left(\frac{50}{42.416}\right)^2\times 2\approx 2.8$$

取优化后的 M1、M2 的宽长比为 $(W/L)_{\text{opt}}=3$，根据式(7-13)，可知 M1、M2 的过驱动电压的改变量为

$$\Delta V_{\text{OD1}}=\sqrt{\frac{2I_1}{K_n(W/L)_1}}-\sqrt{\frac{2I_1}{K_n(W/L)_{\text{opt}}}}\approx 0.058\text{V}$$

这样同时也降低了 ICMR 的下限值，使其更加满足预期的设计指标。

为了满足 $g_{m6}\geqslant 10g_{m1}$ 的关系，M6 和 M7 的尺寸也相同比例增加，g_{m1} 增加约为原来的 1.225 倍。为了计算方便并且留有余量，这里 M6 和 M7 的尺寸增加为原来的 1.5 倍，M6 的 W/L 采用 $3\times 24=72$，即 $W=3\mu\text{m}\times 24$ 叉指，$L=1\mu\text{m}$；M7 的 W/L 采用 $3\times 12=36$，即 $W=3\mu\text{m}\times 12$ 叉指，$L=1\mu\text{m}$。这样可以与 M4 和 M5 保证精确的比例关系。M6、M7 的直流电流增大为原来的 1.5 倍，同时 M6 尺寸也增大为原来的 1.5 倍，这样 g_{m6} 也提高为原来的 1.5 倍。

根据优化后的 M1、M2 尺寸，修改 lab1 库中的 opamp_2stage 单元，如图 7-15 所示。修改 M1 的尺寸为 $W=3\mu\text{m}$，$L=1\mu\text{m}$；M6 的尺寸为 $W=3\mu\text{m}\times 24$ 叉指，$L=1\mu\text{m}$；M7 的尺寸为 $W=3\mu\text{m}\times 12$ 叉指，$L=1\mu\text{m}$，其他不变。采用相同的仿真条件重新开展直流工作点、交流、瞬态以及噪声仿真。

通过直流工作点分析，验证所有 MOS 晶体管也都处于饱和区。如图 7-16 所示，不包括电流基准电路部分电流情况下的放大器功耗 $P_{\text{diss}}=3.3\times(30.2114+373.905)\approx 1334\mu\text{W}=1.334\text{mW}$；包括放大器所有支路电流的功耗 $P_{\text{diss}}=3.3\times(31.0288+30.2114+373.905)\approx$

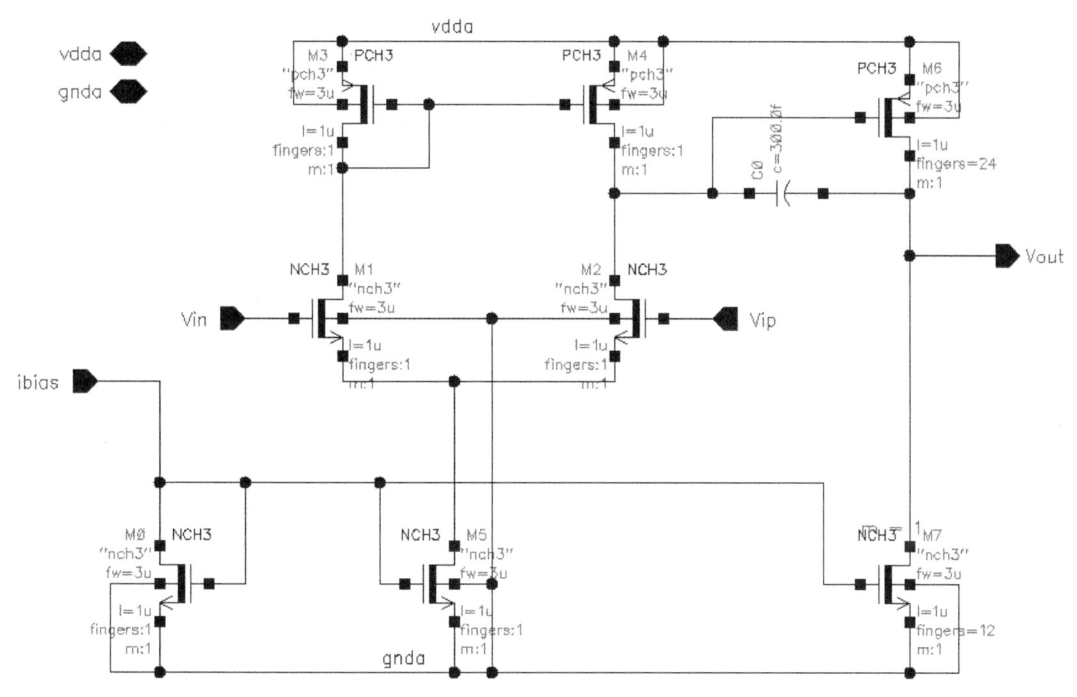

图 7-15 优化的放大器电路图

1436μW=1.436mW,满足设计要求。放大器输入共模范围(ICMR)为

$$ICMR_{-}=V_{OD5}+V_{GS1}\approx 308.7\times 10^{-3}+1.1506=1.4593V$$

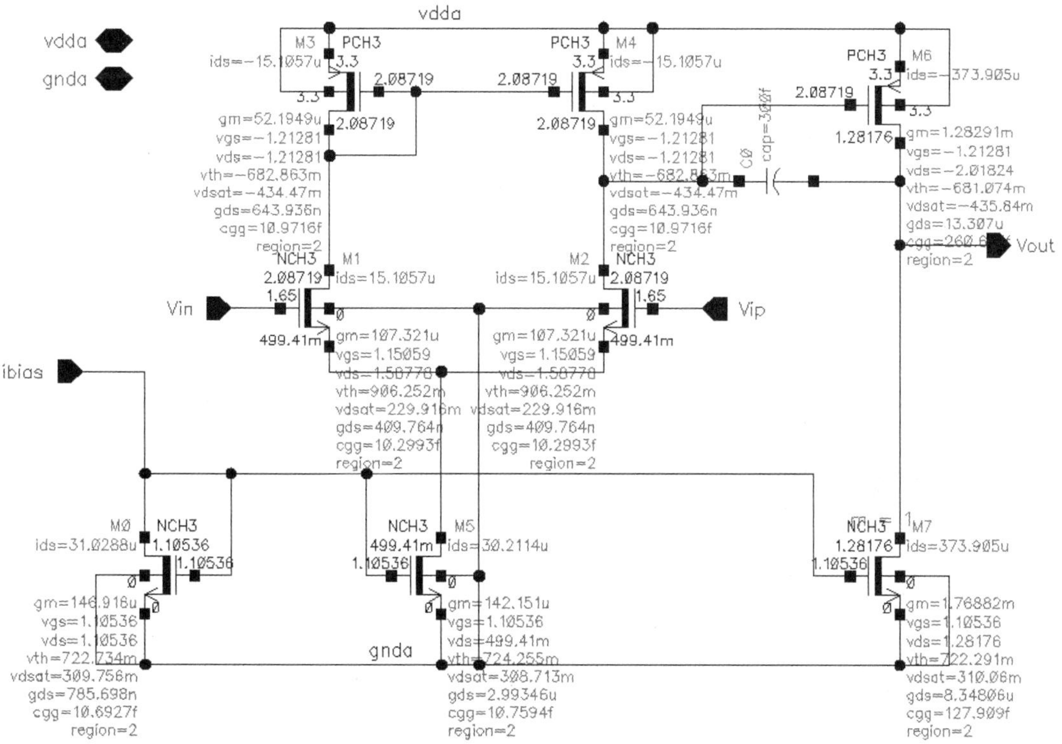

图 7-16 优化后放大器的静态工作点

和

$$ICMR_{+}=V_{DD}-|V_{GS3}|+V_{THN}\approx 3.3-1.2128+906.25\times 10^{-3}\approx 2.993V$$

其中，饱和电压 vdsat 就是 MOS 晶体管的过驱动电压 V_{OD}。可见 ICMR 下限已满足设计指标。ICMR 上限也满足设计指标要求的 3.3−0.5=2.8V。

对于输出允许的范围，M6 的 V_{OD} 为 435.84mV，M7 的 V_{OD} 为 310.06mV，即下限为 310.06mV，上限为 $V_{DD}-435.84$mV，可见仍满足输出摆幅范围设计要求（下限为 0.5V，上限为 $V_{DD}-0.5$V）。

通过直流工作点分析，电路优化后，第一增益级的 $g_{m1}=107.321\mu S$，大于设计值（94.25 μS）；第二增益级的 $g_{m6}=1.2829mS$，符合优化电路的预期（$g_{m6}=855.2\times 3/2=1282.8\mu S=1.2828mS$），大于设计值（942.5μS），并且满足 $g_{m6}\geqslant 10g_{m1}$。

针对优化后的放大器运行交流仿真，结果如图 7-17 所示。同时，可以得到如图 7-18 所示的输出表达式结果，可见增益带宽积已经达到 52.1751MHz，满足设计指标要求的 50MHz，仿真结果与设计预期比较接近。相位裕度 PM 同样接近 60°，满足 45°的设计要求。直流增益约为 5997（约为 75.6dB），满足设计要求。

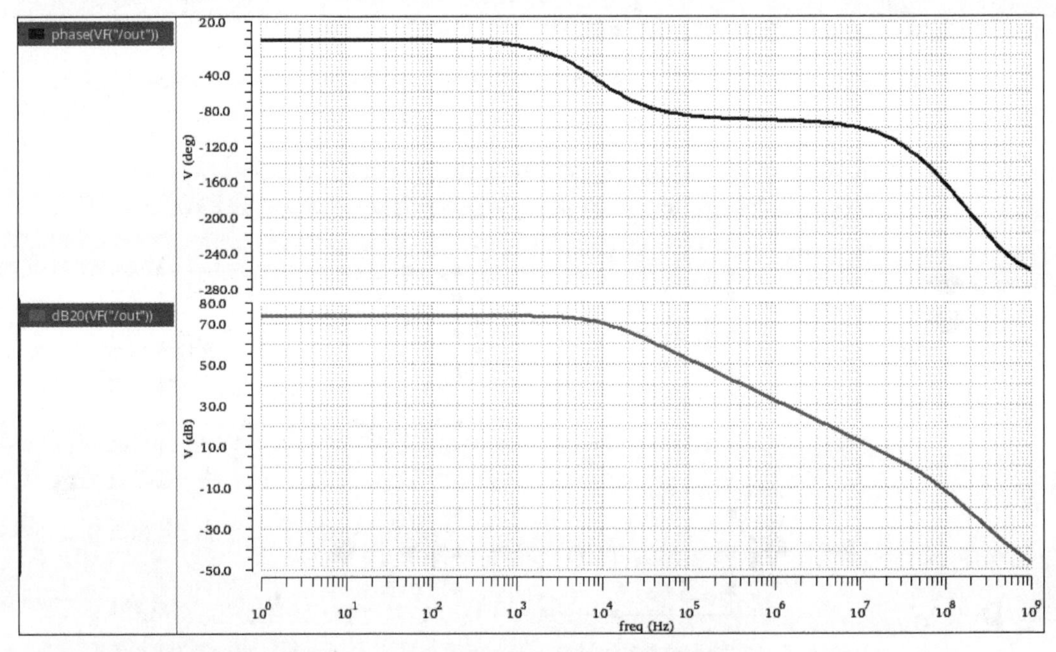

图 7-17 优化后放大器的相频特性和幅频特性

Outputs

	Name/Signal/Expr	Value	Plot
1	BW_3dB	8.6804K	✔
2	PM	55.5842	✔
3	A0	5.99663K	✔
4	A0_dB	75.5581	✔
5	GBW	52.1751M	✔

图 7-18 优化后放大器的输出表达式结果

在同样的条件（vpower = 3.3V、vbias = 1.65V、Iref = 30μA）下，施加的瞬态输入激励是幅度为 0.1mV、频率为 f0=100kHz 的正弦信号。运行瞬态仿真后，优化后放大器的瞬态响应如图 7-19 所示。由于优化后的放大器的带宽增加了，造成在同样的 100kHz 正弦输入下，输出的相位和增益与优化前是有一些差别的。输出信号幅度与输入信号幅度的比值为 99.53/0.2=497.65（约为 54dB），即 100kHz 输入正弦信号时的增益为 54dB，这和交流仿真得到的幅频特性结果也是一致的。

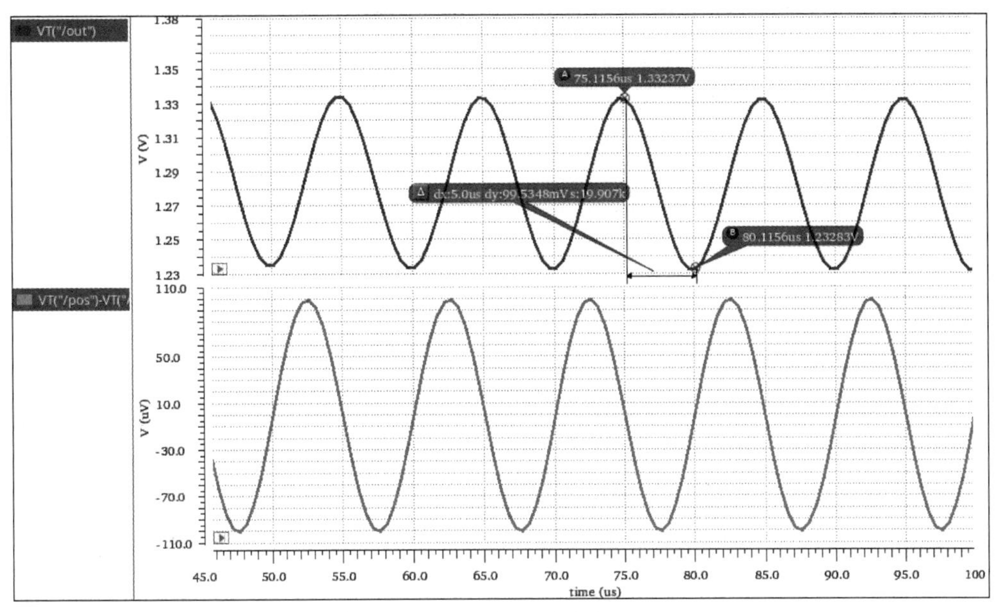

图 7-19 优化后放大器的瞬态响应

优化后放大器的噪声仿真输出等效噪声和输入等效噪声如图 7-20 所示。将统计结果打印到 Results Display Window 中,如图 7-21 所示。同样地,4 次打印给出的噪声信息分别为 1Hz 频率点、1kHz 频率点、1kHz~50MHz 带宽区间以及 1Hz~50MHz 带宽区间的元器件噪声贡献以及总的输出噪声和输入等效噪声值。可以看到,1Hz 频率点的输入等效噪声(1.86087e-05V/$\sqrt{\text{Hz}}$)和 1kHz 频率点的输入等效噪声(5.86072e-07V/$\sqrt{\text{Hz}}$)均比优化前有所降低,这是因为闪烁噪声与元器件尺寸成反比。在 1kHz~50MHz 带宽区间以及 1Hz~50MHz 带宽区间的总输入等效噪声分别为 0.000202366Vrms 和 0.000208023Vrms,也比优化前有所降低,并且后者相对于前者的增量也非常小。

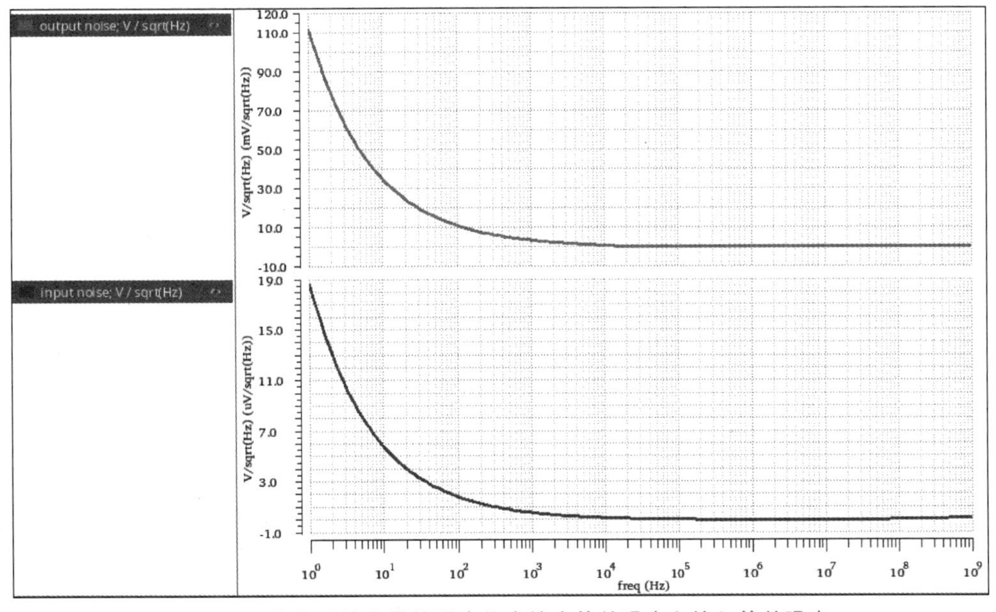

图 7-20 优化后放大器的噪声仿真输出等效噪声和输入等效噪声

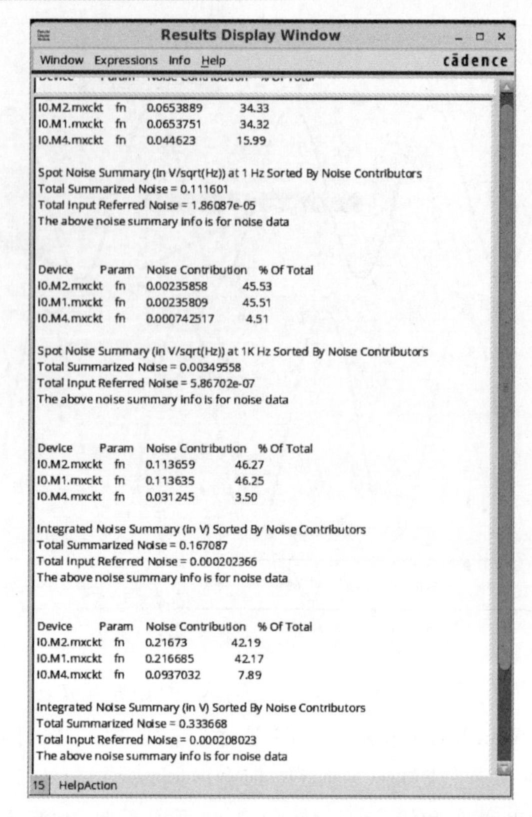

图 7-21 优化后放大器的输出等效噪声和输入等效噪声统计结果

采用与图 7-13 相同的仿真环境和条件，运行瞬态仿真后，结果如图 7-22 所示。可以看到，优化后放大器的正、负转换速率分别为 96.5V/μs 和 88.6V/μs，均满足设计要求。

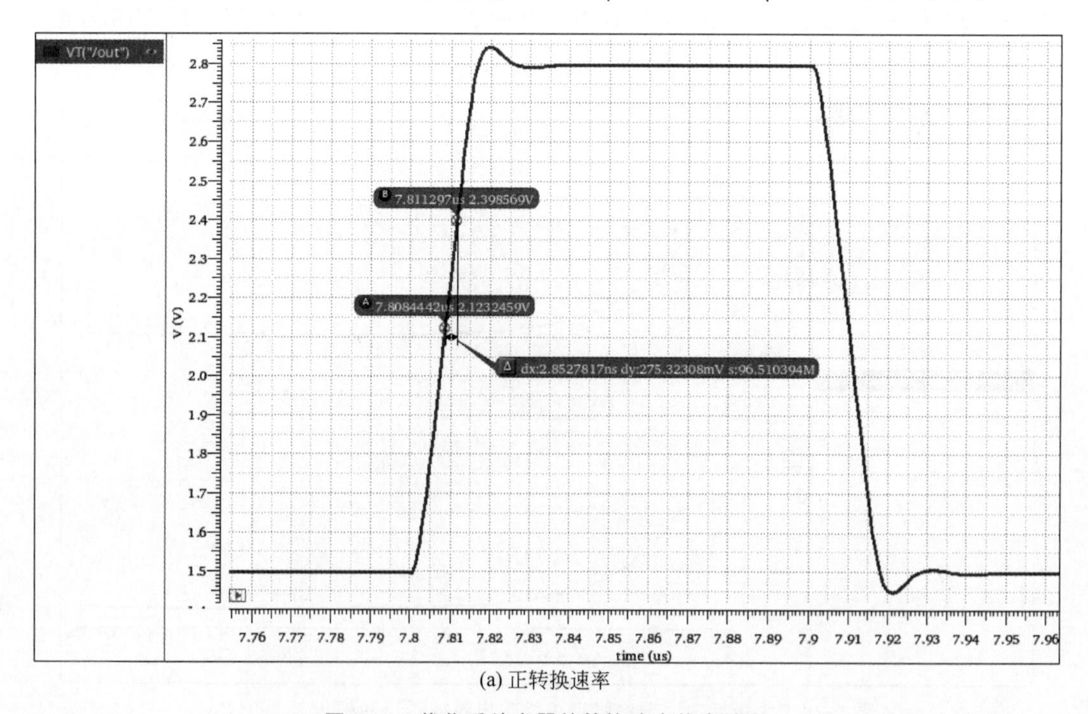

(a) 正转换速率

图 7-22 优化后放大器的转换速率仿真结果

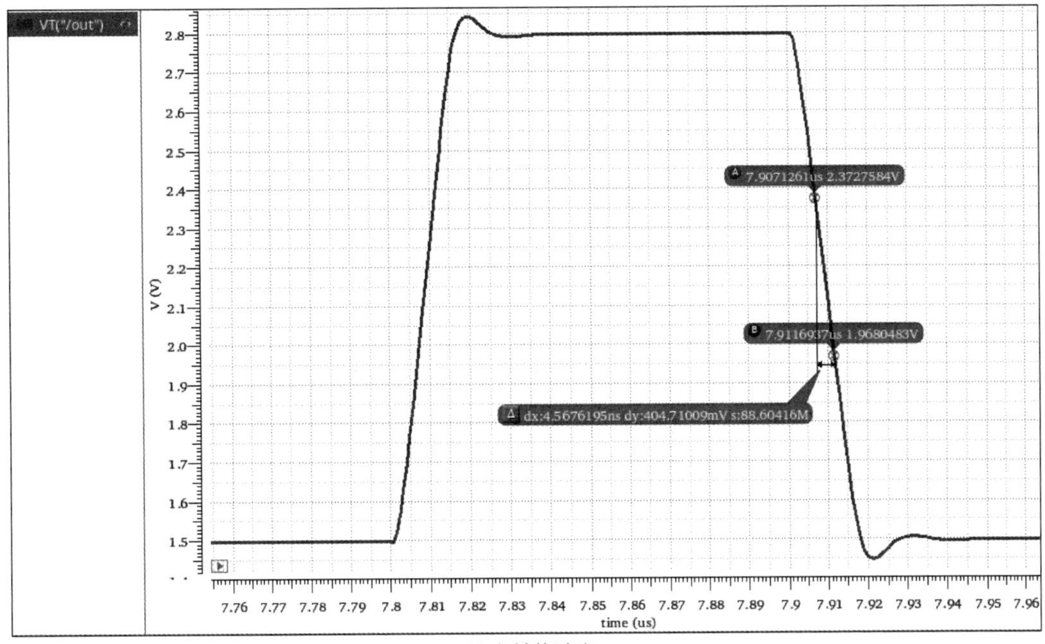

(b) 负转换速率

图 7-22 （续）

结合电路仿真对放大器进行了设计优化，仿真后得到的各主要性能指标如表 7-3 所示。可见均满足预期的设计指标，并且优于设计指标要求。

表 7-3　优化后放大器的主要性能指标

指　　标	结　　果	设计要求值
工艺	0.13 μm CMOS 混合信号工艺	
电源电压 V_{DD}	3.3V	3.3V
功耗	1.334mW(不包括偏置电流输入电流)； 1.436mW(包括偏置电流输入电流)	≤2mW(不包括偏置电流输入电流)
驱动负载	1pF	1pF
直流增益	5997(约为 75.6dB)	>3000
增益带宽积(GBW)	52.1MHz	≥50MHz
转换速率(SR)	正：96.5V/μs；负：88.6V/μs	>80V/μs
相位裕度(PM)	55.6°	>45°(最好达到 60°)
输入共模范围(ICMR)	下限 1.459V；上限 2.993V	下限 1.5V；上限 2.8V
输出摆幅范围	下限 310.06mV；上限 V_{DD}−435.84mV	下限 0.5V；上限 2.8V

7.1.3　放大器电路的测量仿真技术

7.1.2 节完成了放大器的电路设计、优化以及主要性能指标的仿真，得到了功耗、幅频特性、相频特性、输入共模范围、输出电压摆幅、压摆率、噪声等特性。本节将开展进一步的放大器性能仿真以及测量技术的讨论。这里讨论的放大器电路的测量仿真技术指的是放大器经过芯片流片以后如何进行性能测量的相关技术。而这些放大器电路的测量仿真技术同样可以应用到设计阶段的电路仿真中。

1. "闭环仿真开环"的放大器电路测量仿真方法

在如图7-4所示的仿真电路中，采用了放大器开环的仿真方法。然而，由于放大器通常具有非常高的差分增益，如果放大器存在失调①，那么按照图7-4的仿真电路，输出将有可能被驱动到电源或地(或负电电源)电压。这样就很难采用开环的形式对放大器电路进行性能测量。采用这种方法在设计阶段还是有可能的，因为在设计阶段，设计仿真的电路中的元器件是理想的，是完全对称的，不会出现因失配而造成的失调。即便如此，在前面的开环仿真，即如图7-7和图7-16所示的工作点分析中也会发现，输出的电压偏置也不容易确定。

对于一般运算放大器，其通常以负反馈的方式工作，即工作在闭环的形式。因此，下面介绍一种"闭环仿真开环"的放大器电路测量仿真方法。如图7-23所示，通过R0形成负反馈通路，从而确定输出共模电平(此时的共模电平实际是V0的直流值)，并稳定直流偏置。为了能够得到开环的响应，在构造仿真(测量)电路时，要选择非常大的RC时间常数，并且使其倒数与放大器增益的乘积远小于运放预期的主极点，即选择大电阻和大电容值(如1GΩ电阻和1mF电容)。这种方法对实际放大器电路的测试与设计阶段的仿真都是有效的。

图7-23所示的仿真电路中，在负反馈的作用下，输入的共模会自动调整到和输入V0直流值相等。在关心的频率范围内，负反馈的放大器反相输入点近似可以认为是交流地，这样在放大器的同相端施加一个单位的交流输入，在输出节点就可以得到放大器的交流特性。

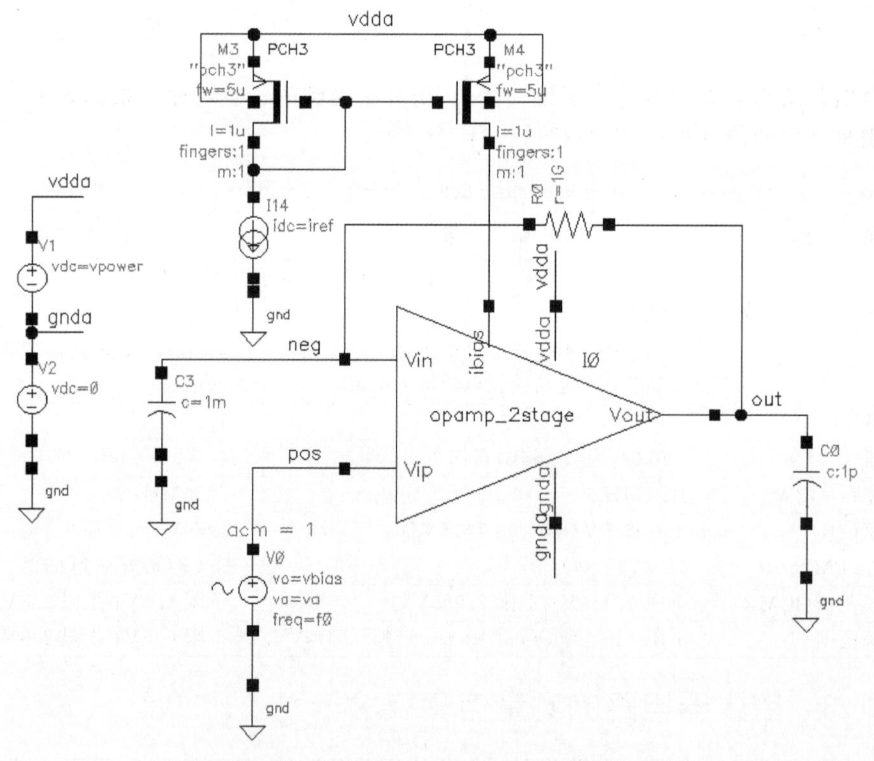

图7-23 "闭环仿真开环"的放大器仿真电路

① 在设计阶段，由于设计的电路中的元器件是完全对称的，不会出现因失配而造成的失调。然而，实际制造后的芯片由于制造过程的工艺失配，放大器芯片都会存在一定的失调电压。

仿真电路同相端输入信号 V0 的设置如图 7-24 所示，这里同时包括了直流偏置、交流输入以及正弦瞬态信号输入。同样地，采用变量形式以方便仿真，直流偏置值为 vbias，正弦瞬态信号的偏置同样为 vbias，幅度为 va，频率为 f0。

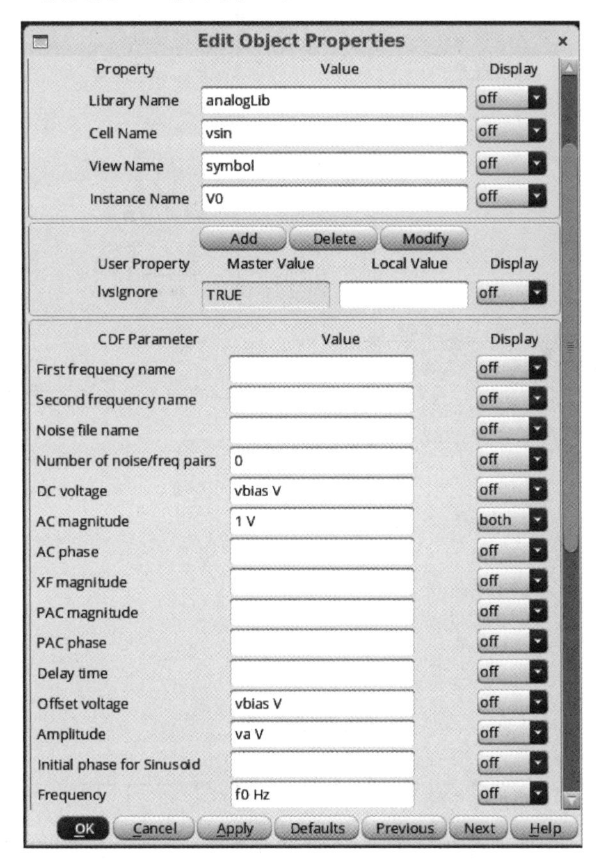

图 7-24　仿真电路同相端输入信号 V0 的设置

启动 ADE，设置好仿真数据存储路径以及工艺库，同样设置仿真电路中的变量，vpower＝3.3V，vbias＝1.65V，va＝0.1mV，f0＝100kHz，Iref＝30μA。对放大器进行直流、交流、瞬态以及噪声仿真，仿真设置及过程与 7.1.2 节相同。图 7-25 所示为运行 OP 仿真得到的仿真电路与放大器静态工作点，可以看到在负反馈的闭环下，放大器的输出节点以及反相输入节点在负反馈作用下偏置到了与同相端近似相等的直流偏置上。与开环不同的是，这种闭环仿真的方法输出偏置到确定的偏置电压上。“闭环仿真开环”得到的放大器相频特性和幅频特性、输出表达式结果、输入为正弦信号的瞬态响应、输出噪声和输入噪声特性及统计结果分别如图 7-26～图 7-30 所示，可见与开环仿真得到的结果相差无几。

2. 输入共模范围测量仿真

7.2.1 节中，可以通过分析每个晶体管的静态工作点计算放大器的输入共模范围。然而，对于实际已经流片的放大器芯片，则不能通过这种方法仿真得到放大器的输入共模范围性能指标值。无论运放在开环还是闭环模式，都可以定义输入共模范围，因为运放常工作在闭环状态，这种测量使输入共模范围更加符合其实际工作状态。可以采用单位增益结构进行输入共模范围的测量和仿真。

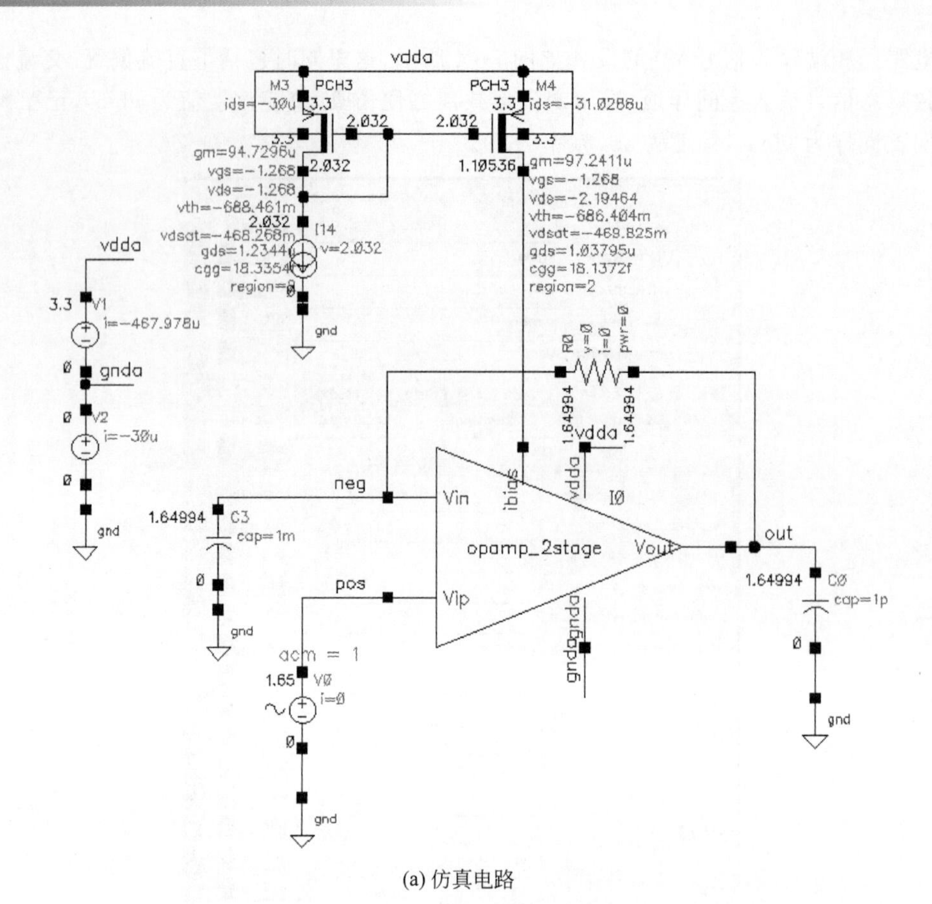

(a) 仿真电路

(b) 静态工作点

图 7-25　运行 OP 仿真得到的仿真电路与放大器静态工作点

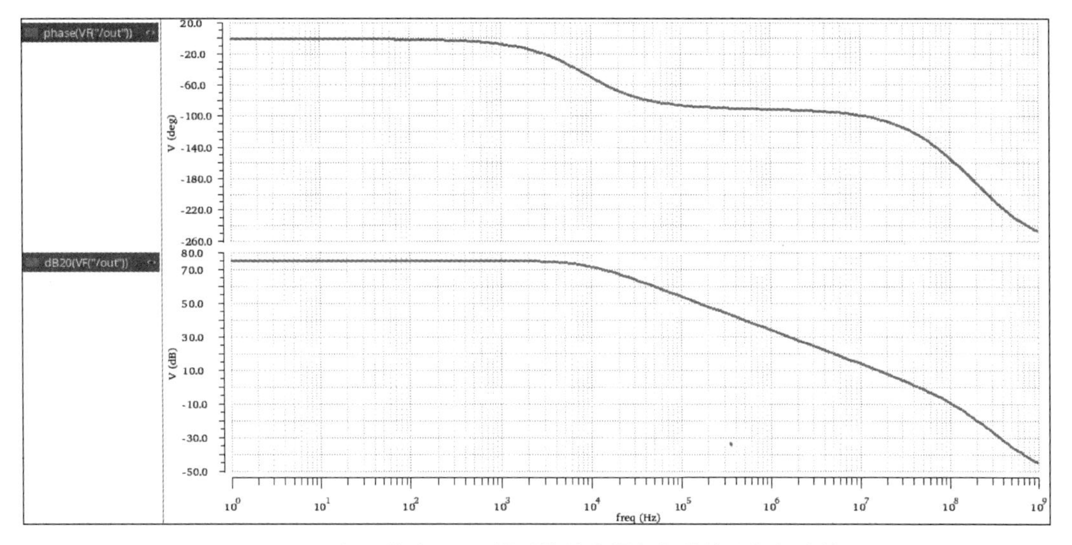

图 7-26 “闭环仿真开环”得到的放大器相频特性和幅频特性

Outputs

	Name/Signal/Expr	Value
1	BW_3dB	8.5339K
2	PM	55.6784
3	A0	6.09014K
4	A0_dB	75.6925
5	GBW	52.0954M

图 7-27 “闭环仿真开环”得到的输出表达式结果

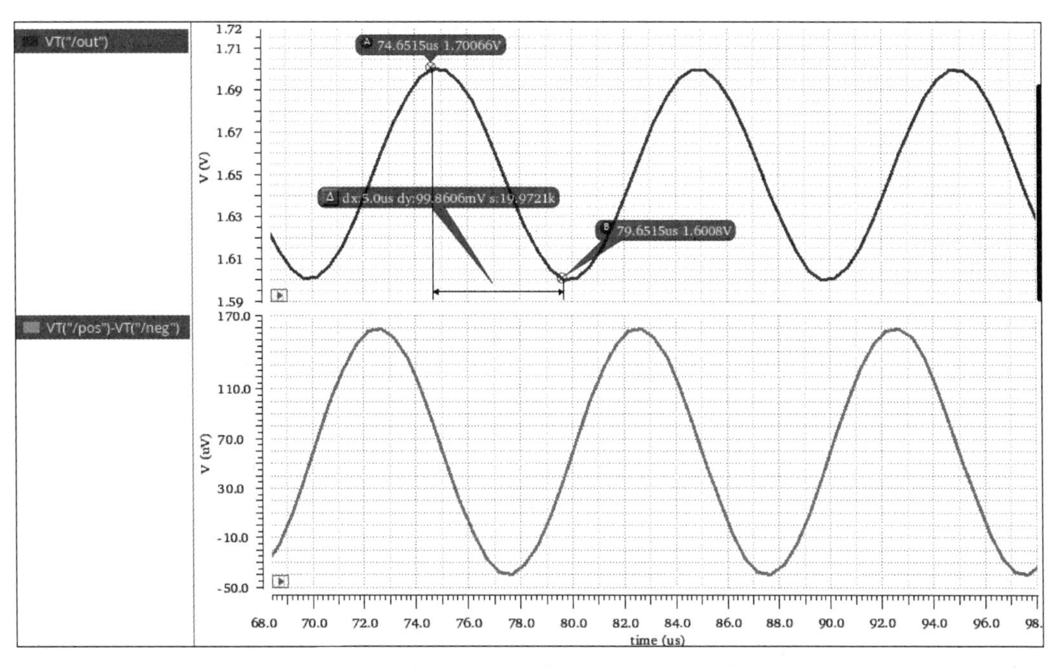

图 7-28 “闭环仿真开环”得到的输入为正弦信号的瞬态响应

图 7-31 所示为运算放大器输入共模范围的仿真电路。其中，对输入 V3 从 0 到 vdda(3.3V)进行直流扫描，设置如图 7-32 所示。观测输出结果，对应于输入共模电压范围，转

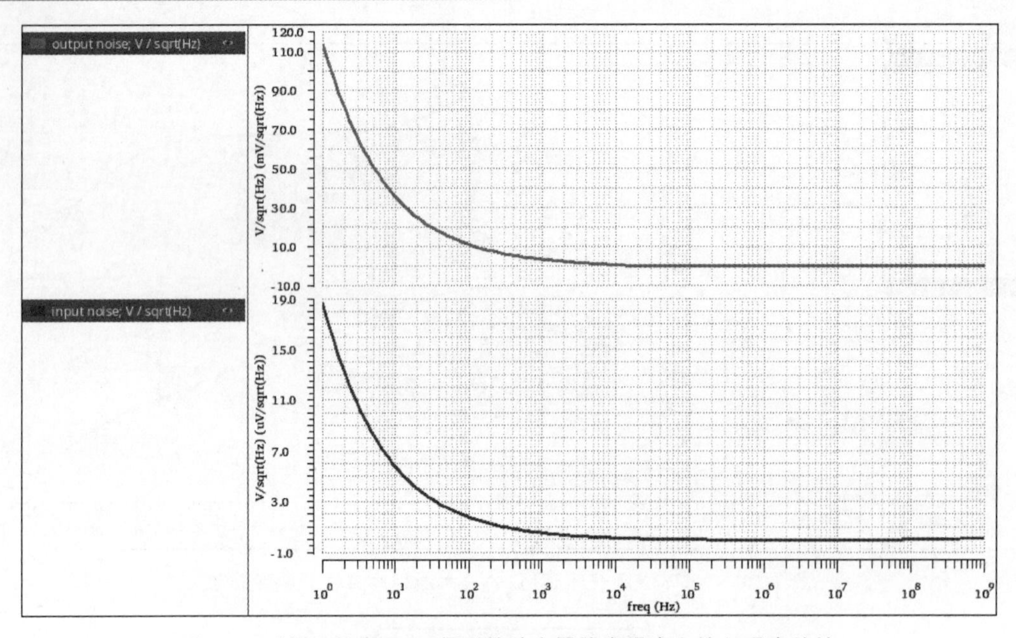

图 7-29 “闭环仿真开环”得到的放大器输出噪声和输入噪声特性

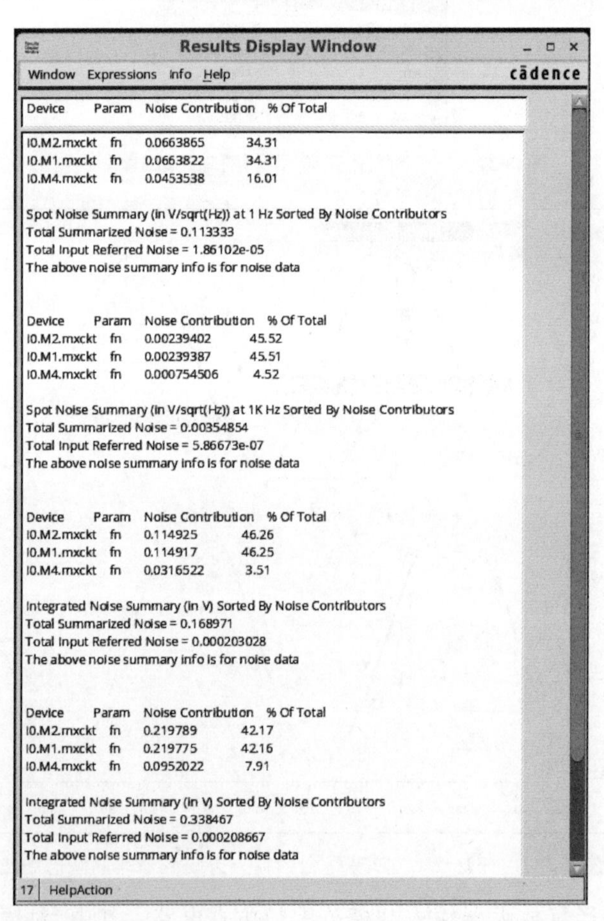

图 7-30 “闭环仿真开环”得到的放大器输出噪声和输入噪声统计结果

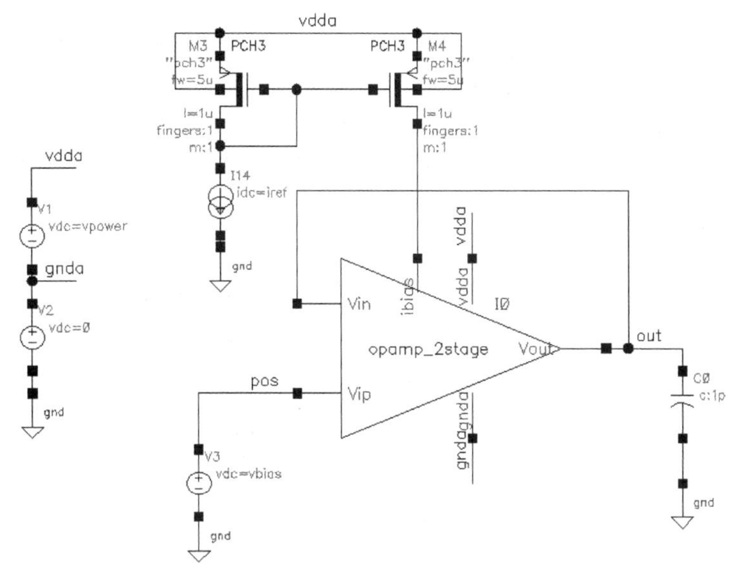

图 7-31　运算放大器输入共模范围的仿真电路

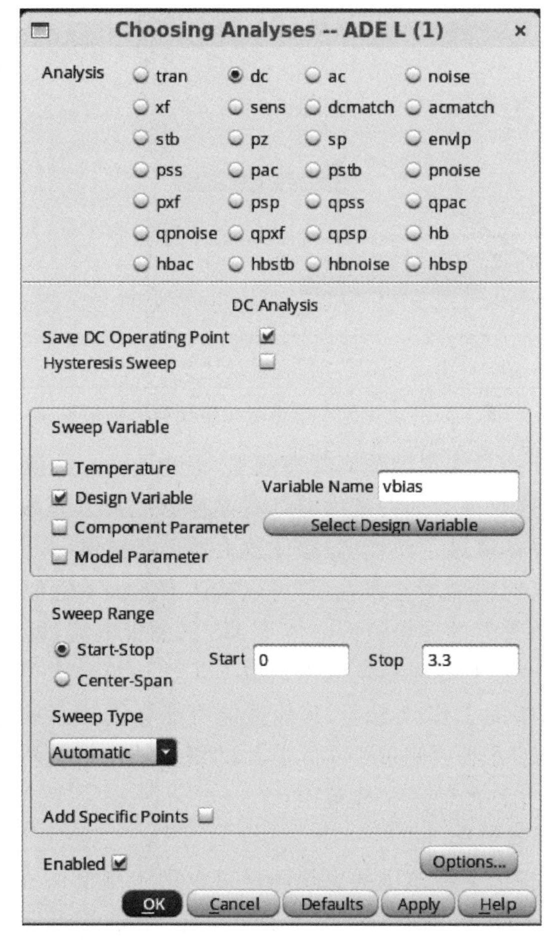

图 7-32　运算放大器输入共模范围仿真的直流扫描设置

移特性曲线的线性部分斜率为1。这里基于的思想是当放大器提供足够大的增益时，那么由放大器负反馈构成的单位增益结构提供的增益应该为1，如果放大器没有处于正确的工作状态，则不能提供足够的增益，那么输出与输入之间的关系将偏离单位增益。这里考虑偏离的误差不超过一定值即可认为放大器工作在正确的工作状态，由此测量得到的输入范围值确定其输入共模范围。

运行直流扫描仿真后，将输入 pos 与输出 out 的波形绘制出来，如图 7-33 所示。可见运算放大器在比较大的输入范围(265.067mV～3.032 18V)都可以提供一定的增益，以便使输出可以跟随输入的变化。如果输入输出误差范围规定在 2mV 以内，则输入共模范围可以认为是 990mV～3.032 18V。

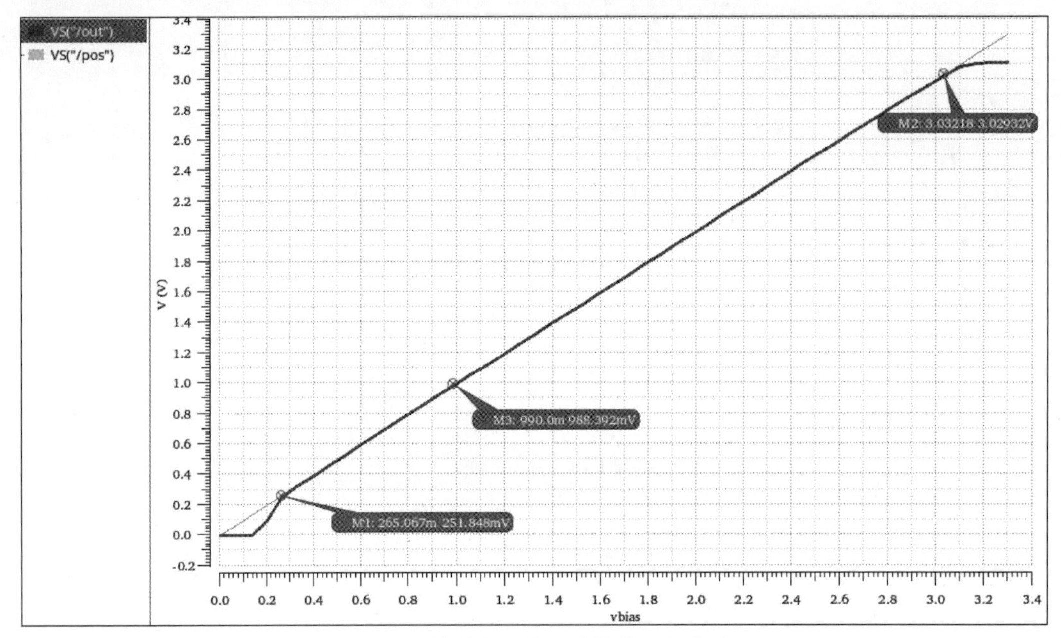

图 7-33 运算放大器输入共模范围仿真结果

这里思考一下，为什么仿真得到输入共模范围，特别是输入共模范围的下限看似比电路分析的结果要大一些？这是因为即便放大器某些晶体管脱离其正确的工作状态，如当输入电压很低时，尾电流源晶体管处于线性区，整体放大器仍能提供一定的增益。单位增益闭环反馈后，只要能够忍受其此时的增益误差，仍可以被认为提供了近似为1的增益。如图 7-34 所示，进一步考查运算放大器的尾电流源晶体管 M5 的漏极电流，可以清楚地发现在输入电压约为 1.5V 以下时，M5 没有提供稳定的电流源。虽然运算放大器仍能提供一定的增益，但其毕竟没有工作在希望的工作状态上，其他性能可能会受到影响，如共模抑制比等。因此，这里再强调一下，上述方法更侧重于实际芯片的测量技术，在设计阶段仍然要通过静态工作点的电路仿真计算允许的输入共模范围。

3. 输出摆幅范围测量仿真

测量仿真放大器的输入共模范围的思想同样可以用于测量仿真放大器输出摆幅范围。一般运算放大器的允许输出范围通常比其允许输入范围大，因此，如果仍采用单位增益结构，则闭环放大器的输入/输出转移特性的线性部分受限于输入共模范围。因此，可以采用高一些的增益结构，这样让转移特性的线性部分不受限于输入共模范围，而是受限于允许输出范围，这样就可以测量出放大器允许的输出摆幅范围了。图 7-35 所示为反相增益为 10 的反馈放大器结构，可用来测量放大器的输出摆幅范围。V3 设置为输入共模值 vpower/2，反相输入 V4 从 0 到 vdda(3.3V)进行直流扫描。

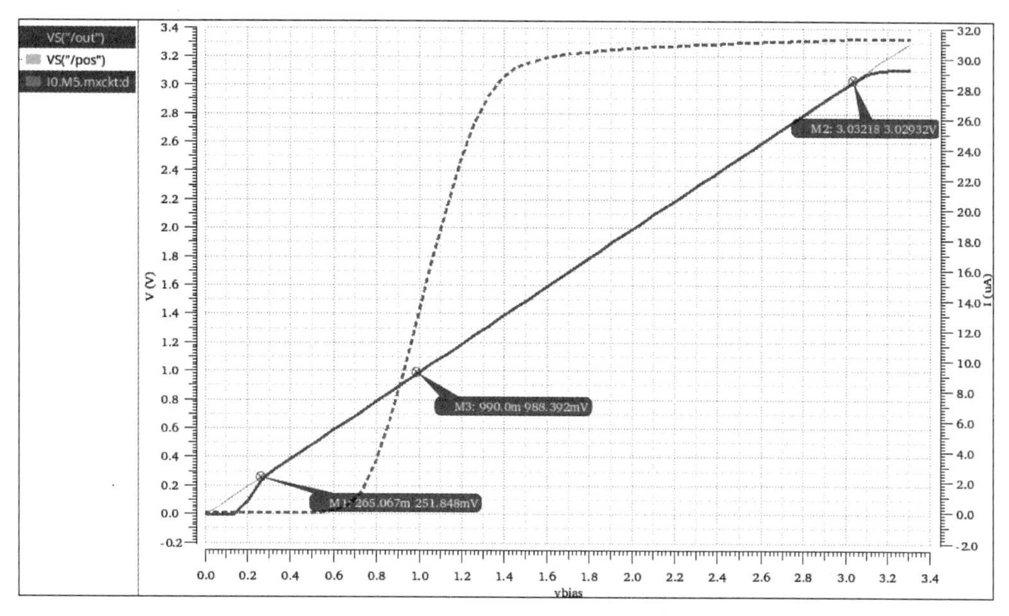

图 7-34　包含 M5 尾电流源电流的运算放大器输入共模范围仿真结果

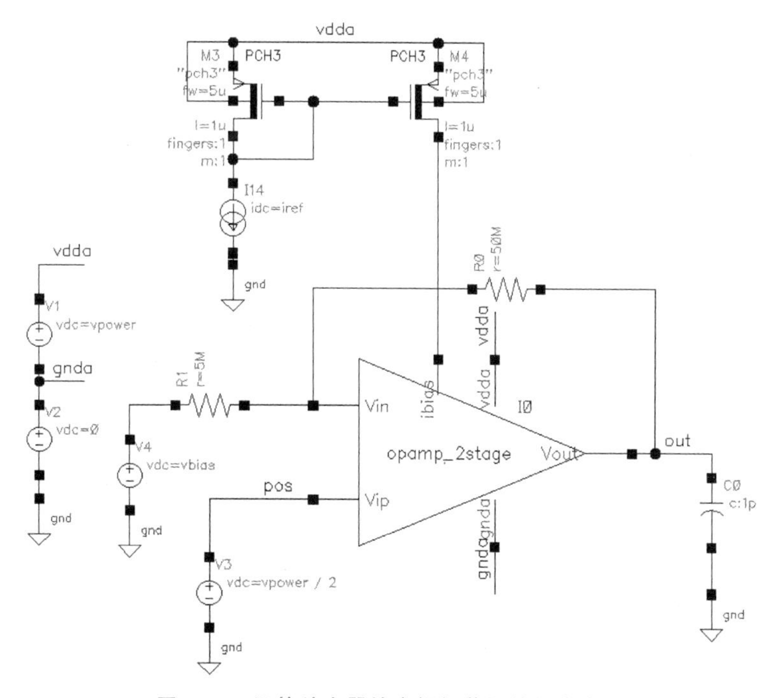

图 7-35　运算放大器输出摆幅范围的仿真电路

运行直流扫描仿真后，将输出 out 的波形绘制出来，如图 7-36 所示。转移特性线性部分的斜率接近 10，由此测量得到的输出范围值确定其输出摆幅范围。在可以接受的一定误差范围内，放大器的输出摆幅为 236.032mV～2.943 13V。

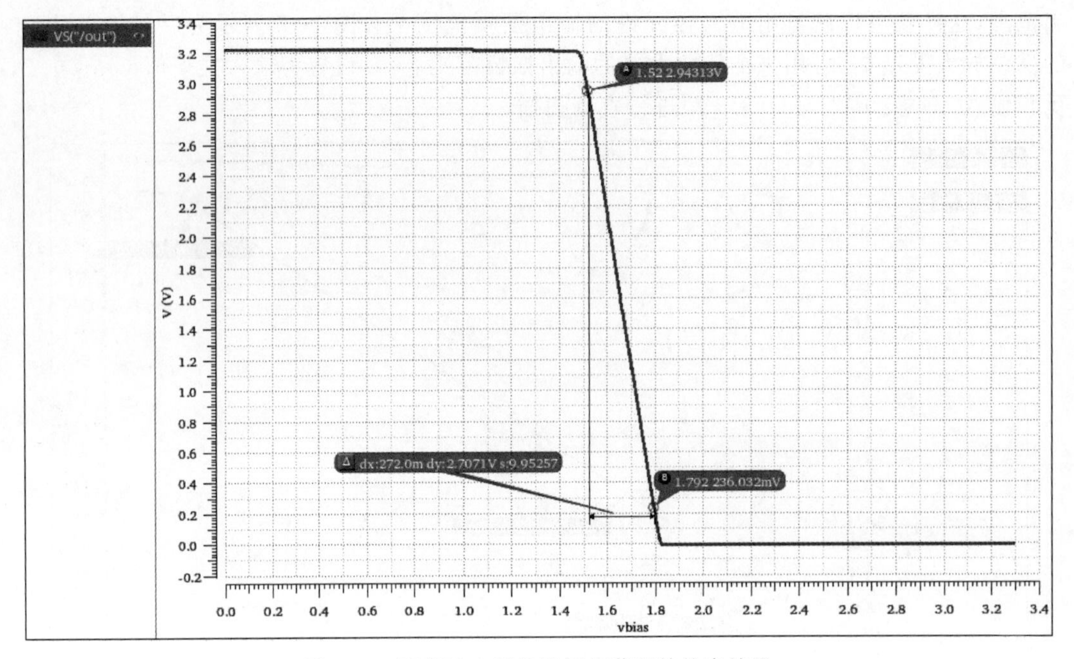

图 7-36 运算放大器输出摆幅范围的仿真结果

4. 共模抑制比测量仿真

共模抑制比(CMRR)定义为差模电压增益与共模电压增益之比，即

$$\text{CMRR}=\frac{|A_{\text{vd}}|}{|A_{\text{vc}}|} \tag{7-20}$$

其中，A_{vc} 为共模增益；A_{vd} 为差模增益。

根据共模抑制比的定义，需要对放大器的差模增益的频率响应和共模增益的频率响应分别构造仿真电路进行仿真，然后才能得到放大器的共模抑制比特性，这样需要进行两次测量或仿真。这里可以构造另一种运算放大器共模抑制比的仿真电路，可以一次性得到共模抑制比。如图 7-37 所示，采用单位增益的电路形式，V0 提供放大器的直流偏置电压，然后在放大器的同相端和反相端施加相同的共模交流小信号 $v_{\text{cm1}}=v_{\text{cm2}}=v_{\text{cm}}$。图 7-37 所示仿真电路的小信号等效电路如图 7-38 所示，由此可以得出

$$\frac{v_{\text{out}}}{v_{\text{cm}}}=\frac{|A_{\text{vc}}|}{1+A_{\text{vd}}}\approx\frac{|A_{\text{vc}}|}{A_{\text{vd}}}=\frac{1}{\text{CMRR}} \tag{7-21}$$

这样进行交流仿真，在 v_{cm1} 和 v_{cm2} 信号激励中输入一个单位的 AC 信号值，如图 7-37 所示，然后对输出结果取倒数，可以得出放大器的共模抑制比。

启动 ADE，设置好仿真数据存储路径以及工艺库，并且设置仿真电路中的变量(vpower=3.3V，vbias=1.65V，Iref=30μA)。对放大器进行交流仿真，在 Calculator 中打印 -dB20(VF("/out"))表达式结果，这样就可以绘制出放大器的共模抑制比随频率变化的曲线图，如图 7-39 所示。

5. 电源抑制比测量仿真

电源抑制比(PSRR)定义为差模电压增益与电源到输出电压增益之比，即

$$\text{PSRR}^{+}=\frac{A_{\text{vd}}}{A_{\text{vdd}}} \tag{7-22}$$

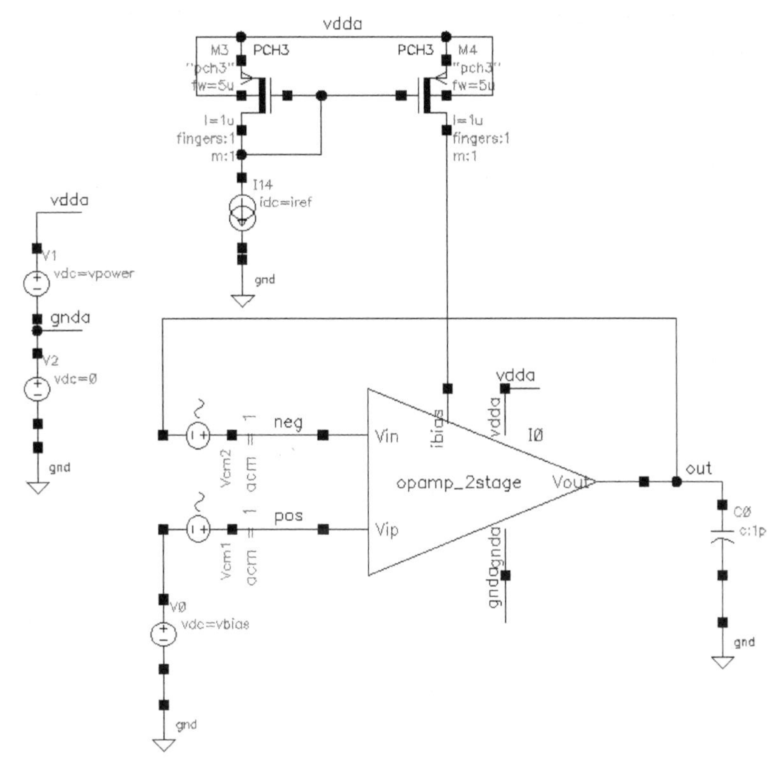

图 7-37　运算放大器共模抑制比的仿真电路

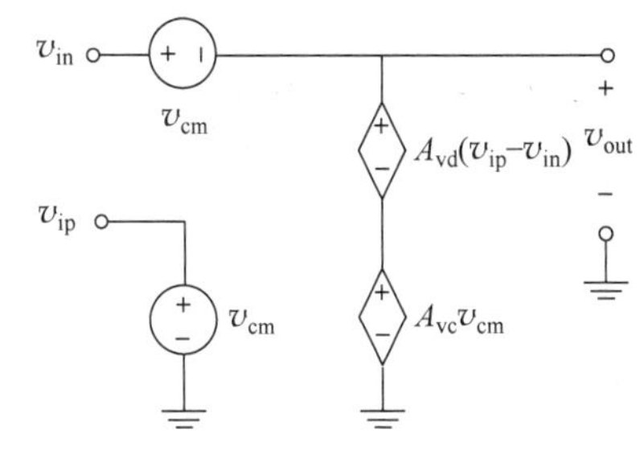

图 7-38　运算放大器共模抑制比的仿真电路的小信号等效电路

或

$$\mathrm{PSRR}^{-}=\frac{A_{vdd}}{A_{vss}} \tag{7-23}$$

其中，PSRR^{+}表示放大器对于正电源的电源抑制比；PSRR^{-}表示放大器对于负电源的电源抑制比；A_{vdd}和A_{vss}分别表示从正电源V_{DD}和负电源V_{SS}到输出的小信号电压增益；A_{vdd}为差模电压增益。

类似于共模抑制比的测量或仿真，为了一次性得到放大器的电源抑制比，可以采用单位增益的电路形式，如图 7-40 所示。由于是单电源供电，因此只考虑正电源的电源抑制比。V0 提供放大器的直流偏置电压。在放大器的电源激励中施加交流小信号v_{dd}，则有

$$\frac{v_{out}}{v_{dd}}\approx\frac{|A_{vdd}|}{A_{vd}}=\frac{1}{\mathrm{PSRR}} \tag{7-24}$$

进行交流仿真，在电源激励 V1 中输入一个单位的 AC 信号值，然后对输出结果取倒数即可得到放大器的电源抑制比。

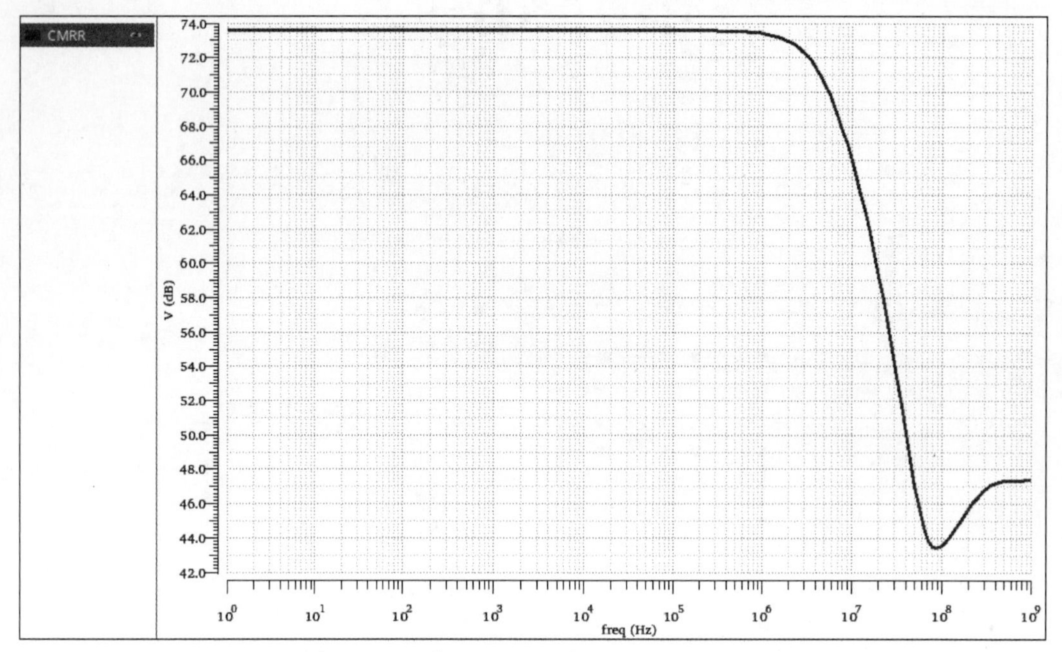

图 7-39 运算放大器共模抑制比的仿真结果

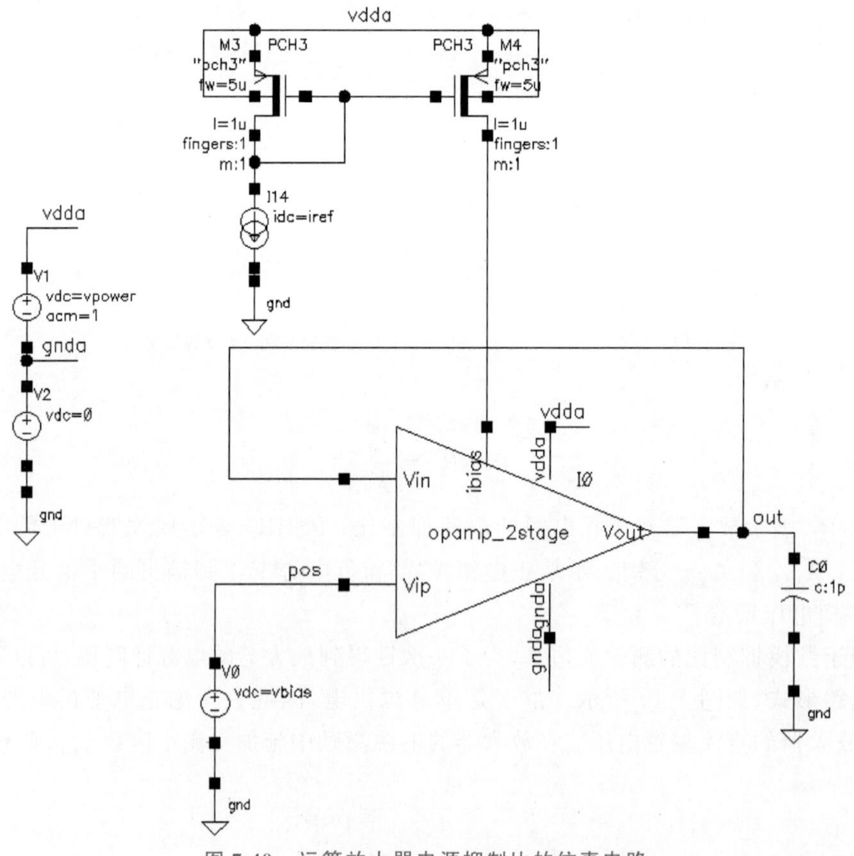

图 7-40 运算放大器电源抑制比的仿真电路

启动 ADE,设置好仿真数据存储路径以及工艺库,并且设置仿真电路中的变量(vpower=3.3V,vbias=1.65V,Iref=30μA)。对放大器进行交流仿真,在 Calculator 中打印 -dB20(VF("/out"))表达式结果,这样就可以绘制出放大器的电源抑制比随频率变化的曲线图,如图 7-41 所示。

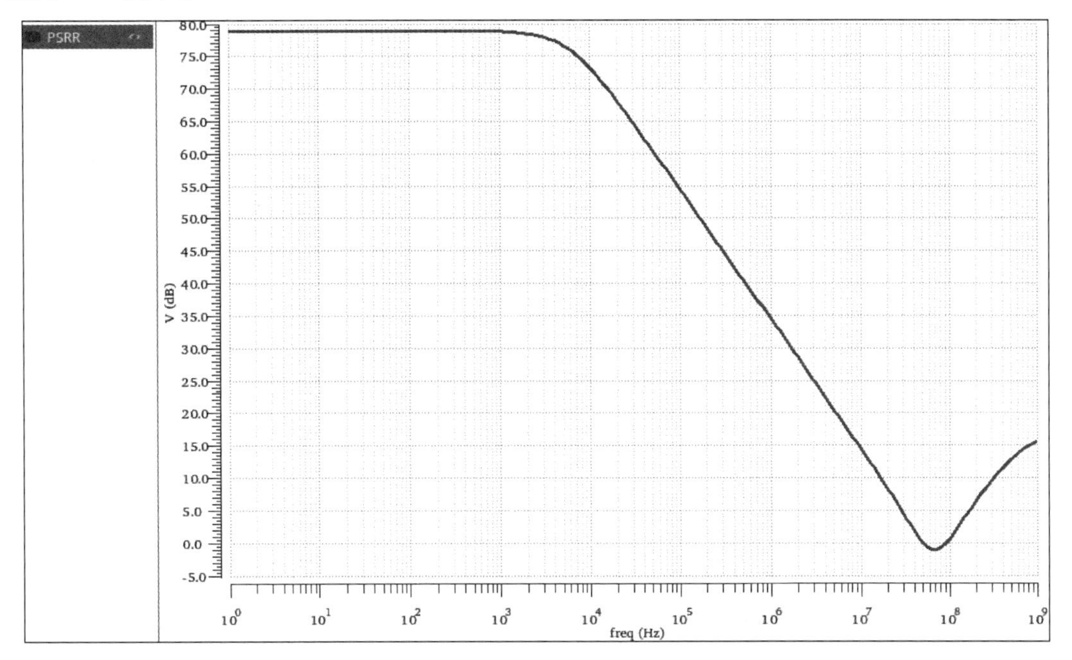

图 7-41 运算放大器电源抑制比的仿真结果

6. 建立时间测量仿真

考查放大器的建立时间,通常包括大信号的转换时间以及小信号的稳定时间。可以采用放大器转换速率仿真电路图进行仿真。最好是分别进行大信号的转换时间和小信号的稳定时间的测量和仿真,以便获得足够高的测量精度。如果输入施加的方波信号幅度足够小,那么放大器没有发生转换,瞬态仿真呈现的就是小信号的线性响应,这样就可以测量小信号阶跃输入响应时的输出稳定时间。如果输入施加的方波信号幅度足够大,那么放大器发生转换,这样瞬态仿真呈现的就是大信号的转换行为。采用单位增益结构进行转换速率以及建立时间的仿真是因为此时反馈对于一般情况是最强的(反馈系数为 1),作为最差情况的仿真。

同样,采用图 7-13 转换速率仿真的条件和单位增益闭环形式,放大器驱动 1pF 负载,电源电压 vpower=3.3V,输入偏置电流源 Iref=30μA。同相输入端施加偏置为 2.15V,高、低电平分别为 650mV、-650mV 的方波信号以便模拟 1.5~2.8V 的阶跃信号输入。运行瞬态仿真后,可见输出信号在 1.5~2.5V 包括了大信号的转换部分以及小信号的稳定部分。按照到终值的 99.9%确定总的建立时间,在上述条件下,包括大信号转换以及小信号稳定的总建立时间约为 34.23ns,如图 7-42 所示。

7. 工艺角仿真及蒙特卡罗仿真

以上开展了放大器的性能测量或仿真。在设计阶段,还需要掌握放大器的各种性能参数在工艺参数变化、温度变化下的容忍情况,以进一步开展工艺角以及蒙特卡罗仿真。读者可以按照第 4 章的相关内容开展放大器的工艺角以及蒙特卡罗仿真,这里就不再赘述其过程了。

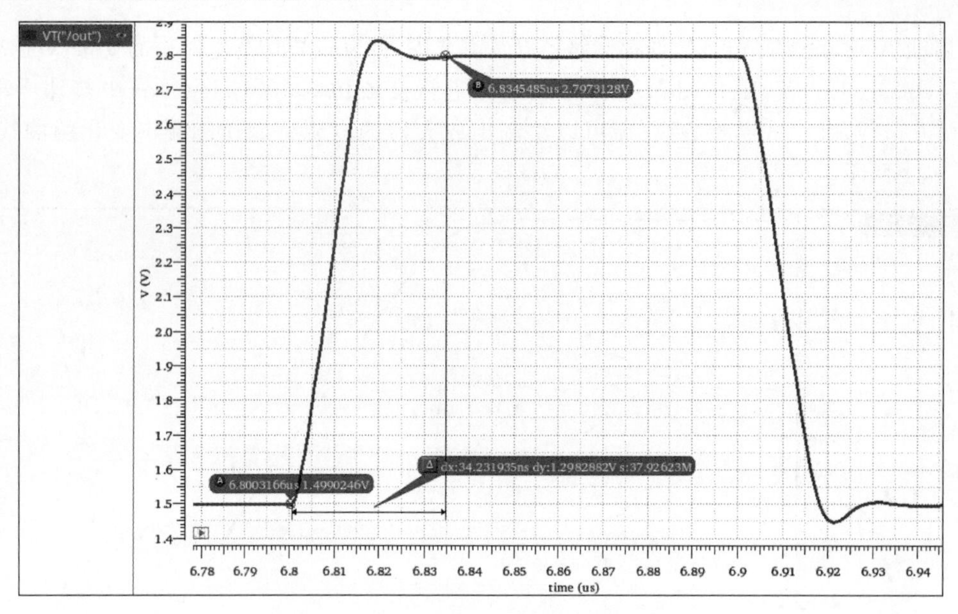

图 7-42　放大器建立时间的仿真结果

7.2　放大器的版图设计与验证

完成放大器的电路设计、优化以及电路仿真后，要开展其版图设计，并且进行版图的DRC、LVS验证，还要进行版图的寄生参数提取和版图后仿真。

7.2.1　版图设计

放大器版图设计主要考虑版图的布局、元器件的摆放、电源/地线的布线、信号线的布线等，设计过程中的核心考虑问题是匹配性。下面以7.1节设计的放大器电路为例进行版图设计。值得一提的是，类似于电路设计，版图设计也不存在最优设计，任何合理的设计都是解决方案。

1. 开展版图的布局设计

布局设计时要考虑电源/地线的布局、各个晶体管的放置位置。图7-43所示为根据电路进行的初步布局设计。基于匹配性的原则，将运算放大器的输出对管对称地放置在一起，以减小工艺失配引起的失调，并保证放大器的输入共模抑制比等与匹配性相关的性能；电流偏置以及电流源(电流镜)复制的晶体管尽量放置在一起，以便提高电流复制的精度。电源/地线的宽度要满足放大器电路的电流的需要，一般要考虑金属线IR降以及工艺金属电迁移的要求。工艺中金属的电迁移要求一般会在工艺厂家提供的工艺文档中给出，一般在单位微米金属线宽毫安量级(0.5～2mA/μm)。对于图7-16中优化后的放大器，M6晶体管的尺寸比较大，为了方便布局，将24叉指 $W/L=3$ 的M6晶体管采用两个12叉指 $W/L=3$ 的晶体管实现，如图7-44所示。图7-16所示放大器中的电容一般可以采用MOS、PIP或MIM电容，具体要以厂家提供的为准，并且考虑电路对电容性能的要求。一般来讲，MOS电容的单位面积电容值较大，但温度系数、电压系数等性能较差，而PIP电容和MIM电容精度较高，但通常相较于MOS电容占用芯片面积较大。CMOS半导体工艺中一些常见的电容如表7-4所示。如果芯片面积允许，一般采用PIP或MIM电容，这里采用MIM电容。

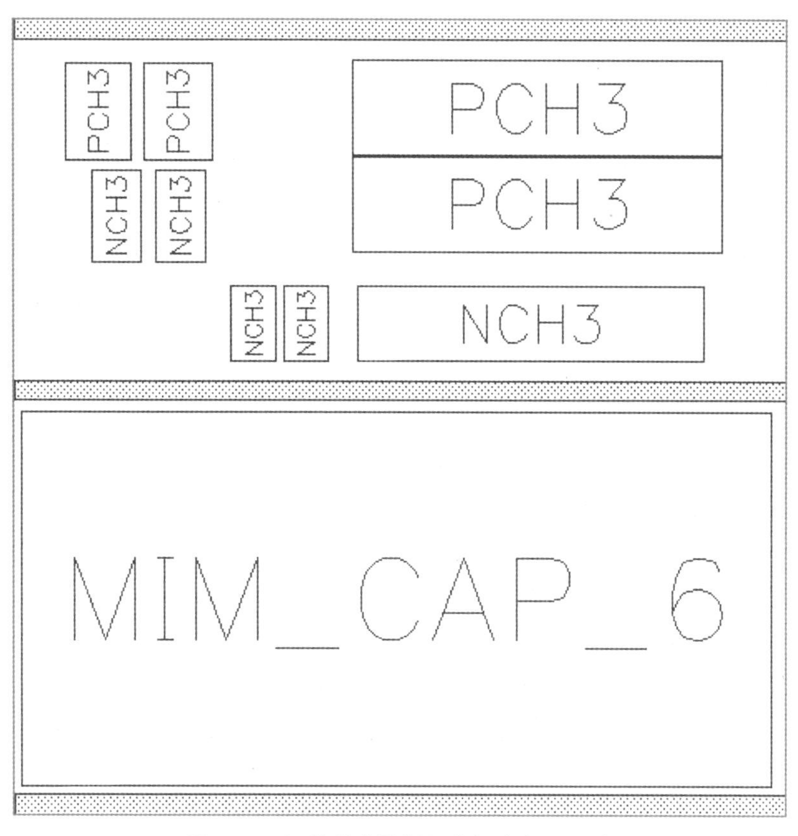

图 7-43 运算放大器版图的初步布局设计

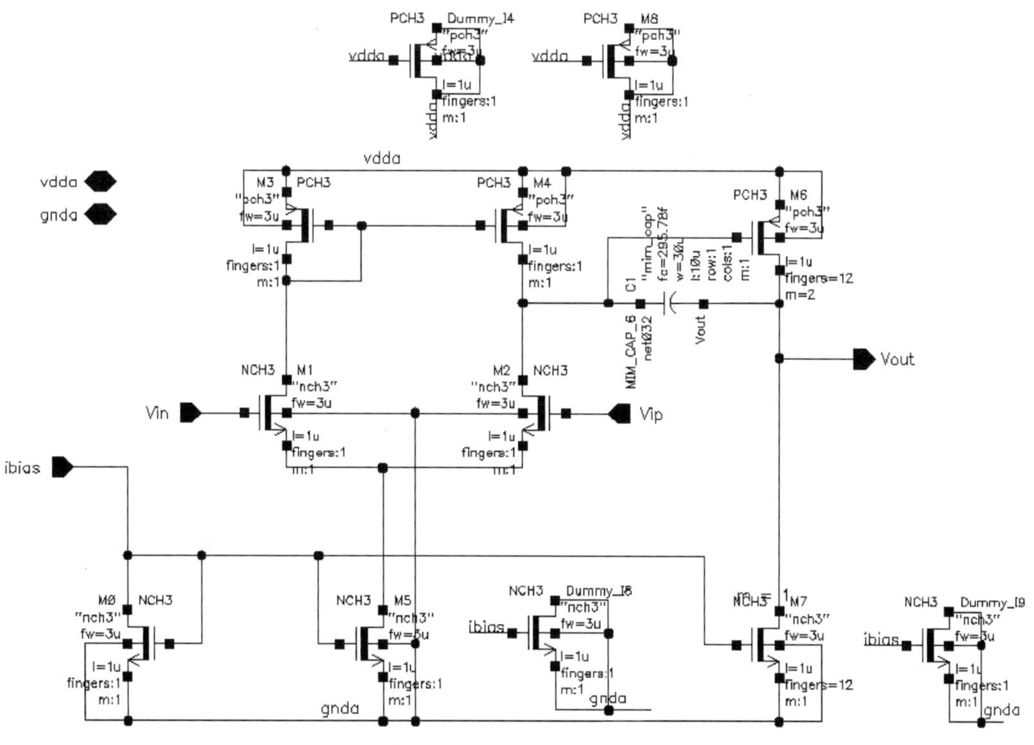

图 7-44 版图设计时修改的运算放大器电路

表 7-4 CMOS 半导体工艺中一些常见的电容

类　型	单位面积电容/(aF/μm²)	电压系数	温度系数
MOS 栅	5300	很大	很大
多晶硅-多晶硅(PIP)	1000	10ppm/V	25ppm/℃
金属连线之间	50	20ppm/V	30ppm/℃
MIM	1000	10ppm/V	10ppm/℃
金属-衬底	30～40	30ppm/V	30ppm/℃
金属-多晶硅	50～60	10ppm/V	10ppm/℃
多晶硅-衬底	120	20ppm/V	30ppm/℃
PN 结电容	～1000	大	大

2. 优化版图的布局设计

在整体版图布局中，为了充分利用版图面积，并且提高元器件的匹配性，在电流镜的部分又增加了一些 Dummy(虚拟)晶体管，如图 7-45 所示。这些 Dummy 晶体管在图 7-44 电路图中也有表示。这里增加的 Dummy 晶体管有两种，一种是为了提高匹配性而增加的 Dummy 晶体管，晶体管的端口可以悬空或都连接到电源连线或地连线上；另一种 Dummy 晶体管是将源漏短接起来连接到电源或地线上，将栅连接到电路节点上，如图 7-44 所示的 ibias 连线，这样可以增大电流源晶体管栅到地的电容，使偏置电路更加稳定。

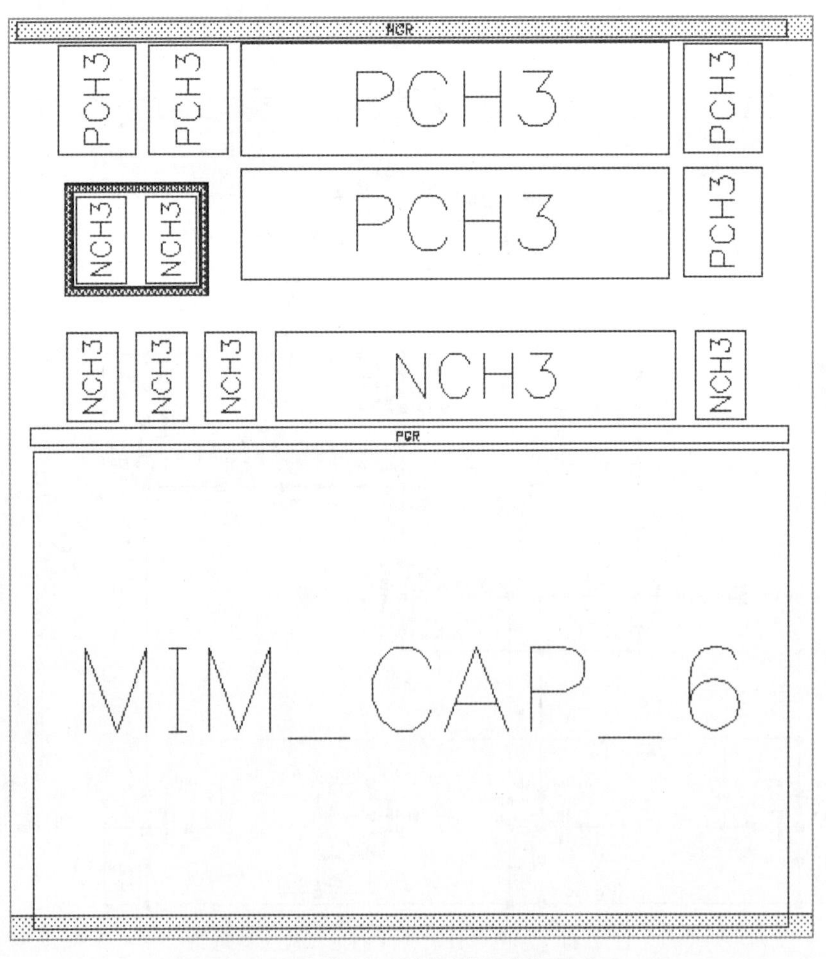

图 7-45 运算放大器版图的优化布局设计

放大器的输入差分对管对匹配性的要求比较高，版图布局可以采用轴对称、中心对称等方案，以及在对管两侧增加 Dummy 晶体管。本设计实例中的放大器输入差分对管的尺寸较小，因此采用轴对称的方案。同时，为了进一步提高匹配性并降低其他版图寄生因素对差分对管的影响，差分对管外围环绕一圈保护环(Guard ring)。

3. 设计及放置元器件单元的版图

做好版图布局规划后，就可以开展版图设计了。在版图设计前一定要确认绘制版图的格点，工艺厂家会给出格点的要求。这里采用 0.005。在版图设计工具 Virtuoso 中执行 Options→Display 菜单命令，弹出 Display Options 对话框，在 Grid Controls 部分选择格点。这里设置 X snap Spacing=0.005，Y snap Spacing=0.005。然后单击 Save to(Library)或 Save to (Cellview)按钮。

如前所述，目前很多工艺厂家提供 PDK，可以直接调用参数化的元器件单元形成需要的版图。如果工艺厂家没有提供这样的 PDK，那么就得按照工艺手册的层次设计 MOS 晶体管的单元版图。放置好元器件单元版图的整体放大器版图如图 7-46 所示，这里同时要考虑放置 NMOS 晶体管的衬底 P^+ 接触以及 PMOS 晶体管的 N 阱中的 N^+ 接触。

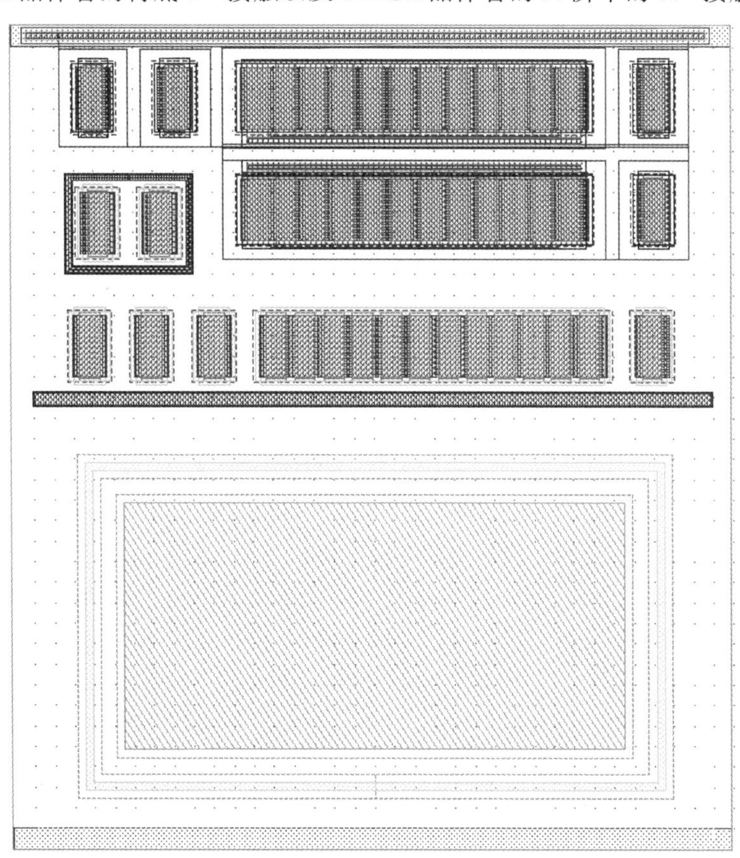

图 7-46 放置好元器件单元版图的整体放大器版图

4. 电源/地线布线

在版图整体布局时已经考虑了电源/地线的位置，在完成元器件单元版图设计后，就可以进行电源/地线的布线。如图 7-47 所示，对电路中连接电源和地线的元器件进行布线，同时将 NMOS 晶体管的衬底 P^+ 接触连接到地线上，将 PMOS 晶体管的 N 阱中的 N^+ 接触连接到电源线上，输入差分对管的保护环也连接到相应的电源线或地线上，这里采用的是连接衬底的 P 型保护环，因此连接到地线上。

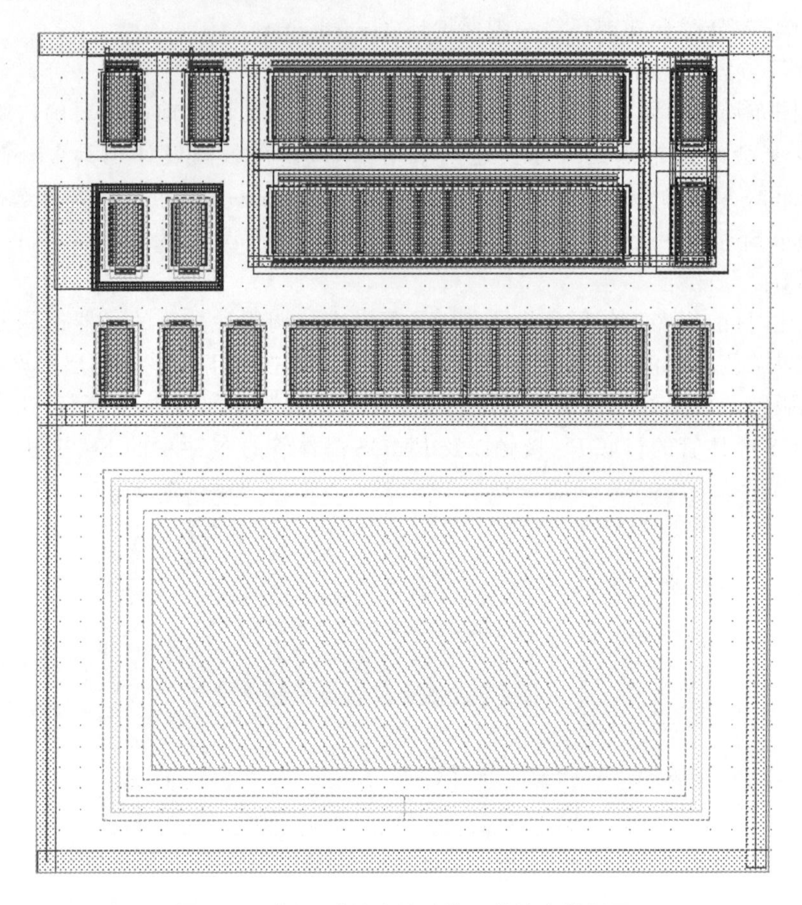

图 7-47 电源/地线布线后的运算放大器版图

5. 信号线布线

最后进行放大器版图信号线的布线，如图 7-48 所示。信号线的布线要考虑匹配和干扰的问题，这里主要考虑差分输入信号连线的匹配，差分输入 Vin 和 Vip 连线长度应保持一致，因此，在版图上加入了虚拟(Dummy)匹配线，在需要连接的地方加入通孔进行连接，如图 7-49(a)所示。虽然图 7-49(a)的布线相较于采用最短连线的布线(见图 7-49(b))产生的交叠寄生电容会多一点，但其布线匹配性好，多出的寄生电容也是匹配的，这一点对于差分电路特别重要。

7.2.2 版图验证

1. DRC 验证

在设计版图的过程中以及最终提交数据前都要进行版图的 DRC 验证。DRC 验证过程与第 6 章一致，不再赘述。图 7-50 所示为版图的 DRC 验证结果，其中还有金属密度的设计规则没有通过，工艺厂家对于金属的覆盖率是有要求的，一般要求为 10%～80%。一般模

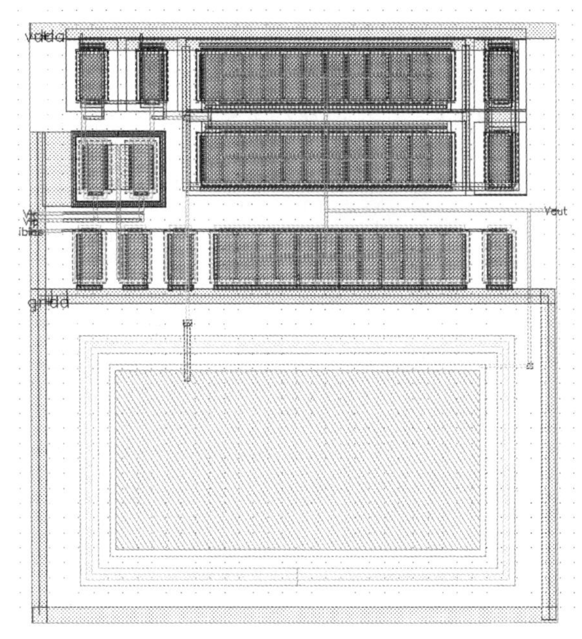

图 7-48　信号布线后的运算放大器版图

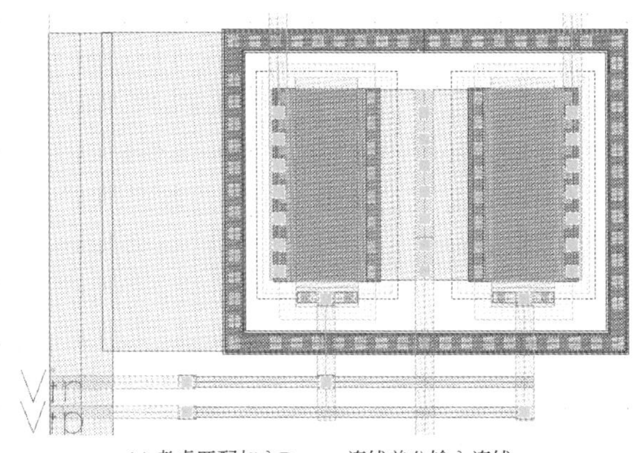

(a) 考虑匹配加入Dummy连线差分输入连线

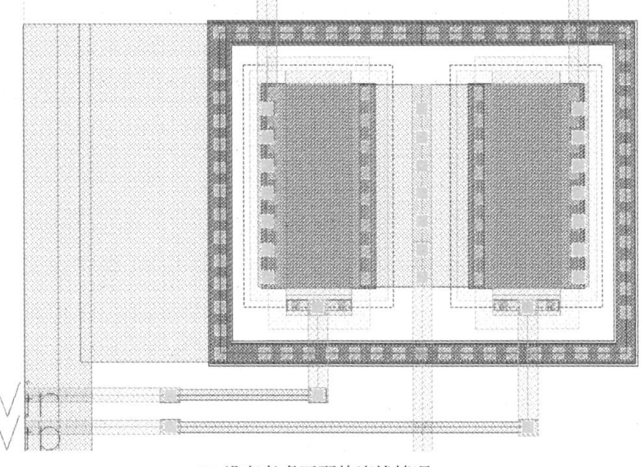

(b) 没有考虑匹配的连线情况

图 7-49　差分输入信号连线的版图

块级的版图设计,可以暂时忽略这个规则违反,等到全芯片版图完成时,再进行各层金属层的冗余填充(Dummy Fill),以便达到工艺厂家覆盖率的要求。金属层的 Dummy Fill 可以按照工艺厂家提供的设计规则进行,并且大部分工艺厂家会提供 Dummy Fill 的规则文件,可以采用 Calibre 的 DRC 工具进行填充。

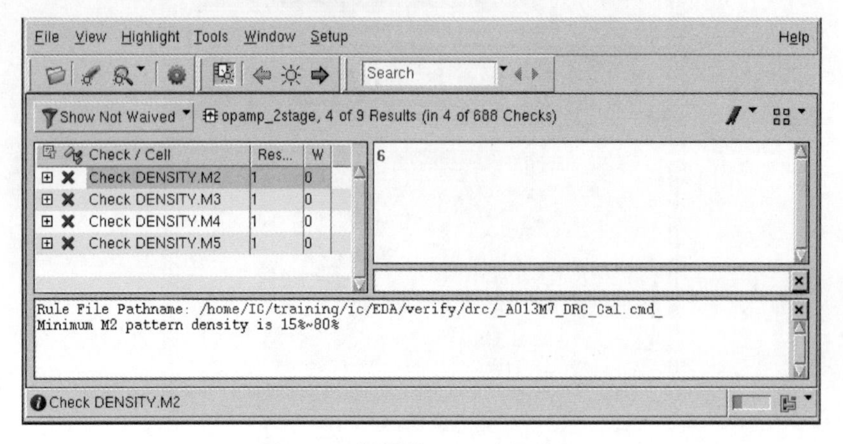

图 7-50 版图的 DRC 验证结果

2. LVS 验证

在设计版图的过程中以及最终提交数据前都要进行版图的 LVS 验证。同样地,LVS 验证过程与第 6 章一致,不再赘述。图 7-51 所示为版图的 LVS 验证结果,从图 7-51(a)可以看到这里还有一处不一致,版图提取的电容比电路中的要大一些,这是因为金属层与电容层有额外的一点交叠,这点误差在容忍的范围内可以忽略。图 7-51(b)的报表显示版图提取的电路与电路的拓扑结构是匹配的。

3. 寄生参数提取

在版图设计完成后要进行版图的 PEX 寄生参数提取,可以提取 HSPICE 或 SPECTRE 电路网表,或者是 Calibre View 的电路图形式。同样地,寄生参数提取过程与第 6 章一致,不再赘述。这里有以下几点需要注意。

(1) 由于需要提取与地之间的寄生电容,因此在 PEX 选项设置的 Netlist→Format 选项卡中设置地线节点名称(Ground node name)为 gnda,如图 7-52(a)所示。此节点与电路图中的地线节点名称一致。如果不填写,则提取与地之间的寄生电容的地线一端为默认的 0 号节点。

(2) 由于进行 PEX 前要进行 LVS 验证,因此 PEX 选项中的 LVS 设置与 LVS 验证时的设置是一致的,如图 7-52(b)所示。例如,电源和地线的名称为 vdda 和 gnda。

(3) 由于在提取的过程中电路图或版图一侧可能会出现端口名称、单元名称的大小写不一致问题,可以在 PEX 选项的 Include 选项卡中额外增加一些声明,如图 7-52(c)所示。这里的 LAYOUT CASE YES 和 SOURCE CASE YES 表示版图和电路的名称均保持原来的大小写。图 7-53 所示为带有寄生参数的版图的 PEX 电路图结果,这里在映射为电路图的设置中选择按版图位置(Layout Location)进行提取,可见各元器件是按版图位置进行摆放的,同时端口以及寄生电容都被正确地提取了出来。

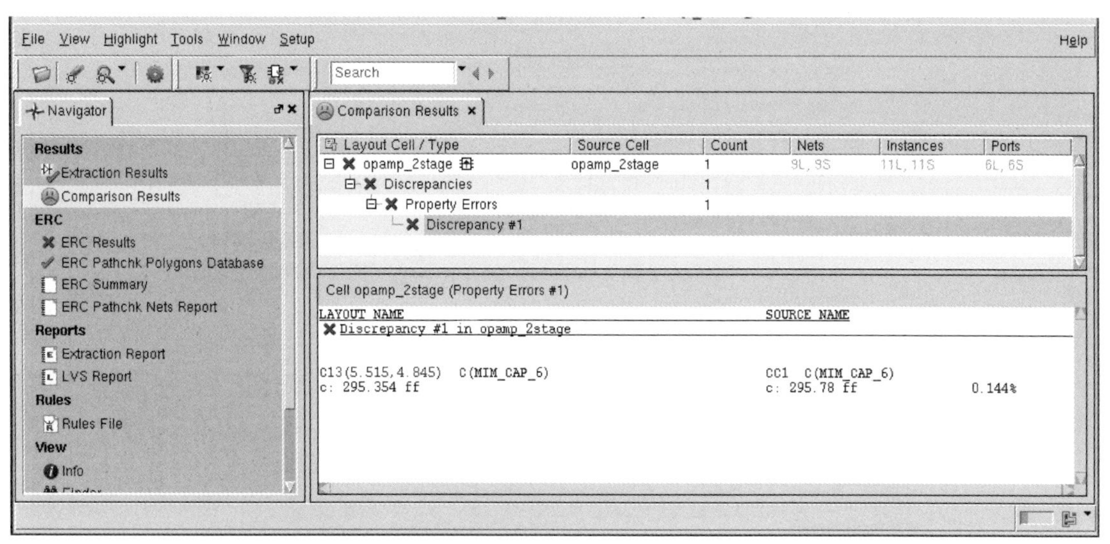

(a) LVS验证的RVE结果

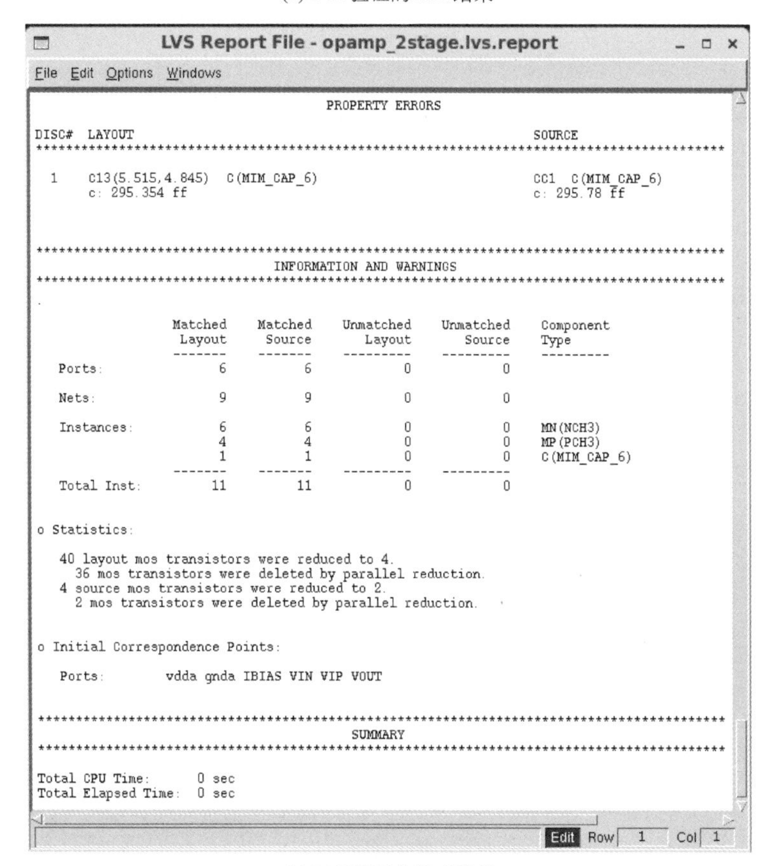

(b) LVS验证的报表结果

图 7-51　版图的 LVS 验证结果

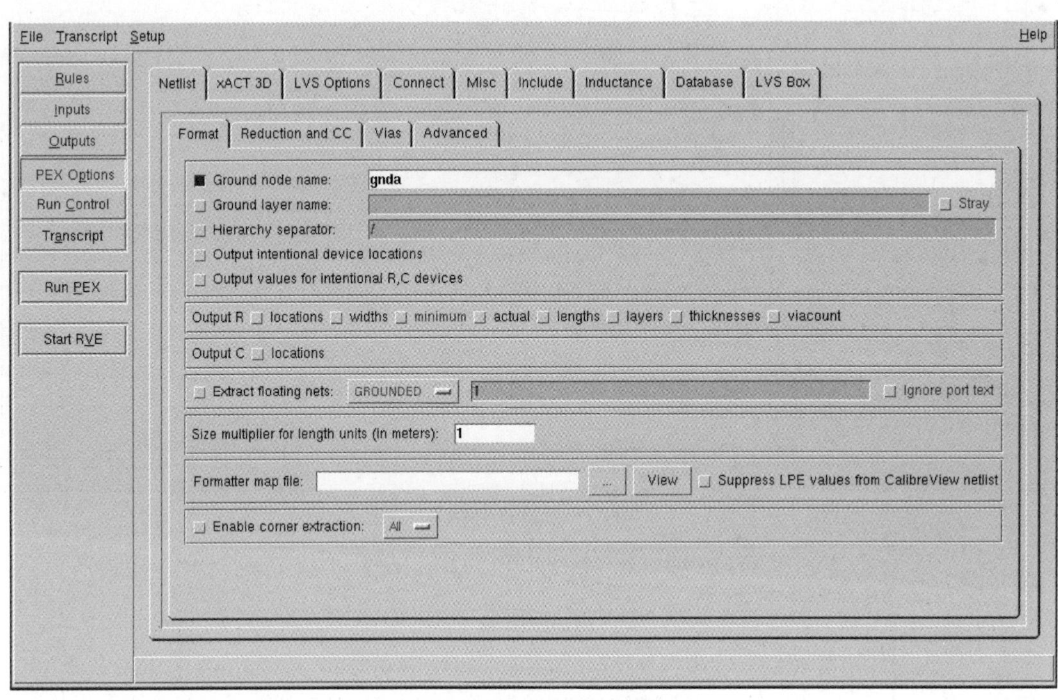

(a) PEX设置中的地线节点名称

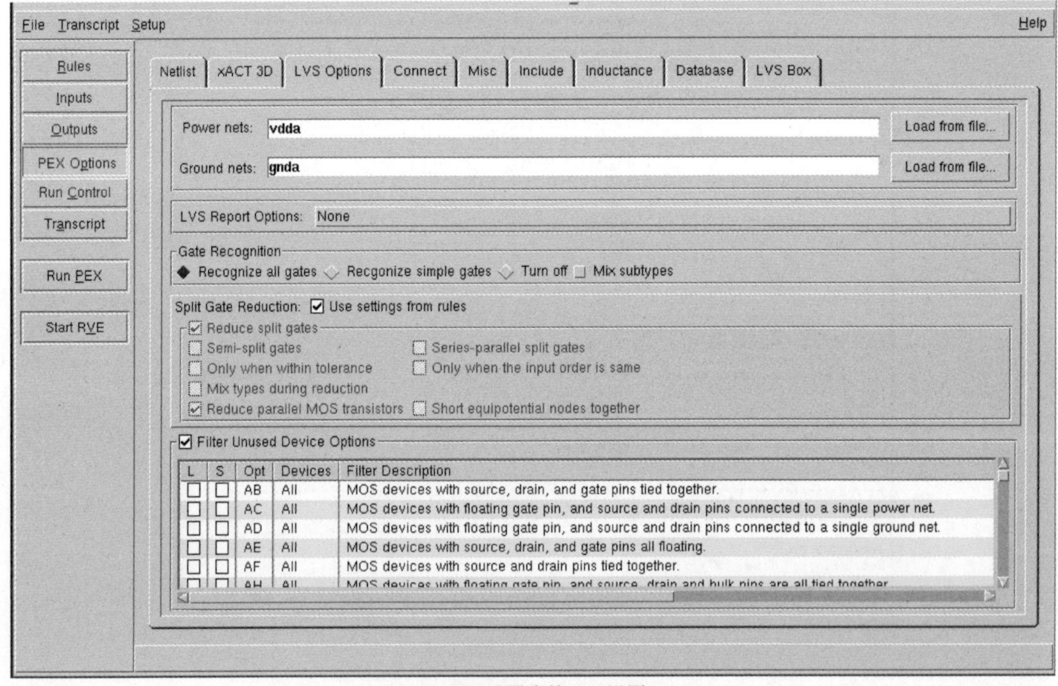

(b) PEX设置中的LVS设置

图 7-52　PEX 选项设置

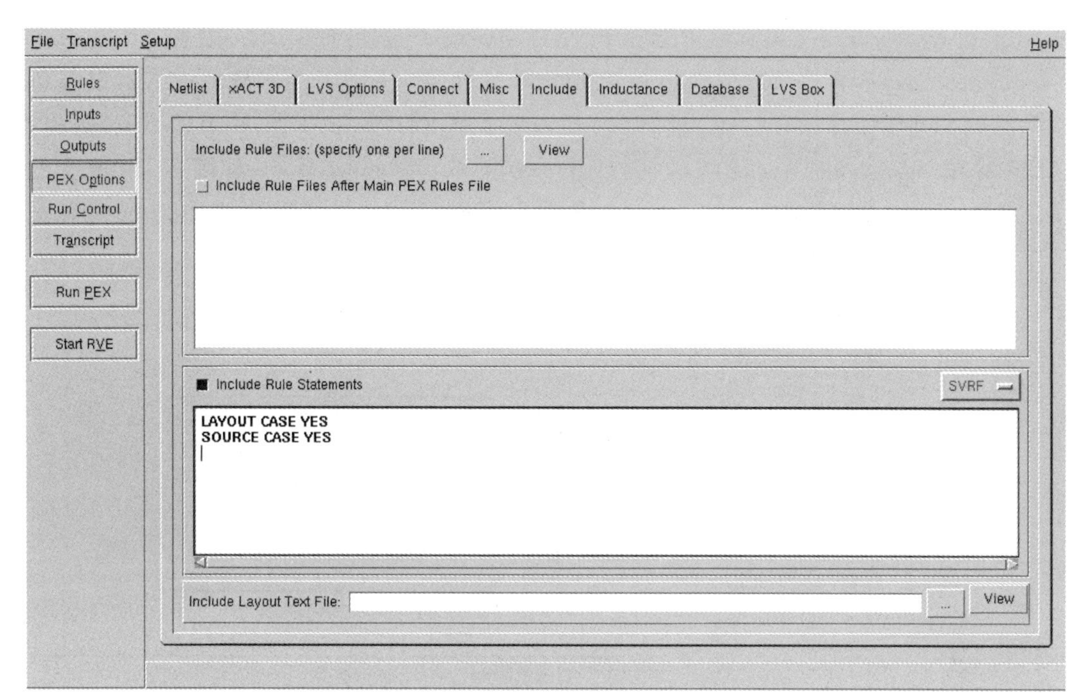

(c) 包含额外的规则声明

图 7-52 （续）

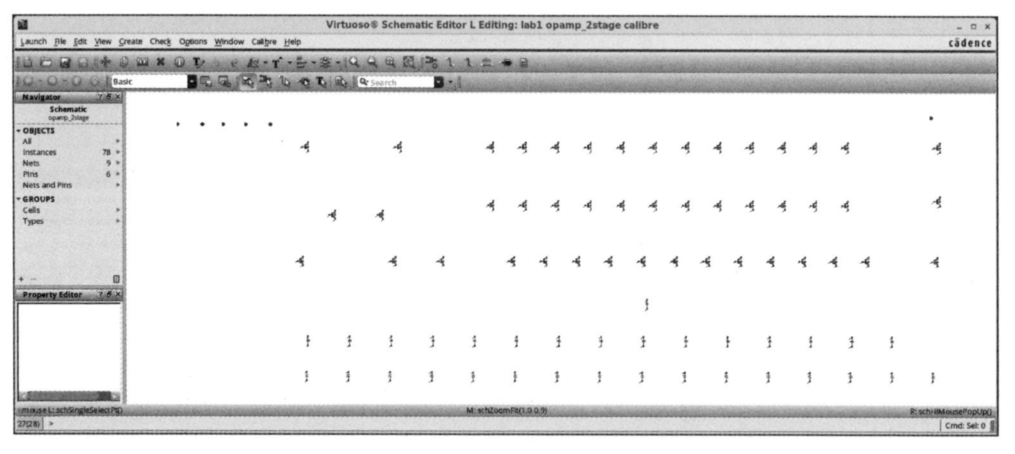

图 7-53 版图的 PEX 电路图结果

7.2.3 版图后仿真

在进行寄生参数提取后就可以采用带有寄生参数的电路进行版图后仿真了。可以按照第 6 章的方法进行 SPICE 网表的版图后仿真或基于 PEX 电路图的后仿真。这里采用基于 PEX 电路图的后仿真，方法与第 6 章一致，创建仿真电路的 config 视图，如图 7-54(a)所示。这里创建图 7-23“闭环仿真开环”放大器仿真电路的 config 视图，在创建的过程中采用 spectre 模板，如图 7-54(b)所示。然后就会弹出 New Configuration 对话框，如图 7-54(c)所示。单击 OK 按钮，进入 Virtuoso 版图设计工具的层次编辑器(Hierarchy Editor)，如

图 7-54(d)所示。在层次编辑器中选择 PEX 的 schematic 视图，如 calibre，这样 cut_opamp_2stage_closeloop 单元中例化的 opamp_2stage 单元就采用了带寄生参数的放大器电路图。然后，在库管理器中打开 cut_opamp_2stage_closeloop 单元的 config 视图，弹出如图 7-55(a)所示的对话框。勾选两个 yes 选项，同时打开 config 和 schematic 视图，如图 7-55(b)所示。注意这里 config 视图中的 opamp_2stage 单元已经从 schematic 视图修改为 calibre 视图。具体过程和方法不再赘述，请读者参见第 6 章的相关内容。

(a) 创建config视图

(b) 使用spectre模板

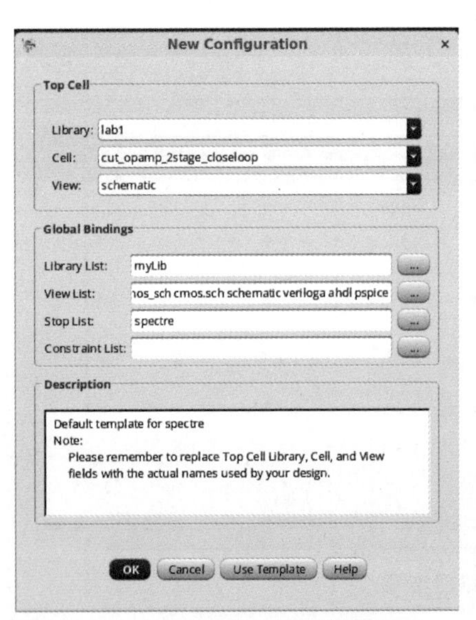

(c) New Configuration对话框

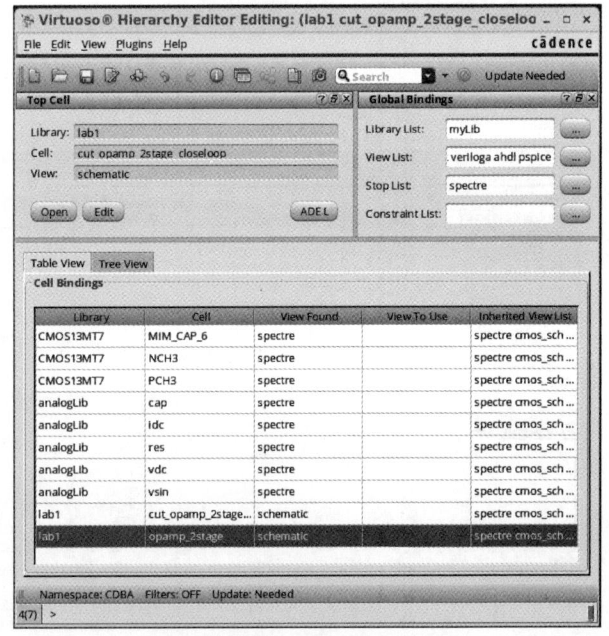

(d) 层次编辑器（Hierarchy Editor）

图 7-54 创建和编辑"闭环仿真开环"放大器仿真电路的 config 视图

在电路图编辑界面中启动 ADE，如图 7-56(a)所示。这里要注意，ADE 启动的是 cut_opamp_2stage_closeloop 单元的 config 视图，而不是 schematic 视图。设置好仿真数据存储路径以及工艺库。由于在版图中采用了工艺库中的 MIM 电容，因此这里需要增加电容的模型文件(section)，如图 7-56(b)所示。工艺库的模型文件说明，请读者查阅所采用的工艺厂家的相关文档。同样设置仿真电路中的变量：vpower＝3.3V，vbias＝1.65V，va＝0.1mV，f0＝100kHz，Iref＝30μA。对放大器进行直流、交流、瞬态以及噪声仿真，得到

Open Configuration or Top CellView

Open for editing

Configuration "lab1 cut_opamp_2stage_closeloop config" yes no

Top Cell View "lab1 cut_opamp_2stage_closeloop schematic" yes no

OK Cancel Help

(a) 打开config和schematic视图

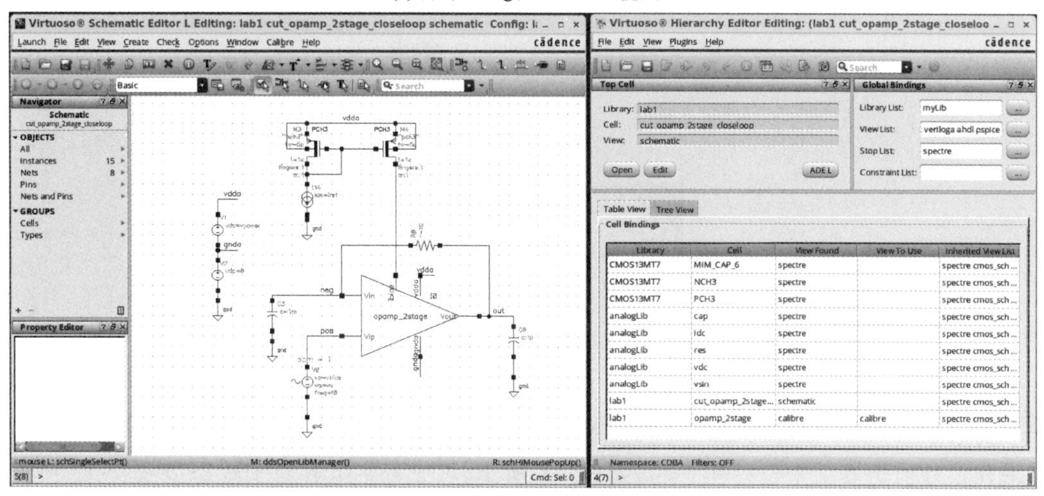

(b) 仿真电路的电路图及其配置

图 7-55 打开"闭环仿真开环"放大器仿真电路的 config 和 schematic 视图

ADE 输出表达式结果，如图 7-57 所示。和图 7-27 的前仿真结果对比，可见寄生电容对放大器带宽影响很小。

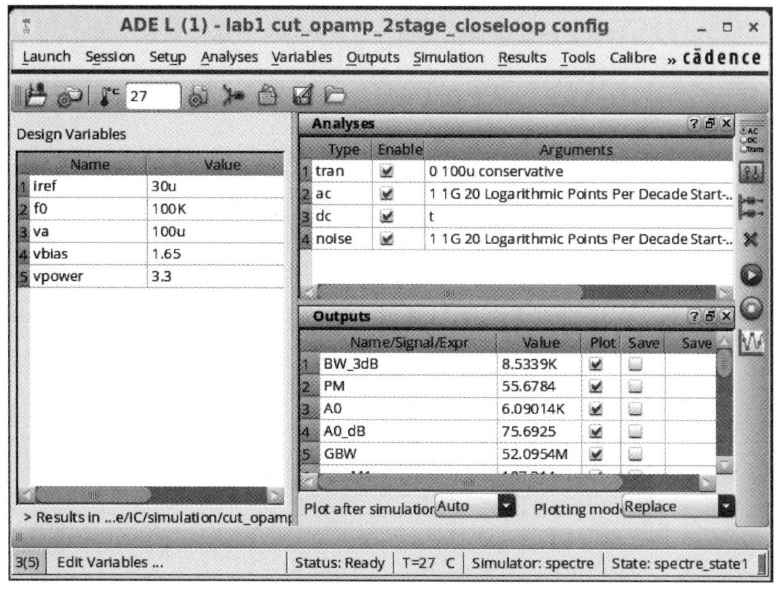

(a) 仿真电路config视图的ADE

图 7-56 "闭环仿真开环"放大器仿真电路 config 视图的 ADE 及模型库设置

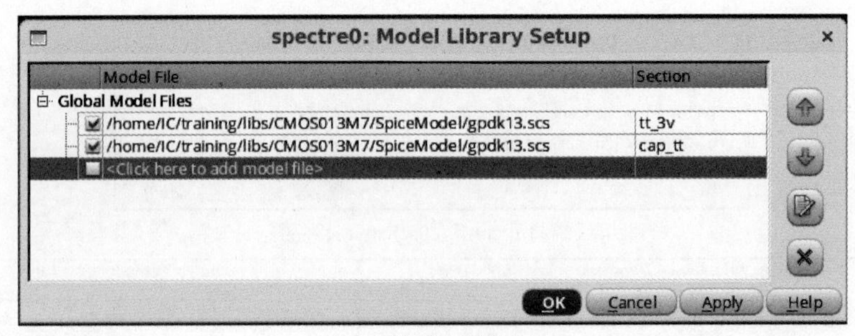

(b) 模型库设置

图 7-56 （续）

1	BW_3dB	8.40059K	☑
2	PM	55.1442	☑
3	A0	6.08981K	☑
4	A0_dB	75.6921	☑
5	GBW	51.2798M	☑

图 7-57 版图后仿真得到的 ADE 输出表达式结果

对于其他性能指标的仿真，采用 7.1.2 节和 7.1.3 节的仿真电路，对相应的仿真电路创建 config 视图，然后通过配置选择寄生参数提取的电路图进行版图后仿真。将版图后仿真结果和设计前仿真结果总结在一起，如表 7-5 所示，可见寄生电容对于瞬态以及交流特性产生了影响，而对于直流特性没有影响。

表 7-5 优化后的放大器的仿真结果

指　标	设计前仿真结果	版图后仿真结果	设计要求值
工艺	0.13μm CMOS 混合信号工艺		
电源电压 V_{DD}	3.3V	3.3V	3.3V
功耗	1.334mW(不包括偏置电流输入电流)； 1.436mW(包括偏置电流输入电流)	1.334mW(不包括偏置电流输入电流)； 1.436mW(包括偏置电流输入电流)	≤2mW(不包括偏置电流输入电流)
驱动负载	1pF	1pF	1pF
直流增益	5997(75.6dB,开环) 6090(75.69dB,闭环仿真开环)	6090(75.69dB,闭环仿真开环)	>3000
增益带宽积(GBW)	52.1MHz	51.3MHz	≥50MHz
转换速率(SR)	正：96.5V/μs 负：88.6V/μs	正：94.2V/μs 负：85.7V/μs	> 80V/μs
相位裕度(PM)	55.6°	55.1°	>45°(最好达到 60°)
输入共模范围(ICMR)	下限 1.459V；上限 2.993V	下限 1.459V；上限 2.993V	下限 1.5V；上限 2.8V
输出摆幅范围	下限 310.06mV；上限 V_{DD} −435.84mV	下限 310.06mV；上限 V_{DD} −435.84mV	下限 0.5V；上限 2.8V
输入参考噪声@1kHz	5.86673e-07V/ $\sqrt{Hz}$	5.86673e-07V/ $\sqrt{Hz}$	—
CMRR	73.72dB(直流或低频)	73.72dB(直流或低频)	—
PSRR	79.16dB(直流或低频)	79.16dB(直流或低频)	—

7.3 本章小结

集成电路的电路级设计要基于集成电路理论，按照设计规范选择电路结构，然后分析电路中各个功能及性能之间的关系，同时整理出相应的关系表达式，根据指标的要求，设计出电路以及其中元器件的参数，如偏置电流、器件尺寸等。有了原型电路后，就可以采用EDA仿真工具开展精确的电路仿真，进而确定设计电路的性能结果。必要时，针对没有达到指标要求的性能，开展电路的优化设计。本章以一个运算放大器为例，介绍了电路设计、仿真、优化以及电路性能的仿真测量方法，讨论了此运算放大器的版图设计与验证。基于这些内容，读者可以对典型的电路级集成电路设计（特别是模拟集成电路设计）流程和方法有一个比较完整的认识。

第8章 HDL描述及仿真

CHAPTER 8

HDL(硬件描述语言)的出现使数字集成电路设计效率有了质的提升,行业主流的HDL主要包含Verilog HDL和VHDL两种语言,两种语言各有优势和特点。无论哪种HDL,在进行数字集成电路设计时,都可以采用它们描述电路的RTL(寄存器传输级)模型和构建用于仿真激励的仿真模型。本书主要以Verilog HDL为例进行阐述。

在采用HDL进行数字集成电路设计时,离不开EDA工具的仿真与调试,常用的仿真与调试工具包括Synopsys公司的VCS、Mentor公司的Modelsim和Cadence公司的NCVerilog等仿真器以及专门用于调试的Verdi等。无论哪种工具,功能都是类似的,本章主要以业界主流采用的VCS仿真+Verdi调试为代表进行介绍。

8.1 可综合Verilog HDL

Verilog HDL由Gateway Design Automation于1983年首创,于1995年成为IEEE标准,即IEEE 1364。作为目前广泛应用的硬件描述语言,Verilog HDL具有以下特点。

(1) 支持不同抽象层次的精确描述以及混合模拟,包括行为级、RTL、门级等。

(2) 设计和模拟采用相同的语法。

(3) 提供了类似C语言的高级程序语句,如if-else、case、for等。

(4) 提供了算术、逻辑、位操作等运算符。

(5) 包含完整的组合逻辑元件,如and、or、xor等,无须自行定义。

(6) 支持元器件门级延时和元器件门级驱动强度。

虽然Verilog HDL能够支持多种不同抽象层次的建模,但在EDA设计流程中,提交给综合工具的HDL模型必须是可综合的,才能达到利用综合工具实现电路自动化实现的目标。

常用的可综合模型主要有RTL(寄存器传输级)和门级两种模型。RTL模型通过描述一个寄存器到另一个寄存器的逻辑变换和传输描述设计,逻辑值存储在寄存器中,通过组合逻辑对其求值,将结果存储在下一级寄存器中。门级模型通过调用逻辑门实现具体的功能。因此,相对于门级描述,RTL描述具备更高的抽象层次,独立于具体的工艺库,是当前用于数字集成电路的主要模型。

常用的可综合Verilog HDL语句主要包含always块、assign语句、function和符合可综合标准的task。本章不介绍具体的语法,具体详细的语法规则可参考相关书籍或标准。这里主要讨论采用硬件描述语言进行数字电路设计的相关技术以及EDA使用方法。

不同于C语言等高级语言,Verilog HDL本身是一种硬件描述语言,虽然具备if-else

等高级语言结构，但并不能等同于高级语言。一个良好的数字集成电路设计应该先有电路结构，再使用 Verilog HDL 进行描述。

对于可综合 HDL 设计，下面给出几个常见的不恰当描述示例，供初学者参考，以便避免出现类似的问题，更多的可综合 RTL 设计方法还需通过更多的设计实践去掌握。

(1) 延时符号。初学者在学习 Verilog HDL 时，由于对硬件设计理解不够深入，经常使用＃符号描述延时，但该语句不可综合，应避免在 RTL 设计中采用。如下面所示的代码，＃1 是不可综合语句，在使用综合工具进行综合时，会给出警告，并去除该延时，从而导致综合后的行为与 HDL 描述的行为不一致。

```
#1 c=a;
```

(2) if-else 语句未写全。在使用 always 块描述组合电路时，由于 if-else 语句未写全，导致产生锁存器。如下面所示的代码，只写了 if，没有写 else，该语句在综合时将产生锁存器用于保存 else 情况的值，但该锁存器并不是设计者本意想产生的。

```
if(en)
    a=1;
```

(3) 敏感变量未写全。如下面所示的代码，在使用 always 块描述组合电路时，由于涉及较多的敏感变量，初学者经常容易少写或漏写敏感变量，从而导致电路描述与具体设计不一致。

```
always@(a or sel)
    if(sel)
        c=a;
    else
        c=b;
```

下面以一个某芯片内部包含的集成电路总线(Inter-Integrated Circuit，IIC)从设备接口模块为例说明如何采用 HDL 对设计的数字电路进行描述。

首先，对待设计的 IIC 从设备接口模块进行结构设计，如图 8-1 所示。

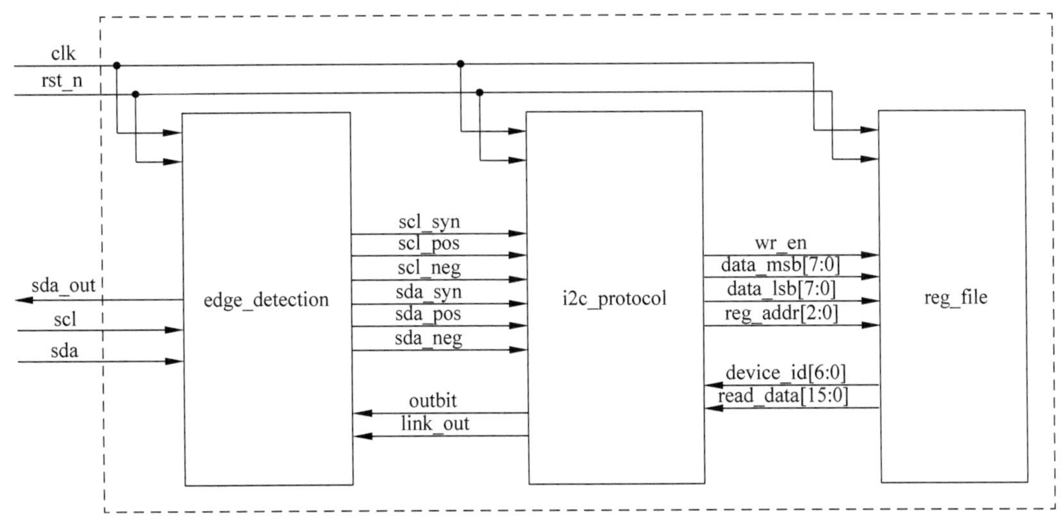

图 8-1　IIC 从设备接口模块结构设计

整个IIC从设备接口模块划分为3个功能块。其中，edge_detection边沿检测模块完成SCL和SDA信号的边沿检测；i2c_protocol协议解释模块完成IIC协议解释，是整个IIC从设备接口的核心；reg_file寄存器组模块包含了IIC从设备接口访问的寄存器。

(1) 边沿检测模块的设计。边沿检测模块的Verilog HDL代码如下。

```
1   module edge_detection (/* AUTOARG */
2       // outputs
3       scl_syn,
4       sda_syn,
5       scl_pos,
6       scl_neg,
7       sda_pos,
8       sda_neg,
9       sda_out,
10
11      // inputs
12      clk,
13      rst_n,
14      scl,
15      sda,
16      outbit,
17      link_out
18
19      );
20      input     clk;
21      input     rst_n;
22      input     sda;
23      input     outbit;
24      input     link_out;
25      output    scl_syn,sda_syn,scl_pos,scl_neg,sda_pos,sda_neg;
26
27      output    sda_out;
28
29      reg     scl_tmp,scl_syn,sda_tmp,sda_syn;
30      reg     scl_edge,sda_edge;
31      wire    sda_in;
32
33      assign sda_in = link_out?1'b1:sda;
34
35      assign sda_out = link_out?outbit:1'b1;
36
37      //--------------------------------
38      // scl and sda edge detect module
39      // through two clock delay
40      // detect the scl and sda posedge and negedge
41      //--------------------------------
42
43      //scl-> scl_tmp-> scl_syn-> scl_edge
44      always@(posedge clk or negedge rst_n)
45        if(!rst_n)
46          {scl_syn,scl_tmp}<=2'b11;
47        else
```

```
48          {scl_syn,scl_tmp}<={scl_tmp,scl};
49
50      always@(posedge clk or negedge rst_n)
51        if(!rst_n)
52          scl_edge<=1'b1;
53        else
54          scl_edge<=scl_syn;
55
56      assign scl_pos=scl_syn && !scl_edge;
57
58      assign scl_neg=!scl_syn && scl_edge;
59
60      //sda-> sda_tmp-> sda_syn-> sda_edge
61      always@(posedge clk or negedge rst_n)
62        if(!rst_n)
63          {sda_syn,sda_tmp}<=2'b11;
64        else
65          {sda_syn,sda_tmp}<={sda_tmp,sda_in};
66
67      always@(posedge clk or negedge rst_n)
68        if(!rst_n)
69          sda_edge<=1'b1;
70        else
71          sda_edge<=sda_syn;
72
73      assign sda_pos=sda_syn && !sda_edge;
74
75      assign sda_neg=!sda_syn && sda_edge;
76
77  endmodule // edge_detection
```

由于IIC协议中SDA端口是双向端口，而在Verilog HDL设计中，不能直接使用双向端口信号，因此，在内部设计中，分别定义了sda和sda_out端口变量，分别表示SDA输入信号和SDA输出信号。在芯片设计中，这两个信号将通过双向I/O形成最终的SDA端口。

采用系统时钟分别对scl和sda_in信号进行采样，如上述第44～58行和第61～65行代码，该采样逻辑采用经典的双寄存器结构，防止亚稳态现象。上述第50～58行和第67～75行代码，通过判断前后两个周期的值的变化实现了边沿判断逻辑，其中scl_pos和sda_pos分别为scl和sda的上升沿检测结果，scl_neg和sda_neg分别为scl和sda的下降沿检测结果。

该模块完成了IIC从设备接口模块的端口信号处理和边沿检测，从而后续协议解释模块可直接利用该模块产生的信号进行逻辑设计。

(2) 协议解释模块的设计。这里详细描述一下IIC协议，并结合协议讲解设计代码。

IIC总线在物理连接上非常简单，分别由SDA(串行数据线)和SCL(串行时钟线)及上拉电阻组成。通信原理是通过对SCL和SDA线高低电平时序的控制，产生IIC总线协议所需要的信号进行数据的传递。

协议规定总线上数据的传输必须以一个起始信号作为开始条件(start)，以一个结束信号作为停止条件(stop)。起始和结束信号总是由主设备产生。总线在空闲状态时，SCL和SDA都保持着高电平，当SCL为高电平，SDA由高到低跳变时，表示产生一个开始条件；

当 SCL 为高电平，SDA 由低到高跳变时，表示产生一个停止条件，如图 8-2 所示。

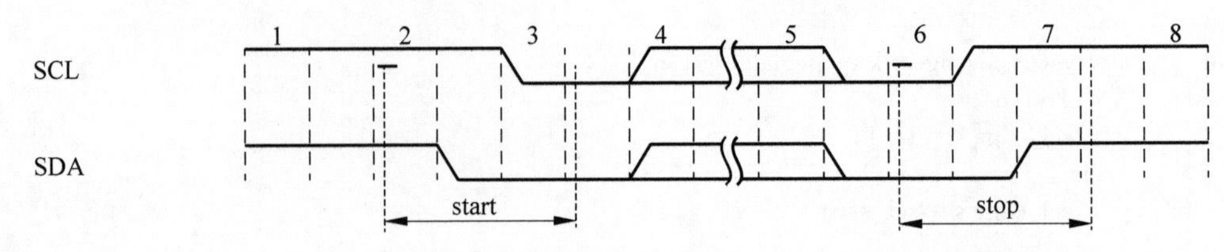

图 8-2 IIC 通信通用时序示意图

IIC 总线的数据传输以字节为单位，主设备在 SCL 线上产生每个时钟脉冲的过程中将在 SDA 线上传输一个数据位，当一字节按数据位从高位到低位的顺序传输完后，紧接着从设备将拉低 SDA 线，回传给主设备一个应答位，此时才认为一字节真正地被传输完成。图 8-3 所示为完整的一帧 IIC 数据。

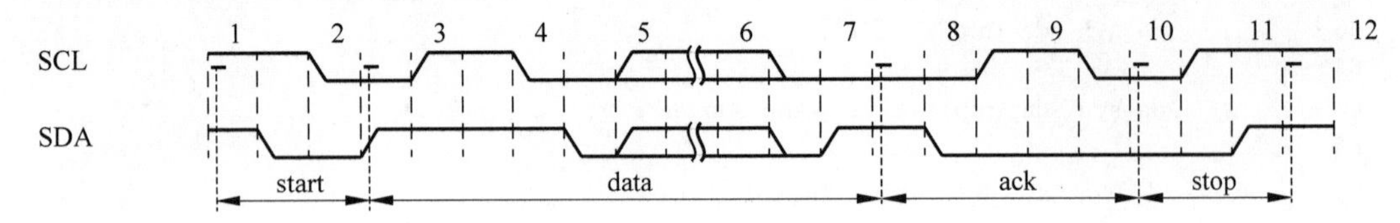

图 8-3 完整的一帧 IIC 数据

IIC 总线上的每个从设备都对应唯一的地址，主从设备之间的数据传输建立在地址的基础上。也就是说，主设备在传输有效数据之前要先指定从设备的地址，地址指定的过程和数据传输的过程一样，从设备的地址为 7 位，最低位用来表示接下来数据传输的方向，0 表示主设备向从设备写数据，1 表示主设备向从设备读数据。

IIC 协议解读模块的 Verilog HDL 代码如下。

```
1   module IIC_protocol (/ * AUTOARG * /
2       // outputs
3       link_out,
4       wr_en,
5       outbit,
6       datamsb,
7       datalsb,
8       reg_addr,
9
10      // inputs
11      device_set,
12      scl_syn,
13      sda_syn,
14      scl_pos,
15      scl_neg,
16      sda_pos,
17      sda_neg,
18      clk, .
19      rst_n,
20      read_data
21
22      );
23
```

```
24	//the device id
25	input [6:0] device_set;
26	//the synchronized IIC 's two input signal
27	input        scl_syn;
28	input        sda_syn;
29	input        scl_pos;
30	input        scl_neg;
31	input        sda_pos;
32	input        sda_neg;
33	
34	input        clk;
35	input        rst_n;
36	//the data of regs(16 bit) which will be read out by IIC
37	input [15:0] read_data;
38	//switch IIC is in or out
39	output         link_out;
40	//enable signal to write regs
41	output         wr_en;
42	//IIC output
43	output         outbit;
44	//the two bytes will be writen to addressing regs
45	output [7:0] datamsb,datalsb;
46	//use to address regs
47	output [2:0] reg_addr;
48	
49	wire [15:0]  read_data;
50	//these regs used to avoid error that when reading, the data is change
51	reg [15:0]   read_data_reg;
52	wire [2:0]   reg_addr;
53	//IIC's start stop signal
54	reg          start,stop;
55	//which control the state machine's write state is which phase(msb phase,lsb phase )
56	reg          wr_flag;
57	wire [6:0]   device_set;
58	wire         wr_rd;
59	//which control the state machine's read state is which phase
60	//(msb phase, lsb phase /msb phase,middle phase, lsb phase )
61	reg          rd_flag;
62	reg [5:0]    state,next_state;
63	//count how many scl
64	reg [3:0]    count;
65	//the device ID IIC slave has been received
66	reg [7:0]    get_device;
67	//the reg addr IIC slave has been received
68	reg [7:0]    point_reg;
69	reg [7:0]    datalsb;
70	reg [7:0]    datamsb;
71	reg          link_out;
72	reg          outbit;
73	reg          wr_en;
74	//compare the set device and get device is same or not
75	reg          device_match;
76	
```

```
77
78    parameter IDLE=6'b00_0001;              //6'h1
79    parameter DEVICE_IN=6'b00_0010;         //6'h2
80    parameter POINTREG=6'b00_0100;          //6'h4
81    parameter WRITE_BYTE=6'b00_1000;        //6'h8
82    parameter READ_BYTE=6'b01_0000;         //6'h10
83    parameter FINISH_STOP=6'b10_0000;       //6'h20
84    //--------------------------------
85    // start and stop signal generation
86    // check the IIC bus start and stop signal arrive
87    //
88    //--------------------------------
89
90    always@(posedge clk or negedge rst_n)
91      if(!rst_n)
92        start<=1'b0;
93      else if(sda_neg && scl_syn)
94        //start condition
95        start<=1'b1;
96      else if(!state[0])
97        //reset start
98        start<=1'b0;
99      else
100       start<=start;
101
102
103   always@(posedge clk or negedge rst_n)
104     if(!rst_n)
105       stop<=1'b0;
106     else if(sda_pos && scl_syn)
107       //stop condition
108       stop<=1'b1;
109     else if(!state[5])
110       //reset stop
111       stop<=1'b0;
112     else
113       stop<=stop;
114
115   //--------------------------------
116   // scl counter
117   // detect the IIC scl negedge to count the scl clock
118   //
119   //--------------------------------
120   always@(posedge clk or negedge rst_n)
121     if(!rst_n)
122       count<=4'd0;
123     else if((count==4'b1000 && scl_neg)
124             ||state[5]
125             ||(state[3]&&(count==4'd1)&&stop))
126       //when ( both the data is reach to 8 and the scl negedge occur)
127       //or state machine in FINISH_STOP state
128       //or after only-write point reg with 0x1-0x5 reset the count
129       count<=4'd0;
```

```
130        else if(scl_neg)
131          //when scl negedge the count will be add one
132          count <= count + 1'b1;
133        else
134          count <= count;
135
136      //----------------------------
137      // get device id module
138      // when in DEVICE_ID state, get the device id from sda
139      //
140      //----------------------------
141      always@(posedge clk or negedge rst_n)
142        if(!rst_n)
143          get_device <= 8'b1111_1111;
144        else if(state[1]&&(count!=4'd0)&&scl_pos)
145          //when DEVICE_ID state and occur scl posedge,
146          // shift data to reg
147          //count=0 is ack bit,
148          // do not shift the bit to reg
149          get_device <= {get_device[6:0],sda_syn};
150        else if(state[0]||state[5])
151          //when start or stop state reset the get_device reg
152          get_device <= 8'b1111_1111;
153        else
154          get_device <= get_device;
155
156
157      //----------------------------
158      // match device id module
159      // judge if the device received and slave device id is equation
160      //
161      //----------------------------
162      always@(posedge clk or negedge rst_n)
163        if(!rst_n)
164          device_match <= 1'b0;
165        else if(state[0]||state[5])
166          //when start stop state,reset
167          device_match <= 1'b0;
168        else if(get_device[7:1]==device_set)
169          //get device = set device
170          device_match <= 1'b1;
171        else
172          device_match <= device_match;
173
174      assign wr_rd = get_device[0];
175
176      //----------------------------
177      // get register address
178      // from the sda, get the read or write register address.
179      //
180      //----------------------------
181      always@(posedge clk or negedge rst_n)
182        if(!rst_n)
```

```
183              point_reg <= 8'b1111_1111;
184          else if(state[2] && (count != 4'd0) && scl_pos)
185              // when point reg state and occur scl posedge, shift data to reg
186              // count=0 is ack bit,do not shift the bit to reg
187              point_reg <= {point_reg[6:0],sda_syn};
188          else
189              point_reg <= point_reg;
190
191      assign reg_addr = point_reg[2:0];
192
193      //----------------------------
194      // get register write data
195      // from the sda, get the data to write to register
196      //
197      //----------------------------
198      always@(posedge clk or negedge rst_n)
199          if(!rst_n)
200              datamsb <= 8'b0000_0000;
201          else if(state[3] && (count != 4'd0) && scl_pos && !wr_flag)
202              //when write state and occur scl posedge and wrflag=0,
203              // shift data to datamsb reg
204              //count=0 is ack bit,
205              // do not shift the bit to reg//
206              datamsb <= {datamsb[6:0],sda_syn};
207          else if(state[0] || state[5])
208              datamsb <= 8'b0000_0000;
209          else
210              datamsb <= datamsb;
211
212      always@(posedge clk or negedge rst_n)
213          if(!rst_n)
214              datalsb <= 8'b0000_0000;
215          else if(state[3] && (count != 4'd0) && scl_pos && wr_flag)
216              //when write state and occur scl posedge and wrflag=1,
217              // shift data to datalsb reg
218              //count=0 is ack bit,
219              // do not shift the bit to reg//
220              datalsb <= {datalsb[6:0],sda_syn};
221          else if(state[0] || state[5])
222              datalsb <= 8'b0000_0000;
223          else
224              datalsb <= datalsb;
225      //----------------------------
226      // wr_en signal generation
227      // when datamsb and datalsb is ready, wr_en set
228      //
229      //----------------------------
230
231      always@(posedge clk or negedge rst_n)
232          if(!rst_n)
233              wr_en <= 1'b0;
234          else if(state[3] && (count == 4'd0) && scl_pos && wr_flag)
235              // when datamsb and datalsb both ready set the wr_en
```

```
236          wr_en<=1'b1;
237       else
238          //wr_en's duration is one clk
239          wr_en<=1'b0;
240    //-----------------------------
241    // wr_flag signal generation
242    // inv the wr_flag when count=0 in write state
243    //
244    //-----------------------------
245
246    always@(posedge clk or negedge rst_n)
247       if(!rst_n)
248          wr_flag<=1'b0;
249       else if(state[3]&&(count==4'd0)&&scl_neg)
250          //wr_flag will inv in write state when count=0
251          wr_flag<=!wr_flag;
252       else
253          wr_flag<=wr_flag;
254    //-----------------------------
255    // rd_flag signal generation
256    // generation the rd_flag to identified the lsb or msb byte
257    //
258    //-----------------------------
259
260    always@(posedge clk or negedge rst_n)
261       if(!rst_n)
262          rd_flag<=1'b0;
263       else if(state[4]&&(count==4'd0)&&scl_neg)
264          //rd_flag will shift in write state when count=0
265          rd_flag<=!rd_flag;
266       else
267          rd_flag<=rd_flag;
268    //-----------------------------
269    // change state module
270    // synchronized change state to nextstate
271    //
272    //-----------------------------
273
274    always@(posedge clk or negedge rst_n)
275       if(!rst_n)
276          state<=IDLE;
277       else if(scl_neg||(state[5]&&stop))
278          //state machine :change state when(scl_neg)
279          // or (FINISH_STOP state and stop)
280          state<=next_state;
281       else if(state[3]&&(count==4'd1)&&stop)
282          //only write point reg : 0x1-0x5
283          state<=IDLE;
284       else
285          state<=state;
286
287    //-----------------------------
288    // next state generation module
```

```
289    // refer to above signal, generate next state
290    //
291    //-----------------------------
292
293    always@(/ * AUTOSENSE * /count or device_match or rd_flag or reg_addr
294               or start or state or stop or wr_flag or wr_rd)
295       begin
296           case(1'b1)
297             state[0]: begin
298                //IDLE state
299                if(start)
300                   next_state=DEVICE_IN;
301                else
302                   next_state=IDLE;
303              end
304             state[1]: begin
305                //DEVICE IN state
306                   if(count==4'd0) begin
307                         if(device_match)
308                            begin
309                                //device match
310                                if(wr_rd)
311                                   //read bit
312                                   next_state=READ_BYTE;
313                                else
314                                   //write bit
315                                   next_state=POINTREG;
316                            end
317                         else
318                            //when mismatch jump to FINISH_STOP
319                            // so that can be not influenced by sda input
320                            // (when mismatch the sda is given to other device)
321                            // and wait stop singal to go back IDLE
322                            next_state=FINISH_STOP;
323                   end
324                else
325                   next_state=DEVICE_IN;
326              end
327             state[2]: begin
328                //point reg state
329                if((count==4'd0))
330                   begin
331                         next_state=WRITE_BYTE;
332                   end
333                else
334                   next_state=POINTREG;
335              end
336              state[3]: begin
337                //write state
338                   if(count==4'd0) begin
339                         if(!wr_flag)
340                            //msb phase
341                            next_state=WRITE_BYTE;
```

```
342                         else
343                           //lsb phase
344                           next_state=FINISH_STOP;
345                     end
346                 else
347                     next_state=WRITE_BYTE;
348               end
349             state[4]: begin
350                 //read state
351                     if(count==4'd0) begin
352                         if(!rd_flag)
353                           //msb phase
354                           next_state=READ_BYTE;
355                         else
356                           //lsb phase
357                           next_state=FINISH_STOP;
358                     end
359                 else
360                     next_state=READ_BYTE;
361             end
362           state[5]: begin
363               if(stop)
364                 next_state=IDLE;
365               else
366                 next_state=FINISH_STOP;
367             end
368             default:
369                 next_state=IDLE;
370           endcase // case(1'b1)
371       end
372     //----------------------------
373     // output data register
374     // as a output register, provide output data to sda out
375     //
376     //----------------------------
377
378     always@(posedge clk or negedge rst_n)
379       if(!rst_n)
380         read_data_reg<=24'd0;
381       else if(state[1]&&(count==4'd0)&&wr_rd&& scl_pos)
382         //ensure that when IIC read out the data will not be change
383         read_data_reg<=read_data;
384       else
385         read_data_reg<=read_data_reg;
386     //----------------------------
387     // sda out signal
388     // refer to above signal, generate sda out signal
389     //
390     //----------------------------
391
392     always@(posedge clk or negedge rst_n)
393       if(!rst_n)
394         outbit<=1'd0;
```

```
395         else if(state[4]&&(count!=4'd0))
396             if(!rd_flag)
397                 //read msb byte
398                 outbit<=read_data_reg[16-count];
399             else
400                 outbit<=read_data_reg[8-count];
401         else if((state[3]||state[2]||state[1])&&(count==4'd0))
402             //slave send ACK bit
403             outbit<=1'b0;
404         else
405             outbit<=outbit;
406
407     //----------------------------
408     // sda out control signal generation
409     // refer to above signal, generate sda out control signal
410     //
411     //----------------------------
412
413     always@(posedge clk or negedge rst_n)
414         if(!rst_n)
415             link_out<=1'b0;
416         else if(state[4]&&(count!=4'd0))
417             //read data
418             link_out<=1'b1;
419         else if((state[3]||state[2]||state[1])&&(count==4'd0))
420             //ACK bit
421             link_out<=1'b1;
422         else
423             link_out<=1'b0;
424
425 endmodule // IIC_protocol
```

整个协议解释模块主要包含了起始位和停止位检测逻辑、设备地址匹配逻辑、寄存器地址判断逻辑以及数据发送和接收状态机。起始位和停止位检测逻辑用于判定 IIC 协议的起始位和停止位，启动状态机。设备地址匹配逻辑用于判定主机发送的命令是否寻址当前从设备。寄存器地址判断逻辑则用于判断当前命令寻址的寄存器是否合法。

数据发送和接收状态机是整个 IIC 协议的数据发送和接收的核心控制过程，采用三段式描述方法，其状态转换图如图 8-4 所示。

(3) 寄存器组模块的设计。寄存器组模块主要包含一组 IIC 从设备接口可访问的寄存器，具有寄存器地址解码和数据存储功能。寄存器组模块的 Verilog HDL 代码如下，共包含 8 个 16 位可访问寄存器组，其中 0 号寄存器组用来存放 IIC 从设备的设备 ID，其他 7 个寄存器组可用于数据存储。显然，对于不同应用情况，寄存器组的规模可根据具体情况进行裁剪和扩展。

```
1   module reg_file(/*AUTOARG*/
2       // outputs
3       device_set,
4       read_data,
5
6       // inputs
7       clk,
```

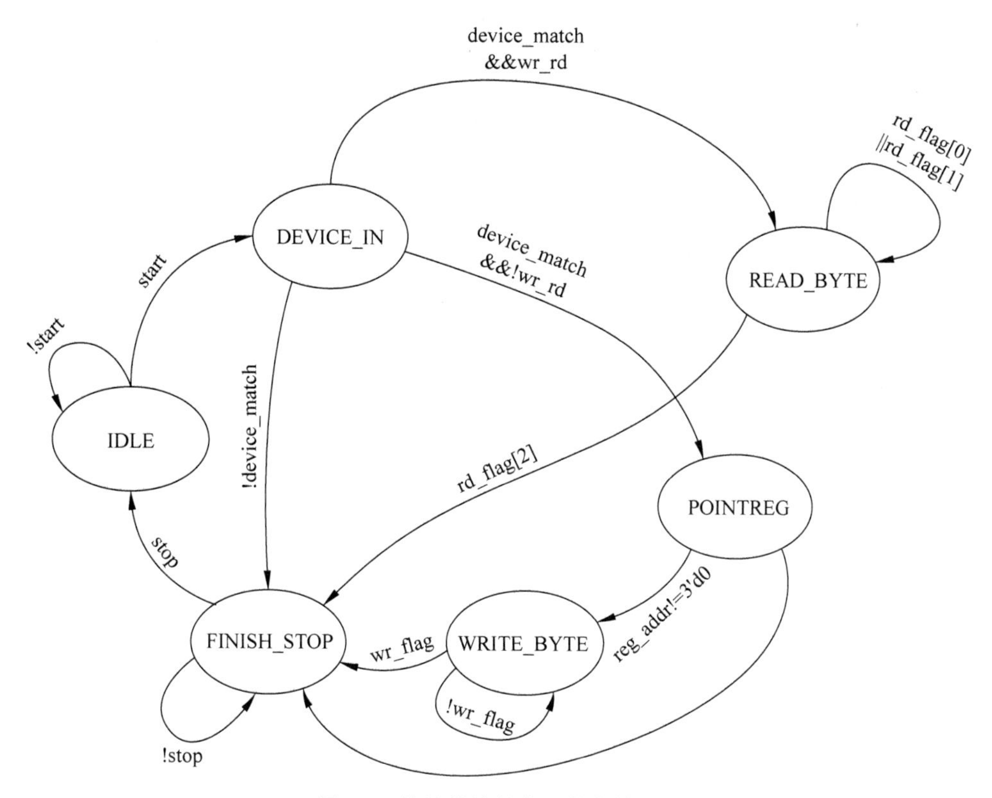

图 8-4　协议转换状态机状态转换图

```
8       rst_n,
9       reg_addr,
10      wr_en,
11      datamsb,
12      datalsb
13
14      );
15      input clk;
16      input rst_n;
17
18      input [2:0] reg_addr;
19      input         wr_en;
20      input [7:0] datamsb;
21      input [7:0] datalsb;
22
23      output [6:0] device_set;
24      output reg [15:0] read_data;
25
26      parameter      init_device_id = 16'b0000_0000_0110_0000;
27      reg [15:0]     regf0;      //reserve register, address 0x00,RW
28      reg [15:0]     regf1;      //reserve register, address 0x01,RW
29      reg [15:0]     regf2;      //reserve register, address 0x02,RW
30      reg [15:0]     regf3;      //reserve register, address 0x03,RW
31      reg [15:0]     regf4;      //reserve register, address 0x04,RW
32      reg [15:0]     regf5;      //reserve register, address 0x05,RW
```

```
33    reg [15:0]    regf6;     //reserve register, address 0x06,RW
34    reg [15:0]    regf7;     //device id register, address 0x07,RO
35
36    assign        device_set = regf7[6:0];
37    //------------------------------
38    // registers write module
39    // when rst_n low, reset all registers
40    // when wr_en high, write data to register
41    //------------------------------
42    always@(posedge clk or negedge rst_n) begin
43        if(!rst_n) begin
44            regf0 <= 16'b0000_0000_0000_0000;
45            regf1 <= 16'b0000_0000_0000_0000;
46            regf2 <= 16'b0000_0000_0000_0000;
47            regf3 <= 16'b0000_0000_0000_0000;
48            regf4 <= 16'b0000_0000_0000_0000;
49            regf5 <= 16'b0000_0000_0000_0000;
50            regf6 <= 16'b0000_0000_0000_0000;
51            regf7 <= init_device_id; //device id
52        end
53        else if (wr_en) begin
54            case (reg_addr)
55              3'd0: regf0 <= regf0;
56              3'd1: regf1 <= {datamsb,datalsb};
57              3'd2: regf2 <= {datamsb,datalsb};
58              3'd3: regf3 <= {datamsb,datalsb};
59              3'd4: regf4 <= {datamsb,datalsb};
60              3'd5: regf5 <= {datamsb,datalsb};
61              3'd6: regf6 <= {datamsb,datalsb};
62              3'd7: regf7 <= regf7;      //regf7 read only
63            default: begin
64              regf0 <= regf0;
65              regf1 <= regf1;
66              regf2 <= regf2;
67              regf3 <= regf3;
68              regf4 <= regf4;
69              regf5 <= regf5;
70              regf6 <= regf6;
71              regf7 <= regf7;
72            end
73            endcase                       //case(reg_addr)
74        end
75       else begin
76           regf0 <= regf0;
77           regf1 <= regf1;
78           regf2 <= regf2;
79           regf3 <= regf3;
80           regf4 <= regf4;
81           regf5 <= regf5;
82           regf6 <= regf6;
83           regf7 <= regf7;
84        end
85    end
```

```
 86      //-----------------------------
 87      // registers read module
 88      // read data from registers file
 89      //
 90      //-----------------------------
 91      always@(posedge clk or negedge rst_n) begin
 92          if(!rst_n) begin
 93              read_data <= 16'b0;
 94          end
 95          else begin
 96                  case (reg_addr)
 97                      3'd0: read_data <= regf0;
 98                      3'd1: read_data <= regf1;
 99                      3'd2: read_data <= regf2;
100                      3'd3: read_data <= regf3;
101                      3'd4: read_data <= regf4;
102                      3'd5: read_data <= regf5;
103                      3'd6: read_data <= regf6;
104                      3'd7: read_data <= regf7;
105                  default: read_data <= read_data;
106                endcase // case(reg_addr)
107          end
108      end
109
110  endmodule // reg_file
```

以上是整个 IIC 从设备接口模块的 RTL 模型。虽然该 IIC 从设备接口模块整体功能简单,但其中包含了诸多实用设计技术,可供初学者在后期实践中参考。

8.2 Testbench 验证平台

在完成了 RTL 建模之后,为了对描述的模型进行模拟仿真验证,就需要开发仿真用的 Testbench 验证平台。不同于可综合的 RTL 建模存在诸多语法限制,在进行 Testbench 构建时,可使用 HDL 提供的任何合法语句进行描述,以便充分利用 HDL 提供的系统级、行为级描述能力,更加灵活地构建验证平台。

不同的电路设计,构成的 Testbench 的也不尽相同。通常 Testbench 需要包含以下几个要素。

(1) 待测单元(Design Under Test,DUT)。在 Testbench 顶层,首先必须例化 DUT。

(2) 时钟和复位激励模块。除了纯组合逻辑,一般带时序逻辑的 RTL 均包含时钟和复位,因此,在 Testbench 中通常也需包含时钟产生激励和复位产生激励。

(3) 输入信号激励模块。为了验证电路设计的功能是否正确,必然需要提供输入信号激励模块,简单的输入信号激励模块可以直接描述,稍微复杂的可使用 task 描述,对于更复杂的 SoC,更多地则采用验证 IP(Verification IP,VIP)模型产生输入信号变化激励。

(4) 输出信号检测模块。为了判断 DUT 在输入信号变化时,输出是否正确,需要一个输出信号检测模块判断输出是否正确。对于初学者,在一些简单的设计实例中,可直接通过查看仿真波形判断设计是否正确。但对于复杂的 DUT 单元,仅采用波形判断 DUT 功能是否正确显然是不够的。因此,通常需要信号检测模块单元完成判断仿真结果是否正确。

下面继续以 8.1 节中描述的 IIC 从设备接口的验证为例说明 Testbench 构建过程。采用 Verilog HDL,代码如下。

```
1   `define RANDOM_NUM 100
2
3   module i2c_tb;
4
5       // DUT signal
6       wire            sda_out;
7       wire            link_out;
8       reg             clk;
9       reg             rst_n;
10      reg             scl;
11      reg             sda;
12
13      // slave address
14      parameter       SLA = 7'b110_0000;
15
16      // test case result
17      integer         right_test,error_test;
18
19      // DUT instance
20      i2c_slave i2c_slave_inst(/ * AUTOARG * /
21                              // outputs
22                              .sda_out(sda_out),
23                              .link_out(link_out),
24
25                              // inputs
26                              .clk(clk),
27                              .rst_n(rst_n),
28                              .scl(scl),
29                              .sda(sda)
30                              );
31
32      //---------------------------
33      // clock signal generation
34      // system clock generation, 50 MHz system clock will be generated
35      //
36      //---------------------------
37      initial begin:clk_gen
38          clk = 0;
39          forever #10 clk = ~clk;
40      end
41
42      //---------------------------
43      // reset signal generation
44      // system reset generation. low active
45      //
46      //---------------------------
47      initial begin:res_n_gen
48          #100;
49          rst_n = 1;
50          #100;
51          rst_n = 0;
52          #100;
53          rst_n = 1;
```

```
54   end
55
56       //-----------------------------
57       // the test case module
58       // all test cases will be run in this module
59       //
60       //-----------------------------
61       initial begin:test
62           integer        i;
63           reg [7:0]      DataIn[2];
64           reg [7:0]      DataOut[2];
65           reg [7:0]      RegAddr;
66
67           // initial the number of result
68           right_test = 0;
69           error_test = 0;
70
71           #500;
72
73           //--------reset test--------
74           for(i=0;i<7;i=i+1) begin
75               readreg(SLA,i[7:0],DataOut);
76               checker({DataOut[1],DataOut[0]},16'h0000);
77           end
78           // device id register reset test
79           readreg(SLA,8'h7,DataOut);
80           checker({DataOut[1],DataOut[0]},16'h0060);
81           //---------------------
82
83           //----IIC read and write function test----
84           for(i=0;i<`RANDOM_NUM;i=i+1) begin
85               random_data(RegAddr,DataIn);
86               writereg(SLA,RegAddr,DataIn);
87               readreg(SLA,RegAddr,DataOut);
88               if(RegAddr == 7'h00)
89                   // reg0 is a RO register
90                   checker({DataOut[1],DataOut[0]},
91                           16'h0000);
92               else if (RegAddr == 7'h07)
93                   // reg7 is a RO register
94                   checker({DataOut[1],DataOut[0]},
95                           16'h0060);
96               else
97                   checker({DataOut[1],DataOut[0]},
98                           {DataIn[1],DataIn[0]});
99           end // for (i=0;i<`RANDOM_NUM;i=i+1)
100          //---------------------
101
102          //-------error injection test-------
103          $display("-------because of error injection test-------");
104          $display("----the following warning should be ignored----");
105          RegAddr = 8'h03;
106          DataIn[1] = 8'h22;
```

```
107         DataIn[0] = 8'h33;
108
109         //start reset
110         start();
111         reset();
112         #100;
113         checker(i2c_slave_inst.i2c_protocol_inst.state[0],1'b1);
114         //device in reset
115         start();
116         send_data({SLA,1'b0});
117         reset();
118         #100;
119         checker(i2c_slave_inst.i2c_protocol_inst.state[0],1'b1);
120         //point reg reset
121         start();
122         send_data({SLA,1'b0});
123         send_data(RegAddr);
124         reset();
125         #100;
126         checker(i2c_slave_inst.i2c_protocol_inst.state[0],1'b1);
127         //write reset
128         start();
129         send_data({SLA,1'b0});
130         send_data(RegAddr);
131         send_data(DataIn[1]);
132         reset();
133         #100;
134         checker(i2c_slave_inst.i2c_protocol_inst.state[0],1'b1);
135         //read reset
136         start();
137         send_data({SLA,1'b0});
138         send_data(RegAddr);
139         stop();
140         start();
141         send_data({SLA,1'b1});
142         receive_data(DataOut[1]);
143         reset();
144         #100;
145         checker(i2c_slave_inst.i2c_protocol_inst.state[0],1'b1);
146         //finish reset
147         start();
148         send_data({SLA,1'b0});
149         send_data(RegAddr);
150         send_data(DataIn[1]);
151         send_data(DataIn[0]);
152         reset();
153         #100;
154         checker(i2c_slave_inst.i2c_protocol_inst.state[0],1'b1);
155         //mismatch test
156         writereg(SLA+1,RegAddr,DataIn);
157         readreg(SLA+1,RegAddr,DataOut);
158         checker({DataOut[1],DataOut[0]},
159                 16'hFFFF);
```

```
160         $display("---------------------------");
161         //reg_addr error when write test
162         reset();
163         writereg(SLA,RegAddr,DataIn);
164         force i2c_slave_inst.reg_file_inst.reg_addr = 3'hx;
165         force i2c_slave_inst.reg_file_inst.wr_en = 1'b1;
166         #100;
167         readreg(SLA,RegAddr,DataOut);
168         checker({DataOut[1],DataOut[0]},
169                 {DataIn[1],DataIn[0]});
170         release i2c_slave_inst.reg_file_inst.reg_addr;
171         release i2c_slave_inst.reg_file_inst.wr_en;
172         //state machine error test 1
173         force i2c_slave_inst.i2c_protocol_inst.state = 6'hxx;
174         #1;
175         checker(i2c_slave_inst.i2c_protocol_inst.next_state[0],
176                 1'b1);
177         release i2c_slave_inst.i2c_protocol_inst.state;
178         //state machine error test 2
179         force i2c_slave_inst.i2c_protocol_inst.state[3] = 1'b1;
180         force i2c_slave_inst.i2c_protocol_inst.count = 4'b0;
181         force i2c_slave_inst.i2c_protocol_inst.stop = 1;
182         #100;
183         release i2c_slave_inst.i2c_protocol_inst.state[3];
184         release i2c_slave_inst.i2c_protocol_inst.count;
185         release i2c_slave_inst.i2c_protocol_inst.stop;
186         //state machine error test 3
187         force i2c_slave_inst.i2c_protocol_inst.state[3] = 1'b0;
188         force i2c_slave_inst.i2c_protocol_inst.count = 4'b1;
189         force i2c_slave_inst.i2c_protocol_inst.stop = 1;
190         #100;
191         release i2c_slave_inst.i2c_protocol_inst.state[3];
192         release i2c_slave_inst.i2c_protocol_inst.count;
193         release i2c_slave_inst.i2c_protocol_inst.stop;
194         //state machine error test 4
195         force i2c_slave_inst.i2c_protocol_inst.state[3] = 1'b0;
196         force i2c_slave_inst.i2c_protocol_inst.count = 4'b1;
197         force i2c_slave_inst.i2c_protocol_inst.scl_pos = 1'b1;
198         force i2c_slave_inst.i2c_protocol_inst.wr_flag = 1;
199         #100;
200         release i2c_slave_inst.i2c_protocol_inst.state[3];
201         release i2c_slave_inst.i2c_protocol_inst.count;
202         release i2c_slave_inst.i2c_protocol_inst.stop;
203         release i2c_slave_inst.i2c_protocol_inst.wr_flag;
204         //state machine error test 5
205         force i2c_slave_inst.i2c_protocol_inst.state[3] = 1'b0;
206         force i2c_slave_inst.i2c_protocol_inst.count = 4'b0;
207         force i2c_slave_inst.i2c_protocol_inst.scl_pos = 1'b1;
208         force i2c_slave_inst.i2c_protocol_inst.wr_flag = 1;
209         #100;
210         release i2c_slave_inst.i2c_protocol_inst.state[3];
211         release i2c_slave_inst.i2c_protocol_inst.count;
212         release i2c_slave_inst.i2c_protocol_inst.stop;
```

```
213          release i2c_slave_inst. i2c_protocol_inst. wr_flag;
214
215          //----------------------------
216          #500;
217          //------------result report------------
218          $display("-----------test result report-----------");
219          $display("\ttest result:");
220          $display("\t   all test case: %3d",(right_test+error_test));
221          $display("\t   right result: %3d",right_test);
222          $display("\t   error result: %3d",error_test);
223          $display("----------------------------");
224          //----------------------------
225          $finish;
226
227
228      end
229
230      //----------------------------
231      // fsdb file dump module
232      // in order to help debug, dump wave to fsdb file for Verdi
233      //
234      //----------------------------
235      initial begin
236          $fsdbDumpfile("Test. fsdb");
237          $fsdbDumpvars();
238          $fsdbDumpMDA(0,i2c_tb);
239      end
240
241      //----------------------------
242      // random data generation
243      // in order to random test, randomized the reg address
244      // and input data
245      //----------------------------
246      task random_data;
247          output [7:0] reg_addr;
248          output [7:0] data[2];
249
250          begin
251              reg_addr = $random()%8'h08;
252              data[0] = $random()%8'hFF;
253              data[1] = $random()%8'hFF;
254
255          end
256
257      endtask // random_data
258
259      //----------------------------
260      // reset process generation task
261      // in order to help error injection test, package the reset
262      // process as a task
263      //----------------------------
264      task reset;
265          begin
```

```
266             #100;
267             rst_n = 0;
268             #100;
269             rst_n = 1;
270         end
271     endtask // reset
272 
273     //----------------------------
274     // IIC start generation task
275     // generate the IIC start signal
276     //
277     //----------------------------
278     task start;
279         begin
280             scl = 1;
281             sda = 1;
282             #100;
283             sda = 0;
284             #100;
285         end
286     endtask // start
287 
288     //----------------------------
289     // IIC send data task
290     // send a 8 bit data using SCL and SDA bus, then check
291     // ACK or NACK from slave
292     //----------------------------
293     task send_data;
294         input [7:0] data;
295         integer i;
296 
297         begin
298             for(i=0;i<8;i=i+1) begin
299                 scl = 0;
300                 #100;
301                 sda = data[7-i];
302                 #100;
303                 scl = 1;
304                 #100;
305             end
306             scl = 0;
307             #100;
308             scl = 1;
309             #100;
310             if(!sda_out) begin
311                 ;
312             end
313             else begin
314                 $display("%t :NACK receive", $time);
315             end
316         end
317     endtask // send_data
318 
```

```
319    //-----------------------------
320    // IIC receive data task
321    // receive a 8 bit data from SCL and sda_out bus, then
322    // send a ACK signal to slave
323    //-----------------------------
324    task receive_data;
325        output [7:0] data;
326        integer i;
327
328        begin
329            for(i=0;i<8;i=i+1) begin
330                scl = 0;
331                #100;
332                scl = 1;
333                #100;
334                data[7-i] = sda_out;
335                #100;
336            end
337        // ack
338        scl = 0;
339        #100;
340        sda = 0;
341        #100;
342        scl = 1;
343        #100;
344        scl = 0;
345        #100;
346        sda = 1;
347
348        end
349    endtask // receive_data
350
351    //-----------------------------
352    // IIC stop signal generation task
353    // generate the stop signal to slave
354    //
355    //-----------------------------
356    task stop;
357        begin
358            scl = 0;
359            #100;
360            sda = 0;
361            #100;
362            scl = 1;
363            #100;
364            sda = 1;
365
366        end
367    endtask // stop
368
369    //-----------------------------
370    // write data task
371    // write a 16 bit data to the register
```

```
372    //
373    //----------------------------
374    task writereg;
375        input [6:0]      sla;
376        input [7:0]      reg_addr;
377        input [7:0]      data[2];
378
379        begin
380            start();
381            send_data({sla,1'b0});
382            send_data(reg_addr);
383            send_data(data[1]);
384            send_data(data[0]);
385            stop();
386
387        end
388    endtask // writereg
389
390    //----------------------------
391    // read data task
392    // read a 16 bit data from the register
393    //
394    //----------------------------
395    task readreg;
396        input [6:0]      sla;
397        input [7:0]      reg_addr;
398        output [7:0]     data[2];
399        begin
400            start();
401            send_data({sla,1'b0});
402            send_data(reg_addr);
403            stop();
404            start();
405            send_data({sla,1'b1});
406            receive_data(data[1]);
407            receive_data(data[0]);
408            stop();
409
410        end
411    endtask // readreg
412
413    //----------------------------
414    // compare result task
415    // compare the result and reference result, then display error
416    // result and count test case number.
417    //----------------------------
418    task checker;
419        input reg [15:0] result;
420        input reg [15:0] ref_result;
421        begin
422            if(result == ref_result) begin
423                right_test=right_test+1;
424            end
```

```
425            else begin
426                error_test=error_test+1;
427                $display( $time,,":test error,result = %b,ref_result = %b",
428                        result,ref_result);
429            end
430        end
431    endtask // checker
432
433
434 endmodule // i2c_tb
```

首先，将待测 DUT 例化，如上述代码中的第 19～30 行。时钟激励模型直接在 Testbench 顶层描述(第 32～40 行)。第 42～54 行代码复位相关激励。第 56～228 行代码是测试激励产生的主要部分。这里主要是通过兼容 IIC 协议的相关任务给 DUT 施加测试激励，相关任务代码为第 272～412 行。最后，在 Testbench 中通常还会包含 initial 块(第 230～239 行)，该 initial 块的作用是在仿真过程中，调用 Verdi 调试工具提供的函数，产生 fsdb 格式的仿真波形以便 Verdi 等调试工具使用。

上述 Testbench 包含了以任务(task)为主的测试向量构建方法，具体测试向量一般需要根据设计规范要求，以覆盖率驱动施加不同向量。对于 task 的功能，下面进行简单描述。

(1) random_data：用于产生随机数据，包含随机的协议地址和读写数据。

(2) reset：用于产生系统复位。

(3) start：用于构建起始信号。

(4) send_data：用于构建发送数据过程。

(5) receive_data：用于构建接收数据过程。

(6) stop：用于构建停止信号。

(7) writereg：应用上述 start、send_data 和 stop 任务，构建写寄存器过程。

(8) readreg：应用上述 start、send_data、receive_data 和 stop 任务，构建读寄存器过程。

(9) checker：辅助任务，用于检查期望数据和实测数据是否存在不同，统计检查结果。

8.3 VCS 仿真工具

VCS 是 Synopsys 公司的高性能 HDL 仿真工具，是目前工业界主流的仿真工具之一。VCS 采用先编译后执行的方式运行，提供了丰富的仿真命令参数和接口协助用户进行高效的仿真。具体仿真命令可以参考 VCS 手册。以本章 IIC 从设备设计实例的仿真为例介绍 VCS 仿真过程，供初学者参考。

1. 仿真文件列表准备

通常一个数字电路设计中包含的文件往往不止一个，在复杂的 SoC 中甚至有上百个。因此，在仿真开始之前，需要对文件进行管理，最基本的方式是使用文件列表的方式将仿真过程中用到的所有文件列出，从而方便后续脚本的开发。以下是上文描述的 IIC 从设备接口仿真所需的文件列表，其中前 4 个文件是设计文件，最后一个文件是 Testbench 顶层文件。

```
../src/i2c_protocol.v
../src/edge_detection.v
../src/i2c_slave.v
../src/reg_file.v
../tb/i2c_tb.v
```

2. 编译

VCS 工具采用先编译后执行的方式，使用的命令为 vcs。具体的命令参数选项可参考 VCS 工具手册，这里给出一个脚本示例供参考，如下所示。

```
cov_opt = line+cond+fsm+branch

vcs +v2k \
    -sverilog \
    -debug_all \
    -f file_list \
    -full64 \
    -cm $(cov_opt) \
    -cm_dir ./cov_dir/i2c \
    -debug_pp +memcbk \
    -l vcs_cmp.log \
    -timescale=1ns/1ps \
    -P /verdi/share/PLI/VCS/LINUX64/novas.tab \
      /verdi/share/PLI/VCS/LINUX64/pli.a
```

其中，+v2k 指的是支持 Verilog 2000 标准；-sverilog 代表支持 SystemVerilog 语言；-f file_list 指定了仿真包含的文件列表；-cm 的两行是覆盖率统计的选项；-l 表示编译的日志文件保存为 vcs_cmp.log；最后两行指的是调用 Verdi 工具，用来支持产生 fsdb 格式的波形文件。

3. 执行

编译完成之后，会生成一个 simv 文件，该文件为可执行文件，运行该文件即开始使用 VCS 进行仿真。以下是对应的执行脚本，其中仿真过程中产生的日志文件为 vcs_run.log。

```
./simv -l vcs_run.log \
    -cm $(cov_opt)
```

4. Makefile 脚本

通常一个完整的仿真工程都会构建仿真脚本，常用的仿真脚本构建语言包括 Perl、Python、Makefile 等。以 Makefile 脚本为例，上述 IIC 接口设计的仿真环境所使用的 Makefile 脚本如下。其中，cmp 选项是编译；run 选项是执行；deb 选项是运行 Verdi 进行调试；cov 选项是使用 DVE 查看覆盖率报告；rpt 选项是生成覆盖率报告；clean 选项是清除仿真环境。

```
cov_opt = line+cond+fsm+branch

all: cmp run
cmp:
    vcs +v2k \
```

```
            -sverilog \
            -debug_all \
            -f file_list \
            -full64 \
            -cm $(cov_opt) \
            -cm_dir ./cov_dir/i2c \
            -debug_pp +memcbk \
            -l vcs_cmp.log \
            -timescale=1ns/1ps \
            -P /verdi/share/PLI/VCS/LINUX64/novas.tab \
              /verdi/share/PLI/VCS/LINUX64/pli.a
run:
        ./simv -l vcs_run.log \
            -cm $(cov_opt)

deb:
        verdi \
            -f file_list \
            -autoalias \
            -workMode hardwareDebug \
            -sv \
            -ssf Test.fsdb \
            -top i2c_tb &

cov:
        dve \
            -cov \
            -covdir ./cov_dir/i2c.vdb/ &

rpt:
        urg \
            -dir ./cov_dir/i2c.vdb \
            -full64 \
            -report both

clean:
        rm -rf csrc *.log simv* ucli* *.fsdb novas* verdi* *Log DVE*
```

8.4 Verdi 调试工具

在设计阶段，通过调试工具定位问题是必不可少的手段，其中最常见的定位问题的方法就是查看波形，当前主流仿真工具都提供了自己的波形查看工具子集，这里不一一介绍。Verdi 工具是一款独立于仿真器的调试工具，因其推理能力和方便快捷的波形查看功能，已成为当前数字集成电路设计过程中强有力的调试工具。下面介绍该工具的基本用法。

（1）启动 Verdi 调试工具。在命令提示符中输入 Verdi 或 debussy，打开如图 8-5 所示的 Verdi 界面。

（2）文件加载。执行 File→Import Design 菜单命令导入设计文件，如图 8-6 所示。

在 Look in 下拉列表中选择设计文件所在的目录，加载设计文件，如图 8-7 所示。

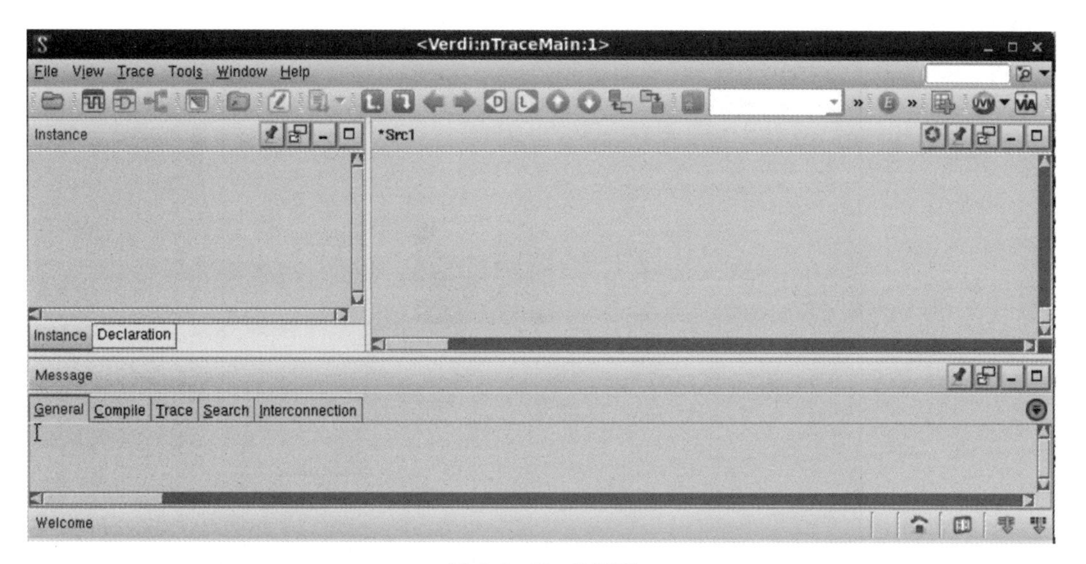

图 8-5 Verdi 界面

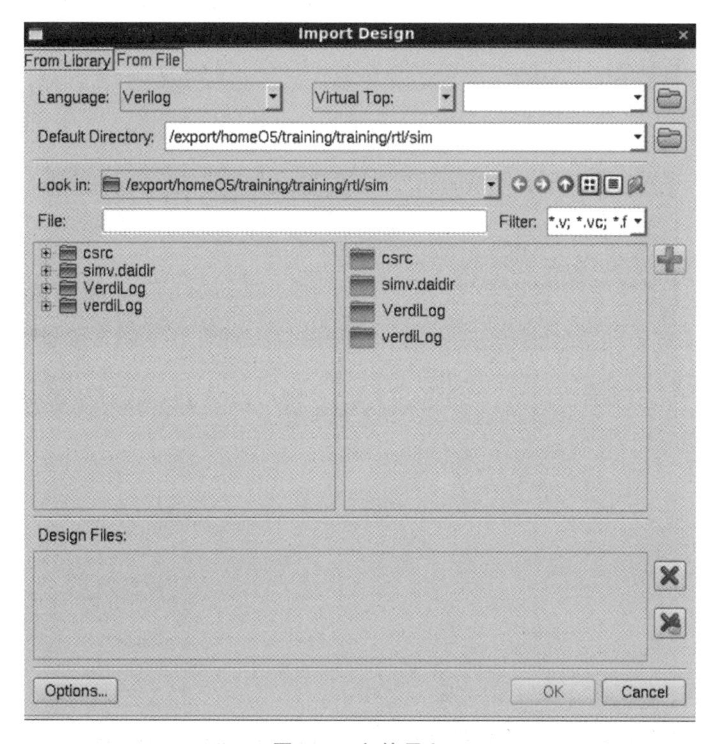

图 8-6 文件导入

然后在 Look in 下拉列表中改变目录，加载 Testbench 顶层文件，如图 8-8 所示。这样在 Design Files 中可以看到已经选择的所有需要加载的文件。

单击 OK 按钮，成功导入整个验证环境，如图 8-9 所示。

(3) 波形文件加载。如图 8-10 所示，单击工具栏中的波形加载按钮。

进入波形加载界面，如图 8-11 所示。

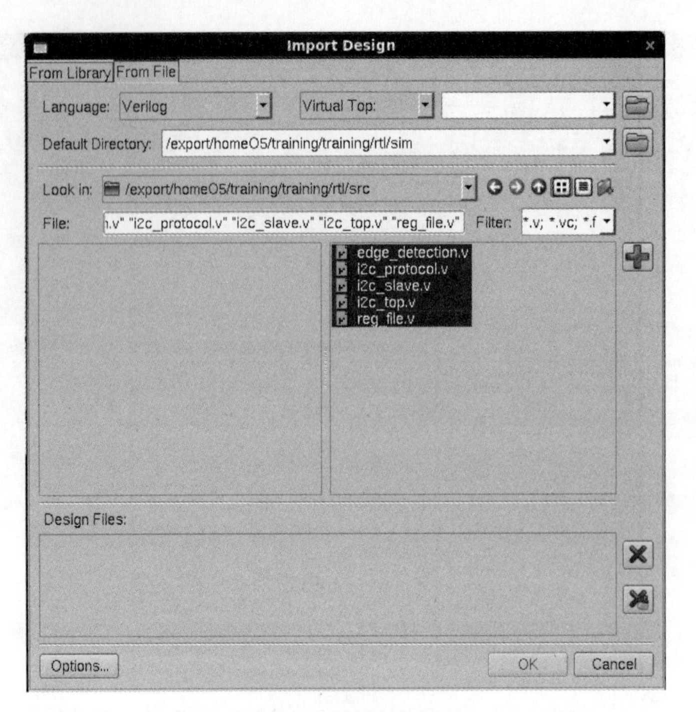

图 8-7　加载设计文件

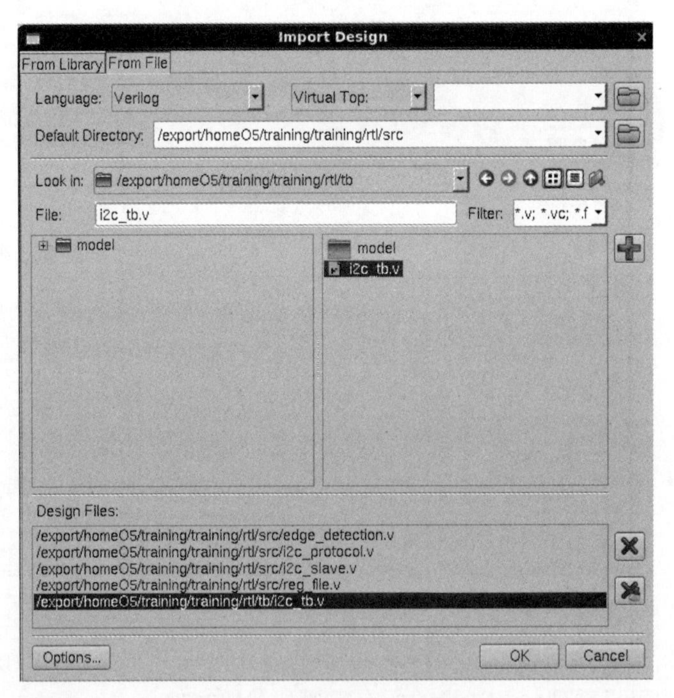

图 8-8　加载 Testbench 文件

在波形加载界面,执行 File→Open Dump File 菜单命令,选择波形文件,并选中 VCS 仿真中产生的 Test.fsdb 仿真波形文件,完成波形文件加载,如图 8-12 所示。

上述 3 个步骤均可采用脚本方式进行,在 8.3 节 VCS 仿真工具 Makefile 脚本文件中包含了这 3 个步骤的脚本。使用该 Makefile 脚本文件,直接执行 make deb 命令,同样可达到

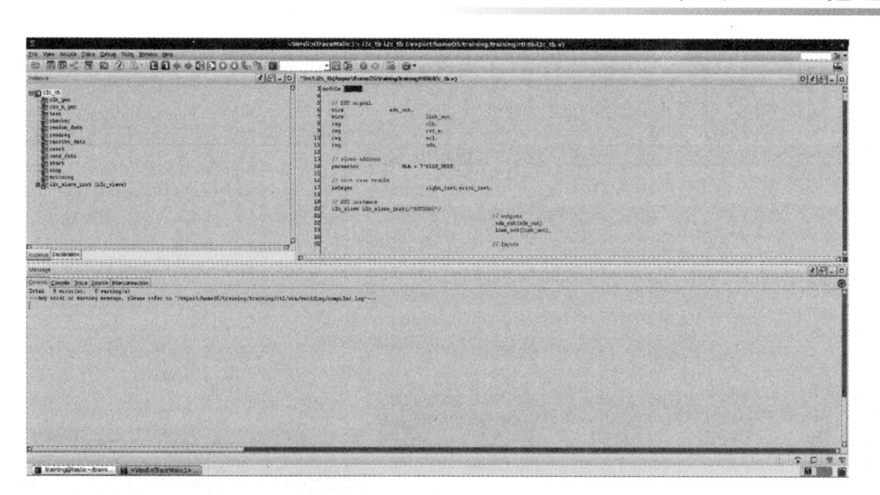

图 8-9 验证环境成功导入

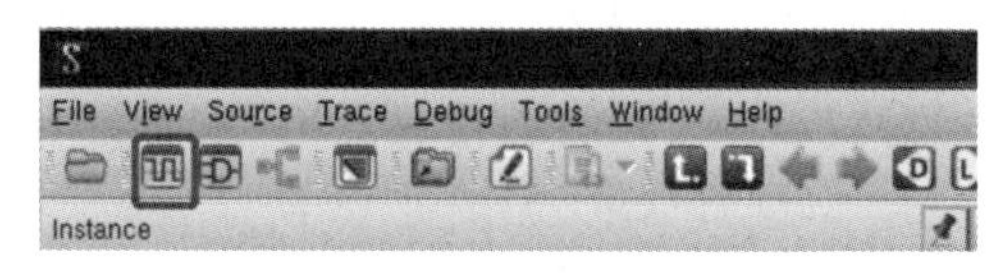

图 8-10 波形文件加载

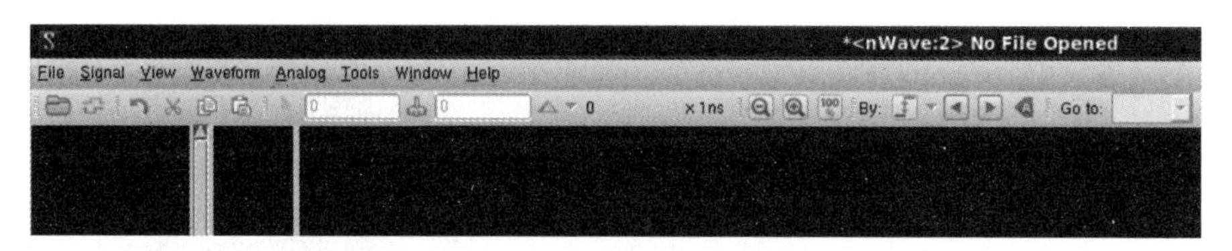

图 8-11 波形加载界面

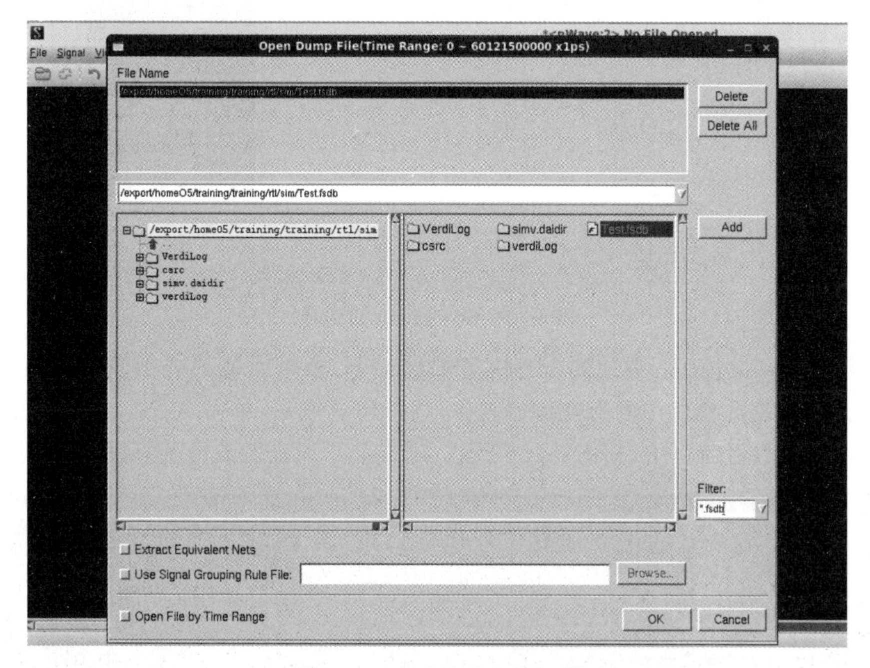

图 8-12 完成波形文件加载

相同效果。如图 8-13 所示，在命令行中直接输入 make deb，执行相关脚本，从左侧的 Verdi 界面可以看到此时已经完成文件加载和波形加载。

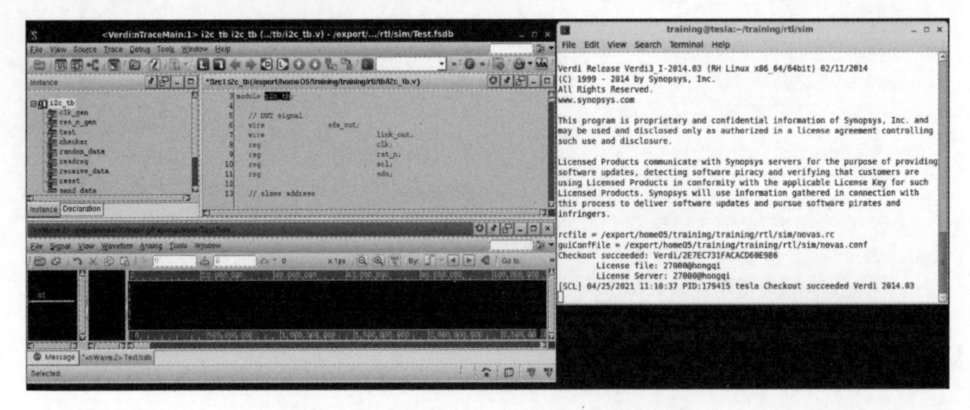

图 8-13　用脚本方式使用 Verdi 调试工具

（4）信号查看。在波形加载界面可以打开信号波形，查看仿真结果。执行 Signal→Get Signals 菜单命令，弹出 Get Signals 对话框，如图 8-14 所示。

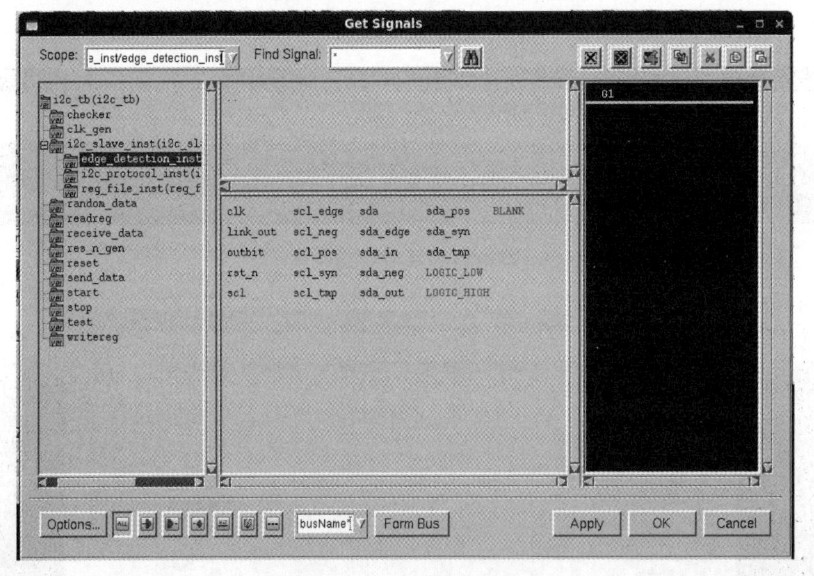

图 8-14　Get Signals 对话框

这里把 edge_detection 模块的所有信号都添加上，单击左侧列表中的 edge_detection_inst，中间窗口出现此模块中的所有信号名称，选择所有波形，单击 Apply 或 OK 按钮，波形就会出现在波形查看窗口中，如图 8-15 所示。这样就可以查看波形，确认仿真结果。

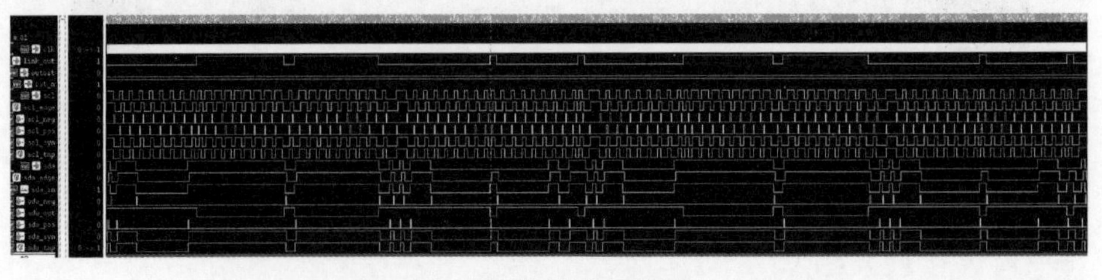

图 8-15　波形查看窗口

8.5 前仿真

完成数字集成电路的 RTL 模型开发之后，对代码进行仿真验证以保证代码的正确性，该过程称为前仿真。在前仿真阶段，主要通过开发足够多的验证向量覆盖 DUT 的功能，并进行相应的覆盖率统计，确保验证向量能够对 DUT 进行相对完整的覆盖。前仿真的主要对象是 RTL 源代码，仿真的目标是验证 RTL 源代码与设计规范的一致性。因此，如何快速有效地通过仿真来确定 RTL 源代码的正确性就成为前仿真的主要目标。这里继续以 IIC 从设备接口为示例进行说明，前面已经介绍了如何使用 VCS 仿真工具和 Verdi 调试工具，本节不再重复，这里主要关注前仿真阶段最重要的测试向量开发过程和覆盖率统计方法。

1. 测试向量开发

通常在一个具体的设计中，会将设计规范进行分解，将整体设计分解成具体的功能，验证人员则根据该功能进行测试向量的开发，从而达到有效覆盖设计功能的目标。IIC 从设备接口模型的测试向量如下，主要针对 IIC 从设备接口对寄存器的读写，包含了寄存器复位值的读取、对寄存器值的随机读写、对状态机的错误注入等方面的测试向量。

```
//-----------------------------
// the test case module
// all test case will be run in this module
//
//-----------------------------
initial begin:test
    integer i;
    reg [7:0] DataIn[2];
    reg [7:0] DataOut[2];
    reg [7:0] RegAddr;

    // initial the number of result
    right_test = 0;
    error_test = 0;

    #500;

    //--------reset test---------
    for(i=0;i<7;i=i+1) begin
        readreg(SLA,i[7:0],DataOut);
        checker({DataOut[1],DataOut[0]},16'h0000);
    end
    // device id register reset test
    readreg(SLA,8'h7,DataOut);
    checker({DataOut[1],DataOut[0]},16'h0060);
    //---------------------

    //----IIC read and write function test----
    for(i=0;i<`RANDOM_NUM;i=i+1) begin
        random_data(RegAddr,DataIn);
        writereg(SLA,RegAddr,DataIn);
```

```
        readreg(SLA,RegAddr,DataOut);
        if(RegAddr == 7'h00)
          // reg0 is a RO register
          checker({DataOut[1],DataOut[0]},
                  16'h0000);
        else if (RegAddr == 7'h07)
          // reg7 is a RO register
          checker({DataOut[1],DataOut[0]},
                  16'h0060);
        else
          checker({DataOut[1],DataOut[0]},
                  {DataIn[1],DataIn[0]});
    end // for (i=0;i<`RANDOM_NUM;i=i+1)
    //--------------------

    //-------error injection test-------
    $display("-------because of error injection test-------");
    $display("----the following warning should be ignored----");
    RegAddr = 8'h03;
    DataIn[1] = 8'h22;
    DataIn[0] = 8'h33;

    //start reset
    start();
    reset();
    #100;
    checker(i2c_slave_inst.i2c_protocol_inst.state[0],1'b1);
    //device in reset
    start();
    send_data({SLA,1'b0});
    reset();
    #100;
    checker(i2c_slave_inst.i2c_protocol_inst.state[0],1'b1);
    //point reg reset
    start();
    send_data({SLA,1'b0});
    send_data(RegAddr);
    reset();
    #100;
    checker(i2c_slave_inst.i2c_protocol_inst.state[0],1'b1);
    //write reset
    start();
    send_data({SLA,1'b0});
    send_data(RegAddr);
    send_data(DataIn[1]);
    reset();
    #100;
    checker(i2c_slave_inst.i2c_protocol_inst.state[0],1'b1);
    //read reset
    start();
    send_data({SLA,1'b0});
    send_data(RegAddr);
    stop();
```

```
start();
send_data({SLA,1'b1});
receive_data(DataOut[1]);
reset();
#100;
checker(i2c_slave_inst.i2c_protocol_inst.state[0],1'b1);
//finish reset
start();
send_data({SLA,1'b0});
send_data(RegAddr);
send_data(DataIn[1]);
send_data(DataIn[0]);
reset();
#100;
checker(i2c_slave_inst.i2c_protocol_inst.state[0],1'b1);
//mismatch test
writereg(SLA+1,RegAddr,DataIn);
readreg(SLA+1,RegAddr,DataOut);
checker({DataOut[1],DataOut[0]},
        16'hFFFF);
$display("--------------------");
//reg_addr error when write test
reset();
writereg(SLA,RegAddr,DataIn);
force i2c_slave_inst.reg_file_inst.reg_addr = 3'hx;
force i2c_slave_inst.reg_file_inst.wr_en = 1'b1;
#100;
readreg(SLA,RegAddr,DataOut);
checker({DataOut[1],DataOut[0]},
        {DataIn[1],DataIn[0]});
release i2c_slave_inst.reg_file_inst.reg_addr;
release i2c_slave_inst.reg_file_inst.wr_en;
//state machine error test 1
force i2c_slave_inst.i2c_protocol_inst.state = 6'hxx;
#1;
checker(i2c_slave_inst.i2c_protocol_inst.next_state[0],
        1'b1);
release i2c_slave_inst.i2c_protocol_inst.state;
//state machine error test 2
force i2c_slave_inst.i2c_protocol_inst.state[3] = 1'b1;
force i2c_slave_inst.i2c_protocol_inst.count = 4'b0;
force i2c_slave_inst.i2c_protocol_inst.stop = 1;
#100;
release i2c_slave_inst.i2c_protocol_inst.state[3];
release i2c_slave_inst.i2c_protocol_inst.count;
release i2c_slave_inst.i2c_protocol_inst.stop;
//state machine error test 3
force i2c_slave_inst.i2c_protocol_inst.state[3] = 1'b0;
force i2c_slave_inst.i2c_protocol_inst.count = 4'b1;
force i2c_slave_inst.i2c_protocol_inst.stop = 1;
#100;
release i2c_slave_inst.i2c_protocol_inst.state[3];
release i2c_slave_inst.i2c_protocol_inst.count;
```

```
        release i2c_slave_inst.i2c_protocol_inst.stop;
        //state machine error test 4
        force i2c_slave_inst.i2c_protocol_inst.state[3] = 1'b0;
        force i2c_slave_inst.i2c_protocol_inst.count = 4'b1;
        force i2c_slave_inst.i2c_protocol_inst.scl_pos = 1'b1;
        force i2c_slave_inst.i2c_protocol_inst.wr_flag = 1;
        #100;
        release i2c_slave_inst.i2c_protocol_inst.state[3];
        release i2c_slave_inst.i2c_protocol_inst.count;
        release i2c_slave_inst.i2c_protocol_inst.stop;
        release i2c_slave_inst.i2c_protocol_inst.wr_flag;
        //state machine error test 5
        force i2c_slave_inst.i2c_protocol_inst.state[3] = 1'b0;
        force i2c_slave_inst.i2c_protocol_inst.count = 4'b0;
        force i2c_slave_inst.i2c_protocol_inst.scl_pos = 1'b1;
        force i2c_slave_inst.i2c_protocol_inst.wr_flag = 1;
        #100;
        release i2c_slave_inst.i2c_protocol_inst.state[3];
        release i2c_slave_inst.i2c_protocol_inst.count;
        release i2c_slave_inst.i2c_protocol_inst.stop;
        release i2c_slave_inst.i2c_protocol_inst.wr_flag;

        //--------------------
        #500;
        //-------result report-------
        $display("-------test result report-------");
        $display("\ttest result:");
        $display("\t    all test case: %3d",(right_test+error_test));
        $display("\t    right result: %3d",right_test);
        $display("\t    error result: %3d",error_test);
        $display("----------------------");
        //--------------------

        $finish;

    end
```

2. 覆盖率统计

覆盖率统计通常包含功能覆盖率统计和代码覆盖率统计。其中，功能覆盖率统计主要根据验证规范，开发测试向量逐项确认；代码覆盖率统计则可通过仿真工具提供的代码覆盖率统计报表确认。以下是使用 VCS 仿真工具进行代码覆盖率统计的方法，其中第 1 行的 cov_opt 变量定义了覆盖率统计包含 line、cond、fsm 和 branch 这 4 种情况的统计，分别对应代码行覆盖、条件覆盖、状态机覆盖和分支覆盖。最后的覆盖率统计结果如图 8-16 所示。

```
cov_opt = line+cond+fsm+branch
all: cmp run
cmp:
    vcs +v2k \
        -sverilog \
        -debug_all \
```

```
        -f file_list \
        -full64 \
        -cm $(cov_opt) \
        -cm_dir ./cov_dir/i2c \
        -debug_pp +memcbk \
        -l vcs_cmp.log \
        -timescale=1ns/1ps \
        -P /verdi/share/PLI/VCS/LINUX64/novas.tab \
          /verdi/share/PLI/VCS/LINUX64/pli.a
run:
    ./simv -l vcs_run.log \
        -cm $(cov_opt)
```

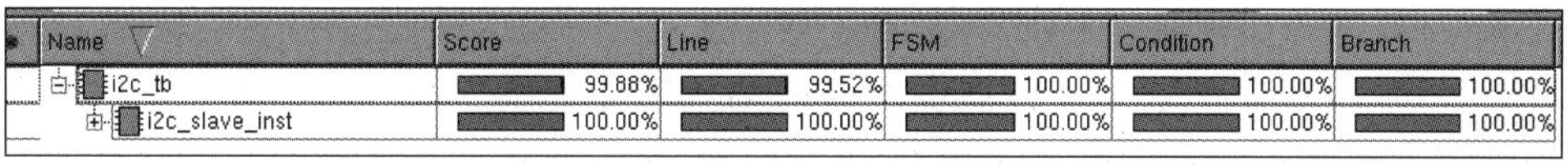

Name	Score	Line	FSM	Condition	Branch
i2c_tb	99.88%	99.52%	100.00%	100.00%	100.00%
i2c_slave_inst	100.00%	100.00%	100.00%	100.00%	100.00%

图 8-16　覆盖率统计结果

8.6　后仿真

在综合或布局布线之后，将设计的 RTL 描述综合为门级描述，以门级网表(Gate Level Netlist)的形式出现。相比于前仿真，后仿真的主要对象是门级描述，通常后仿真会复用前仿真所使用的验证向量。不同的是，由于综合或布局布线之后已经有了具体的延时信息，这些延时信息通常采用 SDF 文件进行描述，因此在后仿真过程中需要反标延时信息。下面主要介绍基于 VCS 仿真工具的延时反标方法。综合或布局布线产生 SDF 文件的方法将在第 9 章和第 10 章进行说明。

使用 VCS 反标时序信息，使用的是 $sdf_annotate()系统函数，具体使用方法如下。

```
$sdf_annotate("sdf_file"[,module_instance][,"sdf_configfile"][,"sdf_logfile"][,"mtm_spec"]
[,"scale_factors"][,"scale_type"]);
```

各选项的含义如下。

- "sdf_file"：指定 SDF 文件的路径。
- module_instance：指定反标设计的范围(Scope)。
- "sdf_configfile"：指定 SDF 配置文件。
- "sdf_logfile"：指定 VCS 保存错误和警告消息的 SDF 日志文件。也可以使用+sdfverbose runtime option 打印所有反标消息。
- "mtm_spec"：指定延时类型，包括"MINIMUM(min)""TYPICAL(typ)"或"MAXIMUM(max)"。
- "scale_factors"：分别指定 min：typ：max 的缩放因子，默认为"1.0：1.0：1.0"。
- "scale_type"：指定缩放之前延时的来源，包括"FROM_TYPICAL""FROM_MIMINUM""FROM_MAXIMUM"和"FROM_MTM"(default)。

以本章的 IIC 从设备接口模块的设计为例，需要在 IIC 从设备接口模块的 Testbench

中添加 $sdf_annotate()系统函数，配置信息如下。

```
`ifdef pt_su
$sdf_annotate("../../pt/sdf/function_ss1p35v125c_setup.sdf", i2c_slave_inst,,"sdf_su.log",
"MAXIMUM");
`endif

`ifdef pt_hd
$sdf_annotate("../../pt/sdf/function_ff1p65vm40c_hold.sdf", i2c_slave_inst,,"sdf_hd.log",
"MINIMUM");
`endif
```

为了区分最大延时和最小延时的情况，使用了条件编译的选项，即在最大延时工艺角下检查建立时间，在最小延时工艺角下检查保持时间。

进行后仿真，查看波形。一个D触发器的端口信号如图8-17所示，其中clk是触发器的时钟端，rst_n是复位端，sda_syn是Q端，sda_tmp是D端。如图8-17所示，在clk上升沿一段时间后，D端的值才会传递到Q端，可以看到延时信息成功反标到了网表中。

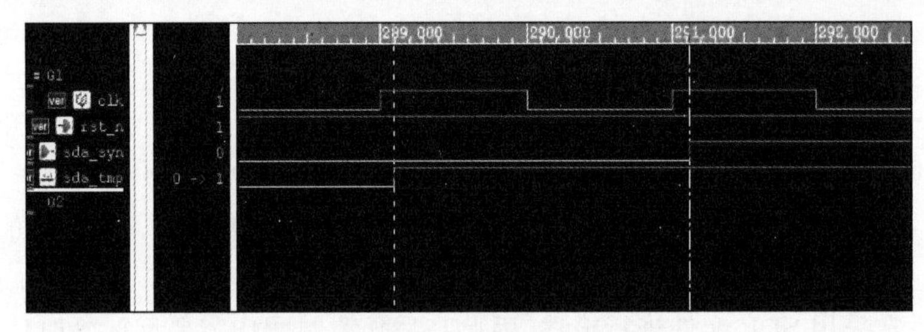

图8-17 带有SDF反标的波形结果

8.7 本章小结

在数字集成电路设计中，从设计规范到RTL模型实现，是整个数字集成电路的核心步骤。如何保证设计的RTL模型能够真实符合设计规范要求，是整个数字集成电路设计的关键技术。

本章以一个简单的IIC从设备接口的RTL模型为例，介绍了如何根据设计需求完成RTL模型实现，如何通过构建Testbench验证平台，开发验证向量，利用VCS仿真工具和Verdi调试工具完成数字集成电路的前、后仿真和调试，确保设计的正确性。本章给出的例子比较简单，但抛砖引玉，读者可根据具体设计，结合本章描述的方法和步骤，完成更加复杂、更加具有特色的大型数字集成电路设计与验证。

第9章 逻辑综合

CHAPTER 9

在集成电路设计中，综合（Synthesis）通常指的是两种不同设计描述之间的转换，一般包含3个层次：行为综合、逻辑综合和版图综合。行为综合又称为高级综合，完成算法级描述转换为RTL结构描述。逻辑综合则是指将RTL描述转换为门级网表。版图综合则是将门级网表转换为物理版图。本章主要介绍逻辑综合相关概念和综合工具的使用方法。

9.1 DC综合工具简介

综合工具的基本思想以及方法原理都是一致的，本节以DesignCompiler（以下简称DC）为例介绍综合工具的使用方法。DC是Synopsys公司的一套功能强大的逻辑综合工具，是当前工业界使用最广泛的综合工具之一。DC可以根据设计规范和时序约束，提供优化的逻辑综合网表。

9.1.1 用户启动文件与工艺库设置

DC工具的启动文件名为.synopsys_dc.setup，该启动文件默认位于Synopsys安装目录中，安装目录中的启动文件不包含与设计相关的数据，其功能就是加载与工艺无关的库和其他参数。启动文件还可以放置在用户主目录以及项目工作目录中，随着工具的启动自动加载。

在启动过程中，工具以Synopsys安装目录→用户主目录→项目工作目录的顺序读取文件。

项目工作目录中的启动文件的设置会覆盖在主目录中指定的相同设置；同样，主目录中的设置会覆盖Synopsys安装目录中的设置。也就是说，项目工作目录中指定的设置要比其他的设置优先。

在具体设计中，用户一般需要在启动文件或综合脚本中设置目标设计对应的工艺库信息，主要包括工艺库的路径信息和其他环境变量，通常有search_path、target_library、link_library和symbol_library等。其中，search_path用于指定工具搜索文件所在的路径，用于工具自动搜索文件；target library（目标库）用于指定标准单元工艺库名称，即用户最终想让DC映射到的库单元；link_library则定义了用于参考的库单元，包括目标库名、宏模块库名以及I/O库名等；symbol_library则指定了包含工艺库中的单元图形表示的库名称，称为符号库，以扩展名sdb为标识。当使用DC的图形化工具（DA）时，它用于表示这些门电路原理图。如果设置启动文件忽略了这一变量，DA将会使用一个名为generic.sdb的通用符号库生成原理图。通常，所有库厂商提供的工艺库都包含一个相应的符号库。工艺库和符号库间的单元名和引脚名必须准确地匹配。单元中的任何不匹配都可引起DA拒绝符号库中的单元而使用通用库中的单元。

例 9-1 是一个典型的工艺库信息设置的例子，主要设置了综合过程中用到的库相关信息。search_path 指定了综合过程中的搜索路径，包括 DC 工具提供的基础库和目标标准单元库所在的路径。target_library 则指定了名为 CMOS13_lp_ss_1p35v_125c.db 的单元库(db 文件是 lib 文件编译后形成的数据文件，lib 文件是可读的)，link 库和符号库也都指定了相对应的文件。值得注意的是，通常工艺厂家至少会提供快(fast)、典型(typical)和慢(slow)3 种工艺角的工艺库，用户通常需要根据情况选择合适的综合目标库进行映射。在一般情况下，通常使用慢工艺角的工艺库进行设计的逻辑综合，目的是保证芯片能够在最慢情况下也满足建立时间要求。

例 9-1 典型工艺库信息的设置。

```
##---------------------------##
##.synopsys_dc.setup    ##
##---------------------------##
# Set path and library.
set search_path  [list . /synopsys_InstDir/libraries/syn \
                         /synopsys_InstDir/minpower/syn \
                         /synopsys_InstDir/dw/syn_ver \
                         /synopsys_InstDir/dw/sim_ver \
                         ../../libs/CMOS013M7/STDIO/FEView_STDIO/STD/Synopsys \
                         ../../libs/CMOS013M7/STDIO/FEView_STDIO/STD/Symbol/
synopsys ]
set target_library [list CMOS13_lp_ss_1p35v_125c.db]
set link_library [list {*} \
               CMOS13_lp_ss_1p35v_125c.db]
set symbol_library [list CMOS13_lp.sdb]
```

在进行综合之前，用户一般首先需要认真阅读工艺厂家给定的 lib 信息，掌握目标工艺的基本信息。因此，阅读和理解 lib 文件就成为完成逻辑综合的基本要求。下面以 CMOS13_lp_ss_1p35v_125c.lib 文件为例进行说明。

lib 库的第 1 部分定义了物理单元库的基本属性，如例 9-2 所示，它包括：

(1) 单元库名称、文件版本、产生日期及单元的 PVT[①] 环境等；

(2) 定义电压、电流、电容、时间等基本单位；

(3) 定义电路传输时间和信号转换时间的电压百分比。

例 9-2 物理单元库的基本属性。

```
##物理单元库的基本属性
library(CMOS13_lp_ss_1p35v_125c) {                     #库名称
  /* general attributes */
  technology("cmos");
  delay_model : table_lookup ;                         #采用查找表延时模型计算延时
  in_place_swap_mode : match_footprint ;
  library_features(report_delay_calculation, report_power_calculation);
  /* documentation attributes */
  revision : 0.100 ;                                   #库的版本
```

① PVT：P 即工艺(Process)，V 即工作电压(Voltage)，T 即工作温度(Temperature)。

```
date : "Wed Aug 15 16:40:00 CST 2018" ;                    #库的创建时间
comment : "All Rights Reserved." ;
/* unit attributes */
time_unit : "1ns" ;                                        #定义时间基本单位
voltage_unit : "1V" ;                                      #定义电压基本单位
current_unit : "1mA" ;                                     #定义电流基本单位
pulling_resistance_unit : "1kohm" ;                        #定义电阻基本单位
leakage_power_unit : "1mW" ;                               #定义功耗基本单位
capacitive_load_unit(1, pf);                               #定义电容基本单位
/* operation conditions */

power_supply() {
  default_power_rail : VDD ;                               #定义供电电源轨的名称
  power_rail(VDD, 1.35);
  power_rail(GND, 0.0);
}
nom_process : 1 ;                                          #定义时序库工艺
nom_temperature : 125 ;                                    #定义时序库温度
nom_voltage : 1.35 ;                                       #定义时序库电压

operating_conditions(ss_1p35v_125c) {                      #定义互连线模型
  process : 1 ;
  temperature : 125 ;
  voltage : 1.35 ;
  tree_type : balanced_tree ;
  power_rail(VDD, 1.35);
  power_rail(GND, 0.0);
}

default_operating_conditions : ss_1p35v_125c ;
/* threshold definitions */
slew_lower_threshold_pct_fall : 30 ;                       #定义信号转换模型
slew_upper_threshold_pct_fall : 70 ;
slew_lower_threshold_pct_rise : 30 ;
slew_upper_threshold_pct_rise : 70 ;
input_threshold_pct_fall : 50 ;                            #定义延时模型
input_threshold_pct_rise : 50 ;
output_threshold_pct_fall : 50 ;
output_threshold_pct_rise : 50 ;
slew_derate_from_library : 0.5 ;
/* default attributes */
default_leakage_power_density : 0 ;
default_cell_leakage_power : 0 ;
default_fanout_load : 1 ;
default_output_pin_cap : 0 ;
default_inout_pin_cap : 9999 ;
default_input_pin_cap : 9999 ;
default_max_transition : 1.8 ;
/* templates */
```

lib 库的第 2 部分是每个单元的具体信息，包括：

(1) 不同时序模型条件下的延迟时间表、功耗数据表(均以查找表形式呈现)，表中数据

为输出信号负载(Output Load)和输入信号转换时间(Input Transition)的函数；

(2) 单元的特征，面积、静态功耗和端口名称；

(3) 端口的逻辑关系。

这里一个非常重要的概念就是查找表(Lookup Table)，它是一种多维数据查找表，整个lib文件都是通过这种查找方式得到所需要的信息，如例9-3所示。例如，延迟时间作为输出信号负载(Output Load)和输入信号转换时间(Input Transition)的函数列表。

例 9-3 查找表实例。

```
##三维查找表
    lu_table_template(delay_template_6x6) {
      variable_1 : input_net_transition ;
      variable_2 : total_output_net_capacitance ;
      index_1("1000,1001,1002,1003,1004,1005");
      index_2("1000,1001,1002,1003,1004,1005");
    }
          cell_rise(delay_template_6x6) {
            index_1("0.02, 0.069, 0.241, 0.569, 1.08, 1.8");
            index_2("0.001, 0.00668, 0.0266, 0.0647, 0.124, 0.207");
            values("0.1466, 0.1836, 0.2847, 0.4691, 0.7538, 1.154",\
                   "0.1624, 0.1994, 0.3007, 0.4852, 0.7697, 1.173",\
                   "0.2144, 0.2517, 0.3529, 0.538, 0.8227, 1.224",\
                   "0.2894, 0.3297, 0.4333, 0.6177, 0.904, 1.304",\
                   "0.3689, 0.4149, 0.5217, 0.7068, 0.9919, 1.394",\
                   "0.4471, 0.4998, 0.6133, 0.7988, 1.085, 1.485");
          }
```

上述语句定义了一个名为delay_template_6x6的查找表模板，可以理解为一个函数，有两个变量：variable_1和variable_2。variable_1代表input_net_transition，variable_2代表total_output_net_capacitance。每个变量由6个端点组成。查找表的名字是任意的，而变量可以是一个、两个或3个，每个变量的端点数量一般没有限制。

查找表的第2部分则描述了具体哪个功能调用了上述模板，cell_rise描述的是单元输出信号的上升时间。它调用的就是由lu_table_template定义的名为delay_template_6x6的模板。cell_rise中index_1和index_2是与上升时间相关的两个变量，如果想知道它们分别代表哪个变量，就需要到delay_template_6x6模板中查找。这里index_1代表输入信号转换时间(input_net_transition)，index_2代表输出引脚的连线负载电容(total_output_net_capacitance)。

values与index可以表达为value=f(index_1，index_2)的对应关系。value(输出信号的上升时间cell_rise)与index_1(输入信号转换时间)、index_2(输出引脚的连线负载电容)的对应查找关系如表9-1所示。

表 9-1 value 与 index_1 和 index_2 的对应查找关系

index_1	value					
	index_2=0.001	index_2=0.00668	index_2=0.0266	index_2=0.0647	index_2=0.124	index_2=0.207
0.02	0.1466	0.1836	0.2847	0.4691	0.7538	1.154
0.069	0.1624	0.1994	0.3007	0.4852	0.7697	1.173
0.241	0.2144	0.2517	0.3529	0.538	0.8227	1.224
0.569	0.2894	0.3297	0.4333	0.6177	0.904	1.304

续表

index_1	value					
	index_2=0.001	index_2=0.00668	index_2=0.0266	index_2=0.0647	index_2=0.124	index_2=0.207
1.08	0.3689	0.4149	0.5217	0.7068	0.9919	1.394
1.8	0.4471	0.4998	0.6133	0.7988	1.085	1.485

在单元(cell)描述部分，包含了单元名、面积、输入输出引脚、功耗和延迟等信息，如例 9-4 所示。

例 9-4 cell 描述实例。

```
#单元时序信息描述
cell(BUFHD1X) {                      #对 BUFHD1X 单元的定义
    cell_footprint : buf ;           #定义引脚名称，进行优化时具有相同引脚名称的单元才可
                                     #以交换
    area : 6.052 ;                   #定义单元面积大小

    pin(A) {
      direction : input ;            #定义端口 A 为输入端口
      capacitance : 0.00207 ;        #定义端口 A 的电容
    }

    pin(Z) {
      direction : output ;           #定义端口 Y 为输出端口
      capacitance : 0 ;              #定义端口 Y 的电容
      function : "A" ;               #定义端口 Y 是同 A 的操作

      internal_power() {             #定义单元内部功耗
        related_pin : "A" ;          #定义相关输入信号

        rise_power(energy_template_6x6) {      #定义端口 Y 上升所消耗的功耗
          index_1("0.02, 0.069, 0.241, 0.569, 1.08, 1.8");
          index_2("0.001, 0.0067, 0.0267, 0.0649, 0.124, 0.207");
          values("0.006692, 0.006933, 0.007104, 0.007079, 0.007125, 0.006946",\
                 "0.006586, 0.006834, 0.007072, 0.007224, 0.007068, 0.006867",\
                 "0.00633, 0.006405, 0.006728, 0.006791, 0.006987, 0.006633",\
                 "0.006296, 0.006325, 0.006443, 0.006545, 0.006434, 0.006741",\
                 "0.006575, 0.006631, 0.006639, 0.006726, 0.006637, 0.006538",\
                 "0.007057, 0.007015, 0.007044, 0.00696, 0.007108, 0.006739");
        }
```

rise_power 的 index_1 和 index_2 可以在文件前面的查找表模板中查找得到，该单元的其他时序和功耗参数也是采用类似描述。

lib 库的第 3 部分是线负载模型的相关定义。线负载模型是综合阶段用于估算互连线电阻电容的模型。例 9-5 是一个名为 reference_area_20000 的线负载模型，该模型包含了互连线长度、电阻、电容、面积等信息。在综合阶段计算时序时，工具从 lib 文件中得到单元的延时，而互连线的延时则从线负载模型中计算出来的 RC 信息得到。

例 9-5 线负载模型实例。

```
wire_load("reference_area_20000") {
  resistance : 0.00034 ;             #互连线单位电阻值
```

```
    capacitance : 0.00022 ;              #互连线单位电容值
    area : 0.00000 ;                     #互连线单位面积
    slope : 19.0476 ;                    #估算斜率参数，用于计算 wire_load 中那些没有声明的
                                         #样点
    fanout_length(1, 16.6667);
    fanout_length(2, 38.5714);
    fanout_length(3, 60.4762);
    ...
    fanout_length(19, 559.524);
    fanout_length(20, 570.476);
  }
```

在利用该线负载模型进行计算时，如需要得到一根 fanout=3 的互连线的 RC 信息，首先需要知道互连线的长度，根据 fanout_length 的查找表，可以得到

互连线的长度=60.4762μm

互连线电阻=互连线长度×互连线单位电阻值=60.4762×0.00034≈0.02056kΩ

互连线电容=互连线长度×互连线单位电容值=60.4762×0.00022≈0.01330pF

但模型提供的表格毕竟是有限的，不可能涵盖所有 fanout 值，所以在 lib 文件中提供了一个估算斜率参数 slope，用于估算超出模型定义外的电阻、电容值。假如，需要得到一根 fanout=23 的互连线的 RC 信息，根据 slope 可以计算得出

互连线的长度=fanout 为 20 对应的互连线长度+(fanout−20)×slope

=570.476+(23−20)×19.0476=627.6188μm

互连线电阻=互连线长度×互连线单位电阻值=627.6188×0.00034≈0.21339kΩ

互连线电容=互连线长度×互连线单位电容值=627.6188×0.00022≈0.13808pF

通过以上描述，对综合过程中涉及的工艺厂家提供的 lib 库基本信息进行了讨论分析，帮助读者建立必要的基础知识。对于更加详细的有关工艺的信息，读者还需要仔细阅读工艺厂家提供的相关文档。

9.1.2 设计对象

为了更好地对综合过程进行描述，DC 工具将设计对象(Design Object)分为 8 种不同类型，分别如下。

(1) 设计(Design)：对应完成一定逻辑功能的电路描述。设计可以是单独的，也可以包含下一层的子设计。

(2) 单元(Cell)：设计中子设计的例化名称。在 Synopsys 术语中，单元与实例无任何区别，均视作单元。

(3) 引用(Reference)：单元或实例所引用的原始设计的定义。例如，网表中的叶单元必须引用包含单元功能描述的连接库。同样地，例化的子设计必须引用包含例化子设计功能描述的设计。

(4) 端口(Port)：设计的原始输入、输出或 I/O(输入/输出)。

(5) 引脚(Pin)：对应于设计中单元的输入、输出或 I/O(注意端口和引脚的区别)。

(6) 连线(Net)：信号名，也就是通过将端口接到引脚或将引脚彼此连接起来而使设计连在一起的导线。

(7) 时钟(Clock):作为时钟源的端口或引脚。

(8) 库(Library):对应设计综合的目标或引用连接的特定工艺单元的集合。

9.1.3 变量、属性与寻找设计对象

DC工具可以定义一些变量。工具内部定义了一些用于指导综合工具运行准则的变量,用户也可以自定义变量,所有变量只存在于运行过程中,运行结束后,变量值则不存在。例9-6为常用的内部变量和自定义变量描述的例子,内部变量hdlout_internal_busses、verilogout_show_unconnected_pins、verilogout_no_tri、bus_naming_style、bus_inference_style均用于指导综合工具在保存综合后的Verilog格式的网表文件时的格式规范。自定义变量SOURCE_DIR、REPORT_DIR和RESULT_DIR则分别定义了源代码所在目录、综合报告存储目录以及最终综合后网标存储目录。

例9-6 内部变量和自定义变量。

```
##内部变量
set hdlout_internal_busses true
set verilogout_show_unconnected_pins true
set verilogout_no_tri true
set bus_naming_style  {%s[%d]}
set bus_inference_style  {%s[%d]}

##自定义变量
set SOURCE_DIR ../src
set REPORT_DIR ./report
set RESULT_DIR ./result
```

属性(Attribute)是DC工具用于存储设计对象特性的信息,如单元、连线和时钟等特性。使用set_attribute命令可以为设计对象设置属性,使用get_attribute命令得到设计对象的属性,如通过get_attribute STD_LIB/INVX2 area语句得到STD_LIB库中名为INVX2的单元的面积。

在DC工具的使用过程中,少不了寻找设计对象。通常使用get_*命令寻找要约束的设计对象,有以下几类:get_ports、get_nets、get_designs、get_lib_cells、get_cells、get_clocks,分别对应获取端口、获取连线、获取设计、获取库单元、获取单元、获取时钟。例如,通过set_dont_touch[get_ports clk]命令指定clk端口不被操作(如优化),这里就使用了get_ports clk获取名字为clk的端口。再如,通过get_lib_cells CMOS13/DEL*命令得到CMOS13库中所有名字前缀为DEL的单元。

9.1.4 编译器指示语句

编译器指示语句在RTL代码中作为注释,控制综合工具的工作,从而弥补仿真环境和综合环境之间的差异。常用的指示语句有两种。

1. translate_off/ translate_on

这组语句用来指示DC工具停止翻译//synopsys translate_off之后的Verilog描述,直至出现//synopsys translate_on。当Verilog代码中含有供仿真用的不可综合语句时,这项

功能使代码方便地在仿真工具与综合工具之间移植。使用方法示例如例 9-7 所示。

例 9-7 translate_off/ translate_on 指示语句的使用。

```
//synopsys translate_off
/* 仅供仿真用语句
   ...
 */
//synopsys translate_on
/* 可综合语句
   ...
 */
```

2. parallel_case/ full_case

DC 工具可能使用带优先级的结构综合 Verilog 的 case 语句，为避免这种情况，可以使用//synopsys parallel_case 指示 DC 工具将 case 语句综合为并行的多路选择器结构。使用方法示例如例 9-8 所示。

例 9-8 parallel_case 指示语句的使用。

```
always @ (state)
    begin
        case (state)        //synopsys parallel_case
            2'b00:              new_state = 2'b01;
            2'b01:              new_state = 2'b10;
            2'b10:              new_state = 2'b00;
            default:            new_state = 2'b00;
        endcase
    end
```

另外，Verilog 允许 case 语句不覆盖所有可能情况，当这样的代码由 DC 工具综合时将产生锁存器。为避免这种情况，可以使用//synopsys full_case 指示 DC 工具所有可能已完全覆盖。使用方法示例如例 9-9 所示。

例 9-9 full_case 指示语句的使用。

```
always @ (sel or a1 or a2)
    begin
        case (sel)   //synopsys full_case
            2'b00:      z = a1;
            2'b01:      z = a2;
            2'b10:      z = a1 & a2;
        endcase
    end
```

9.2 设计入口

9.1 节简单介绍了综合工具 DC 的基本概念，包括工艺库的设置、设计对象、变量和属性等概念，给出了 DC 工具常见的编译器指示语句。从本节开始，将详细介绍如何具体使用 DC 工具完成将 RTL 模型综合为门级网表的过程。

9.2.1 软件启动

DC 工具支持命令行和图形界面两种启动方式，在 Linux 或 UNIX 系统的终端(Terminal)执行 dc_shell-t 命令即可启动命令行界面，执行 design_vision 命令即可启动相应图形界面。命令行启动后，出现如图 9-1 所示的 dc_shell>提示符，用户可在命令行中执行工具命令语言(Tool Command Language，TCL)格式的相关命令或脚本。

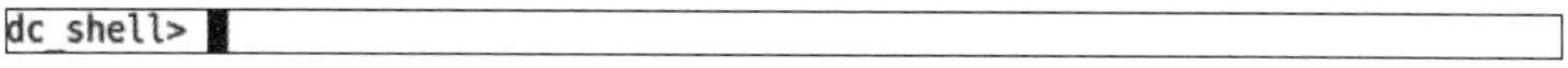

```
dc_shell>
```

图 9-1 DC 工具命令行启动

图形界面启动后，如图 9-2 所示。用户可通过菜单选择进行操作，也可以界面下方的命令行窗口中执行相关命令或脚本。

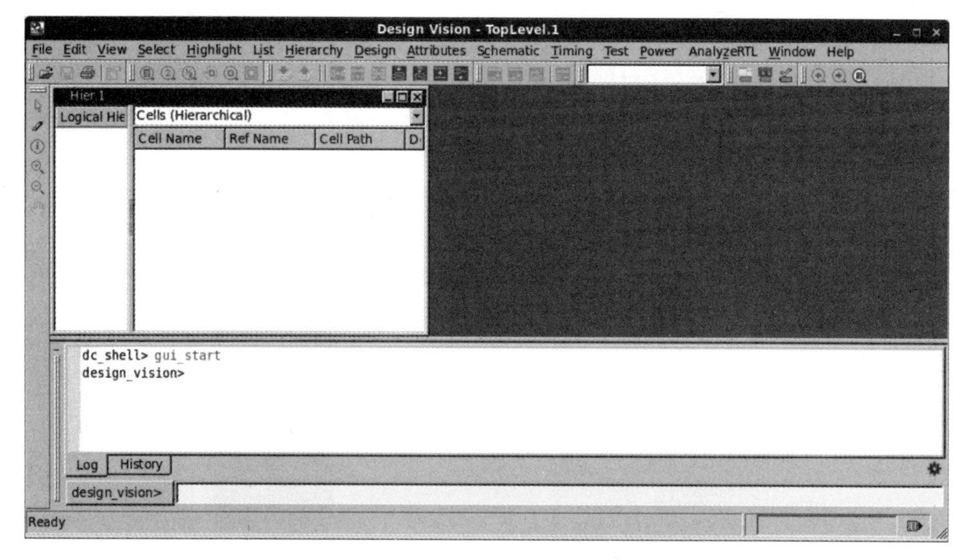

图 9-2 Design Vision 主界面

以下章节涉及的设计读入、环境设置、设计约束、结果报告等命令均可在图 9-1 中的 dc_shell>提示符后或图 9-2 中图形界面中的 design_vision 命令栏中执行。

9.2.2 设计读入

设计读入有两种方法：analyze＋elaborate 和 read，下面分别说明这两种设计读入方法。

1. analyze＋elaborate 命令

analyze 命令用于分析、翻译 RTL 代码，并将中间结果存入指定的库中。语法格式为

```
analyze
    -library <库名称>
    -format <文件类型>
    <文件名列表>
```

其中，-library <库名称>指定中间结果所存放的库，即 Linux 下的一个目录，默认为当前目录(WORK)；-format <文件类型>指定 RTL 源文件的类型，即 Verilog 或 VHDL；<文件名列

表>为所有需要分析的源文件名，若有多个文件，则用花括号括起来。

这里仍以 IIC 从设备接口为例，使用命令行方式。

```
analyze -f verilog -library work ${SOURCE_DIR}/i2c_slave.v
analyze -f verilog -library work ${SOURCE_DIR}/edge_detection.v
analyze -f verilog -library work ${SOURCE_DIR}/i2c_protocol.v
analyze -f verilog -library work ${SOURCE_DIR}/reg_file.v
```

如果采用图形界面方式，如图 9-3 所示，在 Design Vision 中执行 File→Analyze 菜单命令。在弹出的 Analyze Designs 对话框中单击 Add 按钮添加源文件，如图 9-4 所示。找到要添加的设计文件，单击 Open 按钮，如图 9-5 所示。接着回到图 9-4 对话框，在 Format 下拉列表中选择 VERILOG(v)，然后单击 OK 按钮。如果设计没有错误，就会成功读入，在主界面的 Log 窗口中就会得到成功编译信息，如图 9-6 所示。如果设计代码有错误，则会反馈相应错误信息。例如，如图 9-7 所示，故意将其中 edge_detection.v 文件中的 endmodule 这行注释掉，形成语法错误，重新按照上述流程导入，则会得到如图 9-8 所示的错误提示信息。根据该错误信息，用户可以定位到相关错误，将其改正，重新导入文件。

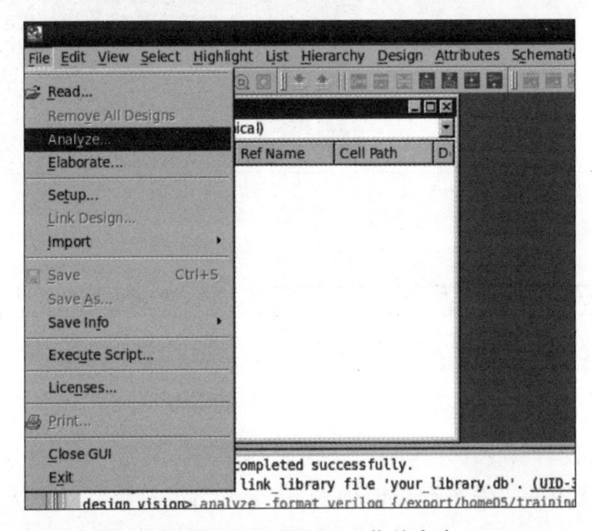

图 9-3　File→Analyze 菜单命令

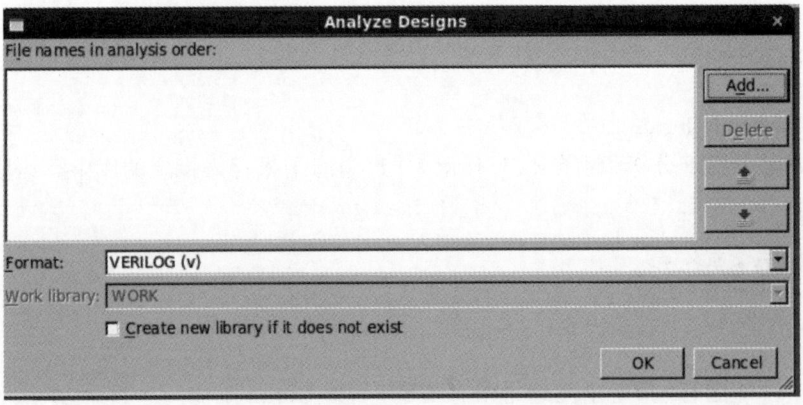

图 9-4　Analyze Designs 对话框

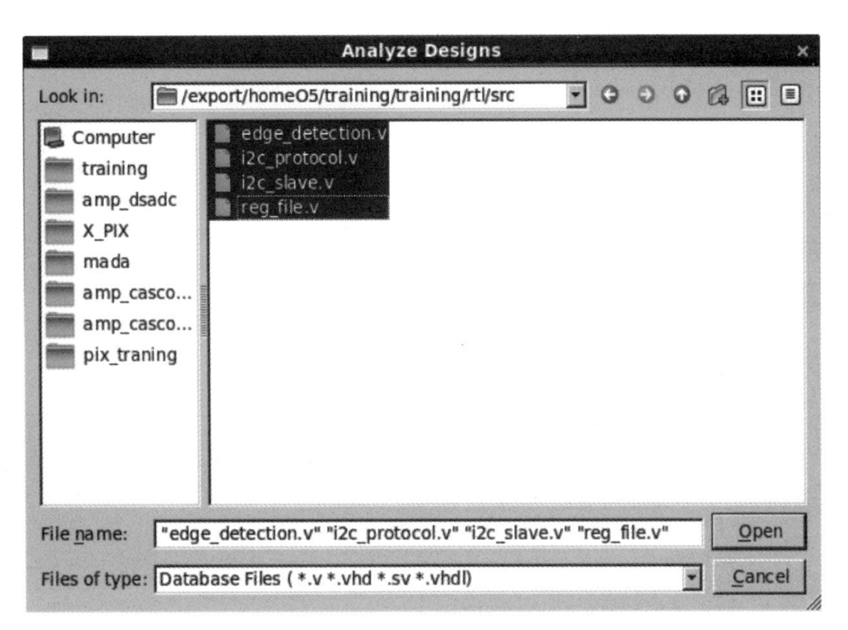

图 9-5　源文件选择

```
Running PRESTO HDLC
Compiling source file /export/home05/training/training/rtl/src/reg_file.v
Compiling source file /export/home05/training/training/rtl/src/i2c_slave.v
Compiling source file /export/home05/training/training/rtl/src/i2c_protocol.v
Compiling source file /export/home05/training/training/rtl/src/edge_detection.v
Presto compilation completed successfully.
```

图 9-6　成功加载信息

```
always@(posedge clk or negedge rst_n)
  if(!rst_n)
    sda_edge<=1'b1;
  else
    sda_edge<=sda_syn;

assign sda_pos=sda_syn && !sda_edge;

assign sda_neg=!sda_syn && sda_edge;

//endmodule // edge_detection
```

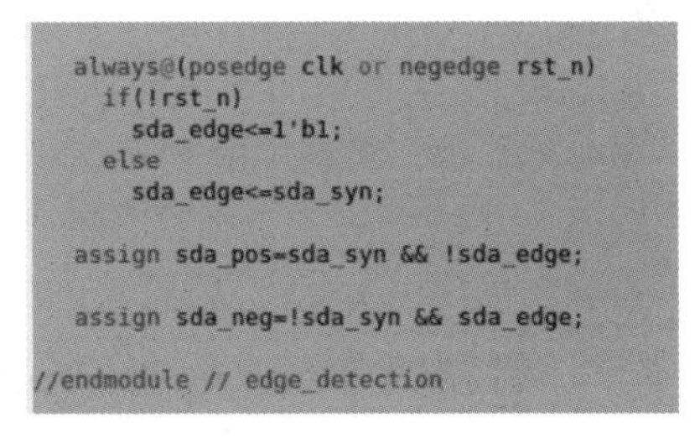

图 9-7　修改代码形成错误

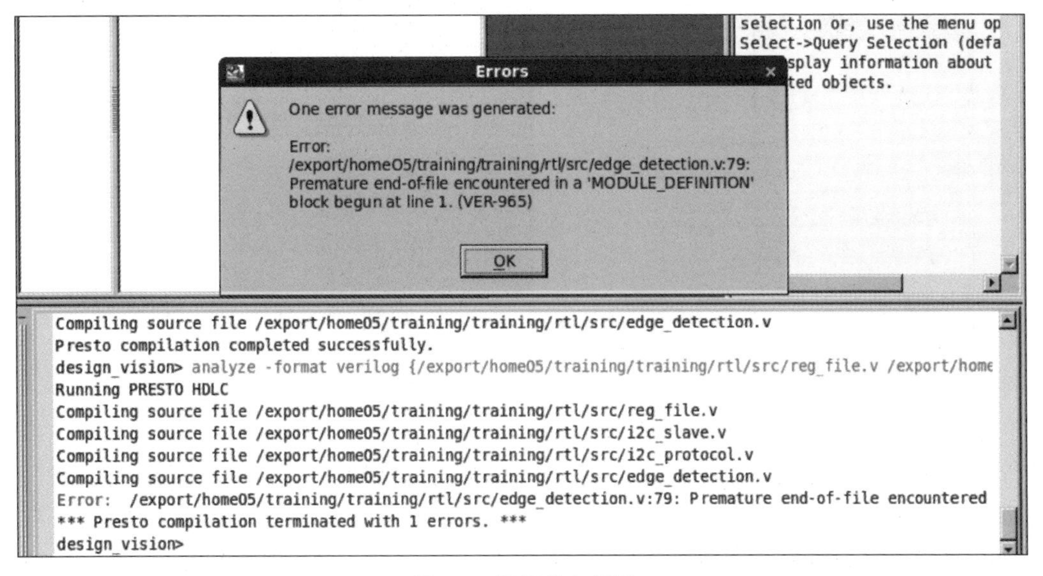

图 9-8　错误信息显示

elaborate 命令用于为设计建立一个结构级的与工艺无关的描述，为下一步的工艺映射做好准备。一般语法格式为

```
elaborate
    <设计名>
    -library <库名称>
    -architecture <构造体名>
    -parameters <参数列表>
    -update
```

其中，<设计名>为需要描述的设计；-library <库名称>为设计的分析结果所在的库；-architecture <构造体名>为需要分析的构造体，针对 VHDL 描述中同一个实体对应多个构造体的情况，对于 Verilog 描述，该选项可忽略或为 verilog；-parameters <参数列表>为设计中的参数重新赋值，若省略，则参数使用默认值；-update 表示要求综合器自动更新所有过期的文件。

针对 IIC 从设备接口的例子，采用命令行方式如下。

```
elaborate i2c_slave -architecture verilog -library WORK -update
```

同样，如果采用图形界面方式，在 Design Vision 中执行 File→Elaborate 菜单命令，如图 9-9 所示。在弹出的 Elaborate Designs 对话框中，在 Library 下拉列表中选择 WORK，在 Design 下拉列表中选择设计的顶层 i2c_slave(verilog)，如图 9-10 所示。单击 OK 按钮，则得到了如图 9-11 所示的界面，成功完成了设计读入。

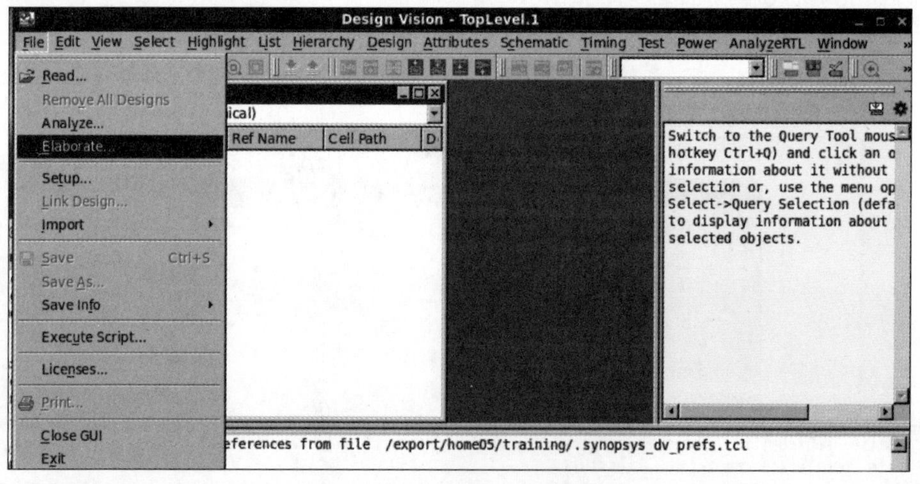

图 9-9 File→Elaborate 菜单命令

在 Design Vision 界面的 Log 窗口中，可以查看在读入设计过程中 DC 工具对源代码的分析与推导日志。该日志包含了工具对设计代码的所有推导信息，用户应仔细阅读该日志，确保设计不存在潜在问题。一般来说，用户在检查日志信息时，重点关注两类情况，一类是 Warning(警告)信息，另一类则是推导出来的存储器的类型。对于警告信息，用户应仔细分析源代码并确认该信息是否可忽略；对于推导出来的存储器类型，要仔细判断是否为锁存器(latch)，若是，则要仔细判断该锁存器是否为设计者的意图。

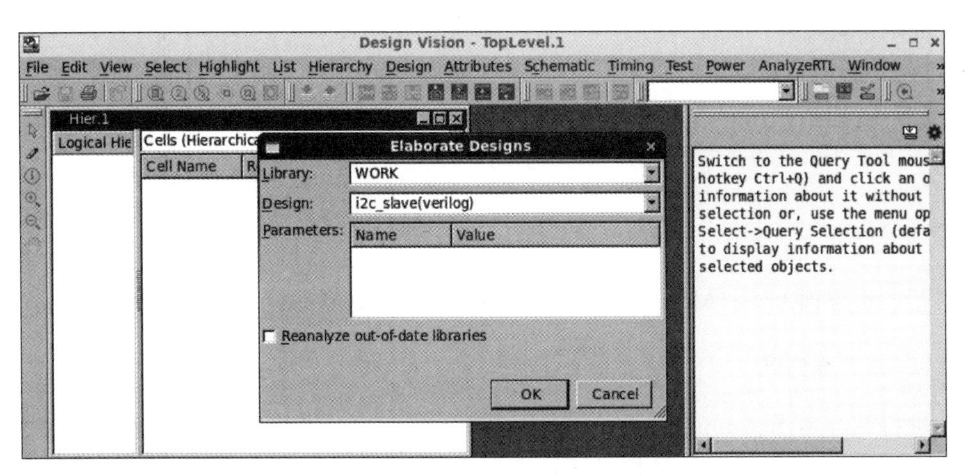

图 9-10 Elaborate Designs 对话框

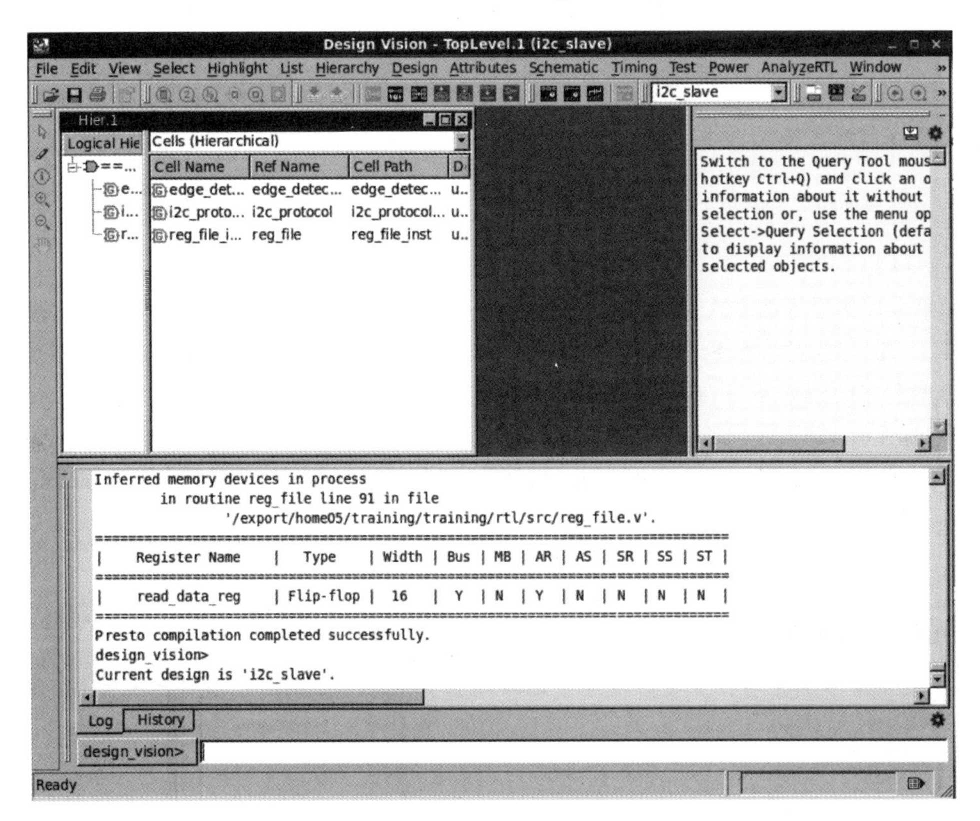

图 9-11 成功读入设计

2. read_verilog 命令

DC 工具提供了一系列的 read 命令，用来读入设计文件或库文件，这里仅介绍 read_verilog 命令，用来读入 Verilog 格式的设计源文件。

使用 read_verilog 命令可以一步完成 analyze+elaborate 命令的工作，语法格式为

```
read_verlog [-netlist | -rtl ]<文件列表>
```

其中,-netlist 指定读入的设计为结构级或门级网表级,-rtl 指定设计为 RTL 设计,这两个选项为互斥关系,默认情况下会自动以 RTL 格式读入; <文件列表>为所有需要读入的源文件名,若有多个文件,则用花括号括起来。

仍以上述 IIC 从设备接口设计为例,采用命令行方式如下。

```
read_verilog { reg_file.v i2c_slave.v i2c_protocol.v edge_detection.v}
```

对于图形界面方式,操作方式与 analyze 命令类似,这里不再赘述。

9.2.3 链接

在进行综合编译(Compile)之前,需要将设计中调用的子模块与链接库中定义的模块建立对应关系,这一过程叫作链接。链接可以利用 link 命令显式完成,也可以将来综合时利用 compile 命令隐式进行。推荐每次设计读入以后都用 link 命令执行一次链接,从而在编译之前就可以发现设计中存在的潜在问题。

由于 link 命令以及以后提到的大部分命令均对当前设计(current_design)进行操作,所以在执行该命令前应正确设置 current_design 变量。例如:

```
current_design i2c_slave
link
```

如果采用图形界面方式进行链接,在 Design Vision 中执行 File→Link Design 菜单命令,弹出 Link Design 对话框,在 Search path 文本框中会自动加载用户在.synopsys_dc.setup 文件中设置的工艺库的搜索路径,在 Link library 文本框中会自动加载用户设置的链接库的名称,如图 9-12 所示。若用户未能在.synopsys_dc.setup 中设置,此时则需要手动填入。

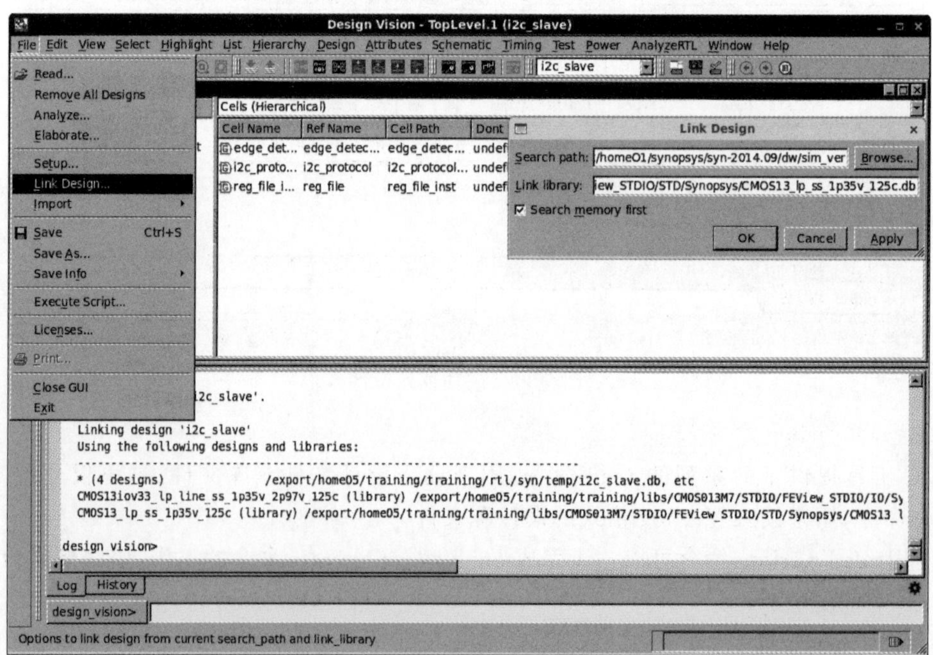

图 9-12 链接操作界面

在链接过程中，一般有两种情况可能会导致出错。

(1) 设计中所调用的子模块描述文件没有正确读入。此时，用户应仔细检查该子模块是否在设计读入过程中存在错误，导致设计未能成功编译。

(2) 设计中使用了工艺库中的单元，但该工艺库没有加入链接库(link_library)或因为搜索路径设置有误导致未能正确定位链接库。此时，用户应仔细检查在工艺库设置阶段是否正确设置了 link_library 信息。

9.2.4 实例唯一化

当设计中的某个子模块被多次调用时，就要对设计进行实例唯一化。实例唯一化就是将同一个子模块的多个实例生成为多个不同的子设计的过程。之所以要进行实例唯一化，是因为 DC 工具在综合时可能使用不同的电路形式实现同一个子模块的不同实例，因此这些实例在 DC 工具看来是一些不同的设计(尽管它们来源于同一个模块并且具有相同的逻辑功能)。使用 uniquify 命令可以完成实例唯一化(该命令对当前设计有效)。

例如，将 IIC 从设备接口设计进行实例唯一化，命令如下。

```
current_design i2c_slave
uniquify
```

如果采用图形界面方式，可在 Design Vision 命令行窗口中直接输入 uniquify，对整个设计进行实例唯一化，如图 9-13 所示。当然，如果设计复杂，用户也可以采用层次化的方法对设计的层次进行逐步唯一化。具体操作为执行 Hierarchy→Uniquify→Hierarchy 菜单命令，在弹出的 Uniquify Hierarchy 对话框中选择单元进行唯一化，如图 9-14 所示。

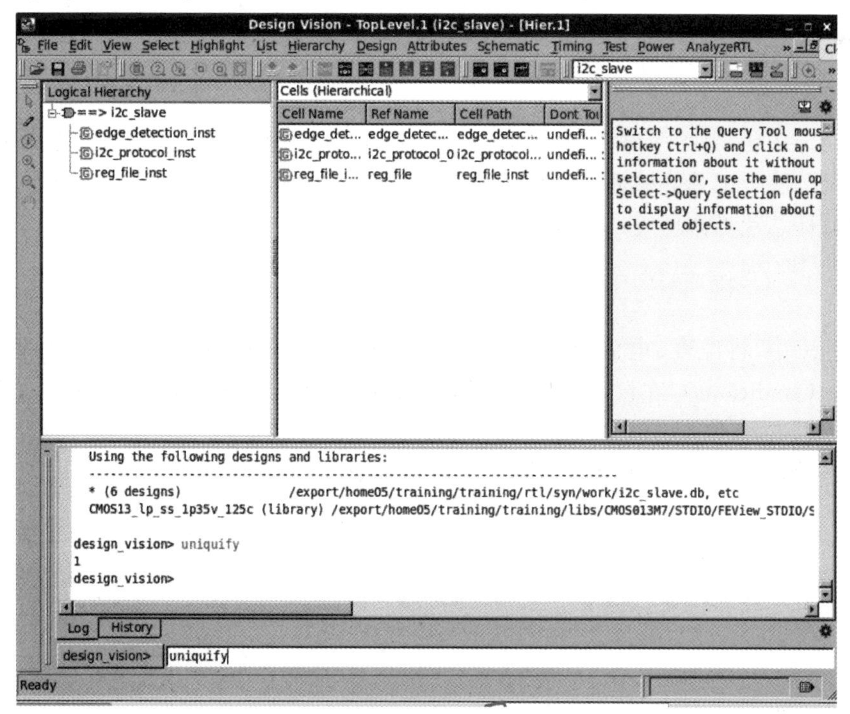

图 9-13 整个设计的实例唯一化

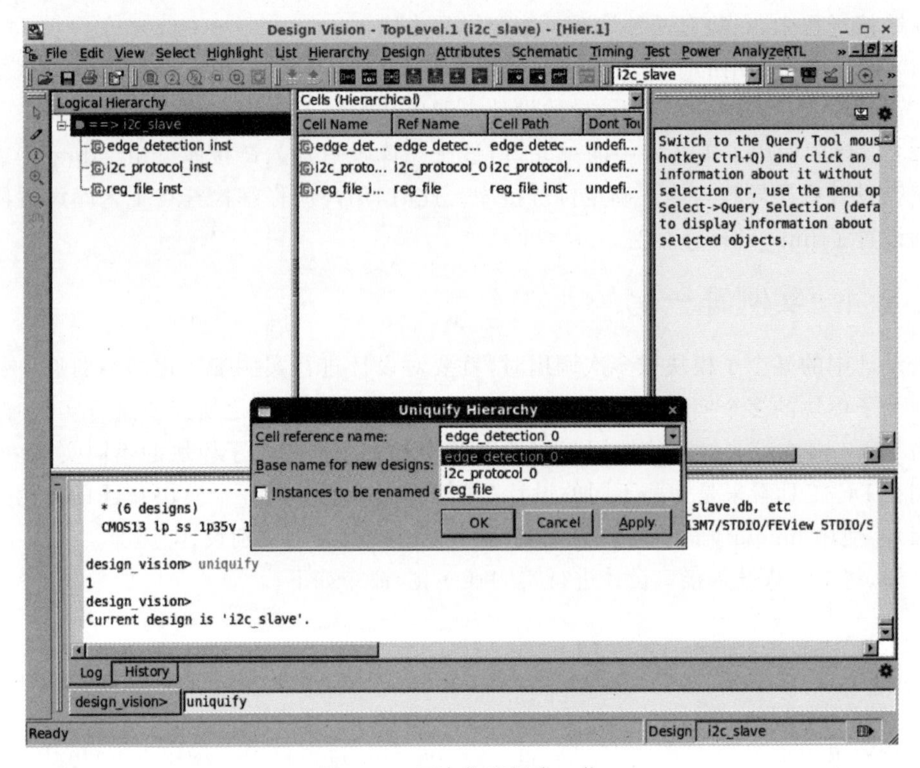

图 9-14 层次化实例唯一化

当然，若设计中不存在同一子模块被多次调用的情况（如上述 IIC 从设备接口设计示例），可不必进行实例唯一化，但仍推荐执行该过程。

9.3 设计环境

所谓设计环境，是指电路工作时的温度、电源电压等参数以及输入驱动、输出负载、线上负载等情况。综合工具能够通过提供的设计环境精确计算目标芯片的延时、功耗和面积，从而取得与目标芯片工作环境最接近、优化的综合结果。

9.3.1 设置电路的工作条件

在工艺库中，将温度、电源电压、工艺偏差、互连模型等参数的影响归结为工作条件（Operating Conditions），在读入目标工艺库之后，用户可以使用 report_lib 命令列出工艺中的各项参数。

例如，采用以下命令列出某工艺库中的各项参数。

```
report_lib  CMOS13_lp_ss_1p35v_125c
```

生成的报告的开始部分如下。

```
************************
Report : library
```

```
Library: CMOS13_lp_ss_1p35v_125c
Version: J-2014.09-SP3
Date    : Sun Mar 21 13:55:02 2021
* * * * * * * * * * * * * * * * * * * *

Library Type              : Technology
Tool Created              : Z-2007.03-SP3
Date Created              : Wed Aug 15 14:42:00 CST 2018
Library Version           : 0.100000
Time Unit                 : 1ns

Capacitive Load Unit      : 1.000000pf
Pulling Resistance Unit   : 1kilo-ohm
Voltage Unit              : 1V
Current Unit              : 1mA
Dynamic Energy Unit       : 1.000000pJ (derived from V,C units)
Leakage Power Unit        : 1mW
Bus Naming Style          : %s[%d] (default)

Operating Conditions:

    Operating Condition Name : ss_1p35v_125c
    Library : CMOS13_lp_ss_1p35v_125c
    Process :   1.00
    Temperature : 125.00
    Voltage :   1.35
    Interconnect Model : balanced_tree
```

在上述报告片段的最后几行中，可以看到该工艺库提供的工作条件名为 ss_1p35v_125c（这个命名由工艺厂家依工艺情况给出，不要求都使用同样的名称），工作温度为 125℃，电源电压为 1.35V，采用的互连模型名称为 balanced_tree。

在 DC 命令行中使用 set_operating_conditions 命令设置设计的工作环境，基本格式语法如下。

```
set_operating_conditions
                [-library lib]
                [-object_list objects]
                [condition]
```

其中，[-library lib]为对应的工艺库；[-object_list objects]为设置工作条件的目标单元，默认情况下为对整个设计设置统一的工作条件；[condition]为待选择的工作条件名称。

例如，上述工艺库提供的操作环境，可进行如下设置。

```
set_operating_conditions -library CMOS13_lp_ss_1p35v_125c ss_1p35v_125c
```

其对应的含义为对当前设计整体设置统一的工作条件，使用的工艺库名称为 CMOS13_lp_ss_1p35v_125c，设置的工作条件名称为 ss_1p35v_125c。

当然，DC 工具还提供了很多其他详细选项，可帮助用户对复杂设计施加更加细致的工作条件。用户可在 DC 命令行中使用 man set_operating_conditions 命令获得该命令的更详细的使用方法介绍。

在图形界面中，电路的工作环境也一样可以通过菜单进行设置。在 Design Vision 中执行 Attributes→Operating Environment→Operating Conditions 菜单命令，如图 9-15 所示。弹出 Operating Conditions 对话框，其中包含了可选的分析条件以及对应的操作条件。图 9-15 中选择的是单一分析场景（即只进行最坏场景分析），在 Maximum operating condition 选项区域的 Library 下拉列表中选择对应的工艺库，在 Condition 下拉列表中选择对应的工作条件。单击 OK 按钮，即可成功设置。

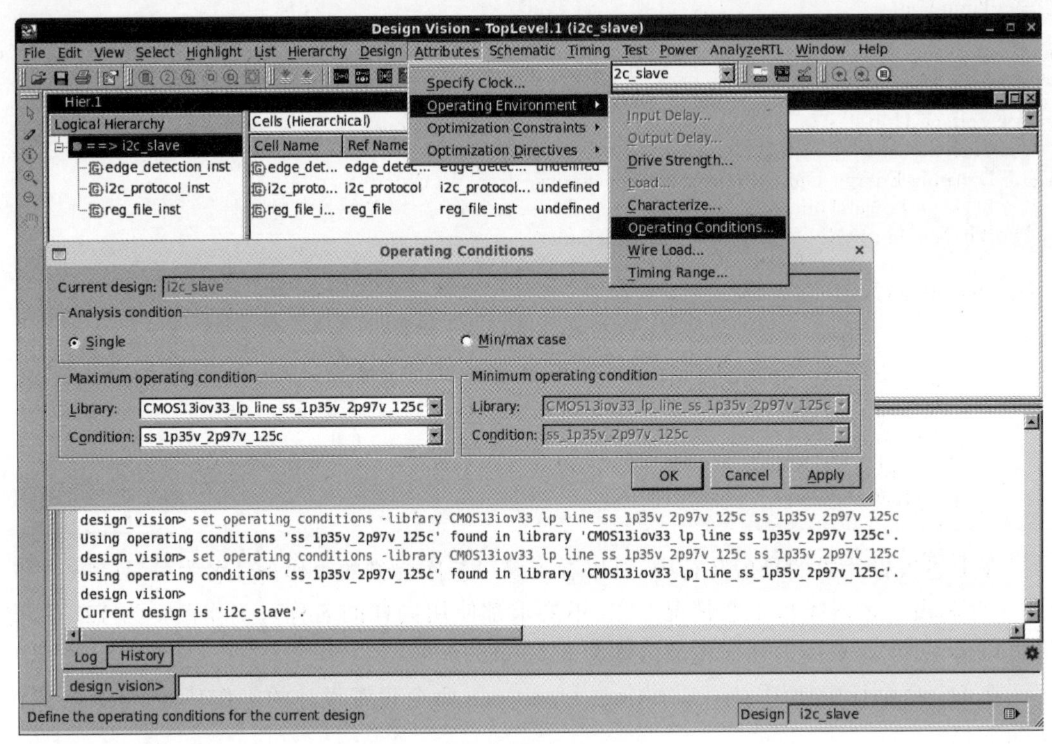

图 9-15　设置工作环境

9.3.2　设置连线负载

连线负载用来估算设计内部互连线上的寄生参数，从而可以计算连线的延时，使综合结果更加接近最终的芯片实际物理情况。在 DC 工具中，连线负载的设置包括连线负载大小和连线负载模式。

1. 设置连线负载大小

工艺库中通常会根据芯片的规模表征连线负载的大小，在使用时，根据实际设计的规模选择对应的连线负载即可。例如，在上述 CMOS13_lp_ss_1p35v_125c 工艺库的例子中，有以下对应描述。

```
Wire Loading Model Selection Group:

    Name              : progressive
```

```
        Selection                     Wire load name
    min area    max area
   ----------------------------
        0.00      20000.00           reference_area_20000
    20000.00     100000.00           reference_area_100000
   100000.00    1000000.00           reference_area_1000000
  1000000.00    2500000.00           reference_area_2500000
  2500000.00    5000000.00           reference_area_5000000
  5000000.00   10000000.00           reference_area_10000000
 10000000.00   25000000.00           reference_area_25000000
```

该设计库中一共包含 7 种大小的连线负载模型，分别对应不同的面积。例如，面积为 20 000～100 000 μm^2，对应的连线负载模型为 reference_area_100000。

使用 set_wire_load_model 命令设置连线负载大小，基本语法格式如下。

```
set_wire_load_model
                    -name model_name
                    [-library lib]
                    [-min] [-max]
                    [object_list]
```

其中，-name model_name 指定连线负载模型名词，为必选项；可选项[-library lib]指定选用的目标库；[-min] [-max]选项分别对应当前连线模型应用的分析场景，-min 表示应用于最快分析场景，-max 则表示应用于最慢分析场景，默认情况下为所有分析场景都应用；[object_list]选项则对应连线负载模型的应用对象，默认情况下为整个设计。

例如，上述设计的连线负载可做如下设置。

```
set_wire_load_model -name reference_area_20000 -library CMOS13_lp_ss_1p35v_125c
```

该命令的含义为对整个设计选择 CMOS13_lp_ss_1p35v_125c 工艺库中的 reference_area_20000 连线负载模型作为整个设计的连线负载模型。

在图形界面中，连线负载模型的选择与工作环境选择类似，如图 9-16 所示。

2. 设置连线负载模式

连线负载模式规定在改变跨越多个模块层次时连线负载的计算方式。DC 工具共包含 3 种连线负载模式：top、enclosed 和 segmented，其含义分别如下。

(1) top：某一模块的连线负载设为 top 模式，意味着该模块及其子模块中所有连线的连线负载大小均取该模块的值。

(2) enclosed：某一模块的连线负载设为 enclosed 模式，意味着该模块及其子模块中所有连线的连线负载大小的取值与恰好能完全包含该连线的最底层模块的连线负载大小一致。

(3) segmented：这是一种分段模式，意味着一根连线上不同段的连线负载不同，某一段的连线负载与恰好包含该段的最底层模块的连线负载大小一致。

DC 工具中使用 set_wire_load_mode 命令设置连线负载模式，语法格式如下。

```
set_wire_load_mode mode_name
```

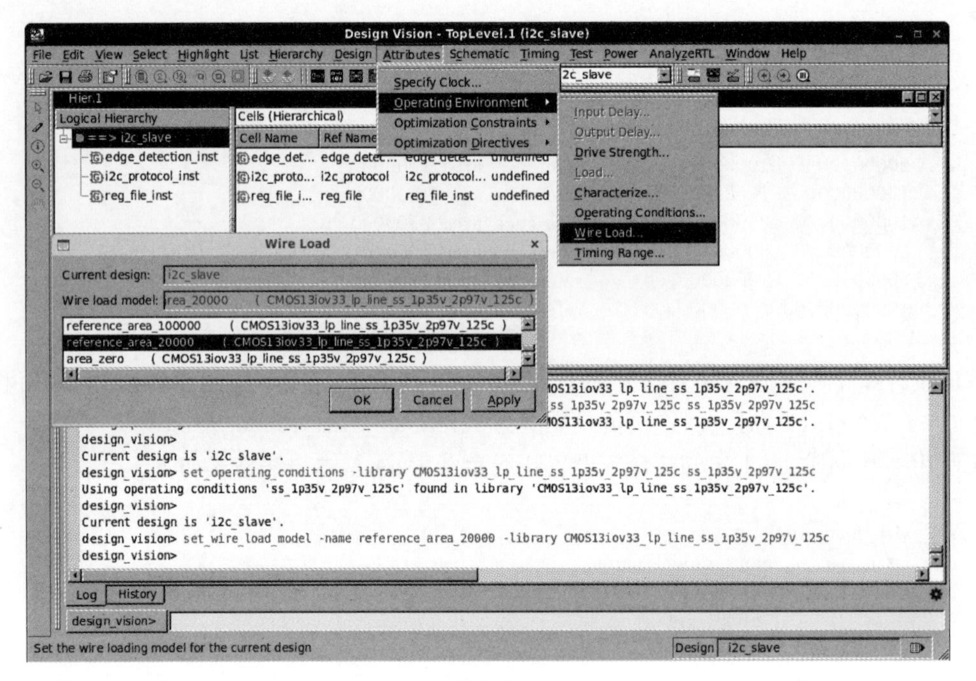

图 9-16　连线负载模型选择

其中，mode_name 为上述 3 种连线负载模式之一。

例如，对上述设计做如下设置。

```
current_design i2c_slave
set_wire_load_mode top
```

该命令的含义为采用 top 连线负载模式对整个设计的连线负载进行计算。

该命令在图形界面中目前尚不支持，用户可在 design_vision 命令栏中直接输入上述命令，按 Enter 键即可成功设置。

9.3.3　设置输出负载

为了更精确地计算电路的延时和优化综合过程，DC 工具还需要知道设计的输出端口驱动的负载大小（即负载电容）。显然，输出端口的负载越大，需要内部单元的驱动能力越大，则综合优化时需要选用驱动能力更强的单元满足设计要求。该选项直接关系到芯片后期应用时能够匹配的电路环境，若设置过小，则综合后的电路能驱动的外部电路能力有限；若设置过大，则容易造成设计的综合面积开销过大。因此，对于一个设计，输出负载需要根据未来设计的应用场景设置合理的值。

在 DC 综合工具中，用户可以通过 set_load 命令为输出端口设置负载，基本语法格式为

```
set_load
            value
            objects
            [[-pin_load] [-wire_load]]
```

其中，value 为待设置的电容值，单位与库中关于电容的定义一致，通常为 pF；objects 为设定负载电容的对象，可以为端口、连线等；[[-pin_load] [-wire_load]]可选项用来表明当前命令对端口设置的电容值作为信号负载模式还是连线负载模式，默认情况下为信号负载模式。

例如，将设计的所有输出端口的输出负载都设置为 20pF，可使用以下命令。

```
set_load -pin_load 20 [all_outputs]
```

其中，-pin_load 指定了电容值的计算模式；20 表示电容值为 20pF；[all_outputs]表示对应设计的所有输出端口。

当然，在 DC 的命令体系中，set_load 命令并不仅仅能够应用于为输出端口设置输出负载，还可以对设计中的某根连线或某个输入端口设置负载，从而可以为复杂设计提供更加详细的约束指导综合工具得到更好的综合结果。用户可以通过 man set_load 命令在 DC 命令行中获得该命令的详细介绍。

在 Design Vision 图形界面中，可通过选定设计的端口，然后执行 Attributes→Operating Environment→Load 菜单命令进行设置。例如，将整个 i2c_slave 设计的输出端口负载设定为 20pF。首先创建设计电路图，在 Logical Hierarchy 窗口中选择 i2c_slave，指定当前设计为 i2c_slave，然后单击“创建对象的电路图”按钮（见图 9-17），即可得到如图 9-18 所示的电路图界面。

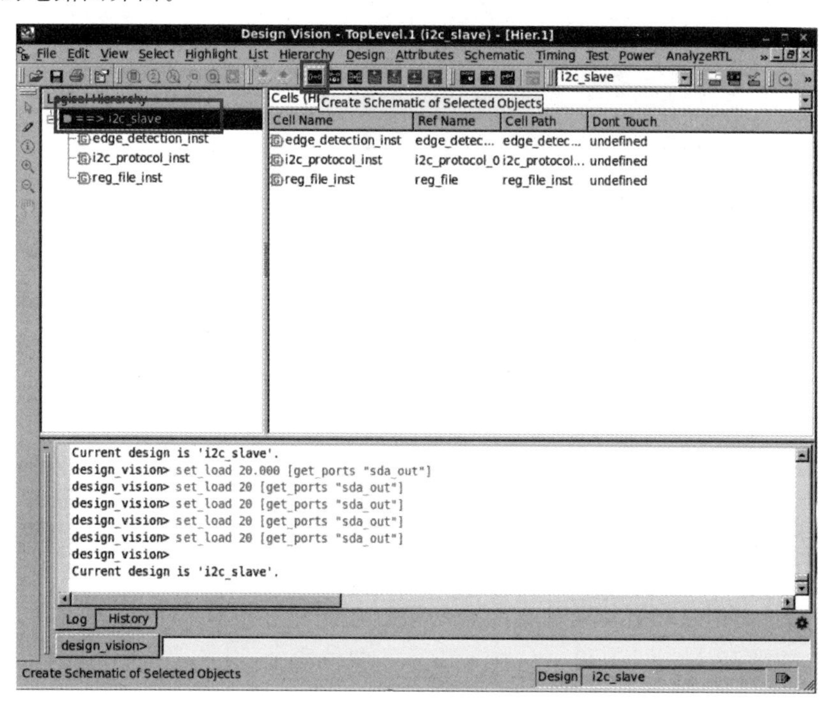

图 9-17 创建设计电路图

然后选择其中的一个端口，如 sda_out，可以看到 sda_out 端口变成白色高亮。执行 Attributes→Operating Environment→Load 菜单命令，弹出 Load 对话框，在 Capacitive load 文本框中输入 20，单击 Apply 按钮，成功为 sda_out 端口设置了 20pF 的输出负载电容值，如图 9-19 所示。以此类推，可以为设计的所有输出端口设置对应的输出负载电容值。

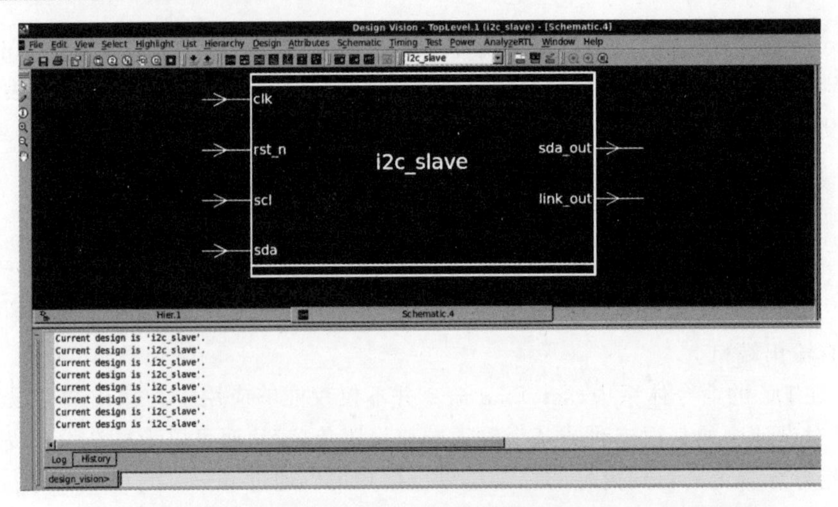

图 9-18　i2c_slave 设计电路图

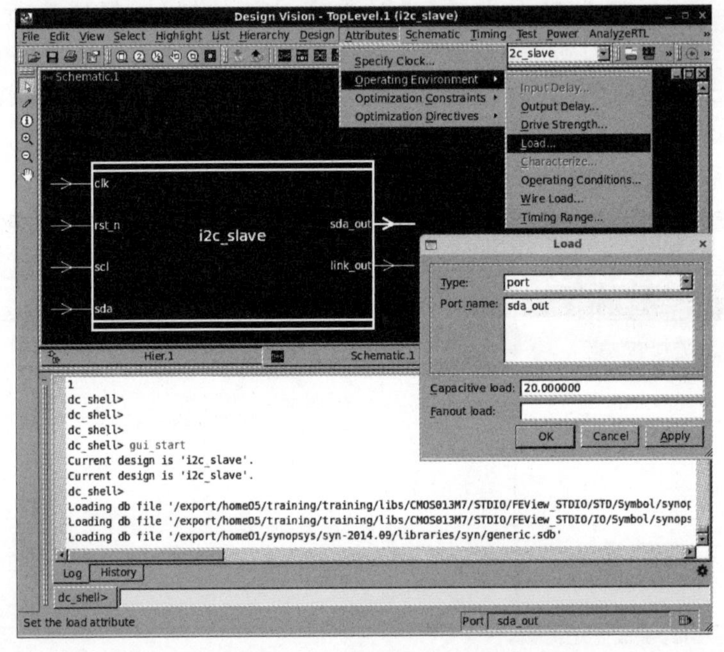

图 9-19　为 sda_out 端口设置 20pF 的输出负载

9.3.4　设置输入驱动

为了精确计算延时和更好地优化综合结果，DC 工具还提供了指定设计输入端的驱动能力的方式，主要有 set_drive 和 set_driving_cell 两种命令，用来计算输入端口的信号翻转时间。其中，set_drive 命令直接指定输入端口的驱动等效阻抗值，而 set_driving_cell 命令则通过选用工艺库中的某个标准单元输出端口作为驱动能力参考值。

set_drive 命令的语法格式如下。

```
set_drive
            resistance
```

```
[-rise] [-fall] [-min] [-max]
port_list
```

其中，resistance 为输入端口处的驱动等效阻抗值；port_list 为端口列表；[-rise] [-fall] [-min] [-max]为可选项。[-rise]表示该约束适用于上升沿，[-fall]表示该约束适用于下降沿，默认情况下则表示两者都适用。[-min] [-max]分别表示该约束适用于最好和最坏分析场景，默认情况下则表示两者都适用。

例如，将所有输入端口的输入驱动都设置为 2，描述如下。

```
set_drive 2 [all_inputs]
```

其中，2 表示输入端口处的驱动阻抗值；[all_inputs]表示对所有输入端口有效。

相比于 set_drive 命令，set_driving_cell 命令具备更多的命令选项，通常只有对设计约束要求更加细致的情况下才使用。例如，将所有输入端口的驱动能力设置为某工艺库中的 FFDHD1X 触发器的 Q 管脚的驱动能力，并忽略该管脚上的设计规则，采用如下描述。

```
set_driving_cell -lib_cell FFDHD1X -pin Q -no_design_rule [all_inputs]
```

对于 set_driving_cell 命令更多详细的内容，用户可通过 man set_driving_cell 命令查阅。

在 Design Vision 图形界面中，对输入端口的驱动强度设置，采用的也是类似 set_driving_cell 的命令选项。如图 9-20 所示，与设置输出负载的方式类似，在电路图中选择输入端口，然后执行 Attributes→Operating Environment→Drive Strength 菜单命令，弹出 Drive Strength 对话框，在对应的选项中输入对应的驱动单元，如图 9-21 所示。

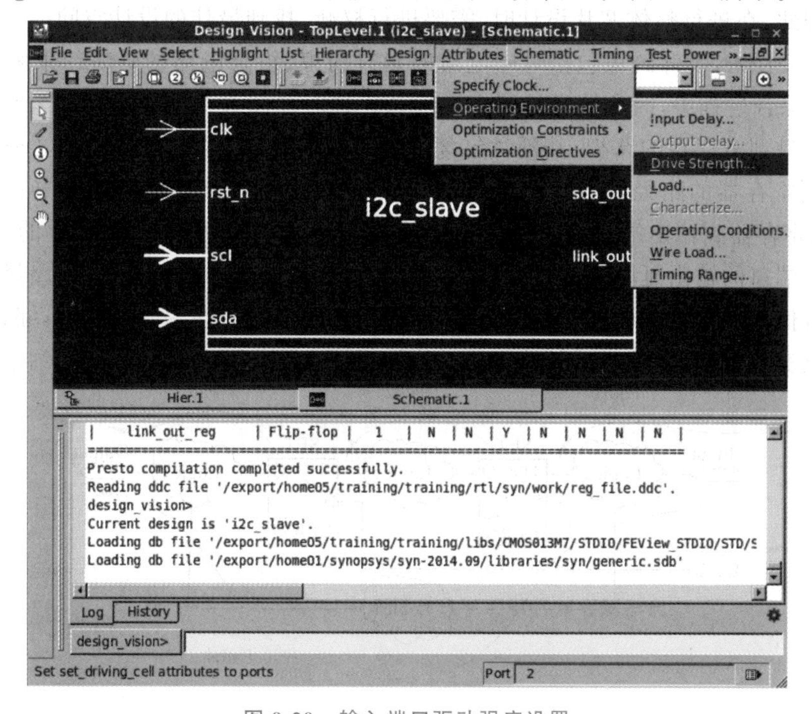

图 9-20 输入端口驱动强度设置

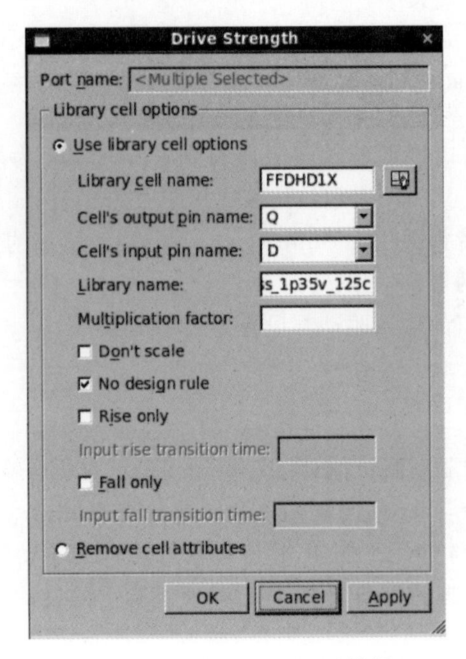

图 9-21　Drive Strength 对话框

9.4　设计约束

设计约束是整个综合过程中最重要的参数,其设置直接关系到最终芯片的工作频率、面积和功耗。通常来说,芯片工作频率越高,面积和功耗则越高；反之,频率越低,则面积和功耗越小。因此,在进行整体芯片设计时,需要进行权衡,找到最佳的设计空间。

在 DC 工具中,设计约束包括时序电路的延时约束、组合电路的延时约束和面积约束。在 DC 工具综合过程中,时序路径计算主要包含 4 种时序路径分类,如图 9-22 所示。Path1 为从输入端口到寄存器的路径,其延时包含信号的输入延时、逻辑电路延时之和；Path2 为从寄存器到寄存器的路径,其延时包含寄存器的输出延时和路径上的逻辑电路延时之和；Path3 为从寄存器到输出端口的路径,其延时包含寄存器的输出延时、路径上的逻辑电路延时以及输出端口的输出延时之和；Path4 为从输入端口到输出端口的组合电路经过的路径,其延时包含信号的输入延时、逻辑电路延时和输出延时之和。在综合过程中,综合工具会尽力优化电路实现,从而使综合后的路径延时能够保证这 4 类路径都满足设计约束。

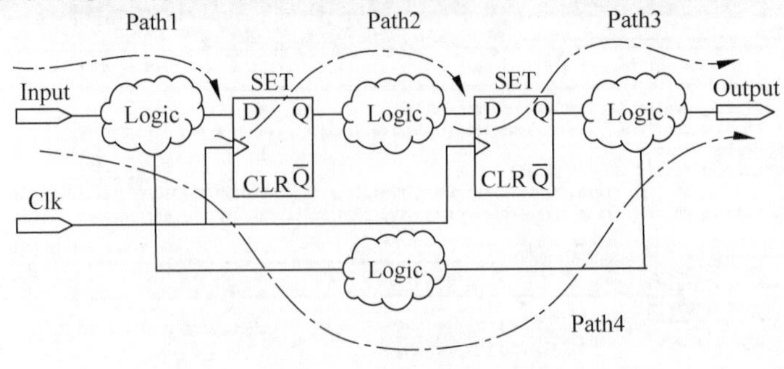

图 9-22　时序路径分类

本节分别按照时序电路、组合电路和面积约束介绍 DC 工具施加设计约束的常用方法。

9.4.1 时序电路的延时约束

时序电路的延时约束主要包括时钟频率、输入延时、输出延时等内容。其中,时钟频率用于确定时序电路的运行频率;输入延时用于表示信号从外部到达芯片输入端口所需的时间;输出延时用于表示信号从芯片端口输出到达外部节点需要的时间。对于图 9-22 中的 Path2,即从寄存器到寄存器的路径,其路径受到时钟频率的约束;对于 Path1,其路径受到时钟频率和输入延时共同约束;对于 Path3,其路径受到输出延时和时钟频率共同约束;对于 Path4,其路径同时受到输入延时和输出延时约束。

1. 创建时钟

要给时序电路进行时钟约束,首先需要在电路的时钟端口上创建时钟。DC 工具提供了 create_clock 命令创建系统时钟,提供了 create_generated_clock 命令创建分频时钟。其中,create_clock 命令语法格式如下。

```
create_clock
                [-name clock_name]
                [-add]
                [source_objects]
                [-period period_value]
                [-waveform edge_list]
                [-comment comment_string]
```

其中,-name 指定创建的时钟名称,一般情况下每个时钟都应该有唯一的名字;-add 用于对同一个时钟端口创建多个不同时钟,指示是否为增加时钟;source_objects 指定创建时钟的端口或引脚名;-period 指定时钟周期,单位为 ns;-waveform 指定时钟波形格式;-comment 用于对定义的时钟增加一些说明。

例如,在设计的 clk 端口上创建一个周期为 200ns,占空比为 50%,名称为 clk 的时钟,描述如下。

```
create_clock -name "clk" -period 200 -waveform [list 0 100] [get_ports clk]
```

在设计中,经常会遇到分频时钟,DC 工具提供了 create_generated_clock 命令用于创建分频时钟。常见语法格式如下。

```
create_generated_clock
                [-name clock_name]
                [-add]
                source_objects
                -source master_pin
                [-master_clock clock]
                [-divide_by divide_factor ]
```

其中,-name、-add 和 source_objects 的含义与 create_clock 命令的含义相同;-source 为主时钟对应的引脚名称;-master_clock 为主时钟名称;-divide_by 指定分频时钟的分频倍数。

例如，在源时钟的基础上，在 div2 分频电路的 Q 端口上创建一个名为 clk_half 的二分频时钟，描述如下。

```
create_generated_clock -name clk_half -divide_by 2 -source clk [get_pins div2/Q]
```

DC 工具还提供了很多复杂时钟创建选项，用于应对不同场景，用户可通过查看手册或 man 命令进一步获取相关知识。

Design Vision 图形界面也提供了用于创建时钟的菜单命令，如图 9-23 所示。端口选择方法与设置输出负载以及输入驱动的步骤类似，这里不再赘述。本例中，在 i2_slave 设计的 clk 端口创建一个周期为 200ns，占空比为 50%的时钟。

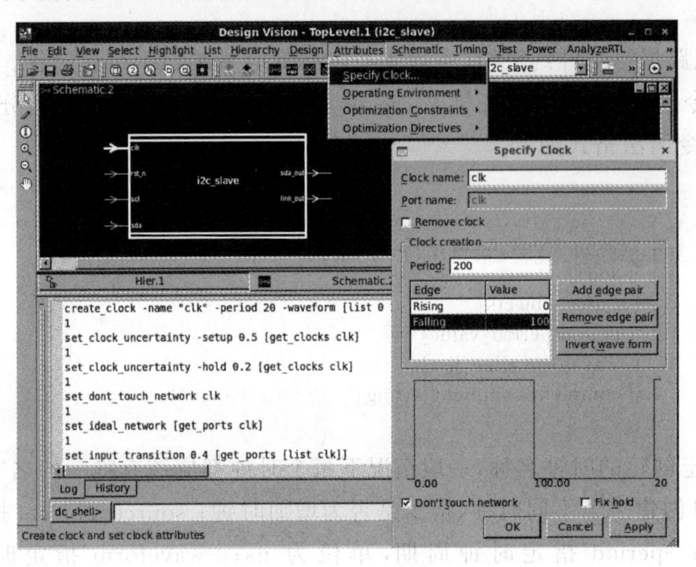

图 9-23　创建时钟

创建完时钟之后，由于时钟端通常具有非常大的负载，若不对其进行约束，则 DC 工具会使用大量缓冲器(Buffer)提高其驱动能力。在一般设计流程中，设计者都在布局布线流程中完成时钟树的设计工作，因此必须设置 DC 工具不对时钟网络进行修改，并且将其设置为理想的网络。通常使用以下两条命令。

```
set_dont_touch_network clk
set_ideal_network [get_ports clk]
```

其中，set_dont_touch_nework 指定不优化时钟网络；set_ideal_network 指定时钟端口为理想时钟，不计算实际的传输延时。

此外，为了更好地模拟布局布线后的实际情况，通常还会使用以下命令规定时钟的建立和保持时钟的不确定性。例如，分别设置时钟的建立(setup)不确定性为 0.5ns 和保护(hold)不确定性为 0.2ns。

```
set_clock_uncertainty -setup 0.5 [get_clocks clk]
set_clock_uncertainty -hold 0.2 [get_clocks clk]
```

除此之外，对于时钟的约束，在实际设计项目中，还需要考虑更复杂的情况。例如，为了让后续布局布线中时钟更容易达到收敛，在综合时提前考虑时钟偏差的影响，增加时钟不确定性约束裕量，同时考虑实际时钟翻转过程中的翻转延时，用户可通过 set_clock_transition 命令设置时钟翻转延时。而对于某条涉及异步时钟的路径，可以通过 set_false_path 命令使 DC 工具不做优化，还可通过 set_clock_groups-asynchronous 命令批处理理所有异步时钟路径。

2. 设置输入延时

输入延时的设置主要用来规定信号从外部进入电路内部所需的时间。若不定义输入延时，则 DC 工具默认设计的输入延时为 0。DC 工具为设置输入延时提供的命令为 set_input_delay，语法格式如下。

```
set_input_delay
            [-clock clock_name]
            delay_value port_pin_list
```

其中，-clock 用于指定参考时钟；delay_value 为延时值；port_pin_list 为指定的端口。例如，在设计的 scl 端口上，相对于参考时钟 clk 指定 12ns 的输入延时，描述如下。

```
set_input_delay 12 -clock clk [get_ports scl]
```

类似地，相应的 Design Vision 图形界面操作如图 9-24 所示。

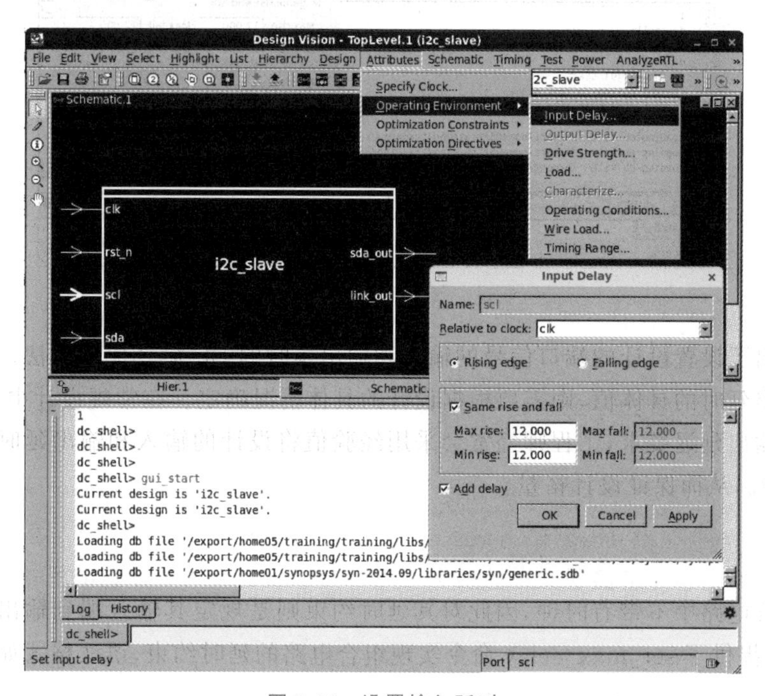

图 9-24 设置输入延时

3. 设置输出延时

与输入延时类似，设置输出延时用于定义信号在端口外部传输所需的时间。

相应的 DC 命令为 set_output_delay，语法格式如下。

```
set_output_delay
                [-clock clock_name]
                 delay_value port_pin_list
```

其中，-clock 用于指定参考时钟；delay_value 为延时值；port_pin_list 为指定的端口。例如，在设计的 sda_out 端口上，相对于参考时钟 clk 指定 12ns 的输出延时，描述如下。

```
set_output_delay 12 -clock clk [get_ports sda_out]
```

相应的 Design Vision 图形界面操作如图 9-25 所示。

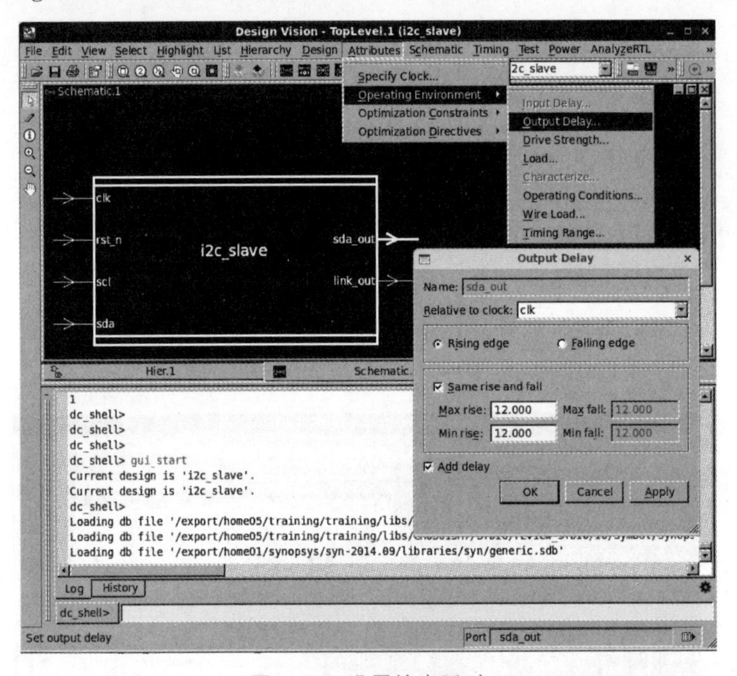

图 9-25　设置输出延时

以上给出了设置设计的端口信号的输入和输出延时的 DC 命令使用方法。对于如何考虑输入和输出延时的具体值，则需要根据设计的具体情况确定。在常规设计中，如果没有具体的输入和输出延迟要求，工程师经常会采用经验值将设计的输入和输出延时都设置为时钟周期的 60%，从而保证设计裕量。

9.4.2　组合电路的延时约束

由于组合电路中不带有时钟，因此对其延时约束则是规定其输入端到输出端的最大延时。DC 工具提供了 set_max_delay 命令实现组合电路的延时约束，语法格式如下。

```
set_max_delay
                delay_value
                [-rise | -fall]
                [-from from_list ]
                [-to to_list]
```

其中，delay_value 用于定义延时值；-rise|-fall 规定该约束对上升沿或下降沿有效，默认情况下为两者都有效；-from 指定输入端；-to 指定输出端。

例如，将一个组合电路设计的所有输入端到所有输出端的最大延时设置为 2ns，描述如下。

```
set_max_delay 2 -from [all_inputs] -to [all_outputs]
```

同样，在 Design Vision 图形界面中，用户可通过执行 Attributes→Optimizations Constraints→Timing Constraints 菜单命令进行设置。

9.4.3 设计的面积约束

在 DC 工具中，通过 set_max_area 命令设置面积约束，语法格式如下。

```
set_max_area
              [-ignore_tns]
              area_value
```

其中，area_value 为约束面积大小，面积单位由工艺库指定；-ignore_tns 表示忽略负延时裕量优化面积。一般情况下，DC 工具的默认优化是先优化延时，在满足延时后再优化面积，使用-ignore_tns 选项会使 DC 优先考虑面积优化。

在设计项目中，大部分使用以下描述设置面积约束。该约束将目标优化面积设置为 0，实际芯片不可能达到零面积，设置为 0 的目的是让综合工具按照最小面积进行优化。

```
set_max_area 0
```

在 Design Vision 图形界面中，也提供了面积约束的图形化设置，如图 9-26 所示。

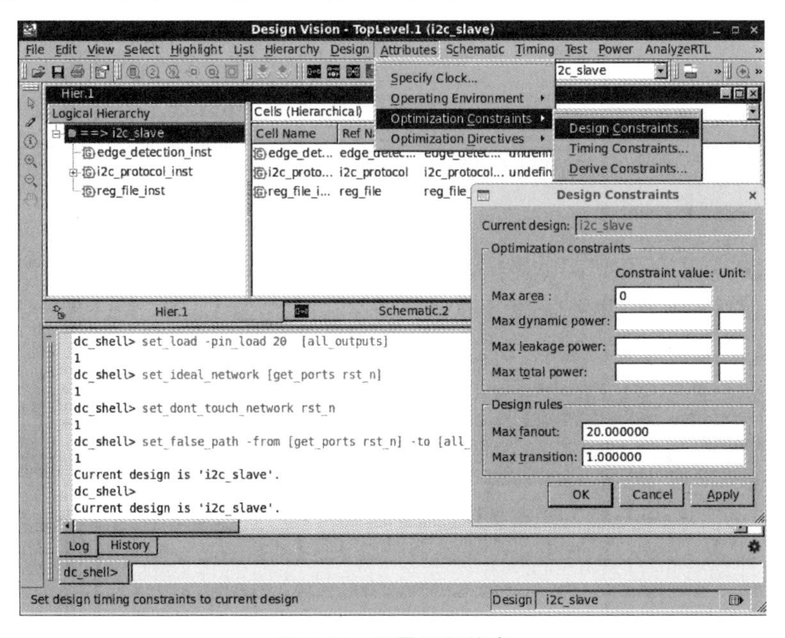

图 9-26　设置面积约束

9.5 设计的综合与结果报告

9.5.1 设计综合

使用 compile 命令进行设计综合，语法格式如下。

```
compile
    -map_effort        medium | high
    -area_effort       none | low | medium | high
    -incremental_mapping
```

其中，-map_effort 为综合器映射的努力程度，有 medium 和 high 两个选项，默认为 medium；-area_effort 为综合器面积优化的努力程度，有 none、low、medium 和 high 4 个选项，默认为同-map_effort 的值；-incremental_mapping 表示综合器在前一次综合结果的基础上进行进一步优化，不改变电路结构。

此外，DC 工具还提供了直接进行最高等级优化的 compile_ultra 命令，用户可以直接使用，无须指定参数。

在 Design Vision 图形界面中，也提供了 compile 命令的图形化执行操作，如图 9-27 所示，执行相应的菜单命令即可实现与执行命令行一致的功能。

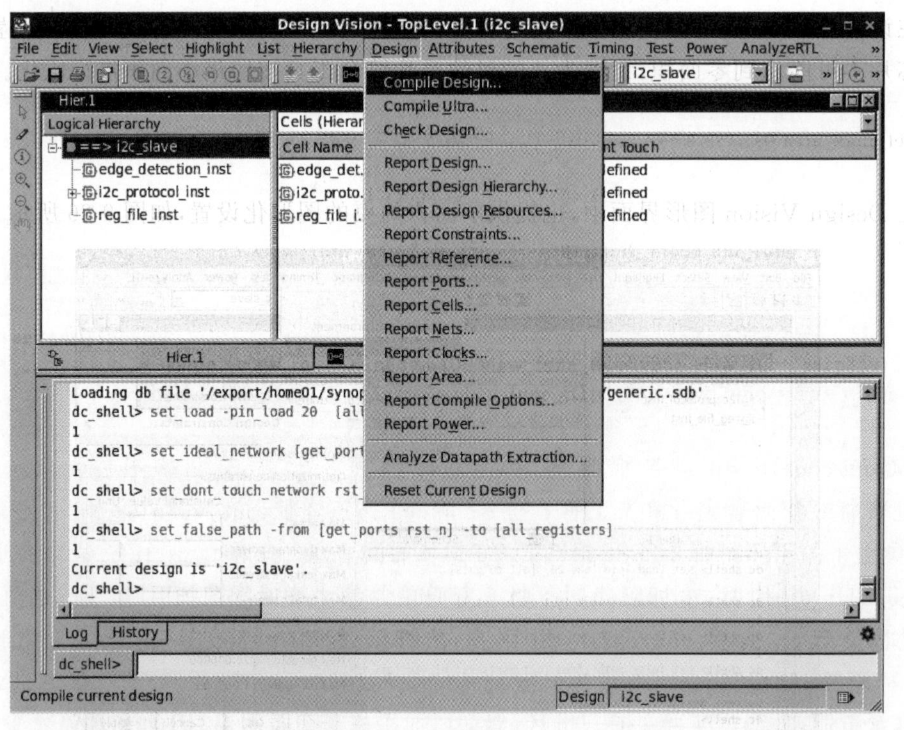

图 9-27 设计综合操作界面

在执行设计综合的过程中，DC 工具会给出综合过程的详细优化进程报表，如图 9-28 所示。

```
Beginning Delay Optimization Phase
----------------------------------

                                   TOTAL
  ELAPSED            WORST NEG    SETUP    DESIGN
   TIME      AREA      SLACK       COST    RULE COST          ENDPOINT
 --------- --------- ---------- --------- --------- -------------------------
   0:00:06    9299.8      0.00        0.0       9.4
   0:00:06    9299.8      0.00        0.0       9.4
   0:00:07    9207.5      0.00        0.0       9.8

Beginning Design Rule Fixing  (max_transition)  (max_capacitance)
----------------------------

                                   TOTAL
  ELAPSED            WORST NEG    SETUP    DESIGN
   TIME      AREA      SLACK       COST    RULE COST          ENDPOINT
 --------- --------- ---------- --------- --------- -------------------------
   0:00:07    9207.5      0.00        0.0       9.8
   0:00:07    9591.8      0.00        0.0       9.3 net4615
   0:00:07    9591.8      0.00        0.0       9.4
```

图 9-28 设计综合优化进程报表

图 9-28 中，第 1 列（TIME）表示综合用时，第 2 列（AREA）表示面积，第 3 列（WORST NEG SLACK）表示当前路径的最坏延时，第 4 列（TOTAL SETUP COST）表示总延时，第 5 列（DESIGN RULE COST）表示设计规则违反程度，最后一列（ENDPOINT）表示对应路径的结束端。

9.5.2 设计结果报告

DC 工具提供了多样化的设计结果报告，对于设计者，最关心的结果报告主要包含时序、面积和功耗。

1. 时序报告

DC 工具使用 report_timing 命令提供延时报告，语法格式如下。

```
report_timing
    -to list
    -from list
    -max_paths num
```

其中，-to list 指示路径的终点；-from list 指定路径的起点；-max_paths num 指定报告的最大路径数量。

例如，命令为 report_timing-from scl，表示生成起点为 scl 的时序最差的一条路径的时序报告，如图 9-29 所示。可以看到该路径的起点（Startpoint）是 scl 端口，终点（Endpoint）是 edge_detection_inst 模块中的 scl_tmp_reg 寄存器。起点和终点均在 clk 时钟域下，路径类型为 max，表示最坏情况下的路径延时。一方面，对于时序到达时间，可以看到该路径 scl 信号首先有 12ns 的外部输入延时，然后直接到达 scl_tmp_reg 寄存器的 D 端口，共计花费了 12ns 的时序到达时间；另一方面，对于时序需求时间，在时钟上升沿触发情况下，时钟周期约束为 20ns，减去不确定性 0.5ns，到达寄存器的 CK 端口，共有 19.5ns 的时序需求，再减去触发器 D 端口的 0.35ns 的建立时间，共计时序需求为 19.15ns。将时序需求 19.15ns 减去时序到达时间 12ns，得到该路径的时序裕量为 7.15ns。

2. 面积报告

DC 工具使用 report_area 命令报告面积信息。该命令提供了一些选项，用户可根据具体情况选择不同的选项。通常情况下，直接使用默认参数即可得到具体的面积报告信息。如图 9-30 所示，报告了 IIC 从设备接口的面积报表信息，报告中包含端口、线网、单元的数量，同时还报告了组合逻辑、非组合逻辑等各部分的具体面积以及设计的总面积。

```
****************************************
Report : timing
        -path full
        -delay max
        -max_paths 1
Design : i2c_slave
Version: J-2014.09-SP3
Date   : Sat Apr 17 19:45:30 2021
****************************************

Operating Conditions: ss_1p35v_125c   Library: CMOS13_lp_ss_1p35v_125c
Wire Load Model Mode: top

  Startpoint: scl (input port clocked by clk)
  Endpoint: edge_detection_inst/scl_tmp_reg
            (rising edge-triggered flip-flop clocked by clk)
  Path Group: clk
  Path Type: max

  Des/Clust/Port     Wire Load Model       Library
  ------------------------------------------------
  i2c_slave          reference_area_20000  CMOS13_lp_ss_1p35v_125c

  Point                                                  Incr       Path
  --------------------------------------------------------------------------
  clock clk (rise edge)                                  0.00       0.00
  clock network delay (ideal)                            0.00       0.00
  input external delay                                  12.00      12.00 r
  scl (in)                                               0.00      12.00 r
  edge_detection_inst/scl (edge_detection)               0.00      12.00 r
  edge_detection_inst/scl_tmp_reg/D (FFDSHDLX)           0.00      12.00 r
  data arrival time                                                12.00

  clock clk (rise edge)                                 20.00      20.00
  clock network delay (ideal)                            0.00      20.00
  clock uncertainty                                     -0.50      19.50
  edge_detection_inst/scl_tmp_reg/CK (FFDSHDLX)          0.00      19.50 r
  library setup time                                    -0.35      19.15
  data required time                                               19.15
  --------------------------------------------------------------------------
  data required time                                               19.15
  data arrival time                                               -12.00
  --------------------------------------------------------------------------
  slack (MET)                                                       7.15
```

图 9-29 时序报告

```
****************************************
Report : area
Design : i2c_slave
Version: J-2014.09-SP3
Date   : Sat Apr 17 19:37:59 2021
****************************************

Library(s) Used:

    CMOS13_lp_ss_1p35v_125c

Number of ports:                            6
Number of nets:                            58
Number of cells:                           10
Number of combinational cells:              7
Number of sequential cells:                 0
Number of macros/black boxes:               0
Number of buf/inv:                          7
Number of references:                       8

Combinational area:               4121.139579
Buf/Inv area:                      980.359209
Noncombinational area:            5184.708294
Macro/Black Box area:                0.000000
Net Interconnect area:      undefined  (Wire load has zero net area)

Total cell area:                  9305.847873
Total area:                 undefined
```

图 9-30 面积报告

3. 功耗报告

DC 工具使用 report_power 命令报告设计的功耗信息。与面积报告类似，该命令也提供众多的选项，通常情况下直接使用默认参数即可得到设计的具体功耗信息。如图 9-31 所示，报告了 IIC 从设备接口的功耗报表信息。报告中包括各个功耗组的单元内部功耗(Cell Internal Power)、连线开关功耗(Net Switching Power)、单元漏电功耗(Cell Leakage Power)以及总功耗，便于对设计的功耗组成进行全面分析。

```
****************************************
Report : power
        -analysis_effort low
Design : i2c_slave
Version: J-2014.09-SP3
Date   : Sat Apr 17 19:38:02 2021
****************************************

Library(s) Used:

    CMOS13_lp_ss_1p35v_125c

Operating Conditions: ss_1p35v_125c   Library: CMOS13_lp_ss_1p35v_125c
Wire Load Model Mode: top

Design        Wire Load Model            Library
------------------------------------------------
i2c_slave              reference_area_20000 CMOS13_lp_ss_1p35v_125c

Global Operating Voltage = 1.35
Power-specific unit information :
    Voltage Units = 1V
    Capacitance Units = 1.000000pf
    Time Units = 1ns
    Dynamic Power Units = 1mW    (derived from V,C,T units)
    Leakage Power Units = 1mW

  Cell Internal Power  = 234.6461 uW  (100%)
  Net Switching Power  = 778.4293 nW    (0%)
                         ---------
Total Dynamic Power    = 235.4246 uW  (100%)

Cell Leakage Power     = 263.0737 nW

                 Internal         Switching           Leakage            Total
Power Group      Power            Power               Power              Power   (   %    )  Attrs
--------------------------------------------------------------------------------------------------
io_pad             0.0000           0.0000             0.0000            0.0000  (   0.00%)
memory             0.0000           0.0000             0.0000            0.0000  (   0.00%)
black_box          0.0000           0.0000             0.0000            0.0000  (   0.00%)
clock_network      0.0000           0.0000             0.0000            0.0000  (   0.00%)
register           0.2344        5.5367e-04         1.2257e-04           0.2351  (  99.75%)
sequential         0.0000           0.0000             0.0000            0.0000  (   0.00%)
combinational  2.3253e-04        2.2476e-04         1.4050e-04       5.9779e-04  (   0.25%)
--------------------------------------------------------------------------------------------------
Total              0.2346 mW     7.7843e-04 mW      2.6307e-04 mW        0.2357 mW
```

图 9-31 功耗报告

9.6 设计保存与时序文件导出

综合完成之后，需要把综合后的网表文件和时序文件导出并保存，交给其他设计流程使用。在综合完成后，一般必须导出 3 个文件：综合后的网表、时序约束文件以及延时信息文件，分别用于布局布线及综合后仿真。

1．网表导出

DC 工具提供多样的网表导出格式，命令为 write_file，语法格式如下。

```
write_file
                [-format output_format]
                [-hierarchy]
                [-output output_file_name]
```

其中，-format 指定输出的网表格式(output_format)，包括 ddc、verilog、svsim 和 vhdl 4 种格式；-hierarchy 指定工具按照层次化输出；-output 指定输出的文件名(output_file_name)。

2. 时序约束导出

使用 write_sdc 命令导出时序约束文件，语法格式如下。

```
write_sdc
            file_name
              [-version sdc_version]
```

其中，file_name 指定 sdc 文件名；-version 指定 sdc 文件版本号(sdc_version)。

3. 延时信息导出

使用 write_sdf 命令导出延时信息文件，语法格式如下。

```
write_sdf
            [-version sdf_version]
            file_name
```

其中，file_name 指定 sdf 文件名；-version 指定 sdf 文件版本号(sdf_version)。

9.7 综合脚本实例

本章介绍了 DC 综合工具的基本使用方法，本节将给出一个 IIC 从设备接口的综合脚本实例。该设计使用 130nm 工艺，此综合脚本实例中的所有约束值可供读者在自己的设计中参考使用。

```
##---------------------------------------##
##          create file firectory         ##
##---------------------------------------##
set alib_library_analysis_path
file mkdir work
file mkdir result
file mkdir report
define_design_lib work -path work
set SOURCE_DIR ../src
set REPORT_DIR ./report
set RESULT_DIR ./result
##---------------------------------------##
##       read and check designs          ##
##---------------------------------------##
# Define the design
set DESIGN_NAME i2c_slave
# Read the verilog netlist
analyze -f verilog -library work ${SOURCE_DIR}/i2c_slave.v
analyze -f verilog -library work ${SOURCE_DIR}/edge_detection.v
analyze -f verilog -library work ${SOURCE_DIR}/i2c_protocol.v
analyze -f verilog -library work ${SOURCE_DIR}/reg_file.v
# Elaborate and link
elaborate $DESIGN_NAME
current_design $DESIGN_NAME
link
uniquify
check_design > $REPORT_DIR/check_design_before_compile.rpt
```

```
##-------------------------------------------------##
## set design constraints and opt constraints ##
##-------------------------------------------------##
# Assume the clock name is clk with a period of 20 ns
create_clock -name "clk" -period 20 -waveform [list 0 10] [get_ports clk]
# In the process of optimization
# the clock network is not changed or replaced
set_dont_touch_network clk
set_ideal_network [get_ports clk]
# The transition is forzen to approximate the post_routed values
set_clock_uncertainty -setup 0.5 [get_clocks clk]
set_clock_uncertainty -hold 0.2 [get_clocks clk]
# The port_delay and input_transition are assumed
# to be derived from the design specifications.
set_input_transition 0.4 [get_ports [list clk]]
set_input_transition 0.8 [remove_from_collection [all_inputs] [get_ports [list clk]]]
set_input_delay 12 -clock clk [get_ports { "scl" "rst_n" "sda"}]
set_output_delay 12 -clock clk [all_outputs]
# Set the wire load.
set_wire_load_mode-libraryCMOS13_lp_ss_1p35v_125c\
    -name reference_area_20000
set_wire_load_mode top
# Set DRC constraints.
set_max_fanout 32 [get_designs $DESIGN_NAME]
set_max_transition 1 [get_designs $DESIGN_NAME]
# Set area constraint.
set_max_area 0
# Assume the 20 pf load requirement for all outputs.
set_load -pin_load 20 [all_outputs]
# In the optimization process
# the reset network is not changed or replaced
set_ideal_network [get_ports rst_n]
set_dont_touch_network rst_n
# Set asynchronous reset signal to false path
set_false_path -from [get_ports rst_n] -to [all_registers]
##-------------------------------------------------##
##            compile and optimization             ##
##-------------------------------------------------##
current_design $DESIGN_NAME
# Remove unconnected ports
remove_unconnected_ports [get_cells -hier *]
# Insert buffer to eliminate the assign statement
set_fix_multiple_port_nets -all -buffer_constants -feedthroughs
compile
##-------------------------------------------------##
##                 report results                  ##
##-------------------------------------------------##
# Determine the overall health of the design
check_timing > $REPORT_DIR/check_timing.rpt
current_design > report/design.rpt
check_design > $REPORT_DIR/check_design_after_compile.rpt
report_constraint -all_violators -verbose -nosplit > $REPORT_DIR/violators.rpt
report_qor > $REPORT_DIR/qor.rpt
# Perform extensive timing analysis
report_timing -nets -transition_time -attr -nosplit > $REPORT_DIR/timing.rpt
```

```
report_timing -delay max -input_pins -nets -capacitance -transition_time \
-slack_lesser_than 1 -max_paths 200 > $REPORT_DIR/timing_setup.rpt
report_timing -delay min -input_pins -nets -capacitance -transition_time \
      -slack_lesser_than 1 -max_paths 200 > $REPORT_DIR/timing_hold.rpt
# Obtain various properties of the design
report_cell > $REPORT_DIR/cells.rpt
report_reference -hierarchy > $REPORT_DIR/design.rpt
report_resources -hierarchy > $REPORT_DIR/design.rpt
report_clock > $REPORT_DIR/clock_tree.rpt
report_clock_tree > $REPORT_DIR/clock_tree.rpt
report_area -nosplit > $REPORT_DIR/area.rpt
report_power -nosplit > $REPORT_DIR/power.rpt
##-----------------------------------##
##           save datas              ##
##-----------------------------------##
write -f ddc -h $DESIGN_NAME \
-o $REPORT_DIR/${DESIGN_NAME}.mapped.ddc
write -f verilog -h $DESIGN_NAME \
 -o $RESULT_DIR/${DESIGN_NAME}.mapped.v
write_sdc $RESULT_DIR/${DESIGN_NAME}.mapped.sdc
```

9.8 本章小结

逻辑综合是数字集成电路设计流程中前端与后端的分水岭，前端设计的代码必须经过综合后转换为逻辑网表才可交付给后端，最终转换为可交付生产的GDS文件，因此熟练掌握逻辑综合是前、后端设计工程师的必备技能。本章详细描述了DC综合工具的使用方法，包括命令行和图形界面两种形式，给出了设计读入、环境约束、设计约束、综合优化和设计保存与文件导出等完整综合过程的常规命令使用方法和示例。最后，本章还以IIC从设备接口为例，给出了综合过程中的约束方法的脚本详细设计实例，可供读者参考。

第10章 布局布线

CHAPTER 10

在数字集成电路设计中，完成逻辑综合得到设计的逻辑门级网表之后，接下来就是依据门级网表进行设计的版图物理实现，即将门级网表转换为基于标准单元的版图，这个过程通常称为后端设计。由于工艺厂家通常会提供标准单元库，包含了后端设计所需的必要文件，因此常见的后端设计主要工作是自动布局布线。常用的自动布局布线工具有Synopsys公司的IC Compiler(ICC)、Astro和Cadence公司的SoC Encounter。本章将以Cadence公司的Encounter为例介绍自动布局布线流程。该工具的输入是门级电路网表、时序约束文件、厂家的工艺库设计文件，输出是可供其他工具继续布线的DEF(Design Exchange Format)格式文件或GDSII格式的版图文件。

10.1 布局布线基本流程

典型布局布线基本流程如图10-1所示。整个布局布线分为5个阶段：第1阶段为设计初始化阶段，主要包括数据准备、数据导入和布局规划3个设计步骤；第2阶段为时钟树综合之前的详细布局设计，包括详细的电源规划、标准单元以及宏单元放置等设计步骤；第3阶段为时钟树设计，目的是创建满足设计需求的时钟树结构；第4阶段为详细布线阶段，将所有单元按照工艺库规则规定的布线规则进行布线连接；第5阶段为检查阶段，包括Filler填充、设计规则检查和数据导出等设计步骤。值得注意的是，从第2阶段开始到第5阶段都需要以时序满足为设计条件。

根据Encounter工具的执行过程，通常可以将上述5个阶段分为以下10个步骤。

(1) 数据准备。准备布局布线所需的各项文件，如设计的逻辑综合后得到的门级网表、时序约束文件及工艺库文件等。

(2) 数据导入。根据布局布线工具要求，将上述准备好的数据文件导入布局布线工具，创建布局布线工作环境。

(3) 布局规划。根据设计特征，确定芯片的大小和形状，将I/O单元、IP硬核、宏模块摆放到合适的位置。

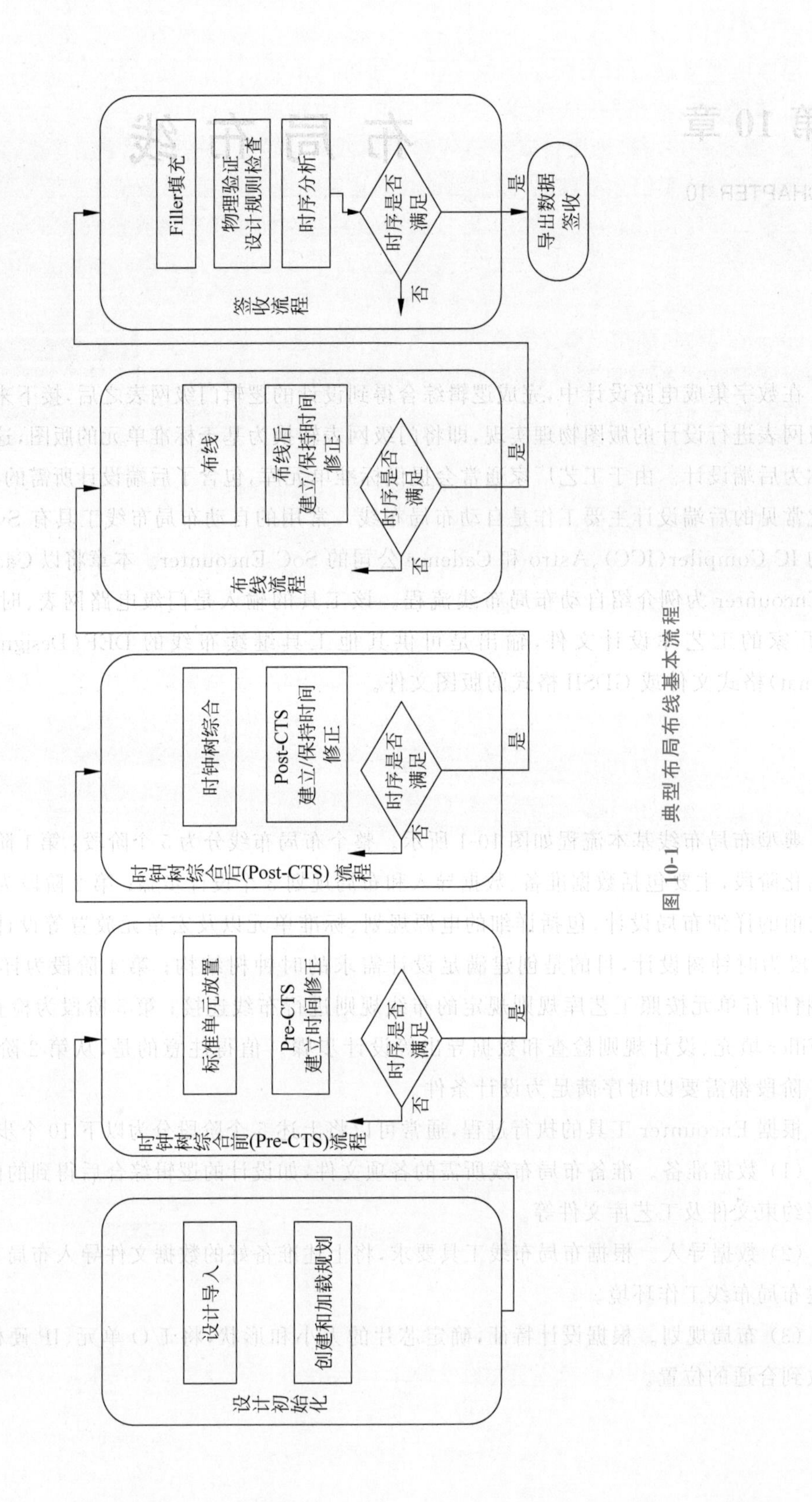

图10-1 典型布局布线基本流程

（4）电源规划。完成芯片的电源网络规划，包括制定电源环、电源带以及标准单元放置所需的电源网络等。

（5）标准单元放置。主要进行标准单元的布局摆放，通常采用时序驱动，目标是在满足时序约束的要求下，尽量减小布线的拥挤度。

（6）时钟树综合。创建合理的时钟树网络，通过构建网格中的多级缓冲器或反相器驱动设计中所有时序单元的时钟端口，以便使时钟域中的各个时序单元的时钟端到达的时钟信号平衡，保证时钟信号的完整性以及时钟歪斜（偏差）满足设计要求。

（7）布线。布线是指在满足工艺库提供的工艺规则条件下，完成电源线、信号线和电路单元的互连，并优化互连结果。

（8）Filler 填充。布局和布线阶段都已完成以后，已经满足了时序要求，标准单元以及宏模块等都已经放置好了位置，这时标准单元中间还有些空白区域，需要将芯片中空白区域填入 Filler（填充物），满足芯片版图设计规则。

（9）设计规则检查。检查布局布线最终形成的版图是否满足设计规则，主要包括连线的连接性检查、几何图形的规则检查和天线效应检查等。

（10）数据导出。在完成了所有版图的自动布局布线工作以后，将设计数据文件导出用于后续设计流程。

在以上布局布线流程中，步骤（1）和步骤（2）属于数据准备，主要完成数据准备以及导入；步骤（3）和步骤（4）属于整体规划设计，需要设计人员根据整体芯片目标进行详细的设计，这两步决定了整个布局布线的成败，可以认为是整个布局布线最核心的阶段；步骤（5）～（7）属于详细设计阶段，设计者往往需要根据约束和目标进行多次迭代从而达到优化状态；步骤（8）和步骤（9）属于检查阶段，通过 Filler 填充和设计规则检查保证最终版图满足工艺规则要求；步骤（10）为导出数据，供后续流程使用。

10.2 布局布线工具的启动与关闭

Encounter 有两种工作模式：图形界面模式和命令行模式。在 Linux 命令行下输入 encounter，Encounter 将以图形界面模式启动并自动创建日志文件和命令文件。

在命令行模式下输入 exit 并按 Enter 键，或在图形界面模式下单击“关闭”按钮，都可以退出 Encounter。

Encounter 命令行模式启动后的命令提示符如图 10-2 所示，在命令提示符后可以输入并执行布局布线的命令，本章后续的脚本命令均可在命令提示符后执行，同时显示 Encounter 布图布线工作的图形界面，如图 10-3 所示。

```
encounter 1> ▌
```

图 10-2 Encounter 命令行模式启动后的命令提示符

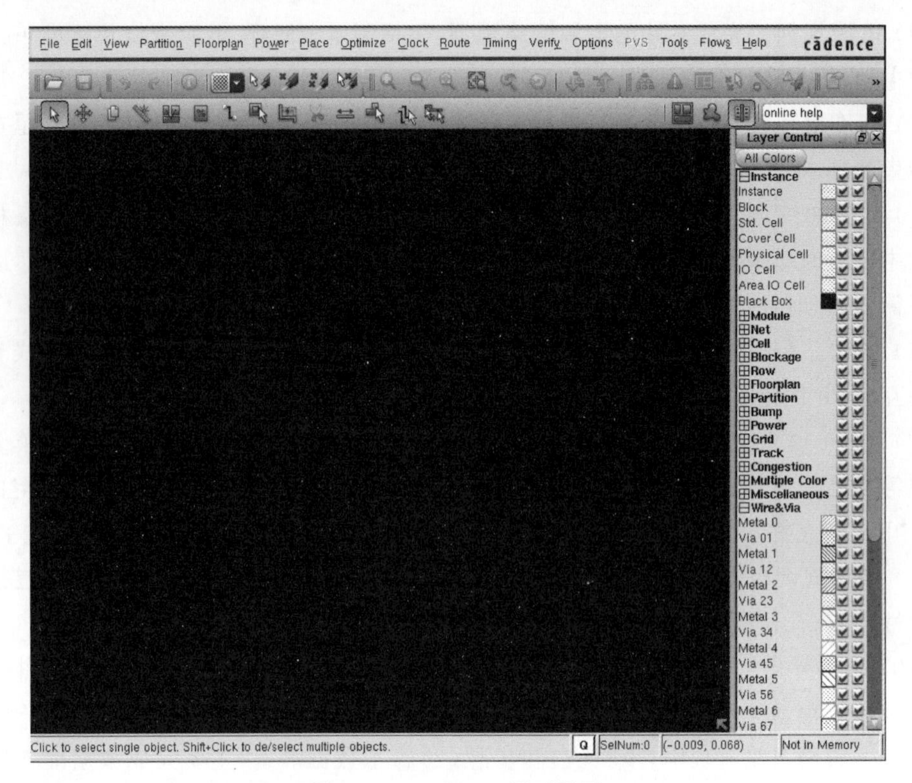

图 10-3 Encounter 图形界面

10.3 数据准备

布局布线的输入主要包括以下几个文件。

1. 工艺信息的物理库文件(technology. lef)

该文件提供特定工艺信息。工艺厂家会提供标准单元的库交换格式(Library Exchange Format)文件,其中包含工艺的物理版图信息,包括工艺物理库的初始化信息,以及布局和布线的设计规则。本章采用的工艺库的物理库文件,其中反映工艺信息部分主要包括以下 5 部分内容。

(1) 单位(UNITS):定义将 def 文件中距离单位转换为微米(μm)的数据库单位,即 1μm 分成多少个数据库单位。例如,本书采用的工艺库定义 UINTS 的值为 2000,那么意味着 1μm 分为 2000 个单元,如果实际版图中的距离为 0.5μm,则在 def 文件中表示为 1000。

```
UNITS
  DATABASE MICRONS 2000;
END UNITS
```

(2) 层(LAYER):定义了工艺层的物理属性、设计规则以及天线效应等。例如,本书采用的工艺库对于金属 M1 的层次描述如下:TYPE 表示 M1 可以用于 ROUTING(布线);DIRECTION 表示 M1 的布线方向为水平方向(HORIZONTAL);PITCH 表示同一层 M1 的最小布线间距为 0.41μm,即两个相邻的金属 M1 的最小中心距离为 0.41μm;

WIDTH 表示 M1 的布线最小宽度为 0.16μm；SPACING 则定义两个相邻金属 M1 的最小边界距离，这里定义了不同金属长度，采用不同的边界距离。

```
LAYER M1
  TYPE        ROUTING ;
  DIRECTION HORIZONTAL ;
  PITCH       0.41 ;
  WIDTH       0.16 ;
  SPACING     0.18 ;
  SPACING     0.18 LENGTHTHRESHOLD 1.0 ;
  SPACING     0.22 RANGE 0.3 9.999 USELENGTHTHRESHOLD ;
  SPACING     0.6 RANGE 10 1000 ;
  SPACING     0.6 RANGE 0.16 10 RANGE 10 1000 ;
  RESISTANCE RPERSQ 0.169 ;
  CAPACITANCE   CPERSQDIST 0.000196 ;
  EDGECAPACITANCE 8.8e-05 ;
  HEIGHT 1.291 ;
  THICKNESS 0.436 ;
  AREA 0.123 ;
  ANTENNACUMSIDEAREARATIO 600 ;
  ANTENNACUMDIFFSIDEAREARATIO PWL ((0 600) (0.158 600) (0.16 999999999)
(1 999999999)) ;
END M1
```

（3）布线距离(SPACING)：定义用于工具进行 DRC 验证的相同布线规则。

```
SPACING
  SAMENET M1   M1     0.18 ;
  SAMENET M2   M2     0.21  STACK ;
  SAMENET M3   M3     0.21  STACK ;
  SAMENET MV1 MV1     0.22 ;
  SAMENET MV2 MV2     0.22 ;
  SAMENET MV1 MV2     0.00  STACK ;
  SAMENET MV2 MV3     0.00  STACK ;
  SAMENET M1   MV1    0.00 ;
  SAMENET M2   MV1    0.00 ;
  SAMENET M2   MV2    0.00 ;
  SAMENET M3   MV2    0.00 ;
  SAMENET M3   MV3    0.00 ;
  SAMENET M4   M4     0.42 ;
  SAMENET MV3 MV3     0.35 ;
END SPACING
```

（4）互连线通孔(VIA)：定义布线时工具可以使用的通孔种类。

```
VIA V01 DEFAULT
  LAYER poly ;
    RECT -0.150 -0.150 0.150 0.150 ;
  LAYER cont ;
    RECT -0.080 -0.080 0.080 0.080 ;
  LAYER M1 ;
```

```
    RECT -0.080 -0.080 0.080 0.080 ;
  RESISTANCE 6.00 ;
END V01
```

（5）通孔规则（VIARULE）：定义工具自动产生通孔阵列时参照的依据。

```
VIARULE VIAGEN12 GENERATE
  LAYER M1 ;
    DIRECTION HORIZONTAL ;
    OVERHANG 0.05 ;
    METALOVERHANG 0 ;
  LAYER M2 ;
    DIRECTION VERTICAL ;
    OVERHANG 0.05 ;
    METALOVERHANG 0 ;
  LAYER MV1 ;
    RECT -0.095 -0.095 0.095 0.095 ;
    SPACING 0.48 BY 0.48 ;
END VIAGEN12
```

2. 单元的物理库文件（macro.lef）

该文件为工艺库提供的标准单元、I/O、宏单元的 lef 文件，包含相应的物理信息（形状、引脚位置、方向性能等），用于单元的布局和布线。很多工艺厂家提供 lef 库文件时将前述的工艺信息的物理库文件和这里的单元物理库文件放在同一个文件中，读者可以打开拿到的 lef 物理库文件，查阅其中的信息。单元的物理库文件主要分为以下两部分。

（1）SITE 语句：定义布局的最小单位。

```
SITE CoreSite
    CLASS   CORE ;
    SYMMETRY   Y ;
    SIZE   0.410 BY 3.691 ;
END   CoreSite
```

（2）MACRO 语句：描述单元的属性和几何形状。

```
MACRO INVHDLX
  CLASS CORE ;
  FOREIGN INVHDLX 0.000 0.000 ;
  ORIGIN 0 0 ;
  SIZE 1.23 BY 3.691 ;
  SYMMETRY X Y ;
  SITE CoreSite ;

  PIN GND
    DIRECTION INOUT ;
    USE GROUND ;
    PORT
      LAYER M1 ;
        RECT 0 -0.27 1.23 0.27 ;
```

```
        RECT 0.195 0.27 0.495 1.145 ;
    END
    ANTENNADIFFAREA 0.49654 ;
  END GND

  PIN A
    DIRECTION INPUT ;
    USE SIGNAL ;
    PORT
      LAYER M1 ;
        RECT 0.1 1.82 0.31 2.015 ;
        RECT 0.1 1.52 0.6 1.82 ;
    END
    ANTENNAGATEAREA 0.1404 ;
  END A

  PIN Z
    DIRECTION OUTPUT ;
    USE SIGNAL ;
    PORT
      LAYER M1 ;
        RECT 0.78 1.265 1.13 1.605 ;
        RECT 0.78 1.605 0.95 2.28 ;
        RECT 0.78 1.06 0.95 1.265 ;
    END
    ANTENNADIFFAREA 0.3726 ;
  END Z

  PIN VDD
    DIRECTION INOUT ;
    USE POWER ;
    PORT
      LAYER M1 ;
        RECT 0 3.42 1.23 3.96 ;
        RECT 0.195 2.375 0.495 3.42 ;
    END
    ANTENNADIFFAREA 0.55865 ;
  END VDD
END INVHDLX
```

3. 时序库文件

时序库文件中包含标准单元、I/O 和宏单元的功能和时序信息，并包含单元的驱动和负载设计规则。通常时序库按照不同的 PVT 条件分为快的、典型的、慢的 3 种库，工具根据时序分析的需要调用相应时序库文件。时序库文件所包含的信息与在逻辑综合中使用的时序库信息是一致的。

4. RC 提取库

工具基于此模型文件提取金属互连的寄生电容电阻，从而得到连线延时。该文件通常叫作电容表文件，一般分为工艺变量(PROCESS_VARIATION)、基础电容表(BASIC_CAP_TABLE)和扩展电容表(EXTENDED_CAP_TABLE)。本章采用的工艺的电容表部分信息如下。

```
PROCESS_VARIATION ...                          #工艺变量
LAYER M1
   MinWidth              0.16000     #M1 层的最小线宽为 0.16
   MinSpace              0.18000     #M1 层与 M1 层之间的最小距离为 0.18
#  Height                1.14700
   Thickness             0.37300     #M1 层的厚度为 0.373
   TopWidth              0.16000
   BottomWidth           0.16000
   WidthDev              0.00000
   Resistance            0.09210     #M1 层的单位长度电阻为 0.0921
END
VIA POLYCONT
   TopLayer              M1          #POLYCONT 通孔的顶层是 M1 层
   BottomLayer           POLY        #POLYCONT 通孔的底层是 POLY 层
   Resistance            2.00000     #单位长度的电阻为 2
END
END_PROCESS_VARIATION

BASIC_CAP_TABLE ...                           #基础电容表
M1
#宽度        间距         总电容        耦合电容      面积电容       边缘电容
width(um)   space(um)   Ctot(Ff/um)  Cc(Ff/um)   Carea(Ff/um)  Cfrg(Ff/um)
0.160       0.144       0.2650       0.1150      0.0351        0.0000
0.160       0.180       0.2348       0.0981      0.0387        0.0000
END_BASIC_CAP_TABLE

EXTENDED_CAP_TABLE ...                        #扩展电容表,格式同基础电容表
            1           1.147        0.373       3.9           0
            0           0            0           7             4
END_EXTENDED_CAP_TABLE
```

5. 设计的逻辑综合后网表文件

该文件描述结构化描述门级电路连接关系，即逻辑综合后经过验证的有效网表。本章所使用的 IIC 设计实例的逻辑综合网表中的 edge_detection 模块的门级描述示例如下。布局布线工具根据此逻辑综合后的门级网表进行布局布线，以便形成此模块的物理版图。

```
module edge_detection ( scl_syn, sda_syn, scl_pos, scl_neg, sda_pos, sda_neg,
        sda_out, clk, rst_n, scl, sda, outbit, link_out );
  input clk, rst_n, scl, sda, outbit, link_out;
  output scl_syn, sda_syn, scl_pos, scl_neg, sda_pos, sda_neg, sda_out;
  wire n2, sda_in, scl_tmp, scl_edge, sda_tmp, sda_edge;

  FFDSHDLX sda_syn_reg ( .D(sda_tmp), .CK(clk), .SN(rst_n), .Q(sda_syn), .QN() );
  FFDSHDLX sda_edge_reg ( .D(sda_syn), .CK(clk), .SN(rst_n), .Q(sda_edge), .QN() );
  FFDSHDLX scl_edge_reg ( .D(scl_syn), .CK(clk), .SN(rst_n), .Q(scl_edge), .QN() );
  FFDSHDLX scl_tmp_reg ( .D(scl), .CK(clk), .SN(rst_n), .Q(scl_tmp), .QN() );
  FFDSHDLX sda_tmp_reg ( .D(sda_in), .CK(clk), .SN(rst_n), .Q(sda_tmp), .QN());
  FFDSHDMX scl_syn_reg ( .D(scl_tmp), .CK(clk), .SN(rst_n), .Q(scl_syn), .QN());
  NAND2B1HDUX U3 ( .AN(outbit), .B(link_out), .Z(n2) );
  BUFCLKHD14X U4 ( .A(n2), .Z(sda_out) );
  NOR2B1HD1X U5 ( .AN(scl_edge), .B(scl_syn), .Z(scl_neg) );
```

```
  OR2HDUX U6 ( .A(sda), .B(link_out), .Z(sda_in) );
  NOR2B1HD1X U7 ( .AN(scl_syn), .B(scl_edge), .Z(scl_pos) );
  NOR2B1HD1X U8 ( .AN(sda_edge), .B(sda_syn), .Z(sda_neg) );
  NOR2B1HD1X U9 ( .AN(sda_syn), .B(sda_edge), .Z(sda_pos) );
endmodule
```

6. 时序约束文件(.sdc)

在布局布线过程中导入 sdc 文件，布局布线过程需满足 sdc 文件中定义的时序要求。在整个布局布线阶段，时序约束文件在时钟树综合前后略有不同，其中时钟树综合之前采用理想时钟网络，时钟树综合之后则采用实际时钟传播值。本章使用的时序约束文件实例如下。

(1) 时钟树综合之前，一般采用理想时钟网络的 sdc 文件，此文件为逻辑综合输出的 sdc 约束文件。

```
# Pre-CTS.sdc
set_max_transition 1 [current_design]
set_max_fanout 32 [current_design]
set_load -pin_load 1 [all_outputs]
set_ideal_network [get_ports clk]          #将 clk 定义为理想网络
set_ideal_network [get_ports rst_n]        #将 rst_n 定义为理想网络
create_clock [get_ports clk] -period 40 -waveform {0 20}
set_clock_uncertainty -setup 0.5 [get_clocks clk]
set_clock_uncertainty -hold 0.2 [get_clocks clk]
set_false_path -from [get_ports rst_n] -to [all_registers]
set_input_delay 10 -clock clk [get_ports { "scl" "rst_n" "sda"}]
set_output_delay 10 -clock clk [all_outputs]
set_input_transition 0.4 [get_ports [list clk]]
set_input_transition 0.8 [remove_from_collection [all_inputs] [get_ports [list clk]]]
```

(2) 时钟树综合之后，采用真实时钟网络的 sdc 文件 slave.function.postcts.sdc。

```
# Post-CTS.sdc
set_max_transition 1 [current_design]
set_max_fanout 32 [current_design]
set_load -pin_load 1 [all_outputs]
create_clock [get_ports clk] -period 40 -waveform {0 20}
set_propagated_clock [get_clocks clk]      #将 clk 定义为实际传播
set_clock_uncertainty -setup 0.5 [get_clocks clk]
set_clock_uncertainty -hold 0.2 [get_clocks clk]
set_false_path -from [get_ports rst_n] -to [all_registers]
set_input_delay 10 -clock clk [get_ports { "scl" "rst_n" "sda"}]
set_output_delay 10 -clock clk [all_outputs]
set_input_transition 0.4 [get_ports [list clk]]
set_input_transition 0.8 [remove_from_collection [all_inputs] [get_ports [list clk]]]
```

本例中，在时钟树综合之前，时钟网络 clk 还是一个理想网络，因此在时钟树综合前将 clk 定义为理想网络。但在时钟树综合之后，已经形成了时钟树网络的驱动电路，时钟树网络上已经具有实际的门延时以及连线延时，这时 clk 已经是一个实际的网络，因此此时时钟网络 clk 应该采用实际的延时信息计算时序。同理，复位网络 rst_n 也形成了具体的电路，也不再需要定义为理想网络了，将由工具按照实际信息计算。

7. 多模多角(Multi-Mode Multi-Corner，MMMC)分析文件

MMMC的分析视图由延时角(Corner)和模式构成，延时角又由时序库和寄生参数角组成，构成使用模式与不同延时角结合而成的场景有利于分析在不同情况下的时序是否满足要求，进而提高芯片良率。

本章采用的MMMC分析文件如下，包含3个延时角以及一个模式，并由此建立了6个分析情景。

```
# create library set
create_library_set -name lib_ff1p65vm40c   -timing $timing_lib(ff1p65vm40c)
create_library_set -name lib_tt1p5v25c     -timing $timing_lib(tt1p5v25c)
create_library_set -name lib_ss1p35v125c   -timing $timing_lib(ss1p35v125c)

# create RC corner
create_rc_corner -name rc_ff               -cap_table $captable_files(rcmin) -T -40
create_rc_corner -name rc_tt               -cap_table $captable_files(rctyp) -T 25
create_rc_corner -name rc_ss               -cap_table $captable_files(rcmin) -T 125

# create delay corner
create_delay_corner -name dc_ff1p65vm40c -library_set lib_ff1p65vm40c -rc_corner rc_ff
create_delay_corner -name dc_tt1p5v25c   -library_set lib_tt1p5v25c -rc_corner rc_tt
create_delay_corner -name dc_ss1p35v125c -library_set lib_ss1p35v125c -rc_corner rc_ss

# create constraint mode
create_constraint_mode -name cm_func   -sdc_files $function_sdc

# create analysis view
create_analysis_view -name view_func_ff1p65vm40c    -constraint_mode cm_func -delay_corner dc
_ff1p65vm40c
create_analysis_view -name view_func_tt1p5v25c      -constraint_mode cm_func -delay_corner dc
_tt1p5v25c
create_analysis_view -name view_func_ss1p35v125c    -constraint_mode cm_func -delay_corner dc
_ss1p35v125c

# set analysis view
set_analysis_view -setup {view_func_ff1p65vm40c view_func_tt1p5v25c view_func_ss1p35v125c } \
                  -hold {view_func_ff1p65vm40c view_func_tt1p5v25c view_func_ss1p35v125c }
```

首先定义时序库设置，包含3种时序库文件，分别命名为lib_ff1p65vm40c、lib_tt1p5v25c和lib_ss1p35v125c，对应FF、TT和SS这3种工艺角；接着创建3种寄生参数角，分别命名为rc_ff、rc_tt和rc_ss，也同样对应FF、TT和SS这3种情况下的寄生参数角。

在此基础上，利用时序库和寄生参数角创建3种不同的延时角，利用lib_ff1p65vm40c和rc_ff定义名为dc_ff1p65vm40c的延时角，利用lib_tt1p5v25c和rc_tt定义名为dc_tt1p5v25c的延时角，利用lib_ss1p35v125c和rc_ss定义名为dc_ss1p35v125c的延时角。

由于本章使用的IIC从设备设计未添加扫描链，因此只有一种工作模式，即正常功能模式。使用create_constraint_mode命令定义一个名为cm_func的工作约束模式。其中的$function_sdc指代的就是逻辑综合后的功能模式下的时序约束文件，如采用逻辑综合输出的sdc约束文件。

在此基础上，使用 create_analysis_view 命令创建 3 种分析场景，分别命名为 view_func_ff1p65vm40c、view_func_tt1p5v25c 和 view_func_ss1p35v125c，然后使用 set_analysis_view 命令对建立时间和保持时间的分析场景分别进行设置，包括 3 种建立时间分析场景和 3 种保持时间分析场景，共计 6 种分析场景。

至此，完成了整个布局布线阶段的数据准备工作，接下来将按照具体的设计步骤逐步讲解布局布线过程。

10.4 数据导入

启动 Encounter，首先需要将必要的数据导入。如图 10-4 所示，执行 File→Import Design 菜单命令导入数据。

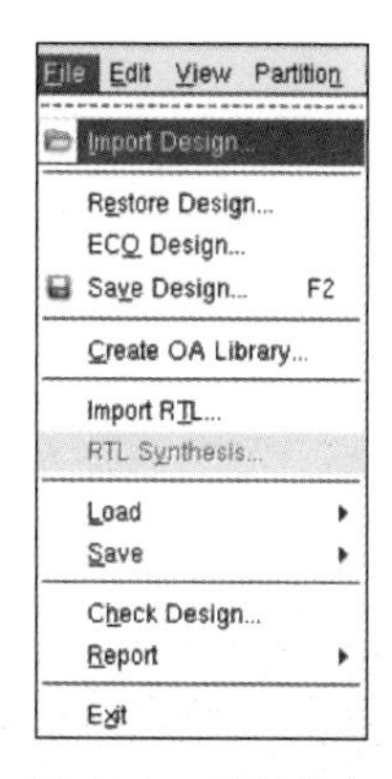

图 10-4 数据导入

如图 10-5 所示，在 Design Import 对话框中输入相应的文件实现设计数据的导入。其中，在 Netlist 部分选择 Verilog 格式网表，在 Files 文本框中输入逻辑综合后的网表文件，在 Top Cell 的 By User 文本框中输入顶层单元名。在 Technology/Physical Libraries 部分选择 LEF Files，输入工艺厂家提供的工艺库文件。在 Power 部分分别输入工艺库中定义的电源和地的名称，如这个 CMOS13LPSTDLIBM4. lef 工艺库文件中定义的电源和地的名称分别为 VDD 和 GND。在 Analysis Configuration 部分输入 MMMC 分析文件，如图 10-5 中的../source_file/i2c_slave. view，该文件即为 10.3 节提到的 MMMC 分析文件，包含了时序分析的场景定义。单击 OK 按钮完成数据导入。

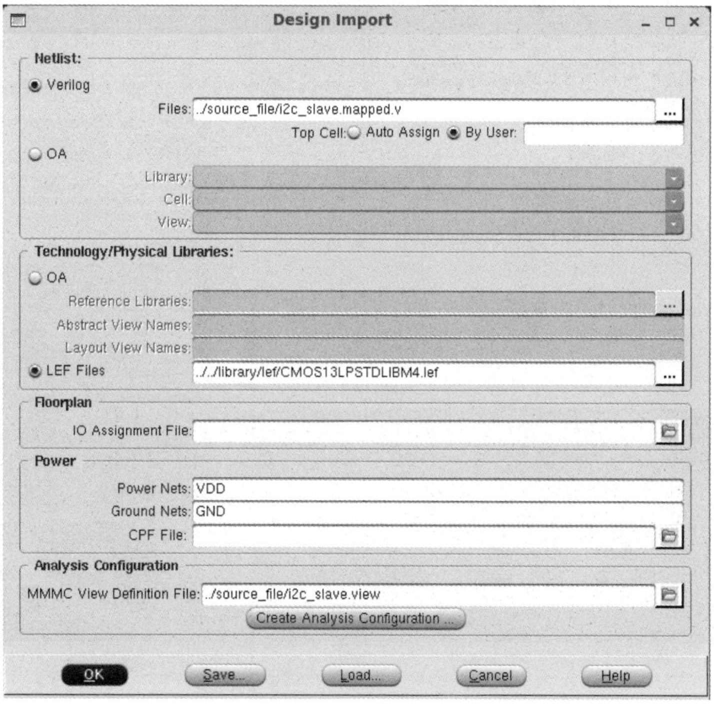

图 10-5 Design Import 对话框

上述数据导入的过程也可直接使用脚本命令完成，脚本中的相关命令如下。

```
# load design
set init_design_uniquify    1
set init_remove_assigns     1
set init_verilog            ../source_file/i2c_slave.mapped.v
set init_lef_file           ../../library/lef/CMOS13LPSTDLIBM4.lef
set init_mmmc_file          ../source_file/i2c_slave.view
set init_top_cell           i2c_slave
set init_gnd_net            GND
set init_pwr_net            VDD
init_design
```

数据导入后的图形界面如图 10-6 所示，可以看到在布局模式下的视图大致分为两部分：左边是逻辑模块(图中显示包含两个主体单元，分别是 i2c_protocol_inst 和 reg_file_inst)；右边是芯片的网格区域，最终将在该网格区域中完成布局布线过程。

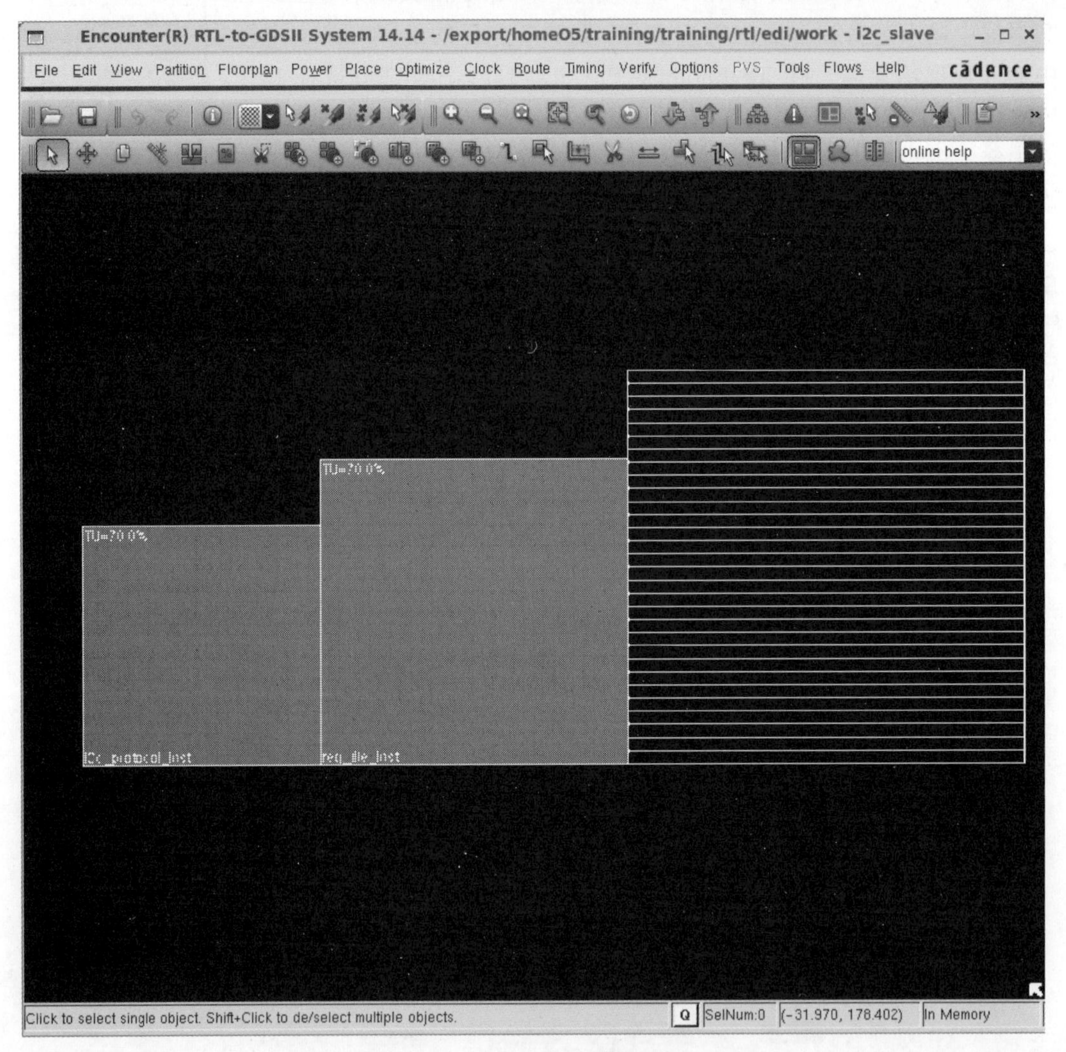

图 10-6 数据导入后的图形界面

10.5　布局规划

布局规划是整个后端设计中人工参与度最高、最体现设计者思想的阶段，也是整个后端设计中最重要的一环，它决定了芯片版图的整体规划，与整个设计的时序能否收敛以及布线能否布通直接相关。版图的布局规划需要确定整个芯片的形状、大小、I/O 单元以及宏单元的摆放位置。本节继续以 IIC 从设备作为设计实例讨论布局规划的方法。本设计的布局规划主要包括以下两部分内容。

1. 确定芯片大小及形状

执行 Floorplan→Specify Floorplan 菜单命令，如图 10-7 所示。弹出 Specify Floorplan 对话框，进行芯片大小和形状的设置，如图 10-8 所示。在本例中，选择标准的长方形作为版图的主体形状。当然，也可以根据不同芯片的具体设计需求，选择不同的形状。接下来需要确定内核的裕量，即 Core Margins，该裕量留出的空间是为了后续做电源环所用的，有两个选项，一个是 Core to IO Boundary（内核到 I/O 的距离），另一个是 Core to Die Boundary（内核到芯片的距离）。通常在包含 I/O 宏单元的设计中需要选择第 1 种；而对于没有 I/O 宏单元，如本书给出的 IIC 从设备实例中，则选择第 2 种。即选择 Core to Die Boundary，并在 Core to Top/Left/Right/Bottom 文本框中输入对应的数值预留空间待实现电源环，至此确定了芯片核心的大小。实现的芯片布局形状如图 10-9 所示。

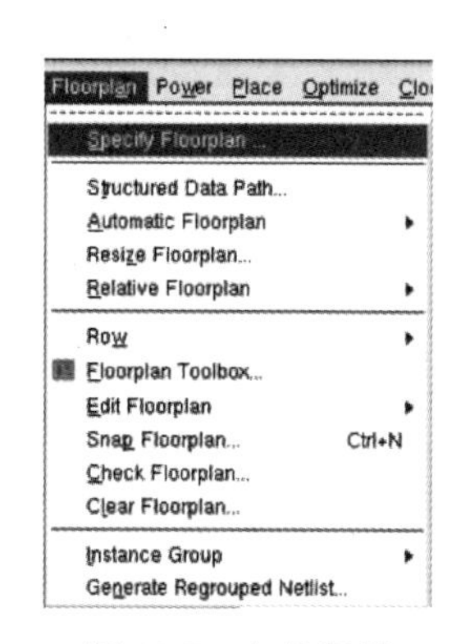

图 10-7　布局规划

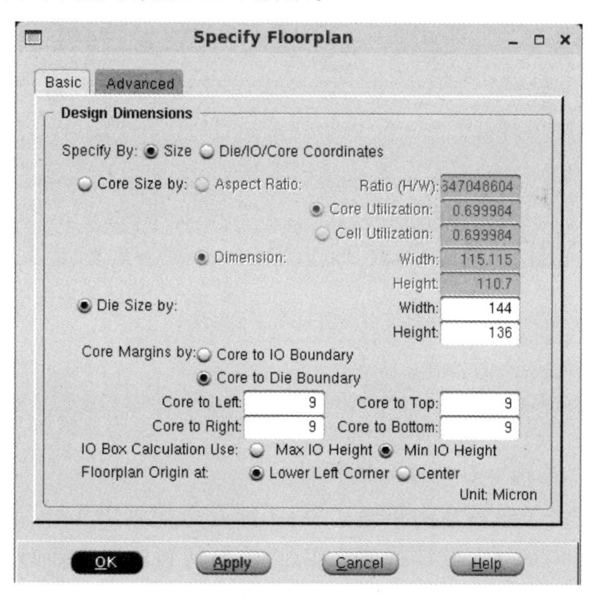

图 10-8　Specify Floorplan 对话框

需要注意的是，一般的芯片设计中含有 SRAM 或 Flash 等 IP 的宏单元，在布局阶段需要摆放这些 IP 宏单元。本例中没有这些 IP 的宏模块，因此暂不描述。本书第 12 章中有实例将描述 IP 宏单元的布局方法。

上述步骤也可采用命令行形式在 Encounter 的命令提示符后执行，相关命令如下。

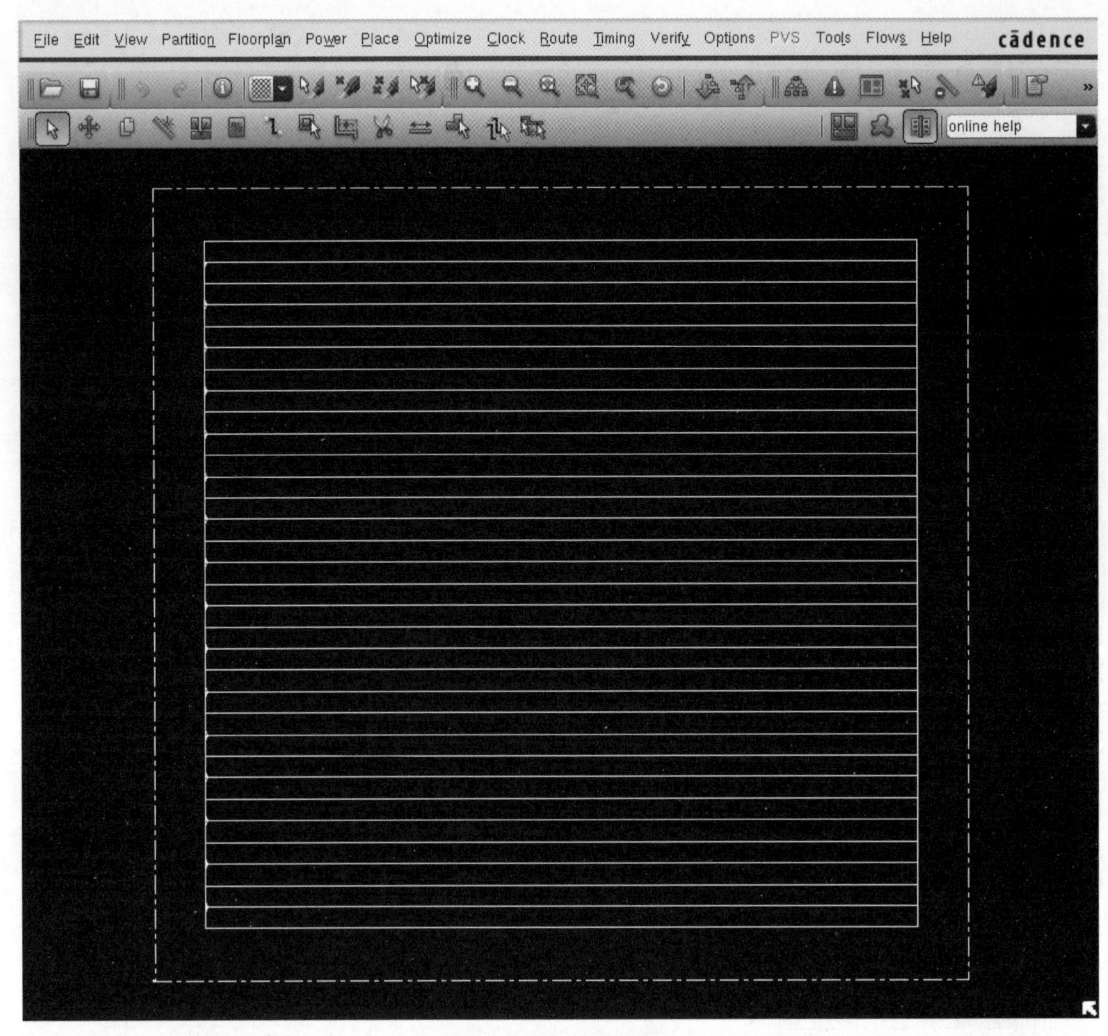

图 10-9　芯片布局形状

```
# specify floorplan
floorPlan -coreMarginsBy die -site CoreSite -d 144 136 9 9 9 9
```

2. 实现 I/O 或 Pin 的摆放

完成了整体结构布局之后，还需要将设计的 I/O 或 Pin(引脚)放置或约束到设计要求的位置。在导入设计数据之后，工具默认将所有 I/O 或引脚堆叠放在左下角，如图 10-10 所示。显然，这样的 I/O 或 Pin 堆叠在一起是无法满足设计要求的。

可以通过两种方式实现 I/O 或 Pin 的摆放，一种是手动挪动 I/O 或 Pin 位置，另一种是通过修改 I/O 分布信息文件实现 I/O 的摆放。这里主要讲解第 2 种方式。对于手动方式，读者可在图形界面中实际操作进行体会。

首先，执行 File→Save→I/O File 菜单命令，保存当前的 I/O 分布信息文件，如图 10-11 所示。

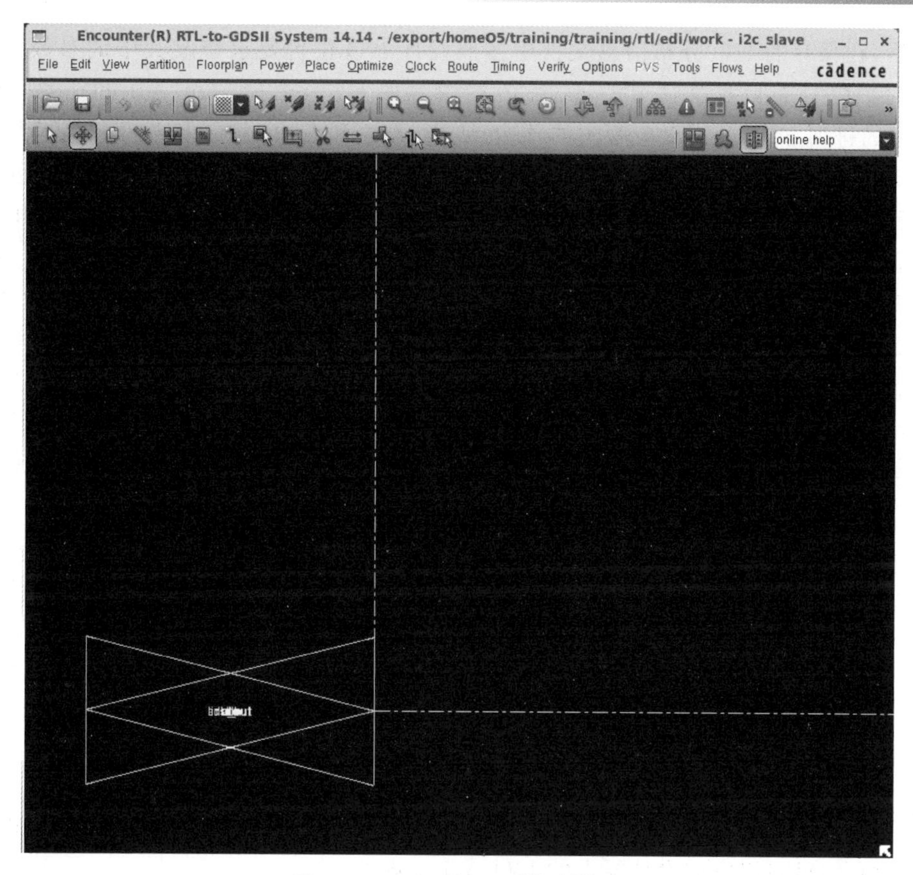

图 10-10 I/O 或 Pin 的初始位置

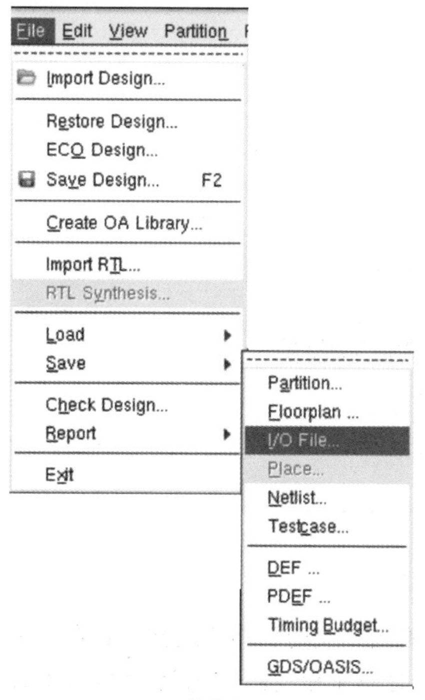

(a) 菜单命令

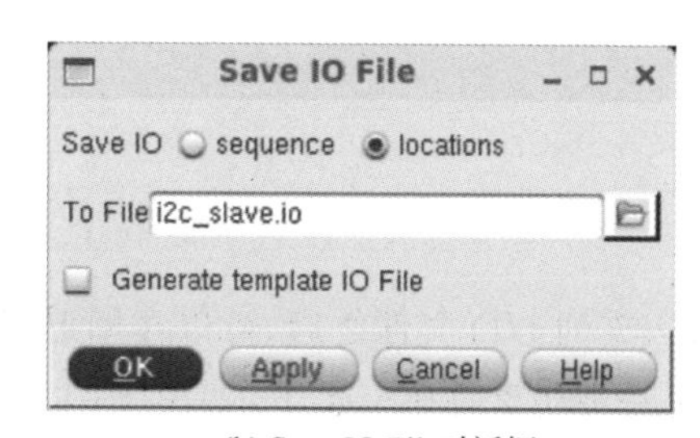

(b) Save IO File对话框

图 10-11 保存当前的 I/O 分布信息文件

然后，在保存的I/O分布信息文件中按照设计I/O位置要求修改其中的参数。例如，修改后的I/O分布信息文件i2c_slave.io的内容如下。top、bottom、left和right指定了I/O引脚的排列方向，分别对应版图的顶边、底边、左边和右边。top和bottom排列方向是依次将I/O引脚从左向右排列，offset是指芯片左边到每个I/O引脚中心线的直线距离；而left和right排列方向是依次将I/O引脚从下至上排列，offset是指芯片底边到每个I/O引脚中心线的直线距离。layer、width、depth分别指定I/O引脚所在的金属布线层、引脚的宽度以及引脚的深度。例如，示例中的sda_out引脚，摆放在版图的左边，距离底边19μm，采用第2层金属生成引脚，引脚的宽度为0.2μm，深度为0.2μm。

```
    version = 3
    io_order = default
)
(iopin
    (left
    (pin name="sda_out"      offset=19.00      layer=2 width=0.2000 depth=0.2000)
    (pin name="clk"          offset=38.00      layer=2 width=0.2000 depth=0.2000)
    (pin name="link_out"     offset=57.00      layer=2 width=0.2000 depth=0.2000)
    (pin name="sda"          offset=76.00      layer=2 width=0.2000 depth=0.2000)
    (pin name="rst_n"        offset=95.00      layer=2 width=0.2000 depth=0.2000)
    (pin name="scl"          offset=114.00     layer=2 width=0.2000 depth=0.2000)
    )
)
```

修改这个I/O文件之后，执行File→Load→I/O File菜单命令重新载入该文件，如图10-12所示，就可以完成设计要求的I/O或Pin排列。

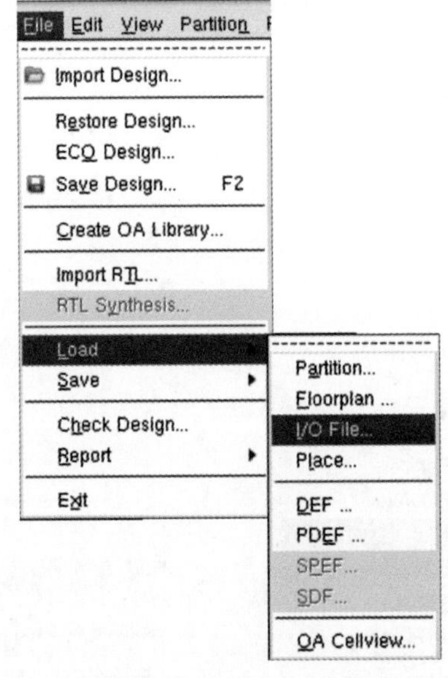

图10-12　载入新的I/O文件

载入新的I/O文件之后，可以在图形界面上看到相关的引脚已经被放置在指定坐标位置，不再是最初重叠在一起了，如图10-13所示。这里采用“标尺”工具显示了其中一个引脚的相对位置。

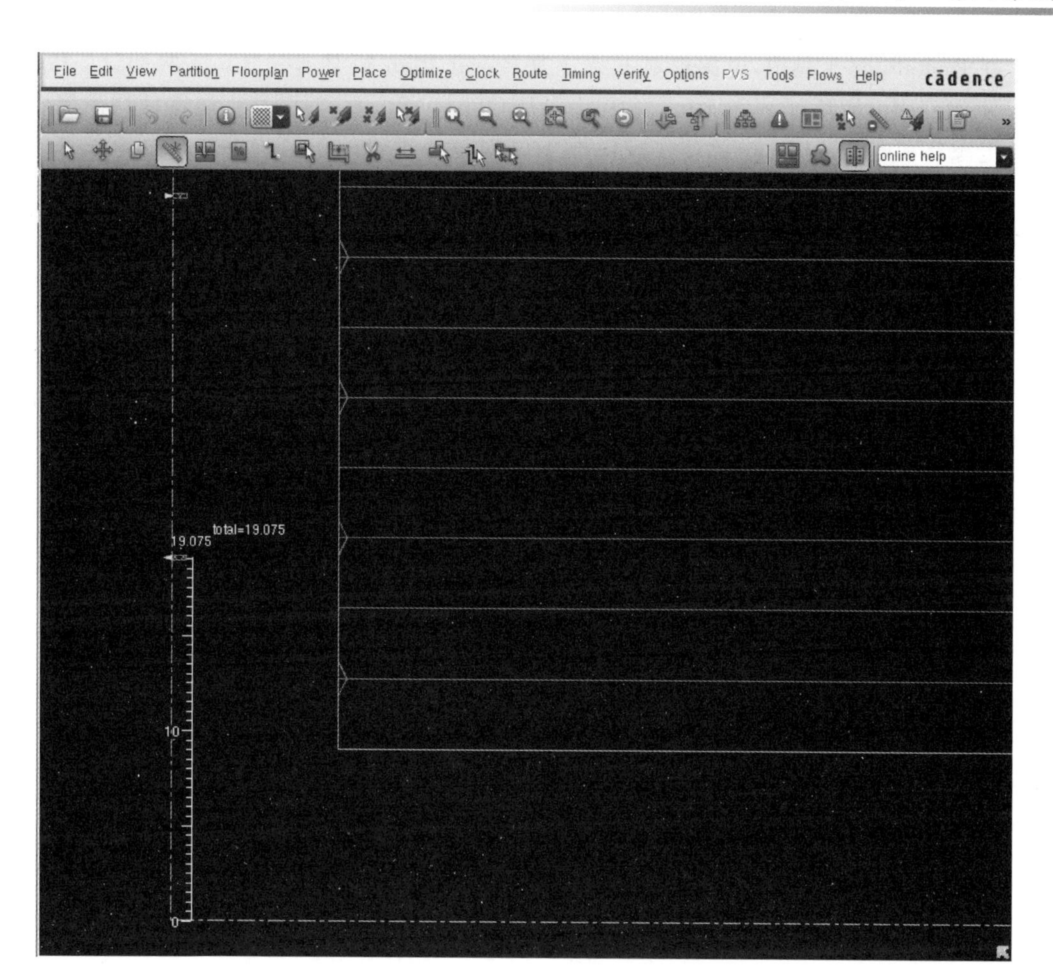

图 10-13 新的 I/O 或 Pin 位置

值得注意的是，在较大的设计中，由于 I/O 的位置不仅影响芯片的设计，还影响封装、测试以及应用等各个环节，因此整个芯片设计团队会共同制定 I/O 的位置规范，形成相应的 I/O 分布信息文件。这样，在数据导入时就可以直接载入 I/O 文件。

10.6 电源规划

在布局布线中，电源规划的目的是确定芯片的电源供电方案，包括内核供电(芯片内部逻辑门的供电)和 I/O 供电(芯片外围 I/O 的供电)。对于内核供电，在进行电源规划时，首先需要确定电源环的宽度。一般来说，电源环的宽度要能够保证满足芯片的功耗需求。在电源环宽度的估计过程中，通常采用综合报告中内核的功耗结果近似计算内核部分的功耗，将内核功耗除以内核的工作电压，即可得到内核工作电流，然后再除以工艺库中提供的每微米金属宽度能支持的电流，就可计算得到电源环的宽度。同样，对于 I/O 供电，则需要根据整个芯片的 I/O 数量计算得出总的 I/O 功耗，再计算出 I/O 供电所需的数量。对于不同的工艺库，I/O 功耗和供电能力都不尽相同，读者需仔细根据工艺库文档提供的说明进行设计决策。

在 Encounter 工具中,电源规划主要分为 Power Plan 和 Power Route 两部分。Power Plan 步骤完成电源环(Power Ring)和电源条带(Power Stripe)的设计。通常使用高层金属实现电源环和电源条带。电源环实现供电 I/O 对核心逻辑的包围式供电。电源条带的作用:一方面,为了存储器供电充足,会在其四周用电源条将其包围起来;另一方面,结合电源轨将标准单元与电源地线连接,从而做到电流分布尽量均匀,减小电压降、电迁移等问题。Power Route 则是通过连线把供电网络连接起来的过程,包括连接 pad pin、block pin 以及产生给标准单元供电的电源轨等步骤。下面分步骤进行描述。

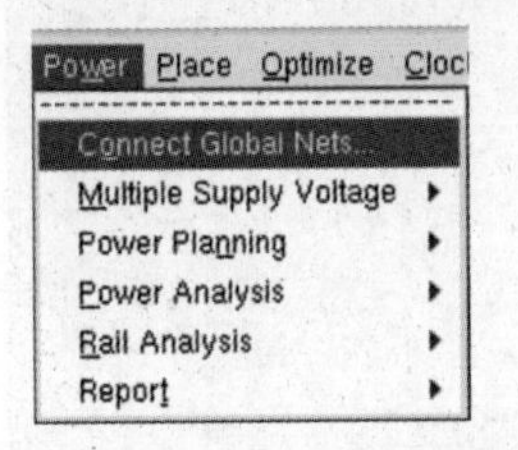

图 10-14 连接全局电源网络

1. 电源定义

在实现电源网络之前,需要定义全局电源,这样 Encounter 工具才能通过网络名称识别电源端口,实现正确的电源网络的连接。执行 Power→Connect Global Nets 菜单命令,如图 10-14 所示。

弹出 Global Net Connections 对话框,进行全局电源网络设置,如图 10-15 所示。在本书的 IIC 从设备设计实例中只有一组电源/地,首先需要定义引脚(Pin)与电源/地网络的连接关系,即设置普通单元的 VDD/GND 引脚(Pin)分别与电源/地网络的电源/地相连。同时,因为设计中存在恒定为逻辑 1 或逻辑 0 的信号端口,不能直接与电源/地网络连接,需要通过特殊的 Tie High/Tie Low 单元进行连接,所以还需定义 Tie Cell 的连接关系。

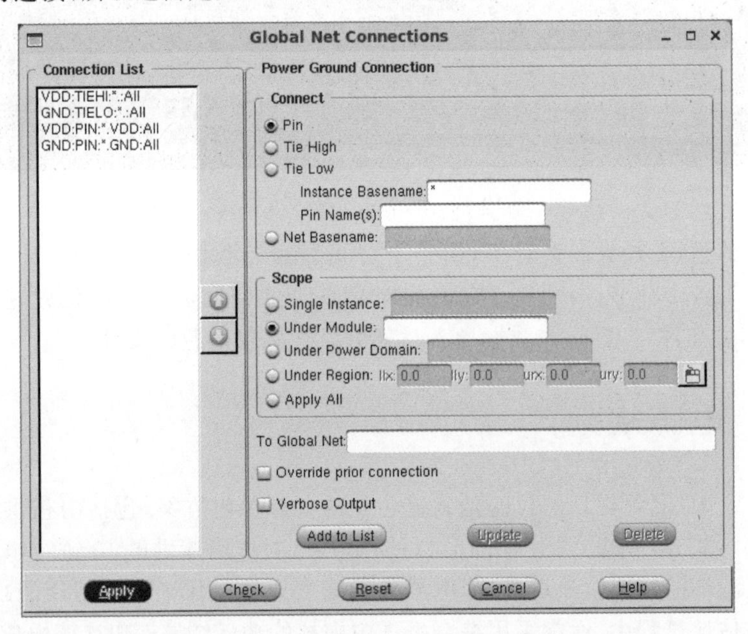

图 10-15 Global Net Connections 对话框

单击 Apply 和 Check 按钮,确认无误后就完成了全局电源网络的设置。上述设置全局电源网络的操作也可采用命令行形式在 Encounter 的命令提示符后执行,相应的脚本命令如下。

```
# global net connect
clearGlobalNets
```

```
globalNetConnect VDD -type tiehi -inst  *
globalNetConnect GND -type tielo -inst  *

globalNetConnect VDD -type pgpin -pin VDD -inst  *  -override
globalNetConnect GND -type pgpin -pin GND -inst  *  -override
```

2. 电源环添加

完成全局电源的定义后，接着在内核和 I/O 之间加入电源环，执行 Power→Power Planning→Add Ring 菜单命令，如图 10-16(a)所示。弹出 Add Rings 对话框，进行设置如图 10-16(b)所示。单击 OK 或 Apply 按钮后，呈现的实现结果如图 12-16(c)所示。这里设置了一组宽度为 3μm，间隔为 1μm 的电源环，其中横向采用第 3 层金属，纵向采用第 4 层金属。需要注意的是，在布局布线中，一般采用 1、3、5 等奇数金属层布横向的走线，而采用 2、4、6 等偶数金属层布纵向的走线，或者反之。这样横纵交替不易产生布线的冲突。

同样，上述操作也可以通过以下命令行方式完成。

```
# add power ring
addRing -type core_rings -nets {GND VDD} -follow io \
        -stacked_via_bottom_layer M1 -stacked_via_top_layer M4 \
        -layer {bottom M3 top M3 right M4 left M4} -width 3 -spacing 1
```

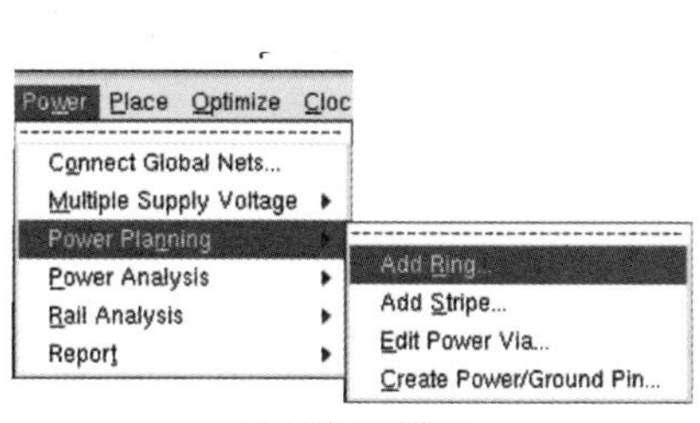

(a) 添加电源环

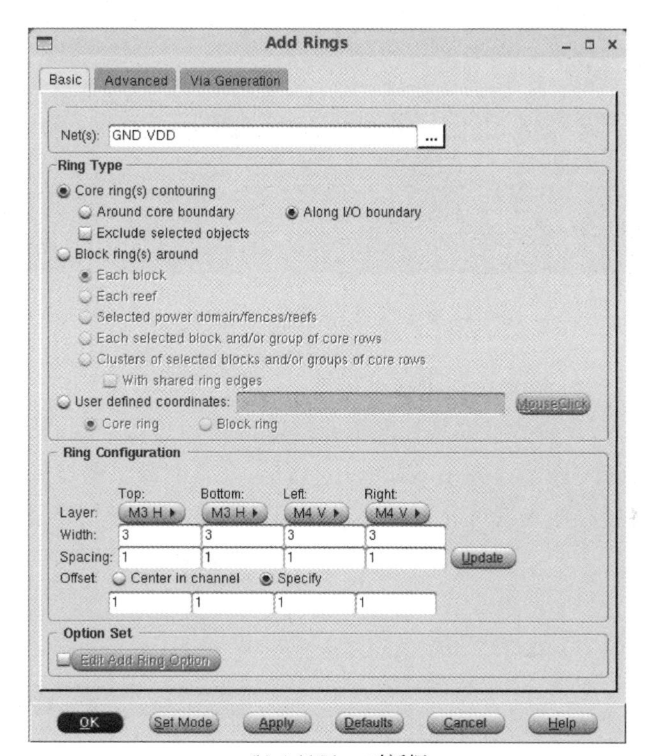

(b) Add Rings对话框

图 10-16　电源环设置

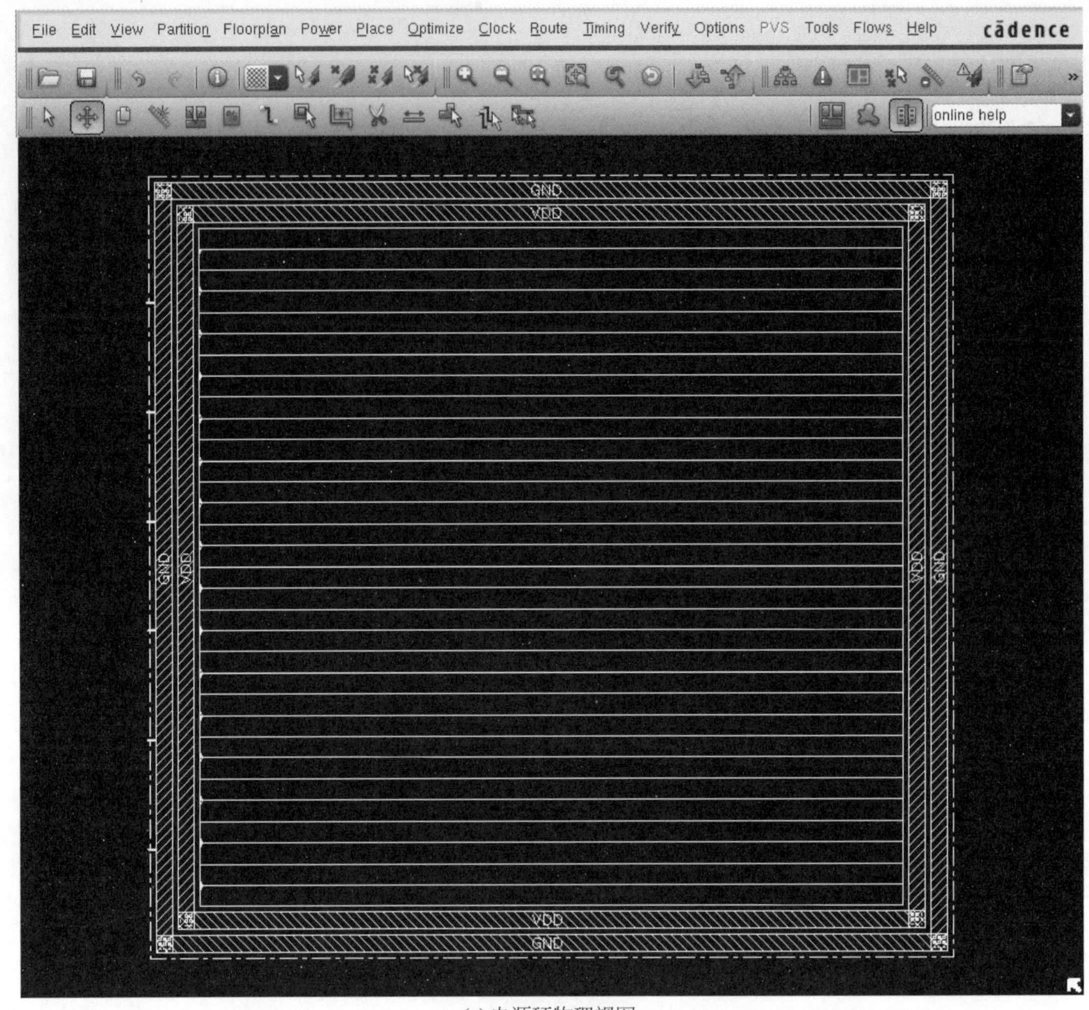

(c) 电源环物理视图

图 10-16 （续）

3. 标准单元电源轨设置

设置连线实现标准单元供电网络的连接。执行 Route→Special Route 菜单命令，如图 10-17 所示。弹出 SRoute 对话框，设置电源轨的连接，如图 10-18 所示。这样将标准单元的电源/地线端口分别与 VDD 和 GND 两个电源网络连接在一起，实现结果如图 10-19 所示。

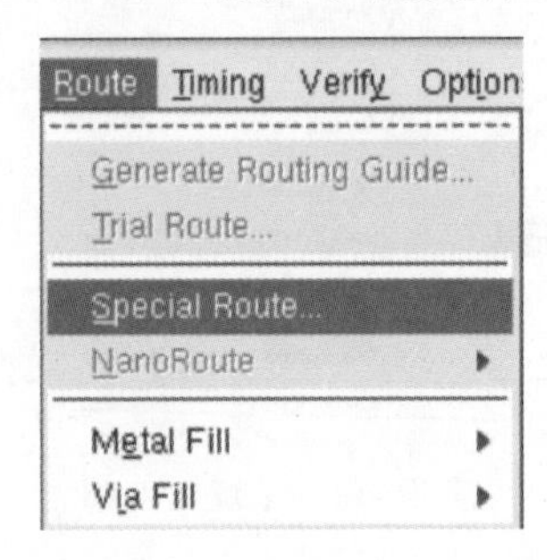

图 10-17 标准单元电源轨设置

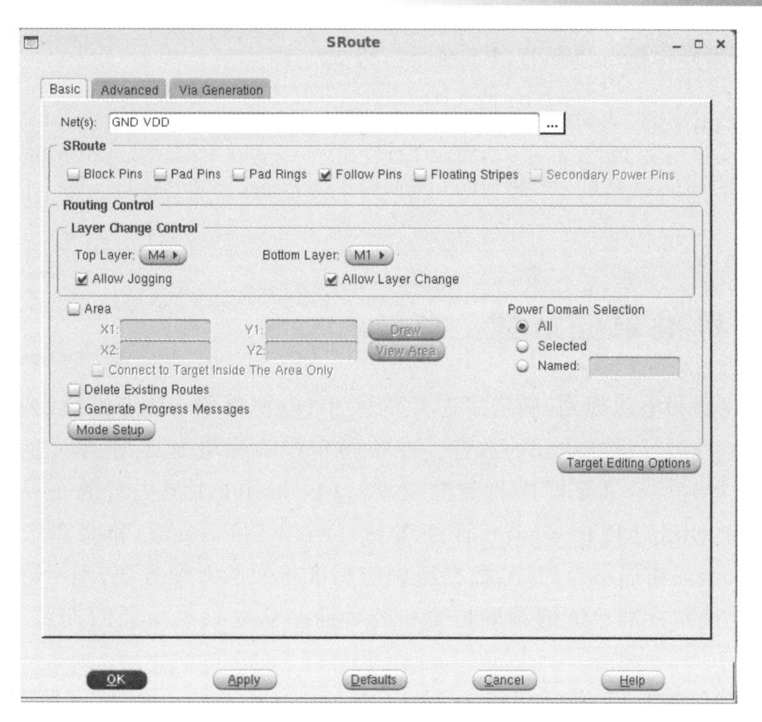

图 10-18　SRoute 对话框

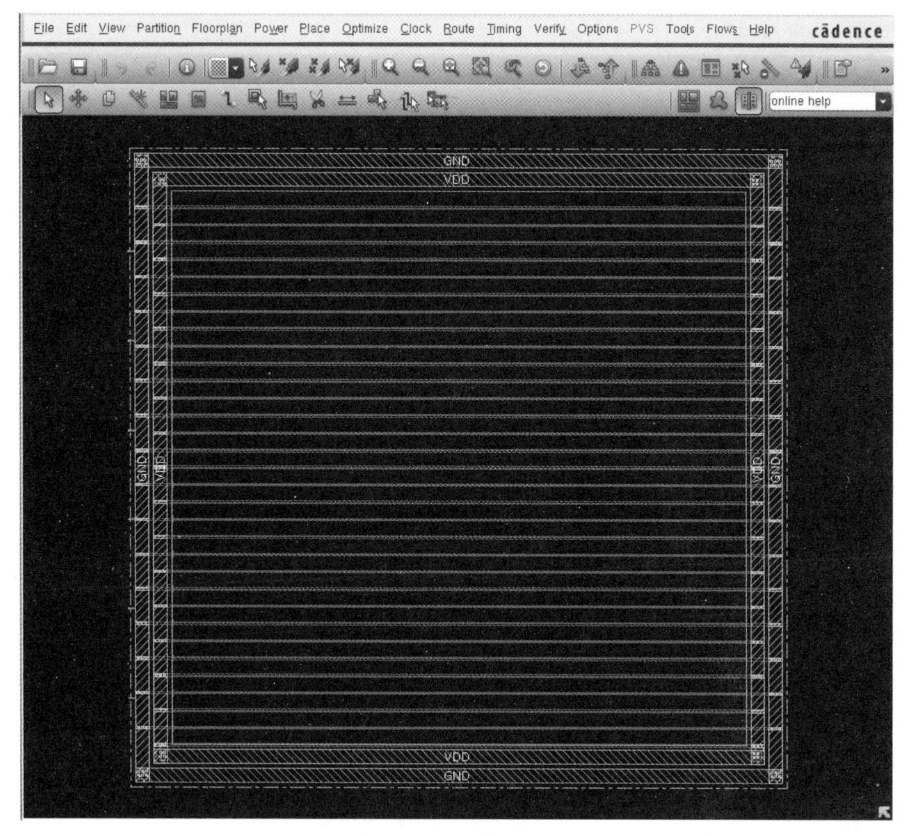

图 10-19　电源轨物理视图

同样地，上述操作也可以通过以下命令行方式完成。

```
# create power rail
sroute -connect { corePin } -nets { GND VDD } -allowJogging 1 -allowLayerChange 1 \
        -layerChangeRange { M1 M4 } -targetViaLayerRange { M1 M4 } -crossoverViaLayerRange
{ M1 M4 }
```

10.7 标准单元放置

完成布局规划和电源规划，确定了芯片的大小、电源网络、IP宏模块的布局之后，接下来就可以利用工具进行标准单元的放置。在布局布线的算法中，标准单元的放置通常采用时序驱动，即放置时尽量满足时序收敛的要求。Encounter 工具内置的布局算法包含3个过程：全局布局(Global Placement)、详细布局(Detail Placement)和拥塞修复(Congestion Repair)。其中，全局布局结合时序、数据流确定标准单元的大致方向，不考虑具体位置的合理性；详细布局确定标准单元的精确位置；最后拥塞修复根据单元的拥塞程度进行修复，实现布局优化。

进行标准单元放置，可执行 Place→Place Standard Cell 菜单命令，如图10-20所示。弹出 Place 对话框，如图10-21所示。

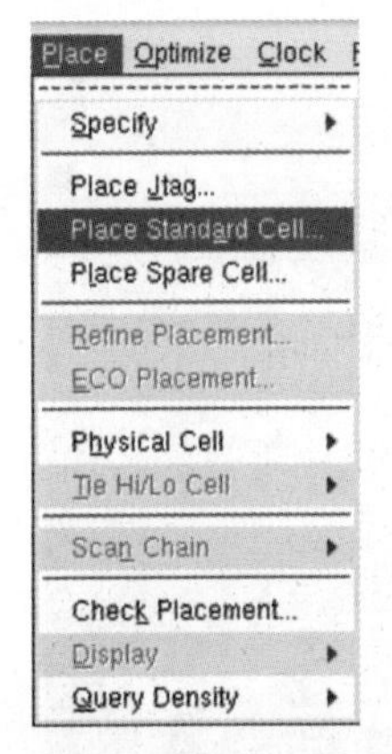

图 10-20 标准单元放置

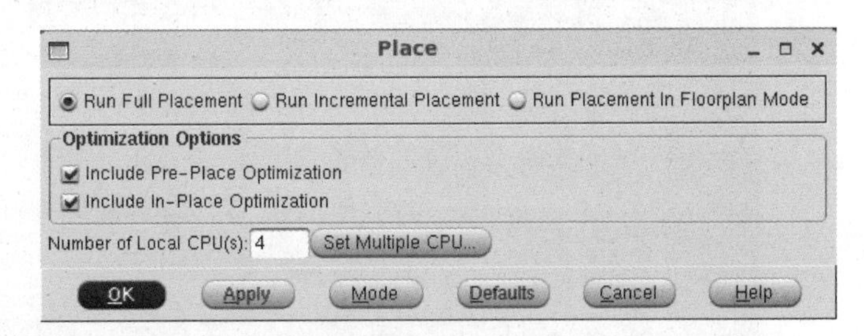

图 10-21 Place 对话框

可以看到，Encounter 提供了3种放置模式：Run Full Placement、Run Incremental Placement 和 Run Placement In Floorplan Mode。其中，Run Full Placement 模式指定工具按照最大力度执行标准单元放置；Run Incremental Placement 模式设置工具基于当前的标准单元放置结果进行调整以实现优化；Run Placement In Floorplan Mode 模式设置工具快速放置标准单元，从时序的角度尽快完成一版全局布局。通常在设计初期，为了确定布局的合理性，首先采用 Run Placement In Floorplan Mode 模式检查布局的合理性。然后，在具体的布局设计阶段，主要使用 Run Full Placement 模式进行详细的布局。而 Run Incremental Placement 模式主要用来在设计过程中对标准单元的放置进行优化。

除了上述3种可选模式，Encounter 还提供了两个优化选项(Optimization Options)，分别是 Include Pre-Place Optimization 和 Include In-Place Optimization。其中，Include

Pre-Place Optimization 选项用于指示工具通过删除综合插入的缓冲器单元等简化网表；Include In-Place Optimization 选项用于设置工具在放置标准单元的同时进行时序优化。

仍以 IIC 从设备设计为例，选择 Run Full Placement 模式，同时选择 Include Pre-Place Optimization 和 Include In-Place Optimization 优化选项，单击 OK 按钮，工具自动放置标准单元，物理视图下的标准单元放置细节如图 10-22 所示。

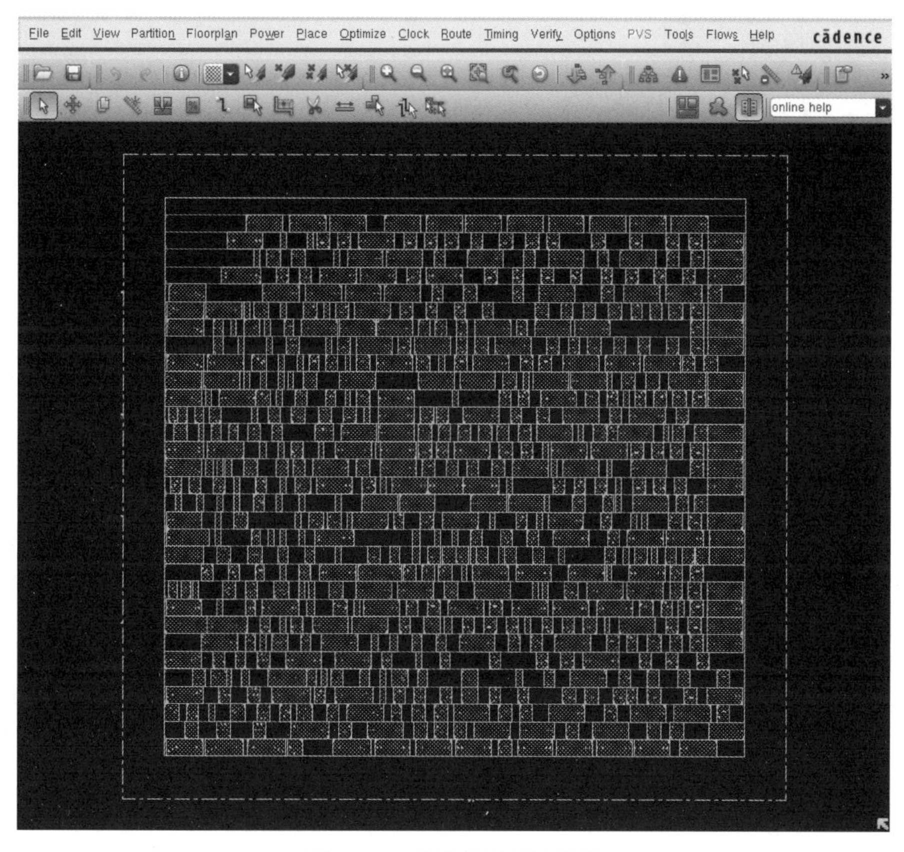

图 10-22　标准单元放置细节

本例中标准单元放置的相应命令脚本如下。

```
# place cells
placeDesign
```

标准单元放置完成后，进行 Tie Hi 和 Tie Lo 单元的添加。执行 Place→Tie Hi/Lo Cell 菜单命令，如图 10-23 所示。弹出 Add Tie Hi/Lo 对话框，对电源/地绑定单元进行设置，在 Cell Names 文本框中输入工艺厂家提供的标准单元库中相应 Tie Hi 和 Tie Lo 单元的名称，同时将 Prefix 命名为 TIE，完成设置的 Tie Hi 和 Tie Lo 单元的设置窗口如图 10-24 所示。

上述操作的相应脚本命令如下。

```
# add tie cells
setTieHiLoMode -maxFanout 4 -maxDistance 60
addTieHiLo -cell {TIEHHD TIELHD} -prefix TIE
```

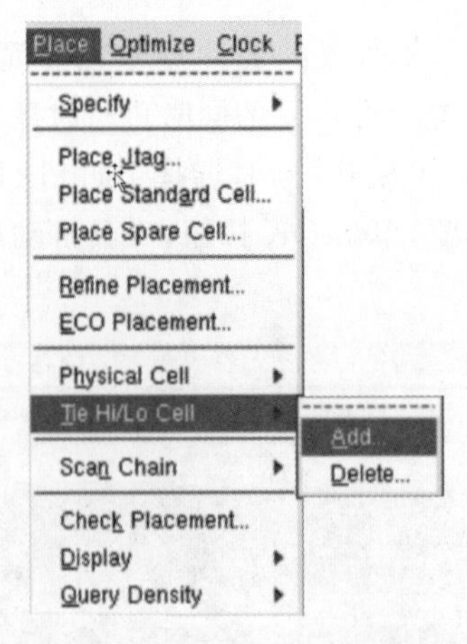

图 10-23 添加 Tie Hi/Lo 单元

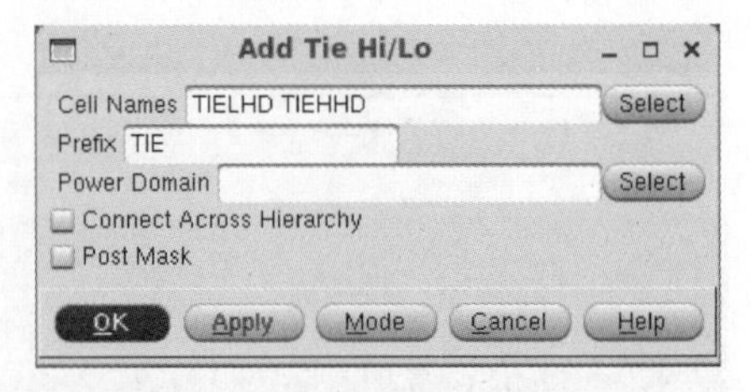

图 10-24 Add Tie Hi/Lo 对话框

当自动放置标准单元的结果不满足设计的时序要求时，可以进一步进行优化。执行 Optimize→Optimize Design 菜单命令，如图 10-25 所示。弹出 Optimization 对话框，如图 10-26 所示。工具通过布局布线的不同阶段决定相应的时序优化过程，分为 Pre-CTS、Post-CTS、Post-Route 和 Sign-Off 共 4 个参数，通常进行 Pre-CTS、Post-CTS、Post-Route 优化，分别表示时钟树综合之前、时钟树综合之后和详细布线之后 3 个阶段，显然这里应选择 Pre-CTS。Optimization Type 部分有 Setup 和 Hold 两个选项，分别代表对建立时间和保持时间进行优化。由于此时尚未进行时钟树综合，因此无须考虑 Hold 问题，只选择 Setup 即可。Incremental 选项是基于当前优化结果进行进一步优化，此处为第一次优化，不选择该项。Design Rule Violation 下包括 Max Cap、Max Tran、Max Fanout 3 个选项，分别表示最大电容、最大翻转时间和最大扇出 3 个设计规则约束是否需要修复。显然，设计必须同时满足以上 3 个约束，因此这里全选。Include SI 选项表示修复串扰的影响，一般在布线阶段考虑该选项，此处先不选择。单击 OK 按钮进行优化。如果优化结果没有满足预期，可以在当前优化结果的基础上进行多次优化直至满足设计需求。

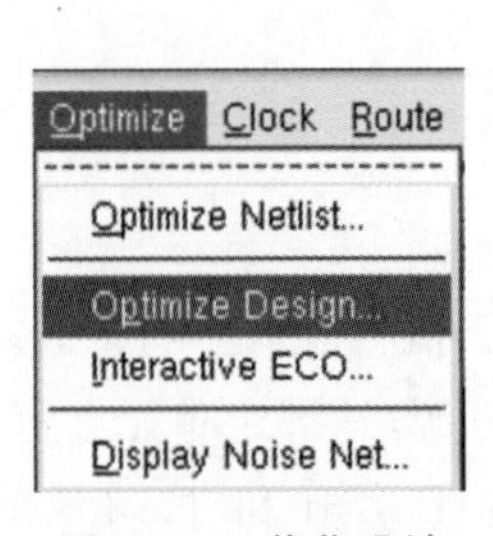

图 10-25 优化设计

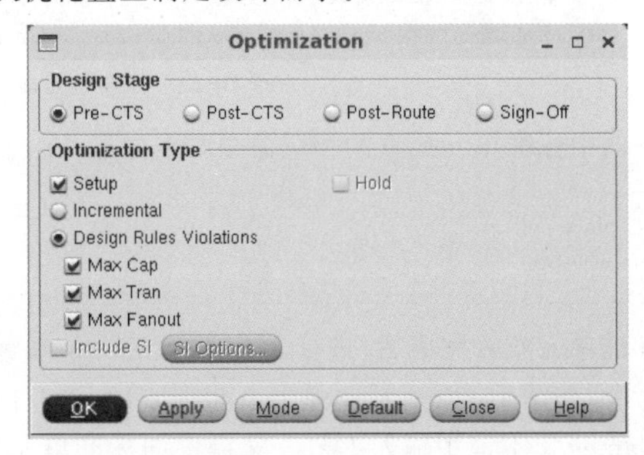

图 10-26 Optimization 对话框

设置 Pre-CTS 设计优化的相应脚本命令如下。

```
# Pre-CTS optimization
setOptMode -fixCap true -fixTran true -fixFanoutLoad true
optDesign -preCTS
```

10.8 时钟树综合

在超大规模集成电路中，大部分时序单元的数据传输是由时钟同步控制的，时钟频率决定了数据处理和数据传输的速度，因此时钟频率是衡量数字集成电路性能的主要标志之一。在集成电路进入深亚微米之后，决定时钟频率的主要因素有两个：一是组合逻辑部分的最长路径电路延时，二是同步单元内的时钟偏斜。随着晶体管尺寸的不断减小，组合逻辑部分的开关速度不断提高，时钟偏斜也成为影响电路性能的主要因素之一。时钟树综合的目的就是在保持信号完整性的同时平衡时钟树节点。

一个时钟源(Clock Source)最终要扇出到许多寄存器的时钟端(Clock Sink)，时钟源无法驱动这么多负载，就需要建立一个时钟网络，通过逐级驱动的缓冲器驱动最终的寄存器。通常在逻辑综合时将时钟信号作为理想时钟防止其插入缓冲器进行优化，而在布局布线的版图设计时则需要进行时钟树综合(Clock Tree Synthesis，CTS)，即从时钟树根节点开始逐级插入专用于时钟树的缓冲器或反相器，直到时钟信号线到达寄存器时钟输入端，同时平衡路径延时，减小时钟偏差并满足设计约束。在 Encounter 工具中，时钟树综合分为以下两个步骤。

1. 产生时钟树综合特性文件

执行 Clock→Synthesize Clock Tree 菜单命令，如图 10-27 所示。弹出 Synthesize Clock Tree 对话框，进行时钟树综合设置，如图 10-28 所示。

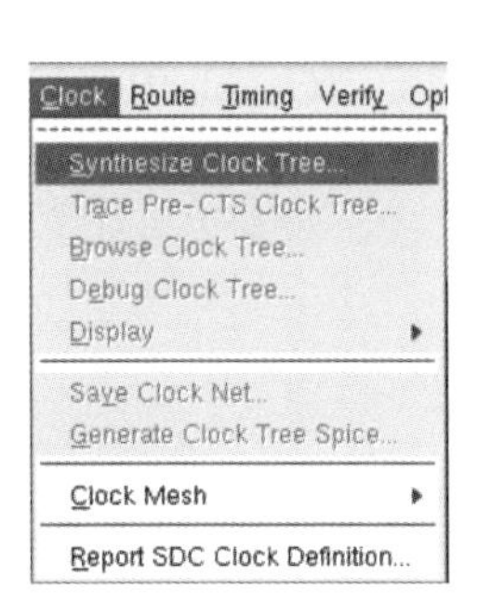

图 10-27 时钟树综合

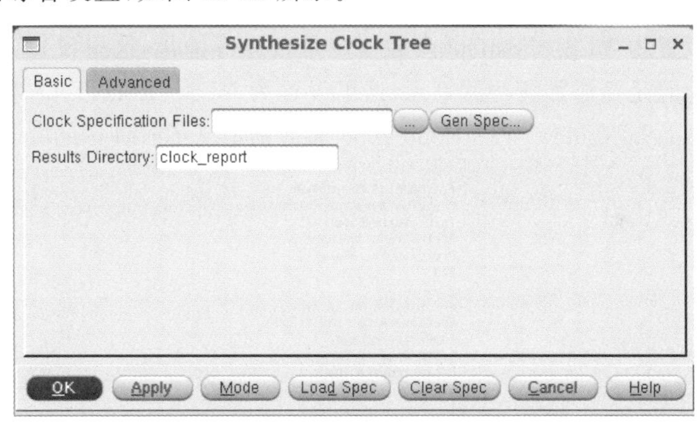

图 10-28 Synthesize Clock Tree 对话框

由于时钟树要求上升和下降延时基本相等，所以需要使用标准单元库中的时钟树专用单元构成时钟树。出于降低功耗的考虑，时钟树优先使用反相器，而缓冲器由于逻辑比较简单不用翻转，更多地应用于驱动和逻辑上。单击 Gen Spec 按钮设置时钟树规范文件，弹出 Generate Clock Spec 对话框，如图 10-29 所示。在这里选择需要形成时钟树的专用反相器和缓冲器。

设置好时钟树特性参数后，工具综合考虑时钟树特性参数、时序约束文件和时序库文件，生成一个时钟树综合特性文件，用来指导实现一棵符合设计需求的时钟树。时钟树综合特性文件内容如图 10-30 所示，其中包括时钟树的时钟周期、最大延时、最大偏斜、转换时间以及设置的用于时钟树的专用反相器和缓冲器等信息。

以图 10-30 的时钟树综合特性文件为例，下面简单介绍一下该文件中的参数含义。

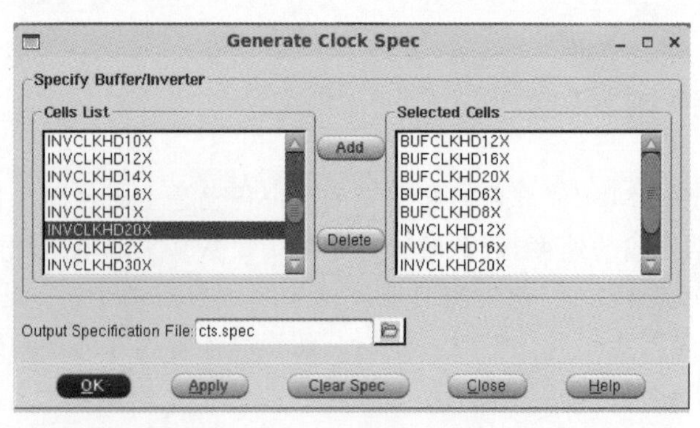

图 10-29　Generate Clock Spec 对话框

Special Route Type 一般用于规定时钟树的主干布线层次，这里定义主干布线最高为第 4 层金属，最低是第 3 层金属；Regular Route Type 表示时钟树叶节点的布线类型，这里依然采用最高第 4 层，最低第 3 层金属的设置。AutoCTSRootPin 指定时钟的源头，Period 指定时钟周期（40ns），MaxDelay 表示时钟树的最大延时（0.01ns），MinDelay 表示时钟树的最小延时（0ns），MaxSkew 表示时钟树的最大偏差（500ps），SinkMaxTran 和 BufMaxTran 分别定义时钟树的端点和时钟树网络中使用的缓冲器的最大翻转时间（250ps）。Buffer 参数中则填入了上面所选的可用于生成时钟树的 BUF 和 INV 单元种类。NoGating 参数指定时钟树是否禁止穿透门控电路，这里设置为不禁止（NO）。DetailReport 参数指定是否生成详细报告，这里设置为 YES。RouteClkNet 参数则指定是否在生成时钟树的同时进行时钟树的布线，这里设置为 YES。PostOpt 参数规定是否进行优化，这里设置为 YES。OptAddBuffer 参数规定优化时是否添加缓冲器单元，这里设置为 YES。RouteType 参数定义了时钟树的主干布线类型（specialRoute）。LeafRouteType 参数则定义了时钟树的叶节点布线类型（regularRoute）。

```
#-- Special Route Type --
RouteTypeName specialRoute
TopPreferredLayer 4
BottomPreferredLayer 3
PreferredExtraSpace 1
End

#-- Regular Route Type --
RouteTypeName regularRoute
TopPreferredLayer 4
BottomPreferredLayer 3
PreferredExtraSpace 1
End

AutoCTSRootPin clk
Period          40ns
MaxDelay        0.01ns # sdc driven default
MinDelay        0ns # sdc driven default
MaxSkew         500ps # set_clock_uncertainty
SinkMaxTran     250ps # sdc driven default
BufMaxTran      250ps # sdc driven default
Buffer          BUFCLKHD6X BUFCLKHD8X BUFCLKHD12X BUFCLKHD16X BUFCLKHD20X
INVCLKHD6X INVCLKHD8X INVCLKHD12X INVCLKHD16X INVCLKHD20X
NoGating        NO
DetailReport    YES
#SetDPinAsSync  NO
#SetIoPinAsSync NO
#SetASyncSRPinAsSync  NO
#SetTriStEnPinAsSync NO
#SetBBoxPinAsSync NO
RouteClkNet     YES
PostOpt         YES
OptAddBuffer    YES
RouteType       specialRoute
LeafRouteType   regularRoute
END
```

图 10-30　时钟树综合特性文件

2. 时钟树综合

产生时钟树特性文件后，在时钟树综合设置中指定时钟树特性定义文件 cts. spec，如

图 10-31 所示。单击 OK 按钮，工具进行时钟树综合。

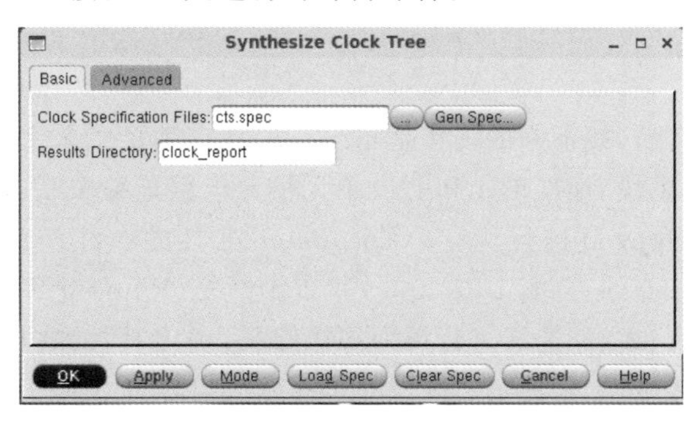

图 10-31　指定时钟树综合特性文件

上述时钟树综合过程的相关脚本命令如下。

```
# specify buffer/inverter
createClockTreeSpec -bufferList {BUFCLKHD6X BUFCLKHD8X BUFCLKHD12X BUFCLKHD16X \
                                 BUFCLKHD20X INVCLKHD6X INVCLKHD8X INVCLKHD12X \
                                 INVCLKHD16X INVCLKHD20X} \-file cts.spec
# cts design
clockDesign -specFile cts.spec -outDir clockreport -fixedInstBeforeCTS

# update sdc
update_constraint_mode -name cm_func -sdc_files i2c_slave.function.postcts.sdc
```

因为综合时钟树的同时就对时钟树进行布线，寄生参数数据也更接近布线后的数据，因此此时时钟树已具有真实延时，需要更新设计的时序约束，将时钟设定为真实传播时钟，即采用实际时钟代替原来的理想时钟后进行时序分析。更新时序约束的脚本命令如下。

```
# update sdc
update_constraint_mode -name cm_func -sdc_files i2c_slave.function.postcts.sdc
```

可以看到，该命令对 MMMC 分析文件中规定的 cm_func 工作约束模式进行更新，更新其约束文件为 i2c_slave.function.postcts.sdc。

如果时钟树综合后的结果出现时序违例，对建立时间和保持时间进行优化，如图 10-32 所示，直至满足设计时序需求。

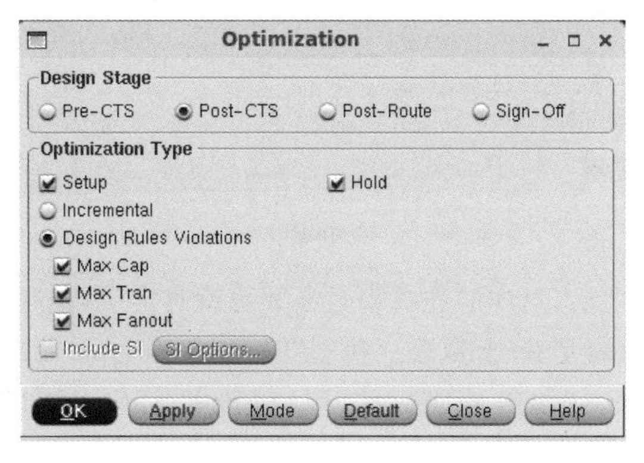

图 10-32　Post-CTS 设计优化

10.9 布线

时钟树综合结束之后，接下来的工作是布线。工具在满足工艺文件和电学性能的前提下，将芯片中的各个宏模块、标准单元和I/O单元按照电路连接关系进行实际的互连，并尽可能对连线长度和过孔数目进行优化。Encounter工具的布线实施过程分为全局布线(Global Routing)、详细布线(Detail Routing)和布线修复(Routing Repair)3个步骤。全局布线是为设计中还没有布线的连线进行规划布线路径，确定其大致位置及走向。工具首先将版图分为多个布线区域，尽量使每个区域的布线分散均匀而不致引起局部拥塞，在保证关键路径延时较小的同时降低噪声串扰影响。详细布线就是使用全局布线过程中产生的路径进行布线和布孔，通过金属走线完成局部布线后，就可以通过提取寄生参数计算延时比较全局布线提供的多种方案，并选择一种较优的方案。布线修复在最终布线完成时根据设计规则以及约束条件修复在详细布线中没有完全消除的DRC错误。

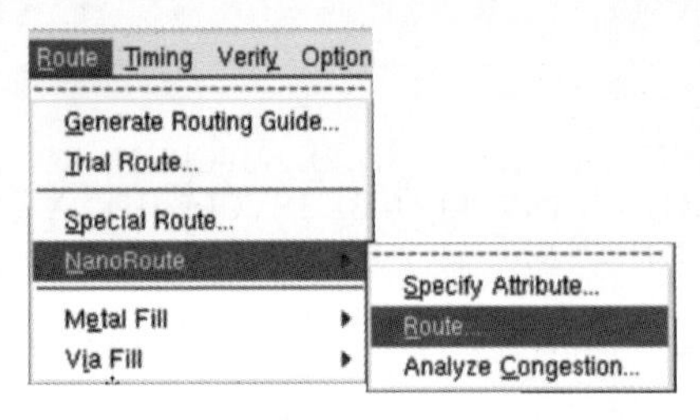

图 10-33 布线

执行Route→NanoRoute→Route菜单命令，如图10-33所示。弹出NanoRoute对话框，按需要选择其中的布线选项，如图10-34所示。布线结果如图10-35所示。

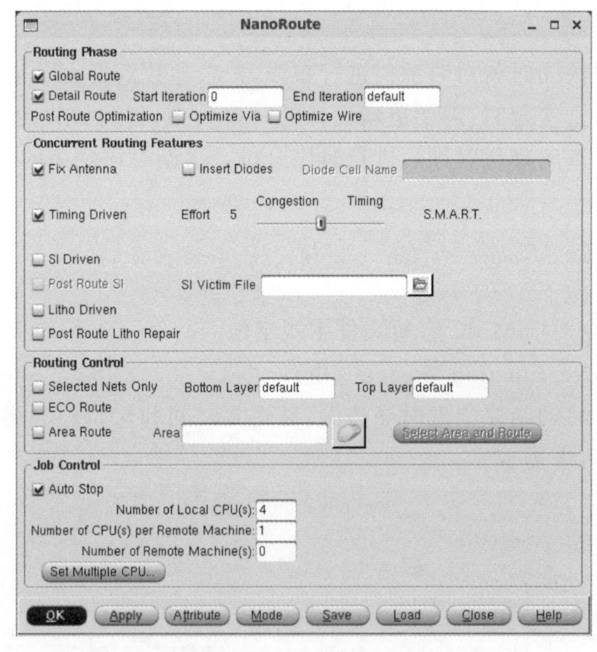

图 10-34 NanoRoute对话框

完成全局芯片布线之后，对应的连线寄生参数也就确定了，在时序验证阶段完成所有时序检查，保证芯片时序满足设计要求。执行Timing→Report Timing菜单命令，弹出Timing Analysis对话框，选择Post-Route设计阶段的Setup和Hold进行时序检查，如图10-36所示。

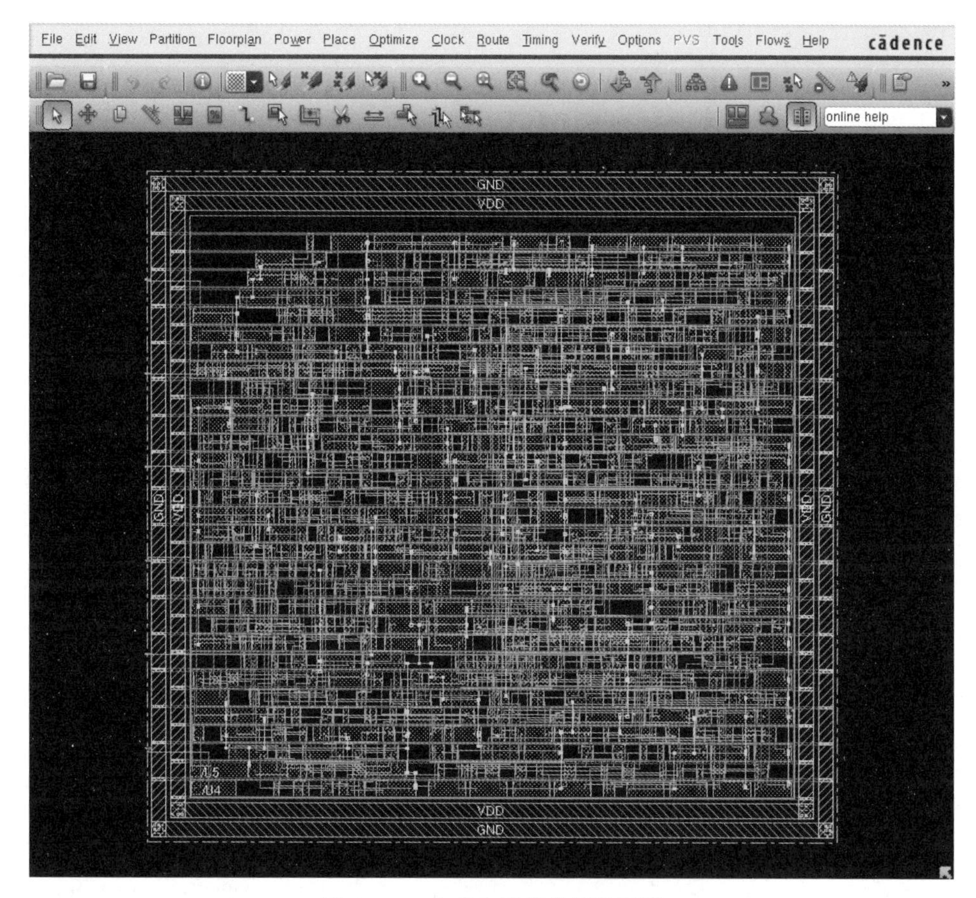

图 10-35　完成布线后的物理视图

当布线后的时序结果不满足设计要求时，可以进行布线后的时序优化，调整改进时序结果。如果布线后出现时序违例，也可以进行布线后的时序优化，进一步时序分析直至满足时序要求，如图 10-37 所示。

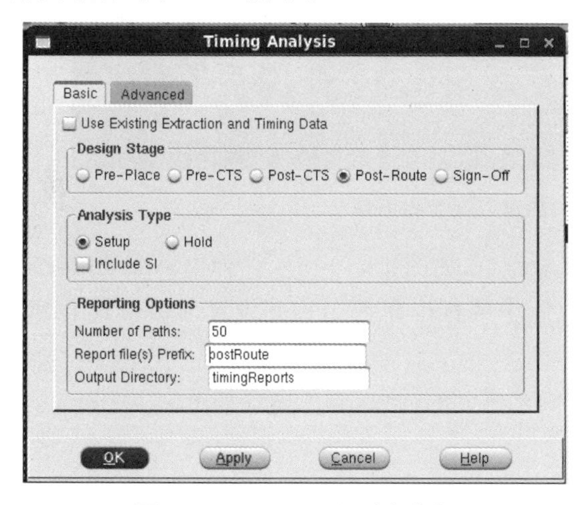

图 10-36　Post-Route 时序分析

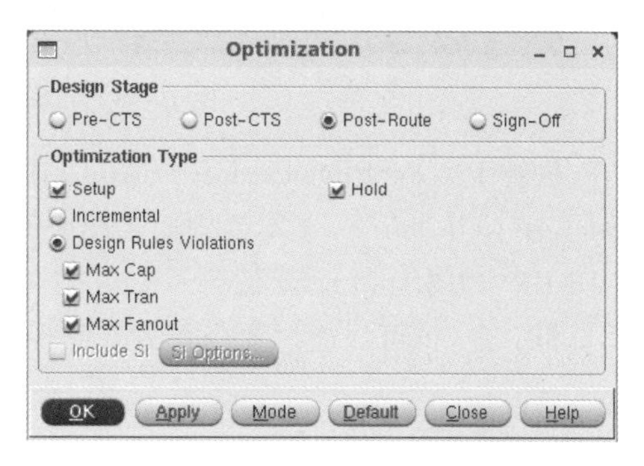

图 10-37　Post-Route 时序优化

10.10 Filler 填充

如图 10-38 所示，完成布线的芯片内部存在空白区域，需要进行芯片版图的填充以确保其完整性。工艺厂家提供的标准单元库中包含相应的标准填充单元(Filler)，是单元库中与逻辑无关的物理填充单元，主要作用是把扩散层连接起来，形成电源线、地线轨道并满足 DRC 规则和设计需要。这些 Filler 单元的名称可以在工艺厂家提供的标准单元 lef 库中找到。

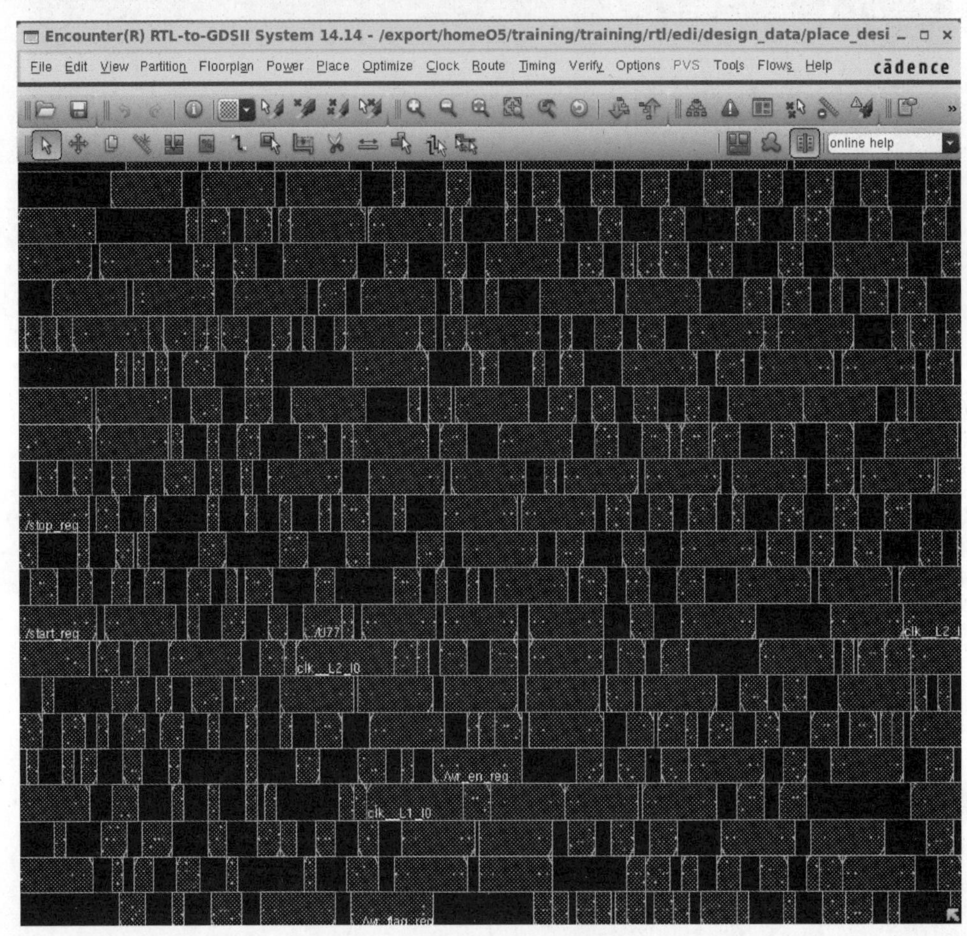

图 10-38 布线后芯片内部存在空白区域

执行 Place→Physical Cell→Add Filler 菜单命令，如图 10-39 所示。弹出 Add Filler 对话框，在 Cell Names 文本框中输入相应的单元库中的标准单元名称并设置前缀(Prefix)为 FILLER，如图 10-40 所示。

相应地，也可以通过命令行方式实现标准填充单元的插入，脚本命令如下。

```
# add filler cell
addFiller -cell FILLER64HD FILLER32HD FILLER16HD FILLER8HD \
              FILLER6HD FILLER4HD FILLER3HD FILLER2HD FILLER1HD \
            -prefix FILLER
```

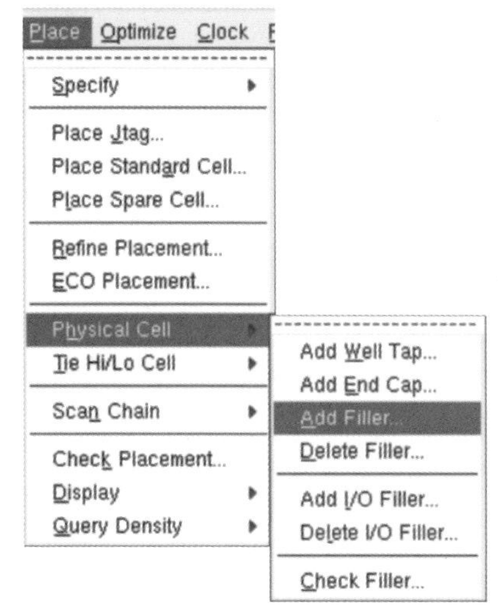

图 10-39　插入标准填充单元

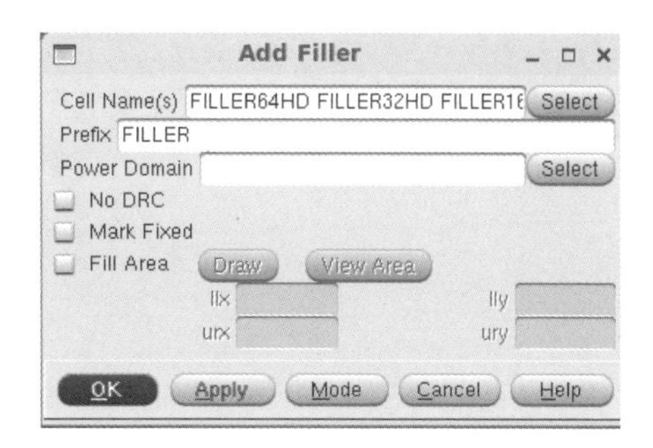

图 10-40　Add Filler 对话框

插入标准填充单元后的版图如图 10-41 所示。可见此时整个布局布线区域已经全部被标准填充单元覆盖，不再存在空白区域。

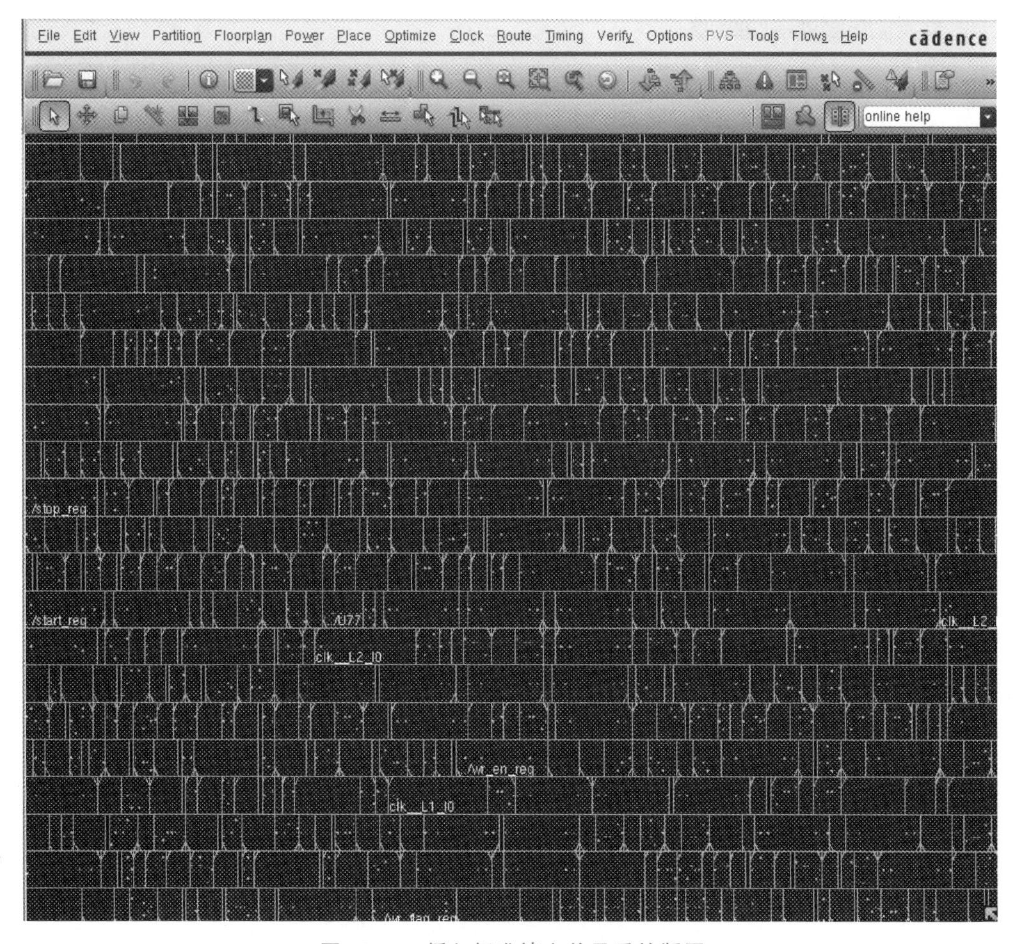

图 10-41　插入标准填充单元后的版图

10.11 设计规则检查

Filler 填充后，就完成了基本的布局布线工作，需要对版图进行设计规则的检查，主要包括连线的连接性检查、几何图形的规则检查和天线效应检查等。

执行 Verify→Verify Geometry 菜单命令，如图 10-42 所示。弹出 Verify Geometry 对话框，对宽度、间距、内部几何形状以及它们之间的接线等进行检查，如图 10-43 所示。

图 10-42 几何图形检查

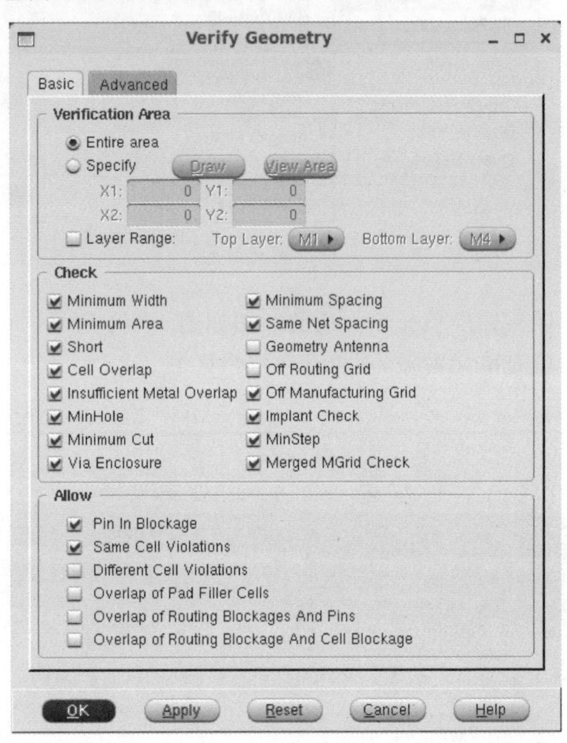

图 10-43 Verify Geometry 对话框

相应的脚本命令如下。

```
verifyGeometry
```

执行 Verify→Verify Connectivity 菜单命令，如图 10-44 所示。弹出 Verify Connectivity 对话框，对设计的连接性等进行检查，包括是否存在开路、未连接的导线、未连接的引脚等，如图 10-45 所示。

相应的脚本命令如下。

```
verifyConnectivity
```

执行 Verify→Verify Process Antenna 菜单命令，如图 10-46 所示。弹出 Verify Process Antenna 对话框，检查设计是否存在天线效应违例，如图 10-47 所示。

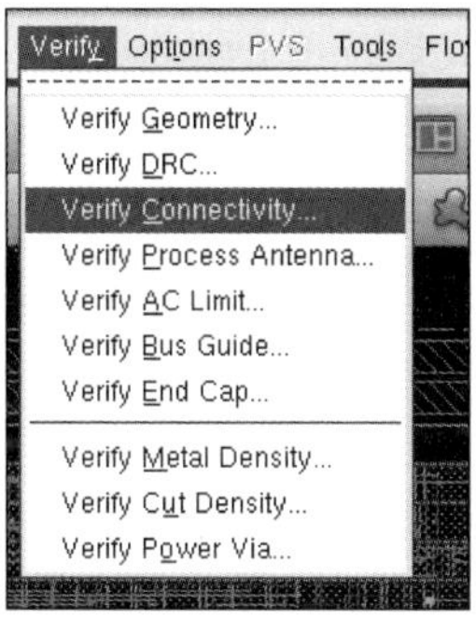

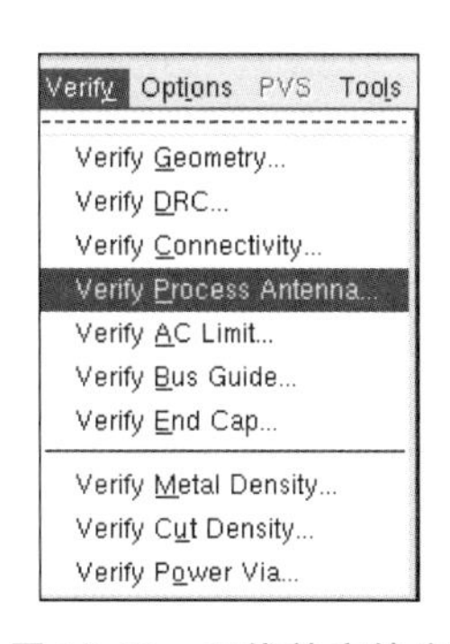

图 10-44　连接性检查

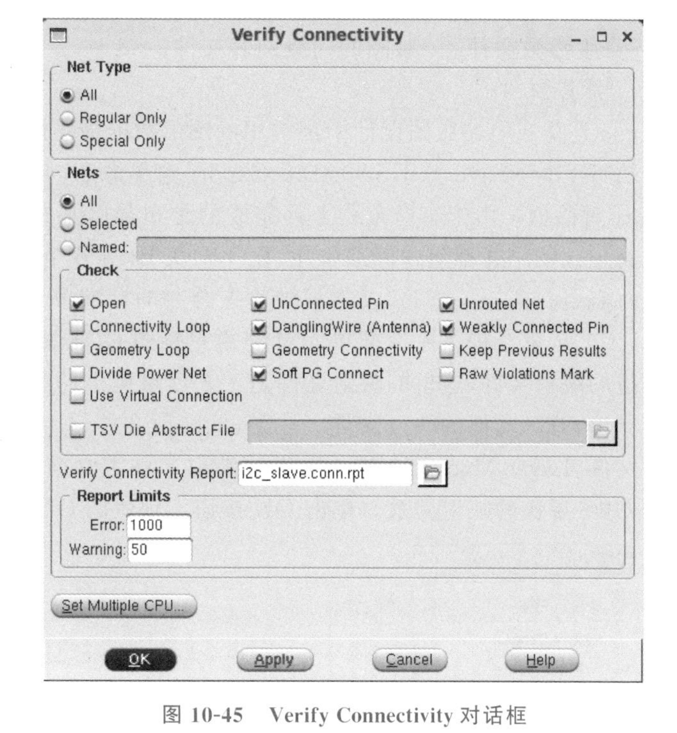

图 10-45　Verify Connectivity 对话框

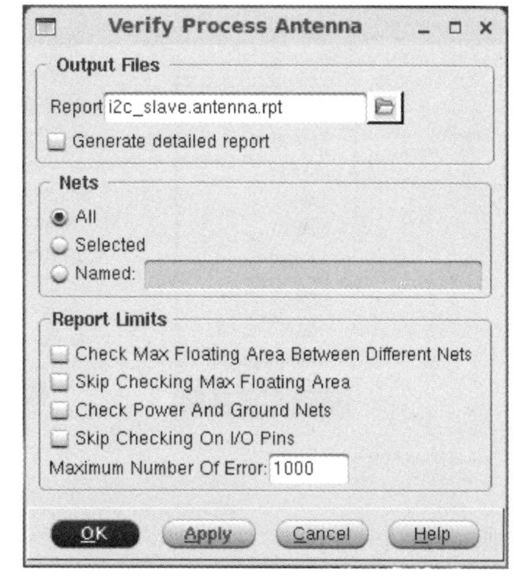

图 10-46　天线效应检查

图 10-47　Verify Process Antenna 对话框

相应的脚本命令如下。

```
verifyProcessAntenna
```

10.12　数据导出

完成布局布线并确保设计规则检查无误后，就可以将设计数据导出，以便提供给其他工具开展形式验证、物理验证等其他工作。需要导出的数据主要有 3 种：.gds 版图文件、

.spef 寄生参数文件、.v 版图的门级网表文件。

1. 版图文件

gds 是集成电路版图设计中最常用的图形数据描述语言格式。

执行 File→Save→GDS/OASIS Export 菜单命令，如图 10-48 所示。弹出 GDS/OASIS Export 对话框。由于布局布线工具完成的是布局以及布线工作，如图 10-35 和图 10-41 所示的物理视图中并不包含标准单元、I/O 以及 IP 等各个单元的完整版图，这样在导出版图文件时需要在 Merge Files 文本框中输入合并的标准单元、I/O 以及 IP 等单元的具体版图文件，工艺厂家会提供库标准单元对应的完整的 GDS 文件。在 Map File 文本框中输入布局布线的映射文件，这里的映射文件是工艺厂家提供的和标准单元库配套的用于布局布线工具导出 GDS 文件的映射文件。注意，此映射文件与 Virtuoso 工艺进行 GDS 导出的图层映射文件(Layer Map)不一样。这里的映射文件主要描述对应于 lef 的连线等布线信息与版图 GDS 层次的映射关系。单击 OK 按钮实现版图 GDS 文件的导出，如图 10-49 所示。

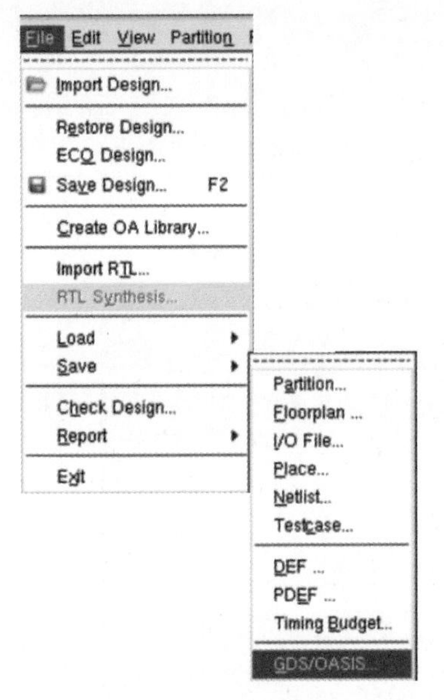

图 10-48 导出版图文件

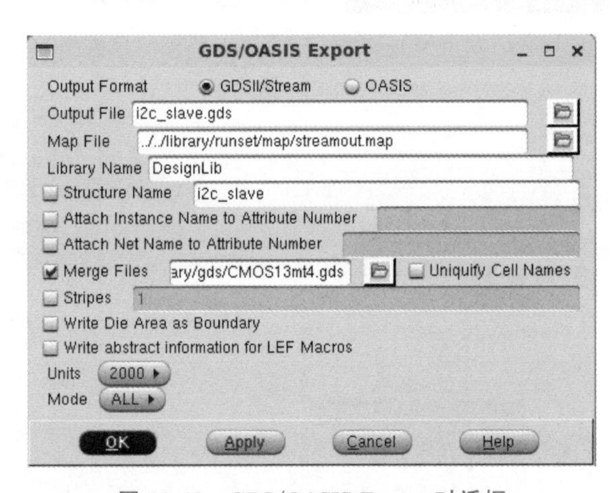

图 10-49 GDS/OASIS Export 对话框

相应的脚本命令如下。

```
# save gds
streamOut   i2c_slave.gds \
                -mapFile ../../library/runset/map/streamout.map \
                -merge ../../library/gds/CMOS13mt4.gds \
                -units 2000 -mode ALL -libName DesignLib
```

2. 寄生参数文件

spef 文件是从网表中提取出来用于表示 RC 信息的文件，用来在提取工具和时序验证工具之间传递 RC 信息。与时序单元库相对应，寄生参数文件包含的 3 种条件下的 3 组数据，分别为最好、标准和最差数据。在静态时序分析时，分别选择这 3 种数据进行计算和处理。

执行 Timing→Extract RC 菜单命令，如图 10-50 所示。弹出 Extract RC 对话框，如

图 10-51 所示。选择寄生参数文件格式为 SPEF，完成寄生参数文件导出。

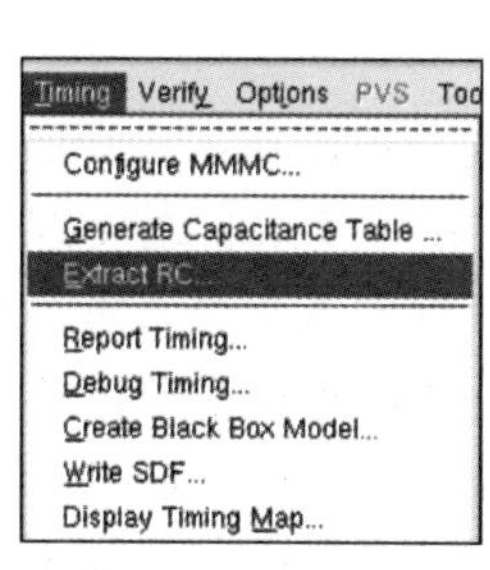

图 10-50　导出寄生参数文件

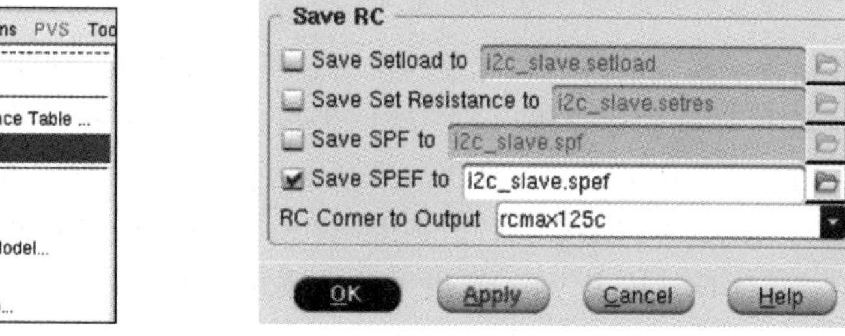

图 10-51　Extract RC 对话框

也可以通过如下脚本命令导出文件。

```
# save spef
rcOut -spef i2c_slave.spef -rc_corner rcmax125c
```

3. 版图的门级网表文件

这里导出的门级网表反映的是布局布线以后设计所包含的门级电路，可以用于布局布线后的仿真、形式验证、静态时序分析以及版图验证。

执行 File→Save→Netlist 菜单命令，如图 10-52 所示。弹出 Save Netlist 对话框，如图 10-53 所示，完成版图的门级网表文件的导出。

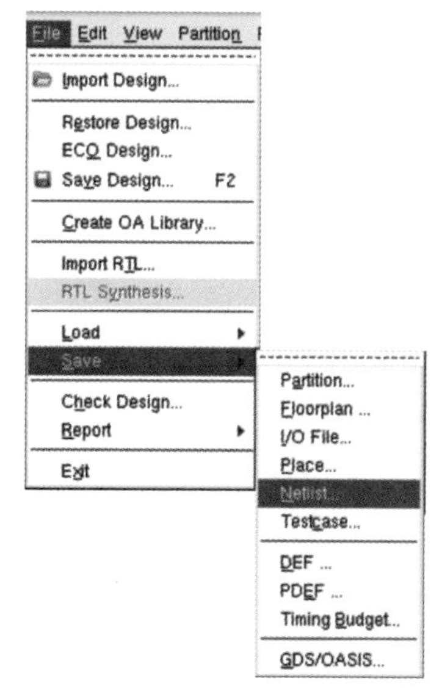

图 10-52　导出门级网表文件

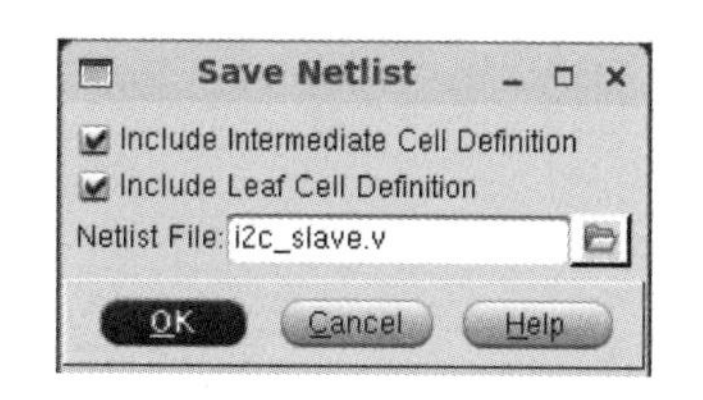

图 10-53　Save Netlist 对话框

也可以通过以下脚本命令导出门级网表文件。

```
# save netlist
saveNetlist i2c_slave.v
```

10.13 本章小结

布局布线是数字集成电路物理实现的重要过程，是数字集成电路后端设计的核心步骤。在布局布线过程中，将逻辑综合输出的门级网表根据时序、面积等要求自动实现物理版图。本章基于 Encounter 工具讨论了主要的布局布线方法，包括数据准备与导入布局规划、电源规划、标准单元放置、时钟树综合、布线、Filler 填充、设计规则检查和数据导出等主要步骤，以 IIC 从设备接口的设计约束为例，给出了各步骤的设计方法。需要注意的是，本章只是给出了一般设计考虑，虽然大部分布局布线工作由工具自动完成，但过程中的约束施加、各阶段的设计考虑需要根据目标芯片特征和工艺库特征进行详细规划。本章旨在抛砖引玉，期望读者能够通过本章的学习掌握布局布线的基础知识，完成更加复杂的芯片后端设计。

第11章 数字集成电路的验证

CHAPTER 11

数字集成电路的验证是整个设计流程非常重要的部分。前面章节的仿真模拟就是一种验证手段。随着芯片规模和复杂度日益增加,验证的工作量超过电路设计成为最大的部分,这样就需要其他验证方法和手段,其中形式验证和时序验证就是非常有效的验证手段。芯片布局布线完成以后,为了确保设计的正确性,需要进行相关验证确保设计的正确性,提高流片成功率。在布局布线之后,除了开展后仿真之外,通常也需要开展形式验证、静态时序验证和物理验证工作,本章将分别从这3方面进行介绍。

11.1 形式验证

在进行数字集成电路自动化设计过程中,一个设计在不同的阶段以不同描述形式表现出来,如RTL、综合网表、布局布线网表等。所谓形式验证,就是通过比较不同阶段的设计在逻辑功能是否等同的方法验证电路描述的一致性。这种方法的优点在于它不仅提高了验证的速度,可以在相当大的程度上缩短数字设计的周期,更重要的是它摆脱了工艺的约束和仿真验证平台(Testbench)的不完全性,有效地检查了电路在不同设计阶段功能的一致性。

从RTL代码到门级网表的综合过程中,设计不仅在逻辑综合阶段的设计优化过程发生变化,也会在自动布局布线过程中进行不断地优化,因此进行基本的形式验证是非常重要的。一般需要进行形式验证的阶段的代码表现方式为RTL代码和RTL代码、综合网表和RTL代码、布局布线后的网表和综合网表等。在一些设计中选择直接对跨阶段的两次结果进行形式验证,虽然比较的时间会长一点,但可以节省比较的次数。

形式验证工具一般采用Synopsys公司的Formality,应用Formality进行形式验证流程如图11-1所示,这里显示的是RTL代码与综合后网表的跨阶段形式验证流程,其他阶段的形式验证都是类似的,只是读取的代码形式不同而已。

与其他Synopsys工具一样,Formality的启动也支持命令行和图形界面两种方式,其中命令行启动命令为fm_shell,图形界面启动命令为formality。Formality类似于DC,有一个隐藏文件.synosys.fm.setup,其中也可以定义搜索路径(search_path),但不需要link_library和target_library,即不需要进行映射,只须把库读入解析网表。

下面以IIC从设备设计中综合前的RTL级代码与综合后的门级网表进行形式验证为例,讲解使用Formality进行形式验证的流程。

(1) 读入引导(Guidance)文件。读入DC工具在进行逻辑综合时产生的svf文件

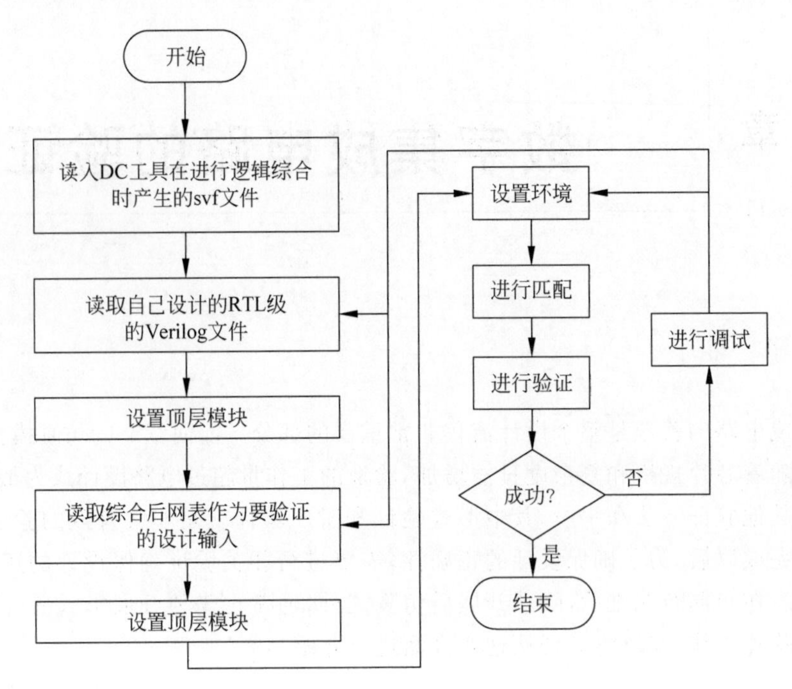

图 11-1　形式验证流程

(Synopsys Verification File)，DC 默认产生 svf 文件，该文件将 DC 工具在逻辑综合过程所有变化都记录下来，包括命名规则和优化策略，是 DC 工具综合时默认生成专门用来进行形式验证的文件。

```
# Set guidance.
set_svf ../syn/default.svf
```

(2) 设置参考设计(Reference Design)。读取自己设计的 RTL 级 Verilog 文件(set sflist)，在这里选择 IIC 从设备设计的 Verilog 源代码(i2c_slave. v、edge_detection. v、i2c_protocol. v、reg_file. v)。如果 RTL 代码中例化了一些 I/O 或宏模块(Macro)，那么需要读取它们的 db 文件。由于本设计中不含有相关 I/O 或宏模块，所以此处不需要读取。读入之后，设置参考(Reference)中的顶层设计(set_top)为 i2c. slave。

```
# Set reference design.
read_verilog -r "../src/ i2c_slave.v
read_verilog -r "../src/ edge_detection.v
read_verilog -r "../src/ i2c_protocol.v
read_verilog -r "../src/ reg_file.v
set_top i2c_slave
```

(3) 设置实现设计(Implementation Design)。读取综合后网表作为要验证的设计输入，在这里添加 DC 工具综合导出的 Verilog 网表文件 i2c_slave. mapped. v，然后读取门级网表中用到的相关 db 文件。由于本设计的 RTL 代码中没有例化标准单元，前面不需要读入标准单元库的 db 文件，但需要在这里读入。对于其他设计，如果在 RTL 代码中例化了标准单元，那么需要在前面读入。读入之后，设置实现中的顶层设计为 i2c. slave。

```
# Set implementation design.
read_verilog -i ../syn/result/i2c_slave.mapped.v
read_db {list /CMOS13_ss_1p35v_125c.db }
set_top i2c_slave
```

(4) 设置环境。在这一步主要是设置常量,如对应一些增加了 SCAN(扫描)链和 JTAG 链的设计,需要设置一些常量,使这些 SCAN 和 JTAG 等功能禁止。如果设计中采用了门控时钟技术,也需要进行一些相应的设置。由于本设计综合中没有添加 SCAN 和 JTAG 链,且没有采用门控时钟技术,因此可以省略这一步。

如果设计中存在 SCAN 链设计,需要将 scan_mode 端口设置为 0,即禁用 SCAN 链功能。例如,以下两条语句分别将参考设计和实现设计中 PAD_SCAN_MODE 端口设置为 0,从而将 SCAN 链功能禁止。

```
set_constant -type port r:/WORK/top_design/PAD_SCAN_MODE 0
set_constant -type port i:/WORK/top_design/PAD_SCAN_MODE 0
```

(5) 进行匹配。在软件中检查参考设计和实现设计的比较点是否匹配。

```
# Match.
Match
```

(6) 进行验证。搭建好参考和实现环境后,就可以验证 RTL 级代码和门级网表功能是否一致。

```
# Verify.
verify
```

如果出现如图 11-2 所示的结果,就说明参考和实现功能一致。至此,完成形式验证。

```
********************************* Verification Results *********************************
Verification SUCCEEDED
   ATTENTION: RTL interpretation messages were produced during link
              of reference design.
              Verification results may disagree with a logic simulator.
-----------------------------------------------------------------------
```

图 11-2　形式验证通过的报告

(7) 进行调试。如果形式验证没有通过,就需要查找问题并解决问题,修改设计再次验证,直至形式验证通过,保证最终设计与设计初衷在功能上的一致性。

11.2　静态时序验证

形式验证能够保证芯片设计各阶段的一致性,尤其是完成布局布线之后的网表与前端设计代码的功能一致性。但是,要想验证芯片时序是否正确,还需要静态时序分析确保芯片时序的正确性。

PrimeTime(PT)是 Synopsys 公司的签约级、全芯片、门级静态时序分析工具。它能分析大规模、同步、数字 ASIC 的时序。PT 工作在设计的门级层次,在逻辑综合或完布局布线之后都可以使用PT进行详细准确的静态时序分析。值得一提的是，在逻辑综合工具和布局布线工具中都含有时序分析功能，但PT提供了更强大的时序分析能力，通常采用PT完成最终的时序验证。PT基本的静态时序分析流程如图11-3所示。

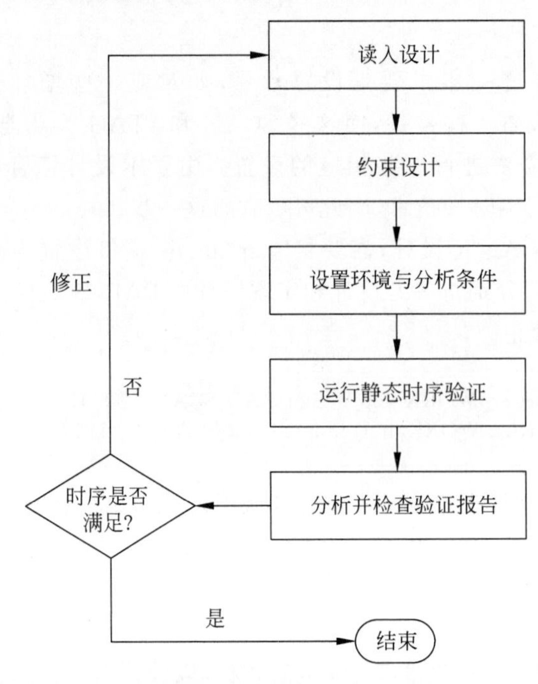

图11-3 PT基本的静态时序分析流程

软件启动命令有两种，一种是启动图形界面——primetime，另一种是启动脚本输入界面——pt_shell。在完成逻辑综合或完成布局布线后都可以使用PT进行详细准确的静态时序分析。PT的设置和使用方法和DC工具都非常类似，下面以完成布局布线之后进行静态时序分析为例介绍PT的具体操作流程。

(1) 建立设计环境，主要包括库的设置、网表的读入以及顶层设计的确定。

```
## read and link design
set search_path     "."                                  #设置搜索路径
set link_path       "* $Link_Library($pvt_corner)"       #设置链接库

read_verilog $netlist                                    #读入网表
current_design $design_name
link_design
```

(2) 读入时序约束。对于布局布线后的时序分析，由于所有高扇出网络(包括时钟网络)都建立了时钟树，即时钟网络已经存在具体的物理设计，而不是一个理想网络了，因此需要在PT中移除它们的理想属性，并将时钟源设置为传播模式，时钟网络采用实际的延时进行计算。

```
## set design constraints
source i2c_slave.sdc                                                        #读入sdc文件
set_propagated_clock [remove_from_collection [all_clocks] [get_clocks {V_* }]]  #将时钟源设置为
                                                                            #传播模式
```

(3) 进行分析和生成报告。对于已经完成布局布线的设计,版图中存在寄生电阻电容,所以在进行静态时序分析时需要读取布局布线工具 Encounter 或寄生参数提取工具 StarRC 提取出来的寄生电阻电容文件(spef 文件)。而对于逻辑综合后的设计,不存在寄生电阻电容,那么进行静态时序分析时就不需要导入这些信息,忽略寄生参数导入这一步。最后检查、更新时序后,就可以生成报告,查看设计是否存在时序违例。相应的脚本命令如下。

```
##   read parasitics
read_parasitics -keep_capacitive_coupling $spef_file          #读入寄生参数文件
complete_net_parasitics -complete_with zero

## check Timing
update_timing -full                                           #更新时序
check_timing -verbose                                         #检查当前设计上的时序属性

##   report timing
report_constraint -max_transition -all_violators              #检查约束文件
report_timing -slack_lesser_than 0
```

IIC 从设备接口完成布局布线后的静态时序分析脚本完整实例如下。

```
set synopsys_auto_setup true

##   read and link design
set search_path        "."                                            #设置搜索路径
set link_path          "* $Link_Library($pvt_corner)"                 #设置链接库
read_verilog $netlist                                                 #读入网表
current_design $design_name
link_design

##   read parasitics
set rc_degrade_min_slew_when_rd_less_than_rnet true
set rc_cache_min_max_rise_fall_ceff true
set_app_var read_parasitics_load_locations true
set parasitics_log_file $rpt_dir/$scenario/read_parasitics.log
read_parasitics -keep_capacitive_coupling $spef_file                  #读入寄生参数文件
complete_net_parasitics -complete_with zero
report_annotated_parasitics                                           #报告寄生参数反标结果
report_annotated_parasitics -list_not_annotated -pin_to_pin_nets

## set analysis mode
set_operating_conditions -analysis_type on_chip_variation             #设置分析类型为 OCV

## set design constraints
foreach sdc $sdc_file($mode) {
    source $sdc -echo -verbose                                        #读入 sdc 文件
}
set_propagated_clock [remove_from_collection [all_clocks] [get_clocks {V_* }]]
                                                                      #将时钟源设置为传播模式

## check constraint
check_constraints -verbose > $rpt_dir/$scenario/check_constraints.rpt
```

```
## check timing and analysis coverage
update_timing -full                                         #更新时序
check_timing -verbose > $rpt_dir/$scenario/check_timing.rpt    #检查当前设计上的时序属性
report_analysis_coverage -nosplit > $rpt_dir/$scenario/timing_check_coverage.rpt

## report timing
report_constraint -max_transition -all_violators -nosplit > $rpt_dir/$scenario/max_tran_vio.rpt
report_constraint -max_capacitance -all_violators -nosplit > $rpt_dir/$scenario/max_cap_vio.rpt
set clock_ports $CLK_PORT
set data_inputs [remove_from_collection [all_inputs] $clock_ports]
group_path -name in2reg -from $data_inputs -to [all_registers]      #划分时序路径
group_path -name reg2reg -from [all_registers] -to [all_registers]
group_path -name reg2out -from [all_registers] -to [all_outputs]
group_path -name in2out -from $data_inputs -to [all_outputs]
foreach group { in2reg reg2reg reg2out in2out } {
    report_timing -input_pins -transition_time -capacitance -crosstalk_delta -derate -path_type full_
clock_expanded \
                -group $group -delay_type $delay_type -max_paths $rpt_path_count -
slack_lesser_than 0 -nworst 50 \
                -unique_pins -nosplit -significant_digits 4 -sort_by slack \
                > $rpt_dir/$scenario/${group}_timing.rpt   #生成时序报告
}
```

执行以上脚本命令，完成分析后，生成了各项报告以供检查。图 11-4 所示为 check_timing 命令生成的对时序约束的检查报告，可以看到关于时序约束相关的各种问题的检查结果中都没有警告或错误，所有路径都被正确约束。

```
Information: Checking 'no_input_delay'.
Information: Checking 'no_driving_cell'.
Information: Checking 'unconstrained_endpoints'.
Information: Checking 'unexpandable_clocks'.
Information: Checking 'latch_fanout'.
Information: Checking 'no_clock'.
Information: Checking 'partial_input_delay'.
Information: Checking 'generic'.
Information: Checking 'loops'.
Information: Checking 'generated_clocks'.
Information: Checking 'pulse_clock_non_pulse_clock_merge'.
Information: Checking 'pll_configuration'.
check_timing succeeded.
1
```

图 11-4 check_timing 命令检查报告

执行 report_analysis_coverage 命令可以统计出设计中需要进行静态时序分析的检查有多少项，以及其中有多少项满足(Met)，有多少项违反(Violated)，有多少项缺失检查(Untested)，如图 11-5 所示。对于 untested 一项，具体可以通过以下命令进行调试。

```
report_analysis_coverage -status_details untested
```

图 11-6 所示为执行 report_constraint 命令生成的 max_transition 违例报告，可以看到报告中只有返回值 1，表明没有该项违例。

执行 report_timing 命令生成的关于 reg2reg 路径组的时序报告如图 11-7 所示。因为该路径组中没有裕量少于 0.1000 的路径，所以该报告中也只有返回值 1。相似地，在其他工艺角下对不同路径组进行的 Setup/Hold 检查报告中也只有返回值 1，表示没有时序违例发生。

```
****************************************
Report : analysis_coverage
Design : i2c_slave
Version: H-2013.06-SP1
Date   : Fri Dec 24 14:54:26 2021
****************************************

Type of Check          Total          Met         Violated        Untested
--------------------------------------------------------------------------------
setup                    179     179 (100%)        0 (  0%)        0 (  0%)
hold                     179     179 (100%)        0 (  0%)        0 (  0%)
recovery                 179       0 (  0%)        0 (  0%)      179 (100%)
removal                  179       0 (  0%)        0 (  0%)      179 (100%)
min_period               179     179 (100%)        0 (  0%)        0 (  0%)
min_pulse_width          537     358 ( 67%)        0 (  0%)      179 ( 33%)
out_setup                  2       2 (100%)        0 (  0%)        0 (  0%)
out_hold                   2       2 (100%)        0 (  0%)        0 (  0%)
--------------------------------------------------------------------------------
All Checks              1436     899 ( 63%)        0 (  0%)      537 ( 37%)

1
```

图 11-5　report_analysis_coverage 命令检查报告

```
****************************************
Report : constraint
    -all_violators
    -max_transition
Design : i2c_slave
Version: H-2013.06-SP1
Date   : Fri Dec 24 14:54:26 2021
****************************************


1
```

图 11-6　max_transition 违例报告

```
****************************************
Report : timing
    -path_type full_clock_expanded
    -delay_type max
    -input_pins
    -nworst 50
    -slack_lesser_than 0.1000
    -max_paths 5000
    -unique_pins
    -group reg2reg
    -transition_time
    -capacitance
    -crosstalk_delta
    -derate
    -sort_by slack
Design : i2c_slave
Version: H-2013.06-SP1
Date   : Fri Dec 24 14:54:26 2021
****************************************

No paths with slack less than 0.1000.

1
```

图 11-7　reg2reg 路径组的时序报告

11.3　物理验证

版图的物理验证主要包括 DRC(设计规则检查)和 LVS(版图电路一致性检查)两类。虽然在布局布线工具中已经进行了相应的物理验证,但是更准确的检查需要用专门的物理验证工具(如 Calibre 或 ICV)实现。本书中物理验证用到的工具为 Calibre,下面介绍 Calibre 进行数字版图物理验证的流程。这里的版图物理验证(DRC 和 LVS)与第 6 章的版图验证方法是一样的。本节更加侧重于数字集成电路的设计流程,对其中的版图验证给出相关的使用方法说明,方便读者建立完整的数字设计流程,掌握相关的技术。

同样地,在 Linux 系统中执行 calibre -gui 命令即可启动 Calibre 图形界面,如图 11-8 所示,用户可通过菜单选择进行操作。

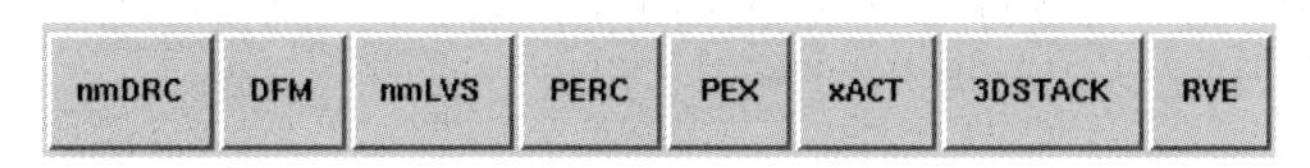

图 11-8　Calibre 图形界面

1. DRC

在启动后的 Calibre 图形界面中选择 nmDRC,就会弹出 Calibre 的 DRC 工具界面。单击 Rules 按钮,设置 DRC 规则文件,单击 Input 按钮,设置从 Encounter 中导出的版图文件,完成设置后单击 Run DRC 按钮即可进行 DRC 验证,如图 11-9 所示。

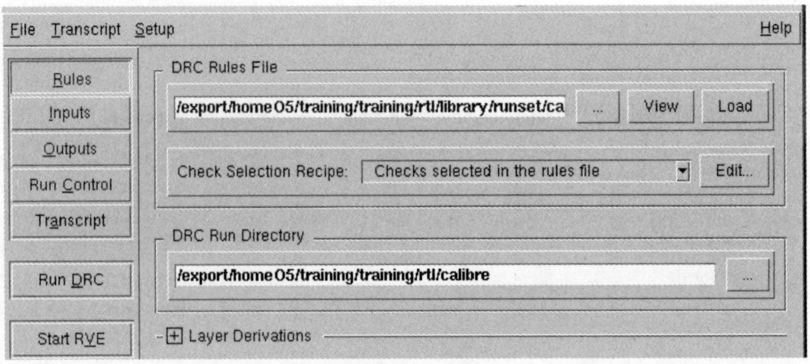

(a) 规则文件设置

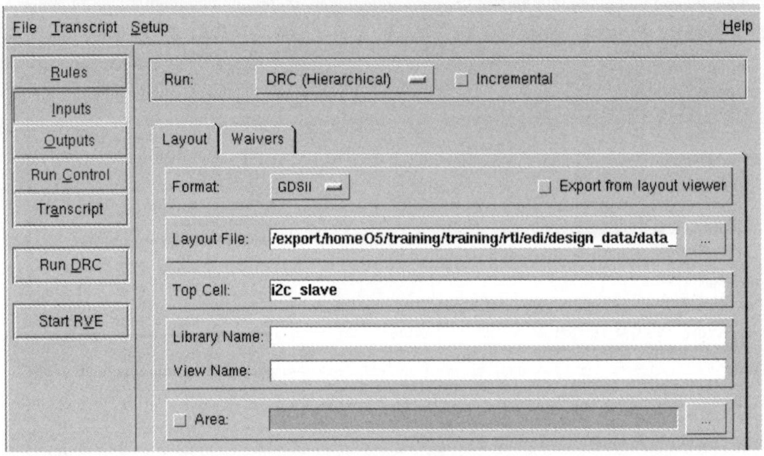

(b) 版图文件设置

图 11-9　DRC 设置

2．LVS

LVS 用来验证版图与电路原理图的电路结构是否一致。因为从 Encounter 中导出的电路网表是门级的 Verilog 网表，而 Calibre 从版图提取用于进行 LVS 验证的网表文件为晶体管的 SPICE 网表。因此，需要将前者转换为 SPICE 网表后才能与后者进行等效性比较。可以通过 Calibre 的 v2lvs 命令将 Verilog 网表转换为 SPICE 网表。

v2lvs 命令如下。其中，-v 后为输入待转换的 Verilog 网表；-o 后为转换输出的 SPICE 网表；-l 后为 Verilog 网表中各标准单元对应的 Verilog 网表库；-s 后为各标准单元对应的 SPICE 网表库，工艺厂家会提供这些不同描述的网表库；-s0 和-s1 分别对应地名和电源名。

```
v2lvs -v /export/homeO5/training/training/rtl/edi/design_data/data_out/i2c_slave.v \
    -o /export/homeO5/training/training/rtl/calibre/data/i2c_slave.spi \
    -l /export/homeO5/training/training/rtl/library/verilog/allCells.v \
    -s /export/homeO5/training/training/rtl/library/cdl/stdcell/CMOS13_LP.cdl \
    -s0 GND -s1 VDD
```

将 Verilog 网表转换得到 SPICE 网表后就可以进行 LVS 验证。在 Calibre 图形界面选择 nmLVS，就会出现 Calibre 的 LVS 工具界面。单击 Rules 按钮，设置 LVS 规则文件，如图 11-10(a)所示；单击 Inputs 按钮，在 Layout 选项卡中设置从 Encounter 中导出的版图文件，如图 11-10(b)所示；单击 Inputs 按钮，在 Netlist 选项卡中设置转换得到的 SPICE 网表，如图 11-10(c)所示。完成设置后单击 Run LVS 按钮即可进行 LVS 验证。

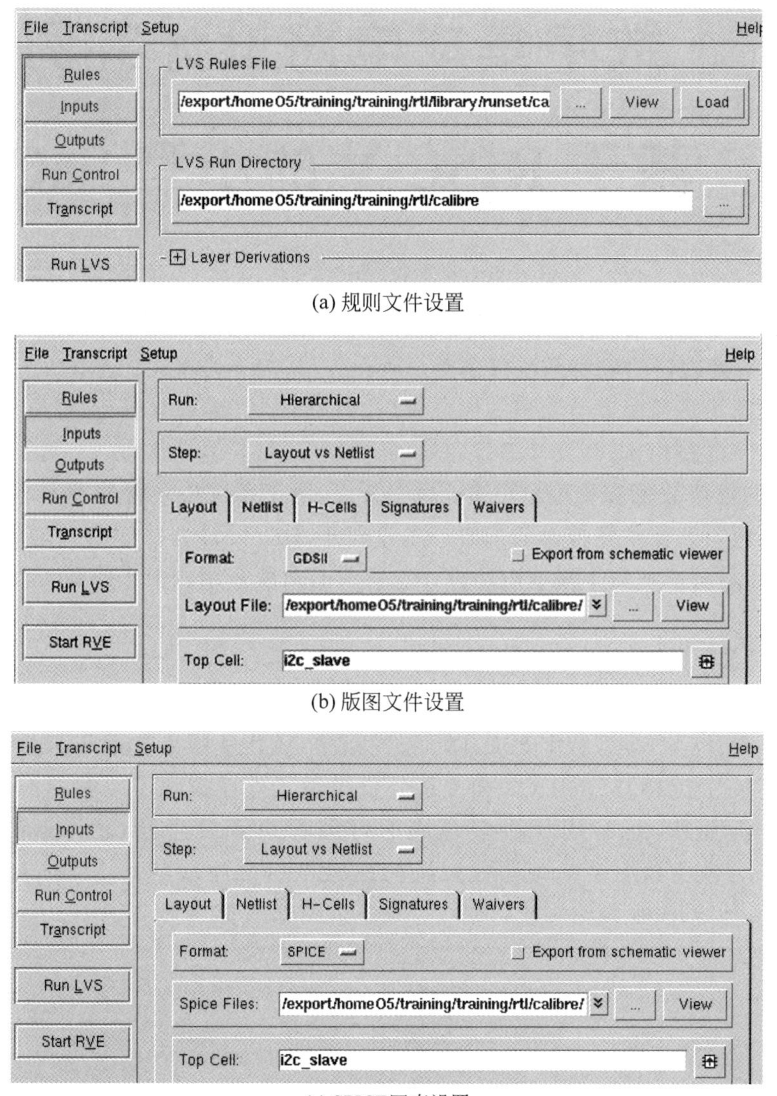

(a) 规则文件设置

(b) 版图文件设置

(c) SPICE网表设置

图 11-10　LVS 设置

11.4　本章小结

作为保证设计正确性的有效手段，验证在整个数字集成电路设计流程中至关重要。本章分别介绍了形式验证、静态时序验证和物理验证的基本方法和简单实例。其中，形式验证主要用于保证 RTL 设计、综合、布局布线等不同阶段代码与网表、网表与网表之间功能的一致性；静态时序验证用于保证每个阶段的设计时序能够满足设计要求；而物理验证则用于保证版图满足工艺库设计规则。验证流程虽然看起来简单，但在实际项目过程中，总是会遇到各种各样的验证难题，需要读者根据实际设计情况利用工具仔细分析并解决。

第12章 数字集成电路设计实例——基于RISC-V的小型SoC项目

CHAPTER 12

本章以一个小型SoC实例展示真实的数字芯片项目的设计工作。项目任务是设计一个基于RISC-V处理器的数字系统级芯片(System on Chip,SoC)。从本质上说,本章的工作内容和流程基本是前面章节知识的综合应用,但是一个"麻雀虽小,五脏俱全"的SoC,与简单功能的数字电路相比,其设计工作和项目组织上还是要复杂许多。一方面,芯片的结构更复杂,包含的模块数量和类型也更多;另一方面,由于系统中包含处理器,系统的设计和验证不可避免地要涉及软件方面的内容。本章对于SoC设计方法学和处理器软硬件方面不作过多展开,尽可能从数字集成电路设计与实现的角度介绍相关工作和工程组织。

12.1 芯片功能和结构简介

本实例是设计一个小型数字SoC,以32位RISC-V处理器为核心,以类似于Wishbone的简单总线连接片上ROM、SRAM和多种外设模块。外设模块不仅包括GPIO、UART、SPI等简单I/O模块,还有用于声音合成的可编程声音发生器(Programmable Sound Generator,PSG)模块和用于二维图像合成的视频显示处理器(Video Display Processor,VDP)模块,以及VGA视频输出接口模块。系统框图如图12-1所示。

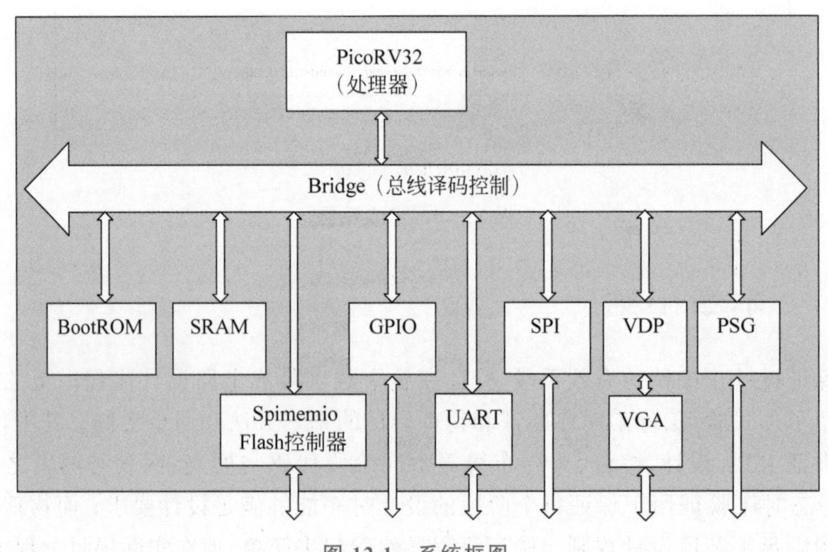

图12-1 系统框图

这样一个 SoC 的完整开发流程包含的内容很多，这里略去了规范制定、架构设计和组件选型等前期的系统级设计步骤，仅包括从 RTL 设计到 Tape-Out（出带，即向工艺厂家提交版图 GDS 数据）的内容。这些工作包括 RTL 设计、模块仿真验证、软件测试程序开发、SoC 仿真验证、逻辑综合、版图布局布线、版图验证等。项目的相关代码以及脚本可在本书附带资源的源代码中找到。项目的文件目录组织和工作步骤都是围绕这些内容展开的。

12.2　项目文件目录结构

项目的文件目录结构如图 12-2 所示。每个主要的 IP 都有独立的仓库，如 spi、uart、psg、vdp 等，各自包含 rtl、tb、sim 等文件夹；majorgo 文件夹是芯片的主仓库，它要引用其他 IP 仓库的内容，所以工作时这些 IP 仓库都要复制出来放到 majorgo 同级目录下，然后进入 majorgo 目录工作。SoC 的综合仿真等工作分别在 majorgo 的 syn、sim、postsim 目录下进行，无须进入各 IP 目录下做任何操作，只要确保它们在相应的位置即可。

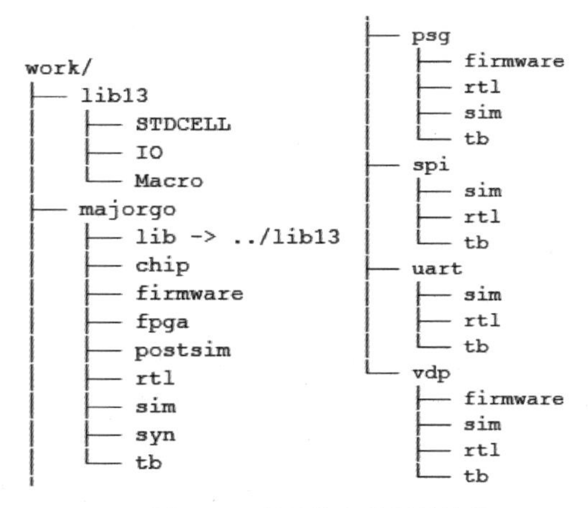

图 12-2　项目的文件目录结构

工艺库也放在 majorgo 的同级文件夹下，然后符号链接到 majorgo/lib，这样方便切换不同工艺，也避免把工艺相关的文件上传到 git 仓库。

如果需要改变工艺，只须修改 majorgo/chip 目录下的文件和 syn 目录下的综合脚本，rtl 等其他文件夹内容无须改动。

SoC 项目 majorgo 目录结构如图 12-3 所示，几个主要下级目录功能如下。

（1）rtl。该目录下是 SoC 的设计文件，是可综合的 RTL 设计描述，包括系统顶层模块、处理器、总线地址译码模块等。某些外设模块并不出现在 majorgo/rtl 目录中，而是引用相应代码仓库的 RTL 代码。本目录的代码是工艺无关的，可用于 FPGA 实现和不同工艺的 ASIC 实现。特定工艺模块的例化由条件编译控制。例如，SoC 顶层模块中 RAM 单元的条件编译代码实现对不同工艺模块的引用。当定义了 FPGA 宏时，memory 例化的是 ram32x4k（由 FPGA 块状存储器实现）；同理，在 ASIC 实现时则要定义工艺相对应的宏，此时 memory 例化的是相应工艺下的 RAM 实现。

（2）chip。该目录下是面向特定 ASIC 工艺的芯片顶层文件和模块，结合其他目录下的工艺无关的 rtl 文件构成最终的芯片。

（3）tb。该目录下是 SoC 的测试平台（Testbench），行为级的 Verilog 设计文件，用于前

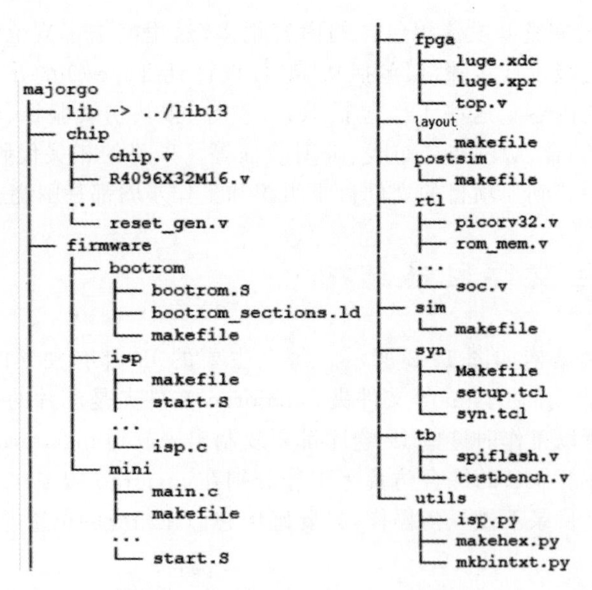

图 12-3　SoC 项目 majorgo 目录结构

仿真验证和版图后仿真验证。对于前仿真和后仿真有区别的部分，使用条件编译控制。

```
`ifdef SDF
  $sdf_annotate("../syn/result/chip.mapped.sdf", u_chip);
`endif
```

(4) firmware。该目录下主要是用于仿真和 FPGA 验证的测试程序，包含多个子目录，分别存放汇编和 C 语言程序文件以及编译脚本等。编译后生成的文件被 tb 目录中的 Testbench 加载调用。

(5) sim 和 postsim。这两个分别是进行前仿真和布局布线后仿真的工作目录，存放控制仿真编译内容和参数的 makefile。在该目录下执行 make 命令时，将 rtl 目录下的设计文件和 tb 目录下的 testbench 文件编译生成可执行文件 simv；仿真过程产生的各种输出文件也存放在本目录下。

(6) fpga。该目录是用于特定型号开发板进行验证的 FPGA 工程目录。该工程会引用 rtl 目录下的设计文件，从而对其进行验证。FPGA 工程运行时还会使用 firmware 目录下的程序文件。

(7) syn。该目录是逻辑综合的工作目录，存放综合脚本和执行综合的 makefile。在该目录下执行 make 命令时，基于 lib 目录下的工艺库，将 rtl 和 chip 目录下的设计文件综合成网表，并产生综合过程的各种输出报告。

(8) layout。该目录是进行版图布局布线的工作目录，存放版图设计的各种配置文件和操作脚本。版图布局布线过程中各阶段的文件、最终的 GDSII 文件和用于后仿真的网表等文件都存放在该目录中。

(9) utils。该目录下是 SoC 设计各阶段自行开发的脚本工具，如将编译后的可执行文件转换为仿真和 FPGA 验证数据的脚本等。

综上所示，majorgo 目录各部分及其相互关系如图 12-4 所示，图中虚线箭头指示了模块间的依赖或引用关系。

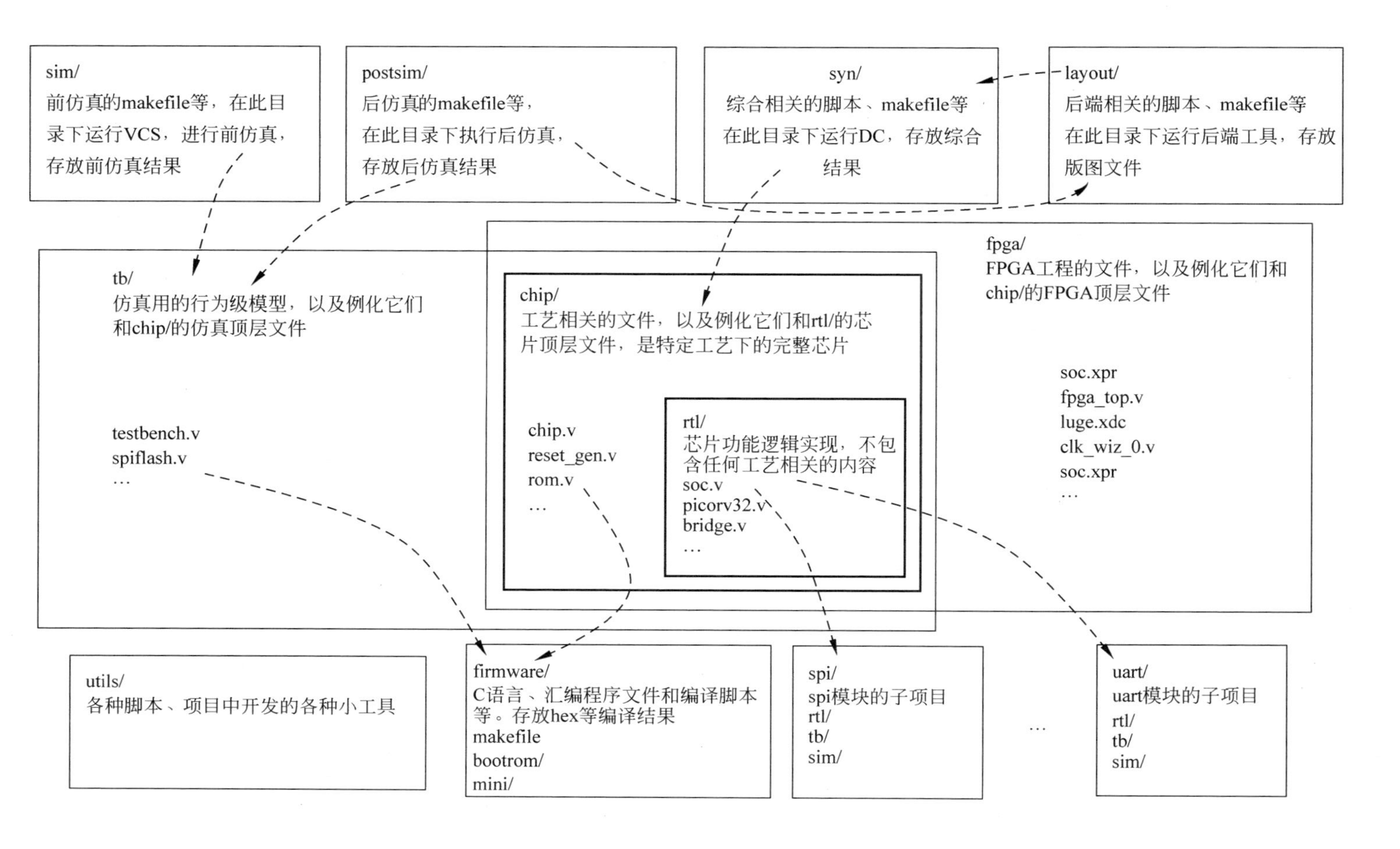

图 12-4 majorgo 目录各部分及其相互关系

12.3 模块的RTL设计与仿真验证

本项目设计的 RTL 模型和用于仿真验证的 Testbench 都使用 Verilog HDL 编写。

在进行设计的 RTL 模型描述时，除了遵循前面给出的规范和建议之外，对于复杂的模块，还要有工程组织层面的考虑。例如，采用 Top-Down 的思想进行子模块划分，并设计模块间通信接口。对于本项目，不仅 SoC 划分为 CPU 和各个外设模块，如果一个模块本身比较复杂，还要进一步拆解成层次化的子模块，甚至要将一个模块的开发组织成一个子项目，进行独立的设计和验证。并且，子项目的 RTL 代码、测试框架、测试数据，以及文档都放在独立的版本库中管理，这些设计资源由子项目负责人进行开发、调试、维护版本和 Bug 状态追踪管理。下面以 VDP 为例展示模块的结构组织和开发过程。

VDP 是本项目中除了 CPU 之外最复杂的功能模块。它的功能是接收总线上 CPU 发来的数据和控制参数，分别存储到专用的 VRAM 和控制寄存器中，模块基于这些数据和参数按照 VGA 时序产生显示数据和控制信号。显示的画面数据包括背景画面和前景精灵数据，两者基于数据属性和控制参数按照一定的优先级进行叠加。显示的每个像素都是在 VGA 行和场扫描过程中实时动态产生的。图 12-5 所示为 VDP 模块的结构和子模块关系。

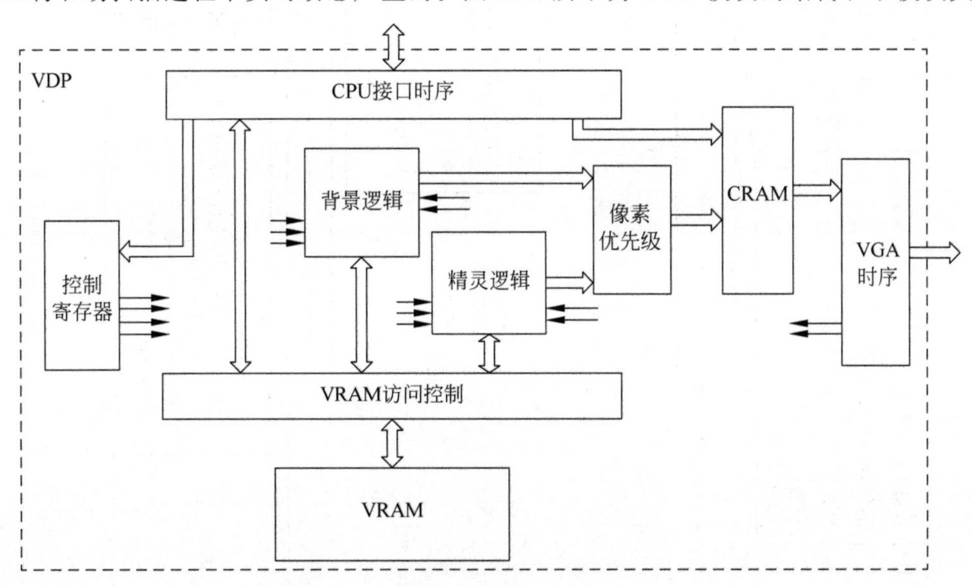

图 12-5 VDP 模块的结构和子模块关系

按照上述结构，将 VDP 模块的 RTL 代码组织为如表 12-1 所示的设计文件。

表 12-1 VDP 设计文件

文 件 名	Verilog 模块	功 能
vdp. v	vdp	VDP 的顶层模块
vbg. v	vbg	VDP 的背景逻辑模块
vsp. v	vsp	VDP 的精灵逻辑模块
sp_out. v	sp_out	每个精灵通道的逻辑模块
ram6x32. v	ram6x32	调色板存储器
ram16x8k. v	ram16x8k	VRAM

模块的 RTL 设计同时，编写了仿真 Testbench，用总线功能模型（Bus Function Model，BFM）对被测模块产生激励并接收返回数据。本项目中的 IP 模块都是连接在系统总线上的，可以将总线的读写操作封装成任务（Task），然后将读写操作组合成符合模块功能的操作事务（Transaction）。

有些复杂的模块验证，除了对总线接口信号施加激励，还要有相应的外部模型配合。例如，Flash 控制器的验证中，控制器一端连接到总线上接收来自处理器的命令和数据读写，另一端还需要 Flash 存储器模型配合数据的读取和存储。

每个外设模块目录下的 sim 目录中有相应的 makefile，执行 make 命令即可运行仿真，然后执行 make dbg 命令可以打开 Verdi 查看仿真波形。图 12-6(a)所示为 SPI 模块的仿真波形，图 12-6(b)所示为 VDP 模块的仿真波形。

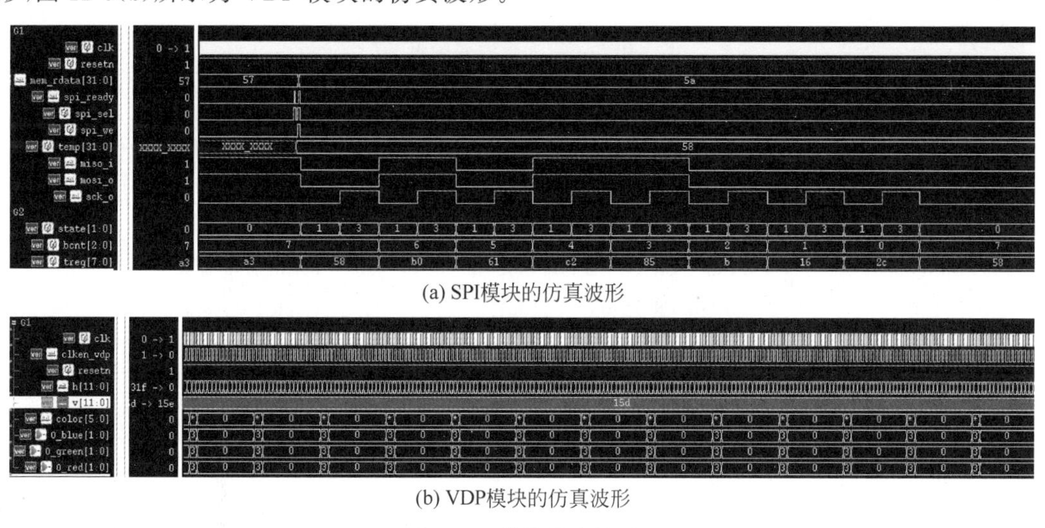

(a) SPI模块的仿真波形

(b) VDP模块的仿真波形

图 12-6　模块仿真波形

简单模块的验证可以采用前面章节介绍的波形观察方式分析仿真结果，对于大量测试向量的仿真验证，则需要使用断言和高级验证框架的自动化方法执行验证和分析结果，并生成验证报告。图 12-6(a)所示为 SPI 模块数据读写操作的信号波形，可以看到 SPI 模块总线接口信号 spi_sel、spi_ready、mem_rdata 等的时序，以及 SPI 外设总线信号 miso_i、mosi_o 等的时序；同时也展示了模块内部状态机和各控制信号的动作，这样就可以详细分析模块的功能。

对于 VDP 模块，图 12-6(b)中的 O_red、O_green、O_blue 信号是屏幕上像素的数据，数量多并且大面积重复。仿真波形只能查看某些信号的微观细节，但不利于分析和评估宏观的效果。像这样的视频和音频数据，除了信号层面的对比和判断，还要有符合相应时序和协议的辅助工具，将输出解码成直观的图像和声音。VDP 模块 Testbench 按照一定的采样周期把 VGA 信号输出到 vga.txt 文件。

VGA 信号图像数据解析工具将仿真输出的 vga.txt 文件解析成一帧一帧的图像并显示出来，便于对比和分析结果。基于类似的思路，也开发了工具将 PSG 输出的音频数据转换为 wav 文件，可使用媒体播放器播放，直观地评估模块工作效果。

12.4 SoC 设计

在各个模块设计和验证的基础上，SoC 的 RTL 主要是各个模块的例化、参数配置和信号连接。这部分还需要设计一个总线地址译码模块，它确定了各个模块的地址空间映射。地址空间映射的依据来自 SoC 系统级设计，地址空间映射又决定了软件设计的外设寄存器访问信息。

简单地说，地址空间映射就是从处理器的视角看到的各个外设寄存器的地址排布情况，也就是处理器通过内存读写指令访问每个外设寄存器的地址。本项目地址空间映射情况如表 12-2 所示。

表 12-2 地址空间映射

模　块	地址范围	描　述
SRAM	0x00000000～0x00003FFF	16KB 片上静态 RAM
BootROM	0x00100000～0x001003FF	1KB 片上 BootROM
Flash	0x01000000～0x01FFFFFF	16MB 片外 Flash
Spimemio	0x02000000～0x02000003	Flash 控制器寄存器
UART	0x02001000～0x0200100F	UART 寄存器
SPI	0x02002000～0x0200200F	SPI 寄存器
PSG	0x02003000～0x0200300F	PSG 寄存器
GPIO	0x02004000～0x02004007	GPIO 寄存器
VDP	0x02006000～0x02006003	VDP 寄存器

地址译码模块主要是根据地址空间映射对输入的地址读写请求使能相应模块的片选信号，并在读操作完成时选择向处理器返回的数据和数据有效(ready)信号。例如，当总线地址的高 20 位为 20'h0200_6 时，令 vdp_sel 有效，访问的是 VDP 模块。也就是当处理器访问 0x02006000～0x02006fff 的地址时，写操作将数据送给 VDP 模块，读操作从 VDP 模块取得数据。

SoC 顶层模块基本是按照图 12-1 的结构将各个模块连接起来。

SoC 顶层模块代码虽长，但结构并不复杂，读者可参照图 12-1 自行分析，这里不再赘述。

至此，SoC 的各部分功能逻辑和结构已经具备，但为了实现面向特定工艺的集成电路芯片，还需要在 SoC 的各端口上增加芯片的 I/O Pad、系统复位逻辑以及在特定工艺下的宏单元，如片上的 SRAM 等。因此，编写 chip 模块，在 SoC 基础上结合上述各部分，实现为最终的芯片顶层设计。

芯片顶层 chip 模块结构如图 12-7 所示。其中 I/O Pad 包括工艺厂家提供 I/O 库中的输入、输出以及双向 I/O 模块。

soc 和 chip 目录下的文件将被仿真和综合等目录下的文件引用。

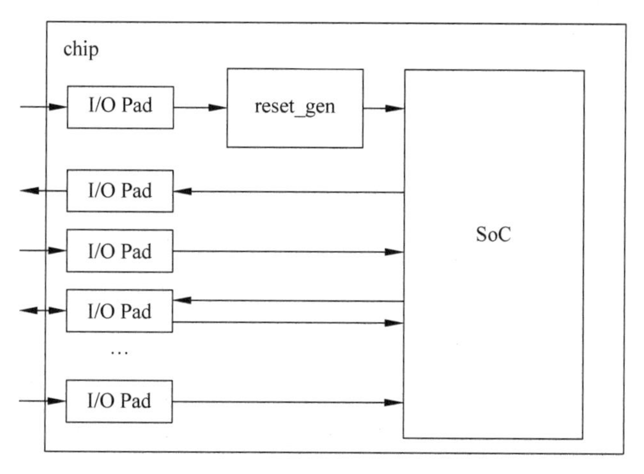

图 12-7 芯片顶层 chip 模块结构

12.5 SoC 仿真验证

SoC 层面的仿真验证主要是为了验证各个模块之间的信号连接、寄存器地址映射符合设计要求。由于各个模块已经分别进行了独立验证，这里主要是在处理器上运行软件，驱动各个模块工作，验证整体功能。因此，这里的验证设施包括两部分内容：Testbench 和测试程序。本节介绍 SoC 验证 Testbench 的设计和测试程序的执行，测试程序的设计见 12.6 节。

逻辑结构上，chip 模块的验证环境类似于最终芯片的应用系统，即向芯片提供复位和时钟信号；外部 Flash 接口连接 Flash 存储器仿真模型，供 SoC 读取程序；对于 VGA 等输出，在实际的应用系统中连接到显示器，在 Testbench 中则编写输出数据捕获逻辑，将数据存储成文件，用于判断和进一步分析。Testbench 结构如图 12-8 所示。

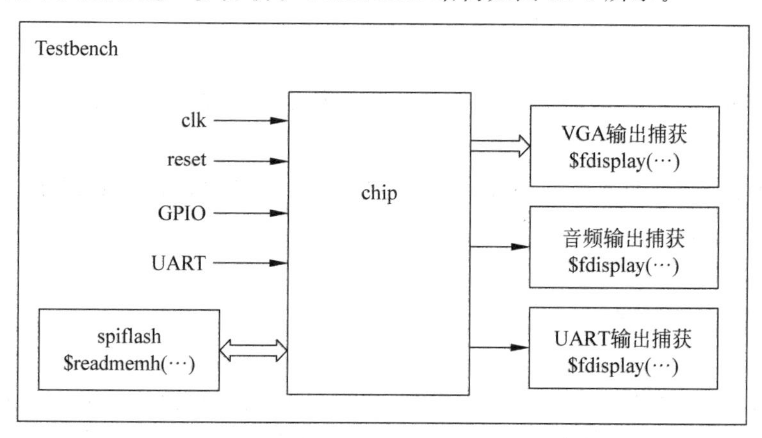

图 12-8 Testbench 结构

在仿真中，处理器从片外的 Flash 存储器读取程序，所以仿真时要把编译生成的程序映像(Binary Image)加载到 Flash 存储器模型中。

在 Flash 存储器仿真模型 spiflash.v 文件中使用数组存储数据，并使用 $readmemh 加载文件，Verilog 语句如下。

```
// 16 MB (128Mb) Flash
reg [7:0] memory [0:16 * 1024 * 1024-1];

reg [1023:0] firmware_file;
initial begin
      firmware_file = "../firmware/mini/mini-flash.hex";
      $readmemh(firmware_file, memory);
End
```

仿真波形如图 12-9 所示。从图 12-9(a)可以看到处理器执行程序时从存储器取指令的操作；图 12-9(b)是外设输出波形，可以看到 VGA 视频输出和 PSG 音频输出的信号波形。

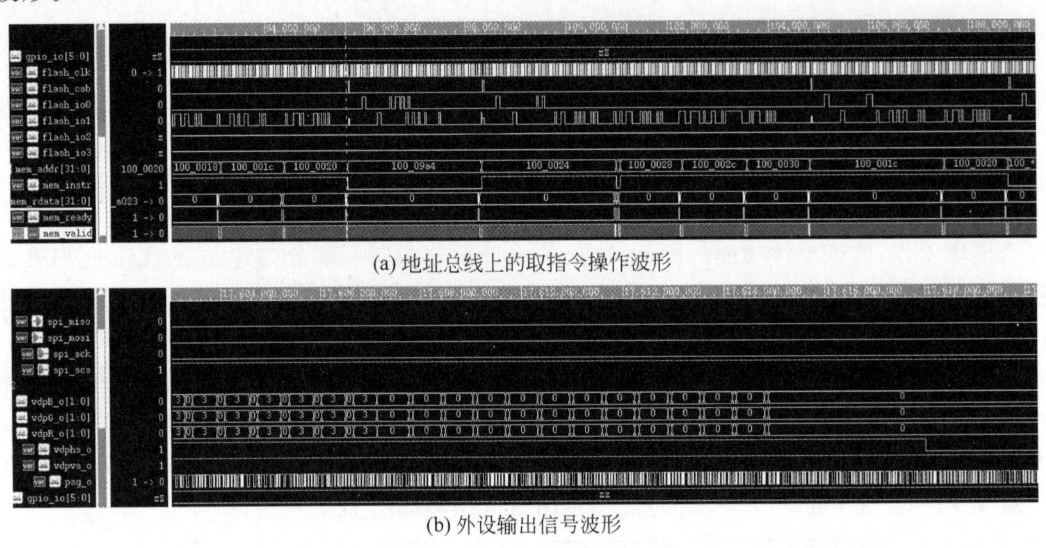

(a) 地址总线上的取指令操作波形

(b) 外设输出信号波形

图 12-9　chip 模块仿真波形

用于仿真的 makefile 可以方便地完成编译和仿真，并且能够自动管理各种文件之间的依赖关系。

在 sim 或 postsim 目录下执行 make 命令编译和仿真，执行 make dbg 命令就能使用 Verdi 查看仿真波形。

12.6　软件测试程序设计

SoC 的功能由处理器在程序驱动下实现，因此 SoC 设计和验证中很重要的一部分工作是软件程序设计。本项目软件程序一部分是 BootROM 中的 Bootloader 程序，另一部分则是各种验证的测试程序。这些程序都放在 soc/firmware 目录下，每个程序有独立的目录，里面是汇编文件(*.S)、C 语言文件(*.c、*.h)、makefile 以及一些文件格式转换或使用的脚本文件等(如将 bin 文件下载到系统的 ISP Python 脚本)。

Bootloader 程序是 SoC 功能的一部分，以硬连线的方式固化在 BootROM 中，它是系统复位后执行的一段程序，根据GPIO输入选择正常启动还是进入在系统编程(In System Programming，ISP)模式。系统正常启动时，直接跳转执行Flash程序；ISP模式则初始化UART，按特定协议等待主机连接，接收主机发来的程序数据存储在片上RAM中，然后跳转到刚刚下载的程序执行，这样就可以实现对板上Flash的下载和烧写。本项目Bootloader程序采用汇编语言编写，为了减少资源占用，应尽可能简短，只有26条指令，编译完成后占用约100字节。仿真时Bootloader程序编译后的hex文件也被BootROM模型加载，实现系统启动。

另外一部分软件是用来做验证的测试程序。这些程序需要在测试功能和复杂性之间适当折中，既要尽可能测试各个主要模块，又不能太复杂和运行时间太长，以保证在仿真时能够在较少的执行周期内完成验证。这部分程序有的是对某些组件的定向测试，如测试SPI控制器的测试程序SPI_PS2；有的是对系统的综合测试，如叫作mini的程序。

测试程序mini是一个小型的综合测试程序，既用于仿真验证，又可在FPGA和最终的应用系统上运行。它测试了RISC-V处理器上程序顺序执行和中断处理，以及和外设模块的协同工作。执行中对VDP、PSG、UART、GPIO模块进行了基本的初始化和控制操作。为了控制程序规模和缩短执行时间，仔细精简程序工作的测试数据，覆盖了外设模块的主要功能，并能够在硬件系统板上运行时产生可观测的输出。

测试程序isp主要工作在FPGA验证中，测试SPI Flash控制器的擦除和编程功能。该程序在Bootloader支持下，下载到RAM中执行，然后分段从UART接收程序数据，并写入Flash。其中，数据发送是在上位机程序isp.py配合下实现的，该脚本读取计算机上的文件，通过UART按照通信协议向SoC上执行的程序发送数据。这个程序不仅在开发阶段用于系统验证，还是将来芯片应用中的重要支持工具，可以实现板载闪存芯片的在系统编程。

测试程序spitest为SPI总线接口的专用测试程序，主要运行在FPGA和真实芯片应用板上，运行时需要一个PS2游戏手柄，连接到实验板的SPI。该程序对SPI控制器进行必要的初始化，以相应的协议向PS2游戏手柄发送读写命令，并接收手柄返回的数据。测试程序对接收到的数据进行解析，通过串口打印出游戏手柄各按键的状态。

这些测试程序大多数既能在软件仿真环境下运行，又能在FPGA和真实芯片应用板上运行。这些环境要求不同的程序配置和文件格式，所以程序构建涉及多种文件格式的转换，甚至有多个编译版本。例如，测试程序mini就有在片上RAM执行的mini版本和烧写到片外Flash执行的mini-flash版本，因为在RAM和Flash执行时的链接地址不同；RAM执行的mini又有仿真用的hex文件(使用Verilog系统task $readmemh命令加载到仿真模型)和FPGA验证的bin文件(用Bootloader下载到FPGA开发板的RAM执行)。所以测试程序目录下除了程序源文件，还有专用的转换程序，通常是用Python或Perl语言编写的脚本程序。

每个目录下都有makefile，直接执行make命令，即可编译程序产生各种格式的输出文件。

12.7 逻辑综合

逻辑综合使用的工具是 Design Compiler(DC)，综合工作在 majorgo/syn 目录中进行，以下介绍的脚本工作会在 syn 目录下建立 log、report、result、run、scripts 等文件夹。

1. 综合脚本

首先在工作目录 scripts 下编写环境设置脚本文件 setup. tcl 以及时序约束文件 constraint. sdc，供综合脚本 syn. tcl 运行时调用。

环境设置脚本见文件 setup. tcl。其中，set_host_options-max_cores 4 为申请 4 核工作，减少运行的时间；set alib_library_analysis_path 指定类似于搜索路径的单个路径，用于读取和编写对应于目标库的 alib 文件；define_design_lib work -path work 指定设计和库的工作路径，用于存储设计的中间表示；search_path 变量指定工艺库的搜索路径；target_library 目标库指定标准单元工艺库名称，即用户最终想让 DC 工具映射的库单元；link_library 定义用于参考的库单元，包括目标库名、宏模块库名以及 IO 库名等。

时序约束见文件 constraint. sdc。

首先设置设计环境的约束，这里让工具自动选择连线负载模型，连线负载模式选择为 segmented。然后设置设计输入输出端口属性，对输出端口驱动的负载大小(即负载电容)和设计输入端的驱动能力进行约束。可以通过 set_load 命令为输出端口设置负载，通过 set_drive 和 set_driving_cell 两个命令计算输入端口的过渡时间。DC 工具还提供了 set_input_transition 命令，可直接对过渡时间进行约束。这里直接使用 set_input_transition 命令对端口属性进行约束。

完成设计环境的约束后，需要进行设计规则约束和设计约束。设计规则约束主要是对设计的 max_fanout 和 max_transition 进行约束。设计约束包括时序电路的延时约束、组合电路的延时约束和面积约束。时序电路的延时约束主要包括时钟频率、输入延时、输出延时等内容。使用 create_clock 命令创建系统时钟，此时钟的周期为 15ns，在创建完时钟之后，使用 set_ideal_network[get_port sclk]、set_dont_touch_network[get_clock sclk]两个命令设置 DC 工具不对时钟网络进行修改。对于复位信号，它和时钟信号一样，通常具有非常大的负载，若不对其进行约束，则 DC 工具会使用大量缓冲器增加其驱动能力。因此，也需要使用 set_ideal_network、set_dont_touch_network 命令设置 DC 工具不对复位网络进行修改。此外，为了更好地模拟布局布线后的实际情况，通常还会使用 set_clock_uncertainty 命令规定时钟的建立和保持时钟的不确定性，此设计中分别设置时钟的 Setup 不确定性为 0.4ns，Hold 不确定性为 0.2ns。应用时钟约束后，所有电路内部寄存器到寄存器的路径都被定时。需要在非时钟端口上指定延时约束，否则工具会假设在接口上应用最优时序要求，并假设电路单元外部没有信号，而内部电路的组合逻辑本身具有整个周期。需要使用 set_input_delay 命令为输入端口指定延迟。与设置输入延时类似，对于每个输出端口，都需要指定信号被采样前，在电路单元外部经过的时间。需要使用 set_output_delay 命令为输出端口指定延迟。除此之外，对于涉及异步时钟的路径，使用 set_false_path 命令使 DC 工具不做优化。最后使用 set_max_area 命令对设计的面积进行约束。

然后编写综合脚本文件 syn.tcl。在这个设计中,顶层模块名称是 chip,在编写脚本文件时要注意综合的设计名称与端口名称的一致性。

2. 综合的执行

在 run 目录下使用 dc_shell | tee ./log/syn.log 命令启动 DC 工具。在 DC 的命令提示符下输入以下命令并按 Enter 键。

```
source ./scr/syn.tcl
```

该命令运行./scripts/syn.tcl 文件并对设计进行综合,能实时观察综合结果。综合成功后输出网表、时序约束文件和各种分析报告。其中,输出的网表、时序约束文件保存在 result 目录下,生成的各种分析报告保存在 report 目录下,记录综合过程的日志文件 syn.log 保存在 log 目录下。

3. 综合结果分析

在 report 和 result 目录下查看各种分析报告和输出结果。

时序分析报告、面积分析报告以及功耗分析报告分别如图 10-10～图 12-12 所示,从中可以得知逻辑综合后设计的时序信息、面积信息以及功耗信息。综合生成的网表和时序约束文件分别如图 12-13 和图 12-14 所示,可以进一步用于后续的布局布线。

```
Startpoint: flash_io2 (input port clocked by clk)
Endpoint: u_soc/cpu/decoded_rs1_reg_4_
          (rising edge-triggered flip-flop clocked by clk)
Path Group: INPUTS
Path Type: max

Point                                                  Incr       Path
-----------------------------------------------------------------------
clock clk (rise edge)                                  0.00       0.00
clock network delay (ideal)                            0.00       0.00
input external delay                                   7.80       7.80 f
flash_io2 (inout)                                      0.00       7.80 f
PAD_flash_io2/P (PLBI24N)                              0.02       7.82 f
PAD_flash_io2/D (PLBI24N)                              2.69      10.51 f
u_soc/flash_io2_di (soc)                               0.00      10.51 f
u_soc/u_spimemio/flash_io2_di (spimemio)               0.00      10.51 f
u_soc/u_spimemio/U34/Z (BUFCLKHD20X)                   0.11      10.62 f
u_soc/u_spimemio/cfgreg_do[2] (spimemio)               0.00      10.62 f
u_soc/u_bridge/spimemio_cfgreg_do[2] (bridge)          0.00      10.62 f
u_soc/u_bridge/U4/Z (AOI22B2HD5X)                      0.12      10.74 r
u_soc/u_bridge/U3/Z (NAND2HD7X)                        0.10      10.84 f
u_soc/u_bridge/mem_rdata[2] (bridge)                   0.00      10.84 f
u_soc/cpu/mem_rdata[2] (picorv32_1_0_0_0_0_1_0_ffffff5f_00100000_00000010_00004000)      0.00      10.84 f
u_soc/cpu/U138/Z (AOI22B2HD5X)                         0.13      10.97 r
u_soc/cpu/U3768/Z (NAND3B1HD6X)                        0.12      11.08 f
u_soc/cpu/U107/Z (NOR2B1HD6X)                          0.12      11.20 r
u_soc/cpu/U287/Z (AND3HD7X)                            0.15      11.35 r
u_soc/cpu/U1127/Z (NAND4B2HD6X)                        0.10      11.45 f
u_soc/cpu/U137/Z (INVHD8X)                             0.12      11.57 r
u_soc/cpu/U136/Z (OR2HD3X)                             0.11      11.68 r
u_soc/cpu/U274/Z (MUXI2HD2X)                           0.08      11.76 f
u_soc/cpu/decoded_rs1_reg_4_/D (FFDHQHD1X)             0.00      11.76 f
data arrival time                                                11.76

clock clk (rise edge)                                 12.00      12.00
clock network delay (ideal)                            0.00      12.00
clock uncertainty                                     -0.40      11.60
u_soc/cpu/decoded_rs1_reg_4_/CK (FFDHQHD1X)            0.00      11.60 r
library setup time                                    -0.06      11.54
data required time                                               11.54
-----------------------------------------------------------------------
data required time                                               11.54
data arrival time                                               -11.76
-----------------------------------------------------------------------
```

图 12-10　时序分析报告

```
Number of ports:                           29
Number of nets:                            82
Number of cells:                           32
Number of combinational cells:              1
Number of sequential cells:                29
Number of macros/black boxes:               0
Number of buf/inv:                          1
Number of references:                       4

Combinational area:              99801.475192
Buf/Inv area:                     9662.892416
Noncombinational area:          353945.592588
Macro/Black Box area:          1002591.406250
Net Interconnect area:      undefined  (Wire load has zero net area)

Total cell area:               1456338.474030
Total area:                 undefined
```

图 12-11　面积分析报告

```
Global Operating Voltage = 1.08
Power-specific unit information :
    Voltage Units = 1V
    Capacitance Units = 1.000000pf
    Time Units = 1ns
    Dynamic Power Units = 1mW    (derived from V,C,T units)
    Leakage Power Units = 1mW


  Cell Internal Power  =  16.6017 mW   (14%)
  Net Switching Power  =  98.6296 mW   (86%)
                        ---------
Total Dynamic Power    = 115.2313 mW  (100%)

Cell Leakage Power     = 754.7708 uW


                 Internal          Switching           Leakage            Total
Power Group      Power             Power               Power              Power   (   %    )  Attrs
-------------------------------------------------------------------------------------------------
io_pad              1.2504           98.6220         4.9196e-03         99.8773  (  86.11%)
memory             10.2889        2.7618e-03             0.5785         10.8701  (   9.37%)
black_box           0.0000            0.0000             0.0000          0.0000  (   0.00%)
clock_network       0.0000            0.0000             0.0000          0.0000  (   0.00%)
register            5.0608        1.4063e-03         9.5530e-02          5.1577  (   4.45%)
sequential          0.0000            0.0000             0.0000          0.0000  (   0.00%)
combinational   1.8112e-03        3.4168e-03         7.5831e-02      8.1058e-02  (   0.07%)
-------------------------------------------------------------------------------------------------
Total              16.6018 mW        98.6296 mW          0.7548 mW      115.9862 mW
```

图 12-12　功耗分析报告

```
module chip ( clk, resetn, ser_tx, ser_rx, gpio_io, spi_miso, spi_sck,
        spi_mosi, spi_scs, flash_csb, flash_clk, flash_io0, flash_io1,
        flash_io2, flash_io3, vdpR_o, vdpG_o, vdpB_o, vdphs_o, vdpvs_o, psg_o
 );
  inout [5:0] gpio_io;
  output [1:0] vdpR_o;
  output [1:0] vdpG_o;
  output [1:0] vdpB_o;
  input clk, resetn, ser_rx, spi_miso;
  output ser_tx, spi_sck, spi_mosi, spi_scs, flash_csb, flash_clk, vdphs_o,
         vdpvs_o, psg_o;
  inout flash_io0,  flash_io1,  flash_io2,  flash_io3;
  wire   c_clk, c_resetn, c_ser_rx, c_ser_tx, c_spi_miso, c_spi_sck,
         c_spi_mosi, c_spi_scs, c_flash_csb, c_flash_clk, c_flash_io0_di,
         c_flash_io0_do, c_flash_io0_oe, c_flash_io1_di, c_flash_io1_do,
         c_flash_io1_oe, c_flash_io2_di, c_flash_io2_do, c_flash_io2_oe,
         c_flash_io3_di, c_flash_io3_do, c_flash_io3_oe, c_vdphs_o, c_vdpvs_o,
         c_psg_o, resetn_int, n1;
  wire   [5:0] c_gpio_di;
  wire   [5:0] c_gpio_do;
  wire   [5:0] c_gpio_oe;
  wire   [1:0] c_vdpR_o;
  wire   [1:0] c_vdpG_o;
  wire   [1:0] c_vdpB_o;

  PLBI24N PAD_clk ( .A(1'b0), .E(1'b0), .CONOF(1'b1), .SONOF(1'b0), .P(clk),
        .PU(1'b1), .PD(1'b0), .E3V(1'b0), .D(c_clk) );
  PLBI24N PAD_resetn ( .A(1'b0), .E(1'b0), .CONOF(1'b0), .SONOF(1'b1), .P(
        resetn), .PU(1'b1), .PD(1'b0), .E3V(1'b0), .D(c_resetn) );
  PLBI24N PAD_ser_rx ( .A(1'b0), .E(1'b0), .CONOF(1'b1), .SONOF(1'b0), .P(
        ser_rx), .PU(1'b1), .PD(1'b0), .E3V(1'b0), .D(c_ser_rx) );
  PLBI24N PAD_ser_tx ( .A(c_ser_tx), .E(1'b1), .CONOF(1'b0), .SONOF(1'b0), .P(
        ser_tx), .PU(1'b0), .PD(1'b0), .E3V(1'b0) );
  PLBI24N PAD_gpio_io0 ( .A(c_gpio_do[0]), .E(c_gpio_oe[0]), .CONOF(1'b1),
        .SONOF(1'b0), .P(gpio_io[0]), .PU(1'b0), .PD(1'b0), .E3V(1'b0), .D(
        c_gpio_di[0]) );
```

图 12-13　综合网表部分内容

```
set sdc_version 2.0

set_units -time ns -resistance kOhm -capacitance pF -power mW -voltage V       \
-current mA
set_wire_load_mode segmented
set_max_area 0
set_max_transition 1.5 [current_design]
set_max_fanout 32 [current_design]
set_ideal_network [get_ports clk]
set_ideal_network [get_ports resetn]
create_clock [get_ports clk]  -period 12  -waveform {0 6}
set_clock_uncertainty -setup 0.4  [get_clocks clk]
set_clock_uncertainty -hold 0.2  [get_clocks clk]
group_path -weight 80  -name REG2REG  -from [list [get_cells u_soc/vga/R_v_cnt_reg_0_] [get_cells
u_soc/vga/R_v_cnt_reg_1_] [get_cells u_soc/vga/R_v_cnt_reg_2_] [get_cells      \
u_soc/vga/R_v_cnt_reg_3_] [get_cells u_soc/vga/R_v_cnt_reg_4_] [get_cells      \
u_soc/vga/R_v_cnt_reg_5_] [get_cells u_soc/vga/R_v_cnt_reg_6_] [get_cells      \
u_soc/vga/R_v_cnt_reg_7_] [get_cells u_soc/vga/R_v_cnt_reg_8_] [get_cells      \
u_soc/vga/R_v_cnt_reg_9_] [get_cells u_soc/vga/R_v_cnt_reg_10_] [get_cells     \
u_soc/vga/R_v_cnt_reg_11_] [get_cells u_soc/vga/R_h_cnt_reg_0_] [get_cells     \
u_soc/vga/R_h_cnt_reg_1_] [get_cells u_soc/vga/R_h_cnt_reg_2_] [get_cells      \
u_soc/vga/R_h_cnt_reg_3_] [get_cells u_soc/vga/R_h_cnt_reg_4_] [get_cells      \
u_soc/vga/R_h_cnt_reg_5_] [get_cells u_soc/vga/R_h_cnt_reg_6_] [get_cells      \
u_soc/vga/R_h_cnt_reg_7_] [get_cells u_soc/vga/R_h_cnt_reg_8_] [get_cells      \
u_soc/vga/R_h_cnt_reg_9_] [get_cells u_soc/vga/R_h_cnt_reg_10_] [get_cells     \
u_soc/vga/R_h_cnt_reg_11_] [get_cells u_soc/vdp_inst/color_reg_0_] [get_cells  \
u_soc/vdp_inst/color_reg_1_] [get_cells u_soc/vdp_inst/color_reg_2_]           \
[get_cells u_soc/vdp_inst/color_reg_3_] [get_cells                             \
```

图 12-14 时序约束文件部分内容

12.8 版图布局布线

本节基于布局布线的基本概念和流程，采用脚本运行的方式对电路综合的结果进行物理实现。下面对脚本进行介绍。

1. 初始化工作环境

布局布线的工作目录是 layout，在该目录下建立 source_file、run、log、scripts、design_data、reports 等文件夹，各目录说明如下。

（1）source_file：保存综合得到的门级网表 chip. mapped. v 和 chip. mapped. sdc 文件，它们是布局布线操作的输入。

（2）run：工作目录，在此目录下运行布局布线脚本。

（3）log：存放脚本运行的日志文件。

（4）scripts：创建并保存脚本文件。

（5）design_data：存放布局布线输出结果。

（6）reports：存放报告文件。

2. 编写布局布线脚本

在 scripts 目录下编辑数据导入的准备文件、布局规划脚本、标准单元放置脚本、时钟树综合脚本、布线脚本、数据导出脚本，接下来分别对这些脚本进行解析。

数据导入的准备见文件 01_initdesign. tcl。

指定 init_verilog 为综合后的网表文件，init_lef_file 为设计所需要的工艺库的 lef 文件，init_mmmc_file 为 MMMC 定义文件，init_pwr_net 和 init_gnd_net 分别为工艺库定义的电源和地的名称，init_top_cell 为顶层单元名。全部指定完成后，使用 init_design 命令完成数据的导入。

布局规划脚本为 02_floorplan. tcl，首先使用 addInst 命令添加 PG I/O 和 I/O 工艺角，PG I/O 包含给内核供电的 PG I/O 和给 I/O 供电的 PG I/O 两部分。-cell 指定实例的主名称(master name),-inst 指定要添加和放置的实例的名称,-physical 表示只放置一个物理实例,而不需要更新网表。

然后使用 floorplan 命令确定芯片大小及形状,在定义版图尺寸时,有两个选项,分别是 Core Size by 和 Die Size by。其中,Core Size by 可根据单元有效利用率调整版图尺寸; Die Size by 则直接指定版图的具体尺寸。这里选择 Die Size by(-d),并设置 width(1300)和 height(2300),就确定了芯片裸片的大小。接下来需要确定内核的裕量,即 Core Margins,该裕量留出的空间是为了后续做电源环所用的,有两个选项,分别是内核距离 I/O 的距离和内核到整个芯片的距离。通常,在包含 I/O 宏单元的设计中,需要选择第 1 种,即 -coreMarginsBy io,最后设置 Core to top/left/right /bottom 的值(58)预留空间待实现电源环,至此确定了芯片核心的大小。

完成了整体结构布局之后,还需要将设计的 I/O 或引脚放置或约束到设计要求的位置。在导入设计数据之后,工具默认将所有 I/O 或引脚堆叠放在左下角。可以通过两种方式实现引脚的摆放,一种方式是手动挪动引脚位置,另一种方式是通过修改 I/O 分布信息文件实现 I/O 位置的摆放。这里按照第 2 种方式排列 I/O,使用 loadIoFile 命令导入的 I/O Pad 排列文件完成所有 I/O 排列,使用 addIoFiller 命令在 I/O 之间添加填充物完成完整供电环连接,使用 fixAllIOs 命令将所有 I/O 引脚、I/O 单元的状态改变为固定状态,以防止它们被重新分配。

布局规划的下一步则是要进行宏模块的放置,这里主要是 SRAM 宏模块,使用 placeInstance 命令完成所有宏模块的放置。在宏模块都放置完成后,使用 addHaloToBlock 命令在每个 SRAM 周围加一圈 2.5μm 的 Halo(即阻挡层),在阻挡层内工具无法放置标准单元,其目的是防止其在宏模块周围过近放置标准单元使 SRAM 的端口走线不方便而影响时序。

然后进行电源规划。在实现电源网络之前,需要定义全局电源,这样工具才能通过网络名称识别电源端口,实现正确的电源网络的连接。在此设计中只有一组电源/地,首先需要定义引脚与电源/地网络的连接关系,即设置普通单元的电源/地分别为与电源/地网络的 VDD、VSS 相连。同时,因为设计中存在恒定为逻辑 1 或逻辑 0 的信号端口,不能直接与电源/地网络连接,需要通过特殊的 tie high/tie low 单元进行连接,所以还需定义 Tie Cell 的连接关系。

完成全局电源的定义后,为方便标准单元连接至电源网络以及节省布线资源,设置标准单元的电源/地轨线只采用第 1 层金属 M1,使用 sroute -connect corePin 命令完成标准单元电源/地引脚与内核供电网络的连接。接着在内核和 I/O 之间加入电源环,使用 addRing 命令完成电源环设计,这里设置了两组宽度为 12μm,间隔为 2μm 的电源环,其中横向采用第 5 层金属 M5,纵向采用第 6 层金属 M6。然后使用 sroute -connect PadPin 命令,使工具自动从 6 层金属中选择合适的金属完成核心供电焊盘(Pad)的电源/地引脚与电源环的连接。

然后开展电源条带的设计。从 SRAM 的 lef 文件中得知,存储器供电电源环为金属层 M3 和 M4,电源环的四边均设计了阻挡层,但在其四角处及其附近可通过金属层 M4 和 M5 将存储器电源环连至供电网络,从而形成包围式供电。此外,为了使标准单元也能够均匀供电,其连接至电源环的电源条带还采用 M4 和 M5 金属交错设计。

标准单元放置脚本见 03_placedesign. tcl。针对标准单元放置，首先使用 set_interactive_constraint_modes 命令使工具可以自行更改约束，从而覆盖导入的 sdc 文件中相同的命令，重新设置了时钟不确定性，增加了建立时间与保持时间的裕量，这是因为逻辑综合使用的是理想时钟，不存在时钟偏差的影响。但在布局布线后，由于时钟树不能完全平衡延时差，在时钟树综合前需要考虑时钟偏差(Skew)。然后使用 place_design 命令完成标准单元放置。单元放置完成后，添加 Tie Hi 和 Tie Lo 单元，使用 addTieHiLo 命令对电源/地绑定单元进行设置，在-cell 后设置标准单元库中相应单元的名称，同时设置-prefix 为 TIE。添加完 Tie Hi 和 Tie Lo 单元后，可以使用 optDesign 命令对设计进行优化。

时钟树综合脚本见 04_cts. tcl。

使用 createClockTreeSpec 命令产生时钟树综合特性文件。-bufferlist 指定用于生成时钟树的单元类型，-file 指定生成的时钟树综合特性文件的保存位置。创建完成时钟树特性文件后，使用 clockDesign 命令进行时钟树综合。因为生长时钟树的同时就对时钟树进行布线，寄生参数数据也更接近布线后数据，因此此时时钟树已具有真实延时，需要更新设计的时序约束，将时钟设定为传播时钟，即使用实际时钟代替原来的理想时钟后进行时序分析，update_constraint_mode 即为更新时序约束的命令。

完成时钟树综合后，可以使用 optDesign 命令对建立时间和保持时间进行优化。优化完成后使用 timeDesign 命令进行时序检查，如果结果出现时序违例，同样使用 optDesign 命令对建立时间和保持时间进行优化。

布线脚本见 05_routing. tcl。

使用 routeDesign 命令完成芯片的全局布线(Global Routing)和详细布线(Detail Routing)。在完成全局芯片布线之后，对应的连线寄生参数也就确定，在时序验证阶段完成所有时序检查，保证芯片时序满足设计要求。使用 timeDesign -postRoute 和 timeDesign -postRoute -hold 命令分别对建立时间和保持时间进行时序检查，如果布线后出现时序违例，可以进行布线后的时序优化(optDesign -postRoute)，直至满足时序要求。

数据导出脚本见 06_data_out. tcl。

addFiller 命令实现标准填充单元的插入，-cell 设置相应的标准单元名称，-prefix 指定前缀为 FILLER。

填充完 Filler 之后，就完成了基本的布局布线工作。然后需要对版图进行设计规则的检查，主要包括连线的连接性检查(verify Connectivity)、几何图形的规则检查(verify_drc)和天线效应检查(verify Process Antenna)等。

确保设计规则检查无误后，就可以将设计数据进行导出，以便开展后续的工作。需要导出的数据主要包括 3 种：GDS 版图文件、V 版图网表文件、SPEF 寄生参数文件。streamOut 命令可以实现版图 GDS 文件的导出。saveNetlist 命令可以实现版图网表文件的导出。rcout 命令可以实现寄生参数 SPEF 文件的导出。

3. 执行布局布线脚本

编写完上述各脚本后，完成实际的布局布线操作，只须在 Encounter 软件中依次执行这些脚本。在 run 目录下使用 encounter -log. . /log/edi_shell. log 命令启动 Encounter，依次输入以下命令并按 Enter 键。

```
source ../scripts/01_init_design.tcl
source ../scripts/02_floorplan.tcl
source ../scripts/03_placedesign.tcl
source ../scripts/04_cts.tcl
source ../scripts/05_routing.tcl
source ../scripts/06_data_out.tcl
```

完成布局布线的图形界面如图 12-15 所示。

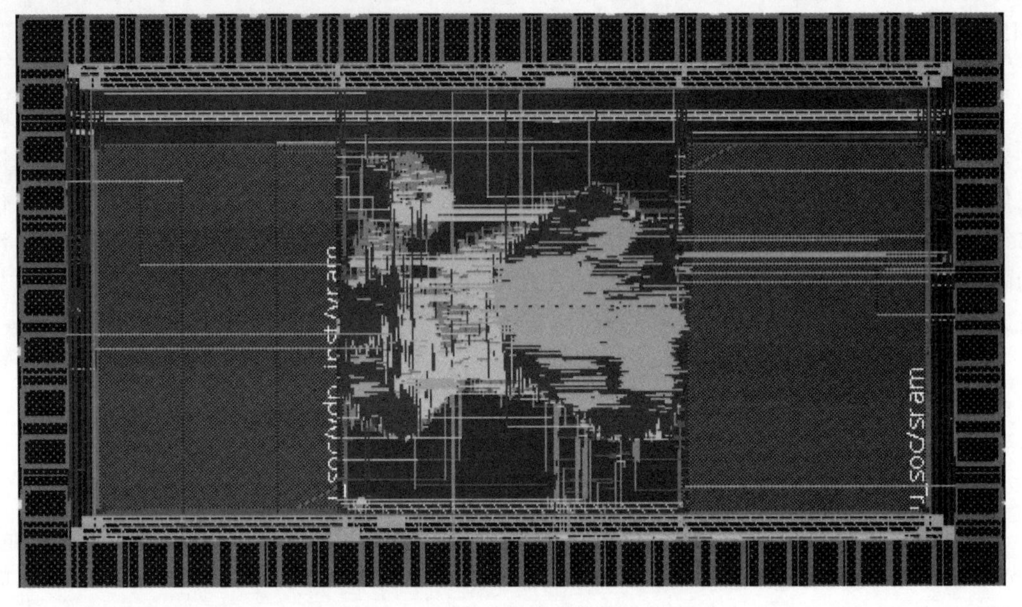

图 12-15　完成布局布线的图形界面

虽然这些工作大部分也可以在图形界面上通过菜单和对话框交互操作实现，但是使用脚本具有很多优点。例如，脚本比手工一步步操作更高效，也可以避免误操作或遗漏某个步骤；另外，脚本可以在多个不同项目间复用，只须修改部分命令或参数就能用于今后的其他项目。

12.9　验证

本节基于形式验证、静态时序分析以及物理验证的基本原理，应用 EDA 工具 Formality、PrimeTime(PT)、Calibre 对从 Encounter 中导出的数据进行验证。

1. 形式验证

形式验证的工作目录是 fm，在 fm 目录下编辑脚本文件 fm_pre.tcl，对综合前 RTL 代码与综合后的门级网表进行形式验证；以及对逻辑综合后的门级网表与布局布线后的网表进行形式验证。

在 fm 目录下执行操作：启动 Formality；在 fm_shell 的命令行下输入 source fm_pre.tcl 或 source fm_pos.tcl 进行形式验证。

应用 Formality 分别在逻辑综合后、物理设计后对 SoC 芯片进行形式验证的结果报告如图 12-16 所示，两份报告结果均显示形式验证通过，表明布局布线最终生成网表与 RTL

代码的逻辑功能形式一致。

```
********************************** Verification Results
**********************************
Verification SUCCEEDED
   ATTENTION: synopsys_auto_setup mode was enabled.
              See Synopsys Auto Setup Summary for details.
   ATTENTION: RTL interpretation messages were produced during link
              of reference design.
              Verification results may disagree with a logic simulator.
-----------------------------------------------------------------------
 Reference design: r:/WORK/chip
 Implementation design: i:/WORK/chip
 3867 Passing compare points
-------------------------------------------------------------------------
Matched Compare Points      BBPin    Loop    BBNet     Cut     Port     DFF
LAT   TOTAL
-------------------------------------------------------------------------
Passing (equivalent)          214       0       10       0       25    3618
0     3867
Failing (not equivalent)        0       0        0       0        0       0
0       0
Not Compared
  Constant reg                                                          174
0      174
  Unread                        0       0        0       0        0      35
0      35
*************************************************************************
```

(a) 逻辑综合后阶段验证结果

```
********************************** Verification Results
**********************************
Verification SUCCEEDED
   ATTENTION: synopsys_auto_setup mode was enabled.
              See Synopsys Auto Setup Summary for details.
-------------------------------------------------------
 Reference design: r:/WORK/chip
 Implementation design: i:/WORK/chip
 4013 Passing compare points
-------------------------------------------------------------------------
Matched Compare Points      BBPin    Loop    BBNet     Cut     Port     DFF
LAT   TOTAL
-------------------------------------------------------------------------
Passing (equivalent)          214       0       14       0       25    3760
0     4013
Failing (not equivalent)        0       0        0       0        0       0
0       0
*************************************************************************
```

(b) 物理设计后阶段验证结果

图 12-16　形式验证的结果

2. 静态时序分析

静态时序分析工作目录为 pt，在 pt 目录下建立 run、log、scripts、reports 等目录，各目录说明如下。

(1) run：工作目录，在此目录下运行静态时序分析脚本。

(2) log：存放脚本运行的日志文件。

(3) scripts：创建并保存静态时序分析脚本 pt_cmd.tcl。

(4) reports：存放报告文件。

在 run 目录下编辑脚本文件 run.csh，定义 PT 运行需要的环境变量，包括设计顶层、各类文件路径以及需要分析的多个场景名称，最后通过循环命令执行多个场景的静态时序分析。

在 run 目录下输入以下命令并按 Enter 键，即可进行静态时序分析。

```
csh ./run.csh
```

查看 reports 目录下 PT 在各个场景中生成的各类报告，分析结果。图 12-17 所示为 func_ss1p08v125c_rcss_setup 场景下执行 check_timing 命令生成的时序约束报告，报告中没有警告或错误，表明设计的时序约束没有问题。

图 12-18 所示为 func_ss1p08v125c_rcss_setup 场景下执行 report_timing 命令生成的

关于 reg2reg 路径组的报告，报告中显示不存在裕量(slack)小于 0.1ns 的路径，表明没有时序违例发生。

```
Information: Checking 'no_input_delay'.
Information: Checking 'no_driving_cell'.
Information: Checking 'unconstrained_endpoints'.
Information: Checking 'unexpandable_clocks'.
Information: Checking 'latch_fanout'.
Information: Checking 'no_clock'.
Information: Checking 'partial_input_delay'.
Information: Checking 'generic'.
Information: Checking 'loops'.
Information: Checking 'generated_clocks'.
Information: Checking 'pulse_clock_non_pulse_clock_merge'.
Information: Checking 'pll_configuration'.
check_timing succeeded.
1
```

图 12-17　时序约束报告

```
****************************************
Report : timing
        -path_type full_clock_expanded
        -delay_type max
        -input_pins
        -nworst 50
        -slack_lesser_than 0.1000
        -max_paths 5000
        -unique_pins
        -group reg2reg
        -transition_time
        -capacitance
        -crosstalk_delta
        -derate
        -sort_by slack
Design : chip
Version: H-2013.06-SP1
Date   : Wed Jun  8 16:27:19 2022
****************************************

No paths with slack less than 0.1000.

1
```

图 12-18　关于 reg2reg 路径组的报告

类似地，检查其他场景下的报告，也没有发现时序违例，表明在正常的约束条件下 SoC 的时序通过 PT 验证。

3. 物理验证

建立工作目录 calibre，命令如下。

```
mkdir calibre
```

在 calibre 目录下编写用来实现网表转换的 v2lvs.tcl 脚本文件。

在 calibre 目录下执行以下命令并按 Enter 键，即可进行网表转换。

```
source v2lvs.tcl
```

转换成功后，得到的 SPICE 网表文件 chip.spi 部分内容如图 12-19 所示。

```
.SUBCKT chip clk resetn ser_tx ser_rx gpio_io[5] gpio_io[4] gpio_io[3]
+ gpio_io[2] gpio_io[1] gpio_io[0] spi_miso spi_sck spi_mosi spi_scs flash_csb
+ flash_clk flash_io0 flash_io1 flash_io2 flash_io3 vdpR_o[1] vdpR_o[0]
+ vdpG_o[1] vdpG_o[0] vdpB_o[1] vdpB_o[0] vdphs_o vdpvs_o psg_o
XFE_PHC7536_c_gpio_di_5 BUFCLKHD1X $PINS A=FE_PHN7534_c_gpio_di_5
+ Z=FE_PHN7536_c_gpio_di_5
XFE_PHC7534_c_gpio_di_5 BUFCLKHD1X $PINS A=FE_PHN7496_c_gpio_di_5
+ Z=FE_PHN7534_c_gpio_di_5
XFE_PHC7533_c_gpio_di_4 BUFCLKHD1X $PINS A=FE_PHN7493_c_gpio_di_4
+ Z=FE_PHN7533_c_gpio_di_4
XFE_PHC7530_c_gpio_di_4 BUFHDUX $PINS A=FE_PHN7533_c_gpio_di_4
+ Z=FE_PHN7530_c_gpio_di_4
XFE_PHC7527_c_gpio_di_2 DEL3HDMX $PINS A=c_gpio_di[2] Z=FE_PHN7527_c_gpio_di_2
XFE_PHC7525_c_gpio_di_5 BUFHDLX $PINS A=FE_PHN7536_c_gpio_di_5
+ Z=FE_PHN7525_c_gpio_di_5
XFE_PHC7496_c_gpio_di_5 BUFHDLX $PINS A=c_gpio_di[5] Z=FE_PHN7496_c_gpio_di_5
XFE_PHC7493_c_gpio_di_4 BUFCLKHDMX $PINS A=c_gpio_di[4]
+ Z=FE_PHN7493_c_gpio_di_4
XFE_PHC7490_c_resetn BUFHDLX $PINS A=c_resetn Z=FE_PHN7490_c_resetn
XCTS_ccl_a_inv_00102 INVCLKHD12X $PINS A=CTS_1 Z=CTS_2
XCTS_ccl_a_inv_00131 INVCLKHD12X $PINS A=CTS_3 Z=CTS_1
XCTS_ccl_a_inv_00142 INVCLKHD14X $PINS A=CTS_4 Z=CTS_3
XCTS_ccl_inv_00145 INVCLKHD12X $PINS A=c_clk Z=CTS_4
XFE_OCPC262_FE_OFN39_c_gpio_oe_5 BUFHD12X $PINS A=c_gpio_oe[5]
+ Z=FE_OCPN274_FE_OFN39_c_gpio_oe_5
XFE_OCPC250_c_flash_clk BUFCLKHD14X $PINS A=c_flash_clk
+ Z=FE_OCPN264_c_flash_clk
XFE_RC_39_0 BUFHD12X $PINS A=c_vdpB_o[1] Z=FE_OCPN249_c_vdpB_o_1
XFE_OCPC249_c_vdphs_o BUFHD12X $PINS A=c_vdphs_o Z=FE_OCPN263_c_vdphs_o
XFE_OCPC248_c_vdpB_o_0 BUFHD12X $PINS A=c_vdpB_o[0] Z=FE_OCPN262_c_vdpB_o_0
XFE_OCPC245_c_flash_io3_do BUFHD12X $PINS A=c_flash_io3_do
+ Z=FE_OCPN259_c_flash_io3_do
XFE_OCPC244_c_flash_io2_do BUFHD12X $PINS A=c_flash_io2_do
+ Z=FE_OCPN258_c_flash_io2_do
XFE_OCPC239_c_flash_io1_do BUFHD12X $PINS A=c_flash_io1_do
+ Z=FE_OCPN253_c_flash_io1_do
```

图 12-19　chip.spi 网表文件的部分内容

接着在 calibre 目录下执行 calibre -gui 命令启动图形界面，完成相应设置后进行物理验证。

对 SoC 进行 DRC 验证，结果如图 12-20 所示。报告中共指出了 77 项违例，其中 RULECHECK 3.12.E、RULECHECK LUP.3.B 和 RULECHECK LUP.3.D 是发生在 I/O 单元内部的违例，工艺厂家提供的 I/O 工艺库说明文档中指出这些违例可以忽略，其余几条是密度违例，也可以忽略，因此可以认为该设计通过了工艺的设计规则检查。

对 SoC 进行 LVS 验证的结果如图 12-21 所示，结果显示该设计通过 LVS 检查。

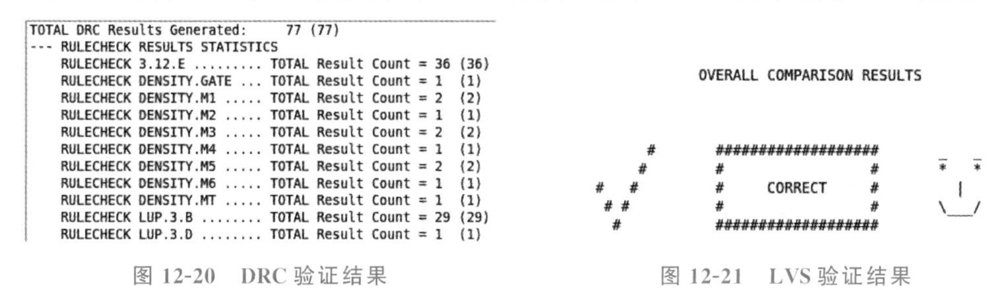

图 12-20　DRC 验证结果　　　　图 12-21　LVS 验证结果

至此，完成该 SoC 的设计和验证，导出的 GDS 文件即可用于芯片制造。

12.10　本章小结

本章以一个小型的数字 SoC 为例展示了前述各章知识的综合应用，包括模块划分、模块设计与验证、模块集成与系统验证、逻辑综合、版图布局布线、版图验证等工作。与前述章节相比，每部分设计的规模和复杂性都有所增加，总体工作更是繁杂。但每部分的核心工作都基于前述的知识范畴，读者完全可以通过仔细分析项目代码掌握本章内容。SoC 是当今复杂芯片的代表，其设计方法、流程和思想都要上升到一个新层次。受篇幅的限制，很多细节在本章都没有展开，掌握了本书的基础知识，读者可以进一步探索更广阔、更深入的领域。

参 考 文 献

[1] NAGEL L W, PEDERSON D O. SPICE (Simulation Program with Integrated Circuit Emphasis): UCB/ERL M382[R]. Berkeley: University of California, Berkeley, 1973.

[2] QUARLES T. SPICE3 Version 3C1 Users Guide: UCB/ERL M89/46[R]. Berkeley: University of California, Berkeley, 1989.

[3] 叶以正,来逢昌. 集成电路设计[M]. 2 版. 北京:清华大学出版社,2016.

[4] 王永生. CMOS 模拟集成电路[M]. 北京:清华大学出版社,2020.

[5] STATZ H, NEWMAN P, SMITH I W, et al. GaAs FET Device and Circuit Simulation in SPICE[J]. IEEE Transactions on Electron Devices, 1987, 34(2): 160-169.

[6] BSIM Group. The BSIM Family[EB/OL]. [2023-05-09]. http://bsim.berkeley.edu/models/.

[7] KUNDERT K S. The Designer's Guide to SPICE and Spectre[M]. Cham: Springer, 1995.

[8] GRAY P R, HURST P J, LEWIS S H, et al. Analysis and Design of Analog Integrated Circuits[M]. 5th ed. New York: Wiley, 2009.

[9] RAZAVI B. Design of Analog CMOS Integrated Circuits[M]. New York: McGraw-Hill, 2001.

[10] ALLEN P E, HOLBERG D R, CMOS Analog Circuit Design[M]. 2nd ed. New York: Oxford University Press, 2002.

[11] BAKER J. CMOS Circuit Design Layout and Simulation[M]. 3rd ed. Hoboken: John Wiley & Sons, Inc., 2010.

[12] BHAMAGAR H. 高级 ASIC 芯片综合:使用 Synopsys Design Compiler Physical Compiler 和 PrimeTime[M]. 张文俊,译. 2 版. 北京:清华大学出版社,2007.

[13] 刘峰. CMOS 集成电路后端设计与实践[M]. 北京:机械工业出版社,2015.

[14] GANGADHARAN S, CHURIWALA S. 综合与时序分析的设计约束:Synopsys 设计约束(SDC)实用指南[M]. 韩德强,张丽艳,王宗侠,译. 北京:机械工业出版社,2018.

[15] 陈春章,艾霞,王国雄. 数字集成电路物理设计[M]. 北京:科学出版社,2008.

[16] IEEE. IEEE Standard for Verilog Hardware Description Language: IEEE Std 1364-2005[S]. New York: IEEE Computer Society, 2005.

[17] IEEE. IEEE Standard VHDL Language Reference Manual: IEEE Std 1076-2001[S]. New York: IEEE Computer Society, 2001.

附录 A APPENDIX A 主流 EDA 厂商及其产品

国际上主流的集成电路 EDA 厂家主要有 Cadence、Synopsys 以及 Mentor① 等。国内主要 EDA 厂家是华大九天。EDA 发展比较活跃，EDA 厂家的并购也比较频繁，因此 EDA 厂家以及工具时常发生变化。每家 EDA 厂家都努力提供可以覆盖集成电路设计各个流程的工具链，各家的 EDA 种类也比较多样，并且不同公司的工具链在不同的领域也各有专长。因此，这里列出常用的有代表性的 EDA 工具，如表 A-1～表 A-5 所示。

表 A-1 Cadence 主要 EDA 产品

类　别	工具名称	说　明
全定制 IC 设计	Virtuoso	电路设计以及版图设计平台
	Spectre	电路级仿真器，Spectre APS 是加速 SPICE 仿真器，Spectre XPS 是 FastSPICE 仿真器
物理验证	Assura	物理(版图)DRC/LVS 验证
	PVS	物理验证系统。Assura 的升级换代产品，用于 45nm 以下节点工艺芯片设计流程中的 DRC、LVS、XOR(LVL)、FastXOR、ERC、PERC、SVS 等
数字 IC 设计	SoC Encounter	综合布局布线工具(RTL-GDSII)设计工具
	Innovus	综合布局布线(RTL-GDSII)布局布线设计工具，替代 Encounter 平台
数字 IC 验证	Verilog-XL/ NC-Verilog/ NC-VHDL	HDL 仿真验证工具
	Incisive	仿真验证工具，代替上一代 HDL 仿真器
	Xcelium	升级的仿真验证工具，代替 Incisive

表 A-2 Synopsys 主要 EDA 产品

类　别	工具名称	说　明
全定制 IC 设计	HSPICE	电路设计仿真工具
	NanoSim	电路仿真器，支持 Verilog-A 和对 VCS 仿真器的接口
	Custom Compiler	全定制 IC 设计环境
物理验证	Hercules	物理(版图)DRC/LVS 验证
	Star-RCXT	版图寄生参数提取工具

① 目前 Mentor 已经被 Siemens 收购。

续表

类　别	工具名称	说　明
数字 IC 设计	DC(Design Compiler)	逻辑综合工具，也包括 DFT Compiler、Power Compiler 等工具
	DesignWare	SoC/ASIC 设计 IP 库和验证 IP 库
	ICC(IC Compiler)	布局布线版图设计工具
	TetraMAX ATPG	自动测试向量生成工具
数字 IC 验证	VCS	HDL 仿真验证工具
	PrimeTime，PrimeTime PX	静态时序验证工具
	PrimePower	动态全芯片功耗验证工具
	PrimeRail	全芯片的静态和动态电压降和电迁移(EM)分析解决方案
	Formality	形式验证工具
	Verdi	独立于仿真器的调试工具

表 A-3　Mentor 主要 EDA 产品

类　别	工具名称	说　明
全定制 IC 设计	Eldo	电路设计仿真工具
物理验证	Calibre	物理(版图)验证平台，DRC/LVS 验证、寄生参数提取等
数字 IC 设计	DFTAdvisor	可测试性设计结构生成工具
	OasysRTL	集成 RTL-GDSII 工具
	FastScan	自动测试向量生成工具
	MBISTArchitect	存储器 BIST
	BSDArchitect	边界扫描电路生成工具
	LBISTArchitect	逻辑 BIST
	Tessent	可测试性设计工具套件，是以上可测试性设计工具的升级换代产品
数字 IC 验证	Questasim/Modelsim	HDL 仿真验证工具

表 A-4　华大九天主要 EDA 产品

类　别	工具名称	说　明
全定制 IC 设计	Empyrean Aether	原理图和版图编辑工具
	Empyrean ALPS	电路仿真工具
物理验证	Empyrean Argus	物理(版图)验证
	Empyrean RCExplorer	寄生参数提取工具
数字 IC 设计	Empyrean Liberal	单元库特征化提取工具
	ICExplorer-XTop	时序功耗优化工具
	Empyrean Skipper	版图集成与分析工具
数字 IC 验证	ICExplorer-XTime	时序仿真分析工具
	Empyrean Qualib	单元库/IP 质量验证工具
	Empyrean ClockExplorer	时钟质量检视与分析工具

表 A-5　开源或免费 EDA 工具

类　别	工具名称	说　明
全定制 IC 设计	Magic	版图设计工具
	Ngspice、Winspice、SPICE OPUS	电路设计仿真工具

续表

类　别	工具名称	说　明
数字 IC 设计	QFlow	集成综合布局布线工具集
数字 IC 验证	Verilator	Verilog 仿真器

集成电路 EDA 工具层出不穷并且工具版本演进也很频繁。这里没有将所有厂家的 EDA 产品一一列举出来。主流 EDA 厂商产品也包括不同时代的工具，一些老版本的工具仍然被广泛采用，在此列出作为参考。